化学建材

主　编　杨学稳

副主编　田中华

重庆大学出版社

内容提要

本书系统地阐述了化学建材所用原料的基本结构和性能,并结合实例介绍了各类化学建材的基本组成及性能、作用机理、选择原则、生产及施工工艺,以及产品性能的测试、检验方法。全书共分6章,内容涵盖了化学建材基础、建筑塑料、建筑涂料、建筑胶粘剂、建筑防水材料和聚合物在混凝土中的应用等方面,不仅吸收了化学建材技术领域的最新成果,而且还引入了最新的国家标准,具有较强的实用性。

本书主要为高等学校材料类、化学化工类专业本科生用教材,也可作为相关专业研究生、工程技术人员、高职(大专)教师以及土木工程、交通工程、水电工程等专业本科生的参考用书。

图书在版编目(CIP)数据

化学建材/杨学稳主编.—重庆:重庆大学出版社,2006.8(2023.7重印)
(材料科学与工程专业本科系列教材)
ISBN 978-7-5624-3774-1

Ⅰ.化… Ⅱ.杨… Ⅲ.建筑化工材料—高等学校—教材 Ⅳ.TU53

中国版本图书馆CIP数据核字(2006)第095181号

化学建材

主　编　杨学稳
副主编　田中华
责任编辑:姚正坤　彭　宁　　版式设计:彭　宁
责任校对:任卓惠　　责任印制:张　策

*

重庆大学出版社出版发行
出版人:饶帮华
社址:重庆市沙坪坝区大学城西路21号
邮编:401331
电话:(023)88617190　88617185(中小学)
传真:(023)88617186　88617166
网址:http://www.cqup.com.cn
邮箱:fxk@cqup.com.cn(营销中心)
全国新华书店经销
POD:重庆新生代彩印技术有限公司

*

开本:787×1092　1/16　印张:17.75　字数:443千
2006年8月第1版　2023年7月第7次印刷
ISBN 978-7-5624-3774-1　定价:49.80元

前言

化学建材通常是指以有机高分子材料及其复合材料为原料生产的用于建筑工程的材料。它不仅具有密度小、质量轻、比强度高、生产和使用能耗低、耐腐蚀性好、装饰性强等优点，而且安装、使用及施工方便，易于机械化生产，可以减少运输成本和节能保温。特别是塑料管材管件、塑料门窗、建筑涂料、建筑防水及密封材料、建筑胶粘剂、建筑模板、泡沫塑料保温材料以及聚合物混凝土等材料在建筑上的广泛应用，极大地推动了建筑业的革新与发展，改善了建筑功能，保护了环境，满足了建筑节能设计与建设的需要。随着中国城市建设和建筑业的迅猛发展，各类新型建筑材料不断涌现，化学建材已成为国民经济的支柱产业。

自教育部颁布《工科本科引导性专业目录》以来，各建筑类高校及材料类、化学化工、高分子材料与工程等本科专业，本着强基础，宽专业，跨学科的教育发展宗旨，重新修订了本科人才培养方案，部分高校增开了"化学建材"课程，以满足化学建材在生产、研究、营销、环境设计、装饰装修及应用等领域的发展对相关专业人才的需求。

为了适应国家建筑与新型建材的发展和大学本科教育教学改革形势，由天津城市建设学院材料科学与工程系组织编写了本教材。撰写分工如下：杨学稳任主编，并负责第 1 章的第 2 节，第 3 章的第 1 ~4 节，第 6 章及附录、第 2 章 ~ 第 6 章习题与思考题的执笔；田中华任副主编，并负责第 4 章的执笔；廖晓兰负责第 1 章的第 1 节，第 2 章、第 3 章的第 9 节及第 1 章习题与思考题的执笔；李军伟负责第 5 章及第 3 章的第 10，11 节的执笔；姚天国负责第 3 章中的第 4 ~8 节的执笔；李向堂参加了部分 AUTOCAD 绘图及第 3 章中第 12 节的执笔。在编写过程中，编者参考了大量的相关专著、文献和生产厂家的生产工艺，对此作者深表感谢。限于篇幅，书后仅列主要的中文参考资料。

天津大学许鑫华教授、郑州大学杨久俊教授、天津建筑材料科学研究所陈鹏高级工程师、天津天涂豪邦涂料有限公司(原天津建筑涂料厂)孟兆瑞高级工程师、化工部天津化工研究设计院冯孝秋高级工程师、天津城建学院费学宁教授以及张宝莲、吴边鹏、魏冬青副教授审阅了该书的初稿,并提出许多指导性意见;本书的出版也得到了重庆大学出版社的大力支持和帮助,在此作者深表衷心的感谢!

鉴于编者水平有限,书中难免有漏、误及不当之处,敬请广大读者予以指正。

编　者

2006 年 3 月

目录

第1章 化学建材基础

1.1 有机化学基础

1.1.1 有机化合物的概述

有机化合物是指含有碳和氢的化合物及其衍生物。它是化学建材中的主要原料，学习化学建材前了解有机化合物的分子结构、化学反应、性质及应用，可为从微观结构上认识和掌握化学建材的有机原料知识奠定基础。

(1)化学结构

有机化合物结构是指分子的元素组成、原子间的排列次序、原子相互间的立体位置、化学键的结合状态以及分子中电子的分布状态等各项内容的总称。例如甲醛的分子是由 C,H,O 三种元素构成的，其各种原子的数量为 CH_2O(分子式)。

所谓原子间相互结合的顺序是指分子中的原子，按各自的化合价，以一定的结合顺序相互连接起来，使整个分子内各原子的化合价都得到满足，并用短横线"—"表示化学键，这样构成的图式叫结构式。例如分子式为 C_4H_{10} 的化合物有如下两种结构式：

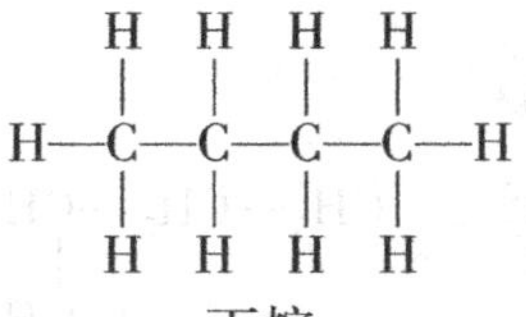
丁烷

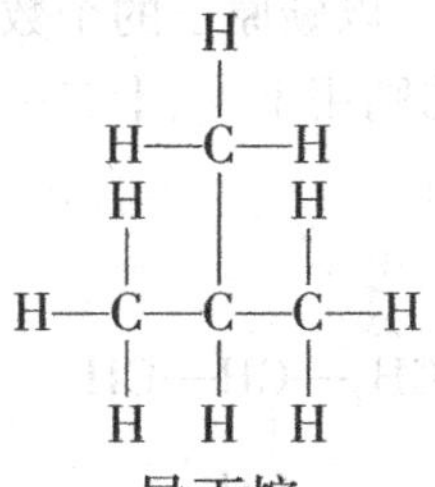
异丁烷

丁烷与异丁烷的分子式相同，但结构式不同。这种现象称为同分异构现象，丁烷与异丁烷则互称为同分异构体。异构体的性质是有差别的。

空间排布是指分子中原子在三维空间的排布，即分子中的原子排布是立体的，不能都视为平面。例如甲烷分子的空间排布是正四面体,四个碳-氢之间的夹角均为109°28′。

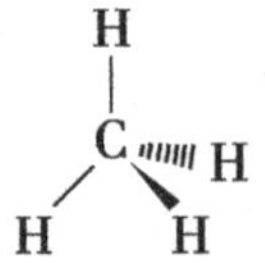

(2)**化学键**

结构式中的短横线"—"代表化学键。化学键可视为一种力,按其力的形式不同可分为离子键、共价健和金属键三种,共价键是成键原子轨道沿着最大重叠方向相互交盖或重叠的结果。

1.1.2 烃类有机化合物

由碳、氢元素组成的有机化合物统称为烃类有机化合物。它们可以视为所有有机化合物的母体。根据构成分子中碳-碳间的化学键特点,分为烷烃、烯烃、炔烃和芳烃四类,如图1.1所示。

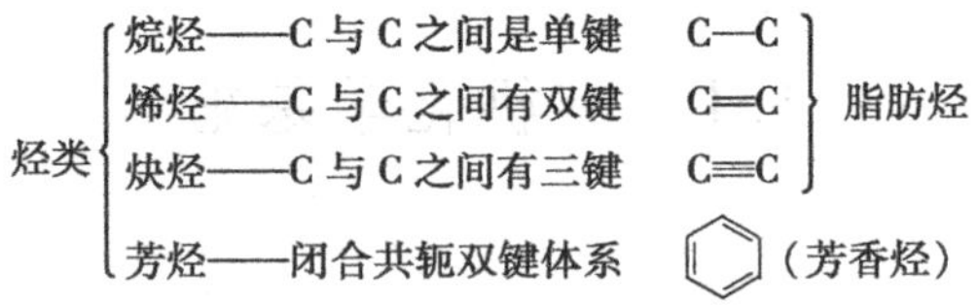

图1.1　烃类有机化合物的分类

(1)**烷烃**

烷烃是分子中碳原子以单键相互连接成键,其余的键完全与氢原子相连,分子中的氢的含量已达最高限度,故称为饱和烃,通式为C_nH_{2n+2}。其中甲烷是烷烃中最简单的化合物,分子式为CH_4,结构式与空间结构式如下:

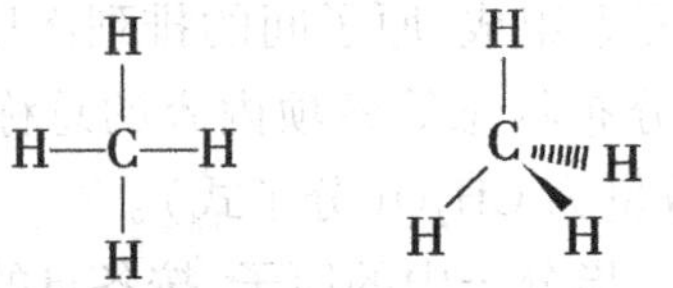

结构式　**立体结构式**

1)命名方法　烷烃的命名方法有普通命名法、衍生物命名法及系统命名法。

①普通命名法　以碳原子的个数来命名,其在十以内的用甲、乙、丙、丁、戊、己、庚、辛、壬、癸来称谓,十以上的则用十一、十二……来称谓,如C_8H_{18}称辛烷,$C_{12}H_{26}$称为十二烷;带有支键的用异、新表示,如:

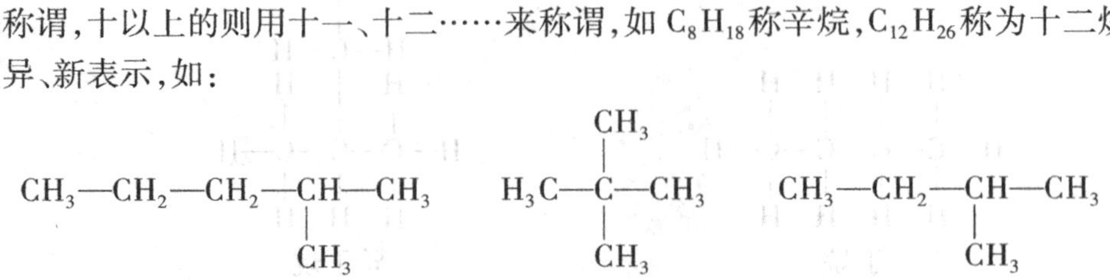

异己烷　新戊烷　异戊烷

②衍生物命名法　以甲烷为母体命名,如:

$CH_3—CH_3$ 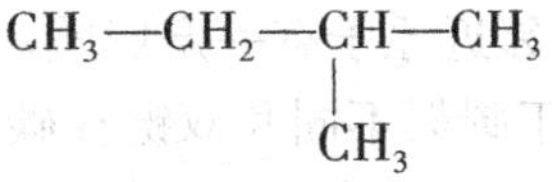

甲基甲烷　　　　　　甲基甲基乙基甲烷

③系统命名法（IUPAC 法） 先选择分子中最长，并且含有最多支链的碳链为主链来命名，然后将主链上的碳原子进行编号，并从距支链最近的一端开始，将支链的位置（用阿拉伯数字表示）和名称写在母体名称的前面（阿拉伯数字与汉字之间应加一短线“—”）。如：

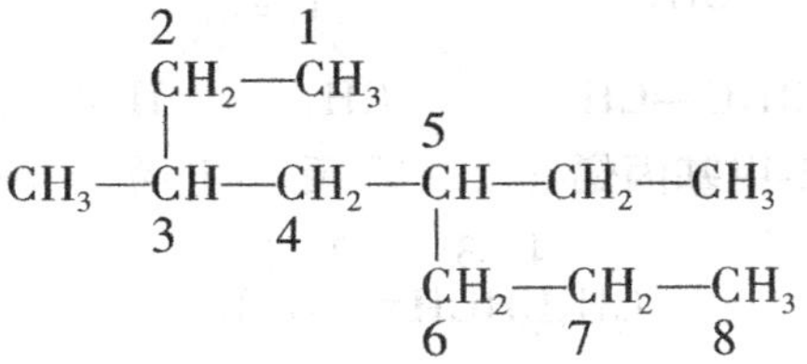

3-甲基-5-乙基辛烷

2）物理性质 随着烷烃分子质量的增加，其沸点、熔点逐渐升高。$C_1 \sim C_4$一般为气态，$C_5 \sim C_{17}$为液态，C_{18}以上为固态。烷烃不溶于水，可溶于有机溶剂，并遵循“相似相溶”的经验规律。所谓相似，主要是指分子的极性、结构相似，如烃类都是非极性或弱极性分子，一般可溶于非极性或弱极性的溶剂中。

3）化学性质 烷烃是一类不活泼的有机化合物。室温下烷烃与强酸、强碱、强氧化剂等都不起作用。若在一定条件下如高温、高压、光照或催化剂的影响下，烷烃也能发生一些反应。

①反应中心 反应中心是表示化学反应所发生的位置。位置不同，化学键的性质则不同，其反应的产物也不同。所以，反应中心决定反应产物的种类。

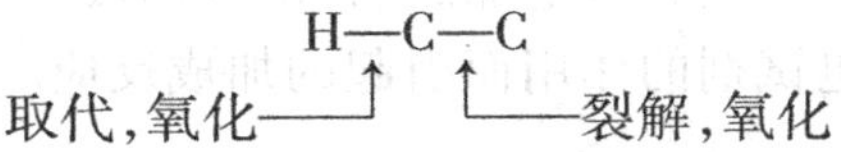

②化学反应 烷烃的化学反应主要有自由基取代反应、氧化反应及裂解、裂化反应等。取代反应是指烷烃与某些试剂可以发生反应，其结果是烷烃分子中的氢原子被其他原子或原子团所取代。

- 自由基取代（S_R）反应：

$$X_2 \xrightarrow{\text{光或热}} 2X^{\bullet}$$

$$RCH_3 + X^{\bullet} \longrightarrow RCH_2X + H^{\bullet}$$

$$H^{\bullet} + X^{\bullet} \longrightarrow HX$$

- 氧化反应：

$$C_nH_{2n+2} + \frac{3n+1}{2}O_2 \longrightarrow nCO_2 + (n+1)H_2O + Q$$

- 裂解、裂化反应：

$$CH_3CH_2CH_2CH_3 \xrightarrow{\triangle} \begin{cases} CH_4 + CH_3CH=CH_2 \\ CH_2=CH_2 + CH_3CH_3 \\ H_2 + CH_3CH_2CH=CH_2 \end{cases}$$

(2)烯烃

烯烃是指含有碳碳双键的不饱和烃，其通式为 C_nH_{2n}，C═C 中有一个 σ 键和一个 π 键。

π 键易变性较大,并且对邻近原子有一定影响。所以,双键处是发生化学反应的主要部位。

1)异构与命名　由于碳架不同和双键在碳架上的位置不同,烯烃有各种构造异构体。例如,丁烯(C_4H_8)有四种构造异构体。顺、反异构是分子中原子的连结顺序相同,而空间排布不同,又称为立体异构或构造异构。命名方法的要点:找出含有双键的最长碳链作为主链,并称为某烯;从靠近双键一端编号,确定支链的位置;然后按次序命名为基号-基名-双键号-某烯。如:

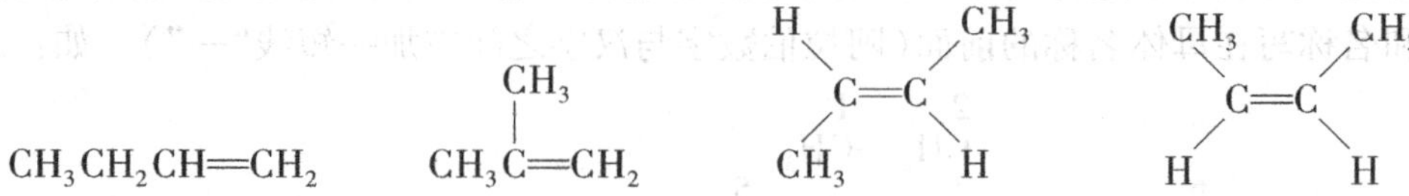

1-丁烯　2-甲基丙烯　反-2-丁烯　顺-2-丁烯

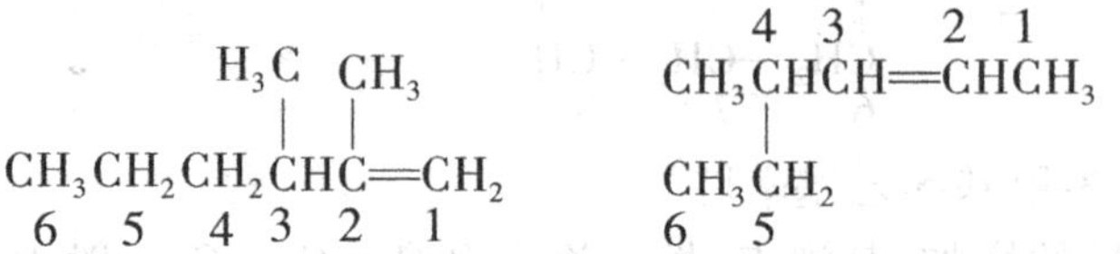

2,3-二甲基-1-己烯　4-甲基-2-己烯

2)反应中心　碳碳双键是烯烃的官能团,它的存在使烯烃具有很大的化学活泼性,大部分烯烃的化学反应均发生在双键上。此外,α 碳原子(与双键相连的碳)上的氢原子也容易发生取代反应。

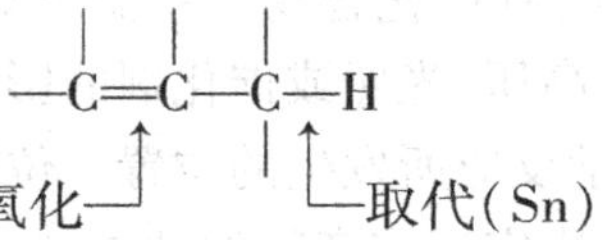

3)化学反应　烯烃的化学反应有亲电加成、自由基加成、聚合反应、取代反应、氧化反应等。亲电加成反应是指由亲电试剂的作用而引起的加成反应。具有导电性能的试剂为亲电试剂。

①亲电加成(A_{dE})反应

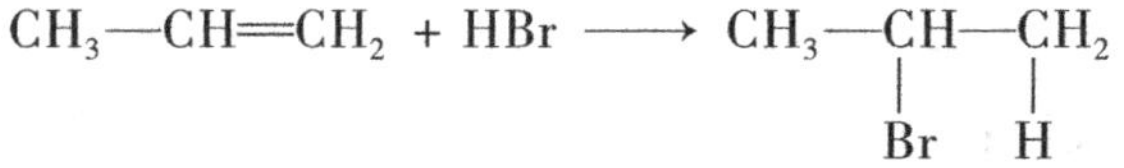

②自由基加成(A_{dR})反应

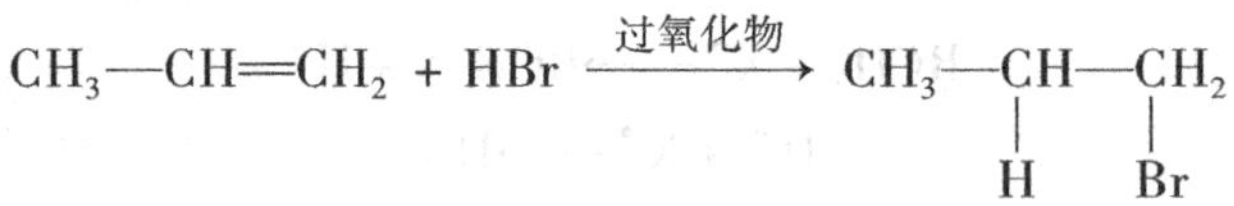

③聚合反应

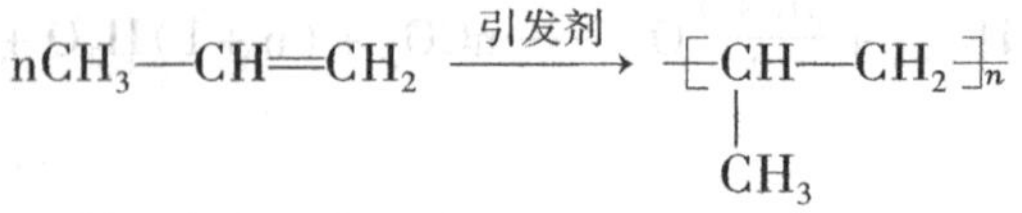

④自由基取代(S_R)反应

$$CH_3—CH═CH_2 + Cl_2 \xrightarrow{\triangle} CH_2═CH—CH_2—Cl$$

⑤氧化反应

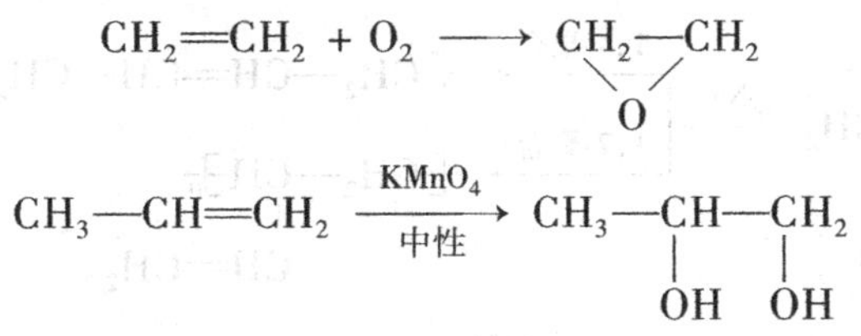

(3)**炔烃**

分子中含有碳碳三键的烃叫做炔烃，其通式为 C_nH_{2n-2}。炔烃的结构特点是在分子内的三键中，含有一个 σ 键和二个 π 键，三键是化学活性的中心。炔烃中最简单与最重要的化合物是乙炔。

1)反应中心　炔烃的主要性质是三键的加成反应和三键碳上氢原子的活泼性(弱酸性)。

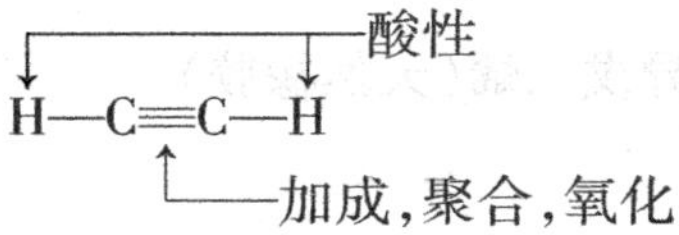

2)化学反应　炔烃的化学反应有加成反应、聚合反应、氧化反应和端基氢反应等。

①加成反应

$$H{-}C{\equiv}C{-}H + HCl \longrightarrow CH_2{=}CHCl \longrightarrow CH_3{-}CHCl_2$$

②聚合反应

$$2HC{\equiv}CH \xrightarrow[NH_4Cl]{Cu_2Cl_2} CH_2{=}CH{-}C{\equiv}CH$$

③氧化反应

$$HC{\equiv}CH \xrightarrow[H_2O]{KMnO_4} CO_2 + H_2O$$

$$HC{\equiv}CH + \frac{5}{2}O_2 \longrightarrow 2CO_2 + H_2O + Q$$

④端基氢反应

$$HC{\equiv}CH + [Ag(NH_3)_2]^+ \longrightarrow \underset{\text{炔银}}{Ag{-}C{\equiv}C{-}H\downarrow}$$

(4)**共轭二烯烃**

含有两个双键的烯烃称二烯烃，其通式为 C_nH_{2n-2}。两个双键在分子中的位置有三种形式，其中共轭(单双键相间)形式最为重要。共轭烯烃的双键之间可以通过单键发生相互作用，它除可发生一般的双键反应外，还可以进行 1,2 或 1,4 加成反应。其主要反应如下：

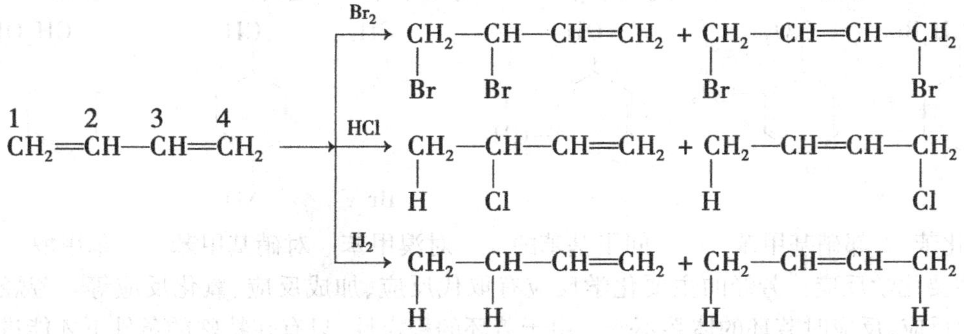

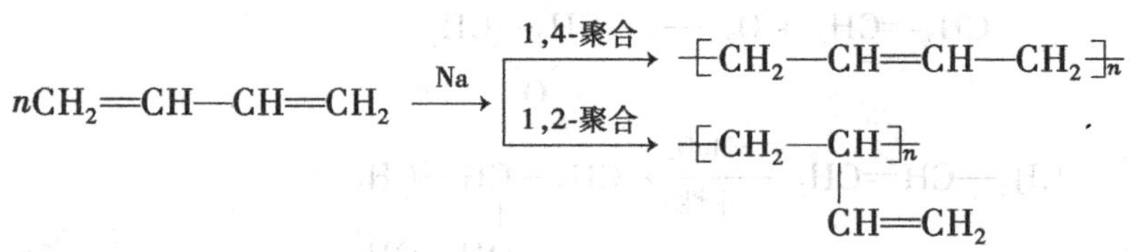

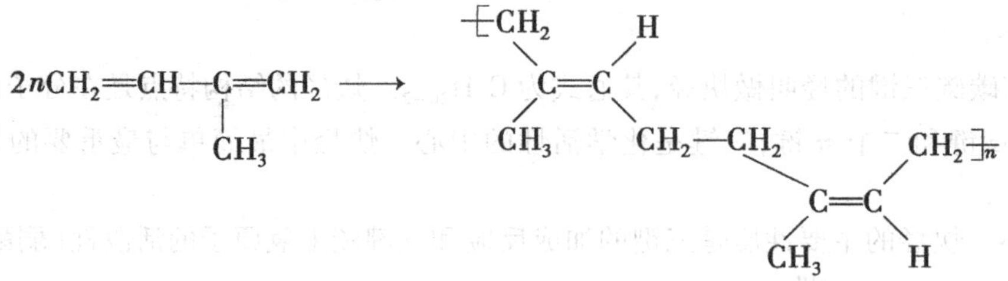

顺-1,4-聚异戊二烯(天然橡胶)

(5)**芳烃**

芳烃是一类芳香族碳氢化合物的简称,它是一类平面环状分子,具有芳香性。芳香性是指分子的特殊稳定性和分子平面上下具有环状的离域电子云分布,π 电子数符合 $4n+2$ 的休克规则。最常见的芳烃是苯,其分子式为 C_6H_6,分子结构呈正六角平面状,其组成是不饱和的,但却相当稳定。芳烃不易进行不饱和烃的加成与氧化反应,而容易进行取代反应。

1)简单芳烃与名称

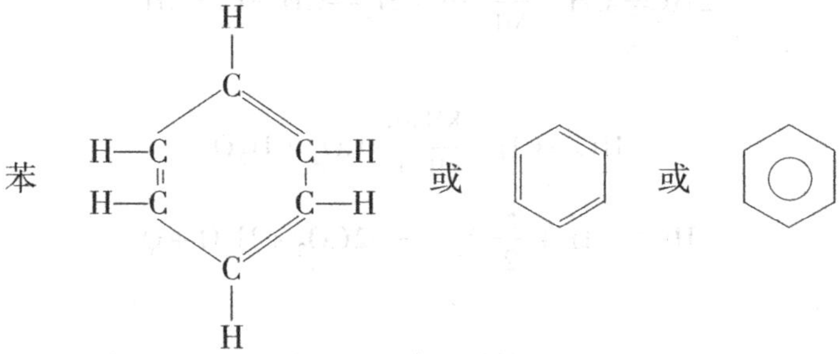

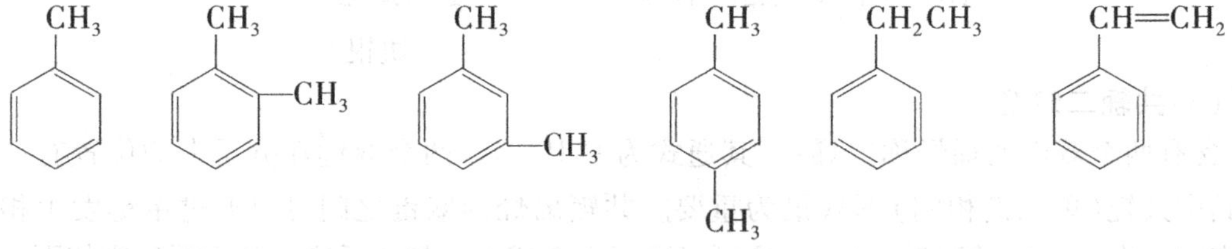

甲苯　邻二甲苯　间二甲苯　对二甲苯　乙苯　苯乙烯

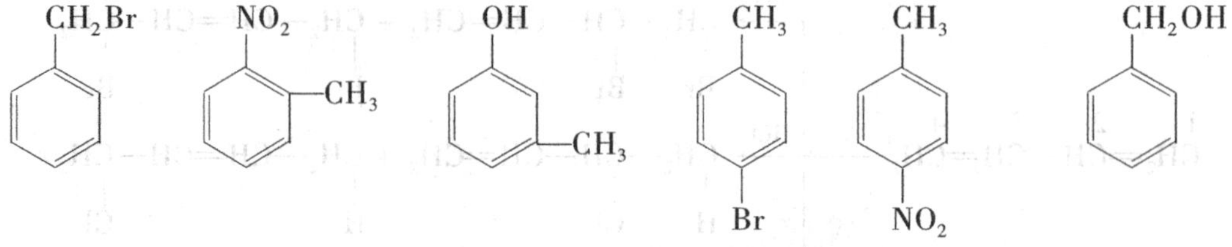

溴化苄　邻硝基甲苯　间甲基苯酚　对溴甲苯　对硝基甲苯　苯甲醇

2)主要化学反应　芳烃的主要化学反应有取代反应、加成反应、氧化反应等。芳烃容易发生取代反应,反应时芳环的体系不变。由于芳环的稳定性,只有在特殊的条件下才能进行加成反应。侧链烃基则具有脂肪烃的基本性质。

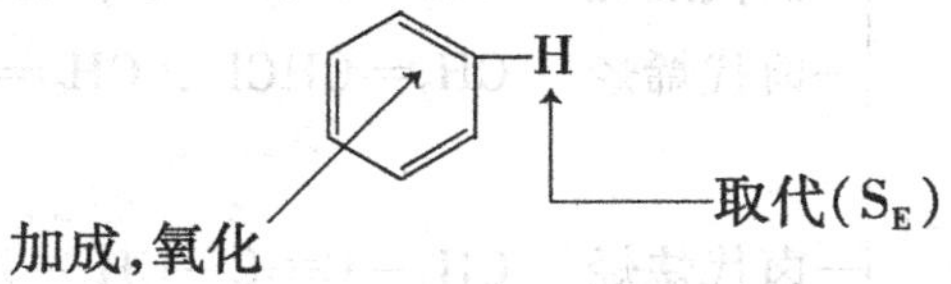

①亲电取代(S_E)反应

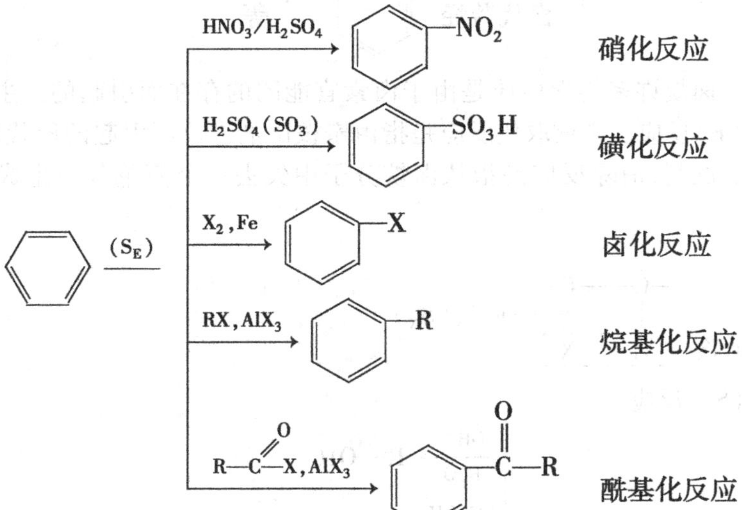

②加成反应

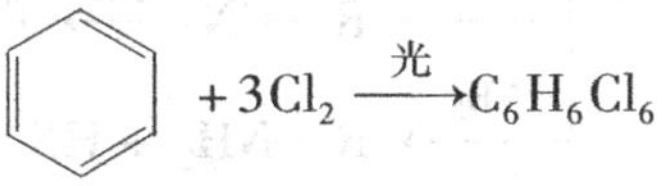

③氧化还原反应

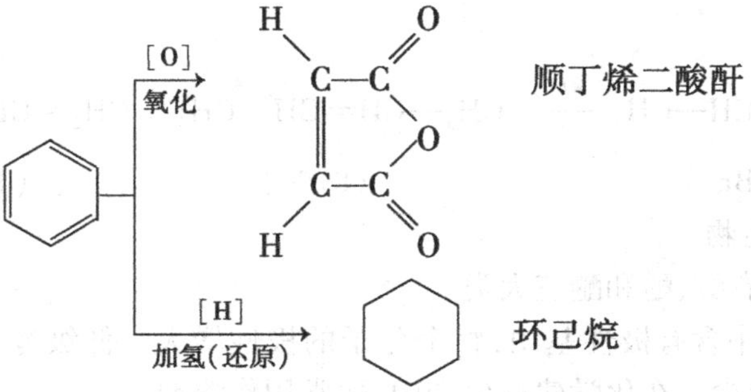

1.1.3　烃的衍生物

分子中的氢原子或碳原子被其他元素的原子或原子团取代的化合物统称为烃的衍生物。在化学建材中，常见的衍生物中的原子或原子团有：—X（X = F、Cl、Br、I），—OH ，—O— ，—COOH，—C(=O)— ，—CHO，—N(—)— ，$—SO_3H$ 等。

(1)**烃的卤代衍生物**

1)结构特点　不同烃类的卤代物具有不同的结构、性质。

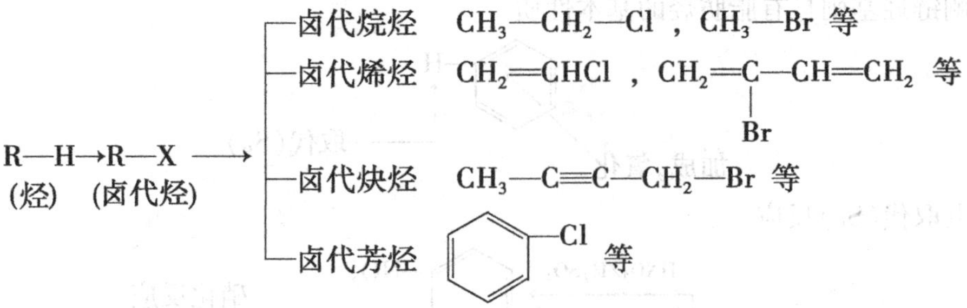

2）反应中心　卤烷许多化学性质是由于卤素官能团的存在而引起的。主要有亲核取代（S_N）反应和消除（E）反应。亲核取代反应是指由亲核试剂进攻而引起的取代反应，亲核试剂是指能提供电子的试剂；消除反应是指从卤烷分子中失去一个简单分子生成不饱和双键的反应。

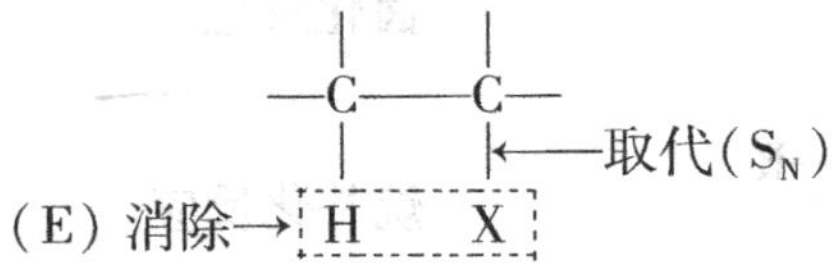

3）亲核取代（S_N）反应

$$R—X \xrightarrow{OH^-,\ H_2O} R—OH$$

$$R—X \xrightarrow{CH_3OH} R—O—CH_3 + HX$$

$$R—X \xrightarrow{NaCN} R—CN \xrightarrow{水解} R—COOH$$

$$R—X \xrightarrow{NH_3} R—NH_2 + HX$$

$$R—X \xrightarrow{RNH_2} R—NH—R + HX$$

4）消除（E）反应

$$CH_3—CH_2—\underset{\underset{Br}{|}}{CH}—CH_3 \xrightarrow[醇]{KOH} \underset{(81\%)}{CH_3—CH═CH—CH_3} + \underset{(19\%)}{CH_2═CH—CH_2—CH_3}$$

（2）烃的羟基衍生物

烃的羟基衍生物有醇、酚和醚三大类。

1）醇类　醇分子中含有极性基团，整个分子的极性增大。低级醇可溶于水，随分子质量增大，在水中溶解度减少。在化学建材生产中，醇常用作溶剂。

①结构特点　醇是脂肪链上含有烃基的化合物。

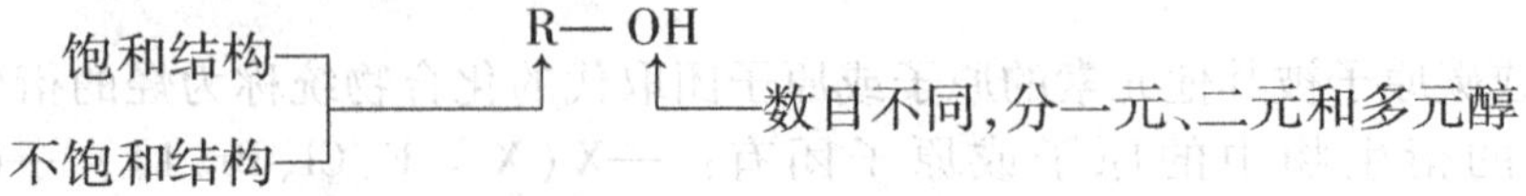

②反应中心　醇的化学性质由所含羟基（—OH）官能团所决定。主要有氢氧键断裂和碳氧键断裂两种不同类型的反应。

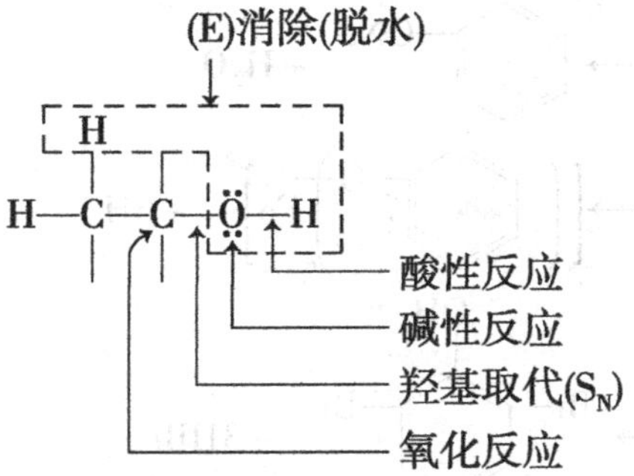

③主要反应　有与活泼金属的反应、卤烃生成、与无机酸的反应、脱水反应、氧化和脱氧。

$$R—OH + Na \longrightarrow R—ONa + \frac{1}{2}H_2$$

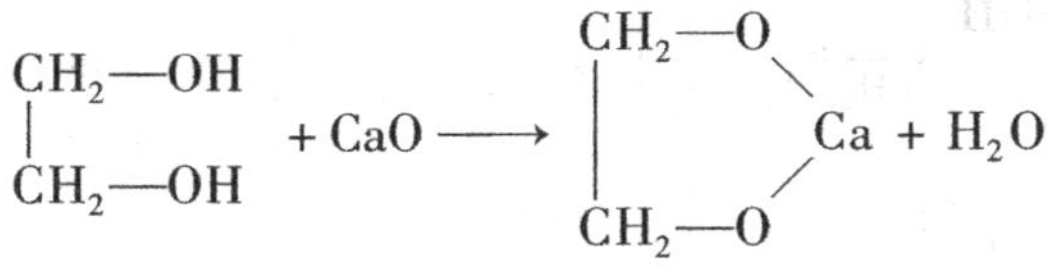

$$CH_3CH_2OH + H^+ \longrightarrow CH_3—CH_2—\overset{+}{O}(H)—H$$

（质子化醇）

$$CH_3CH_2—OH + HX \longrightarrow CH_3—CH_2—X + H_2O$$

$$CH_3CH_2—OH \xrightarrow[\triangle]{H^+} CH_2{=}CH_2$$

$$CH_3—CH_2—CH(OH)—CH_3 \xrightarrow[\triangle]{H^+} CH_3—CH{=}CH—CH_3 + CH_3—CH_2—CH{=}CH_2$$

（主要产物）

$$CH_3CH_2OH \xrightarrow[吡啶]{CrO_3} CH_3—\overset{O}{\overset{\|}{C}}—H \xrightarrow{[O]} CH_3—\overset{O}{\overset{\|}{C}}—OH$$

2）酚类　酚一般是固体，由于氢键的存在，沸点都较高。纯的苯酚是无色的，但是由于在空气中被氧化而带红色甚至褐色。酚是主要的高分子材料的原料。

①结构特点　酚是羟基直接连在芳环上的化合物。

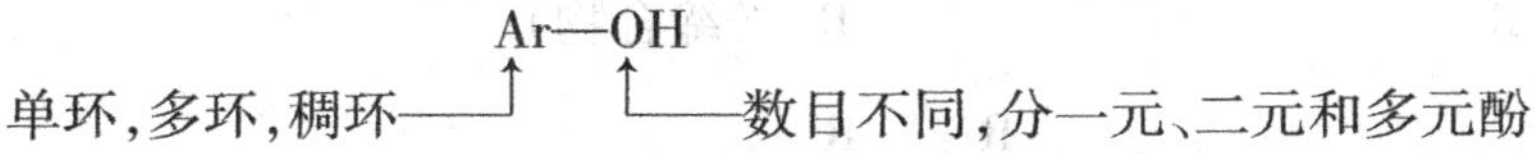

②反应中心　酚的化学性质主要表现在酸性反应和芳环上的邻对位的亲电取代反应。

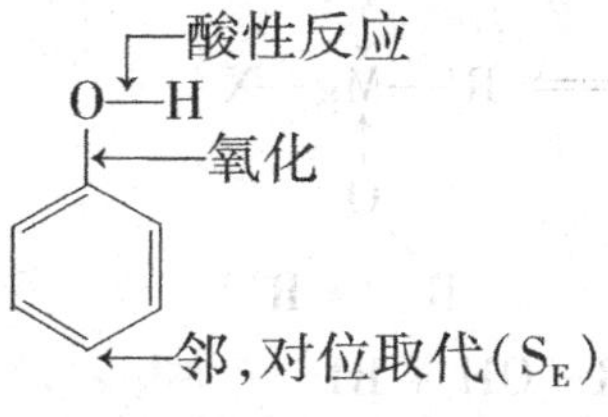

③主要反应　有酚羟基反应、芳环上的亲电取代反应。

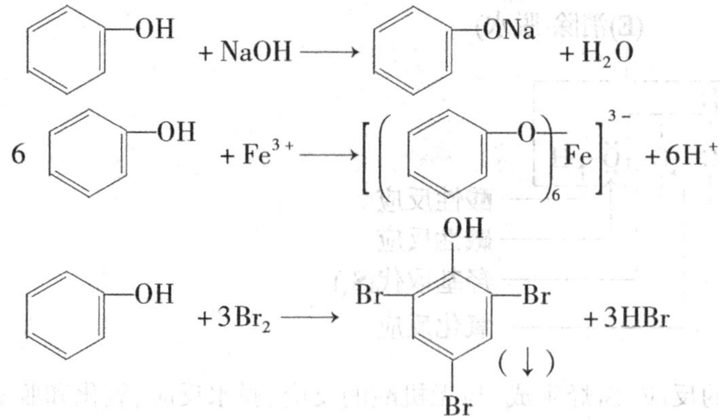

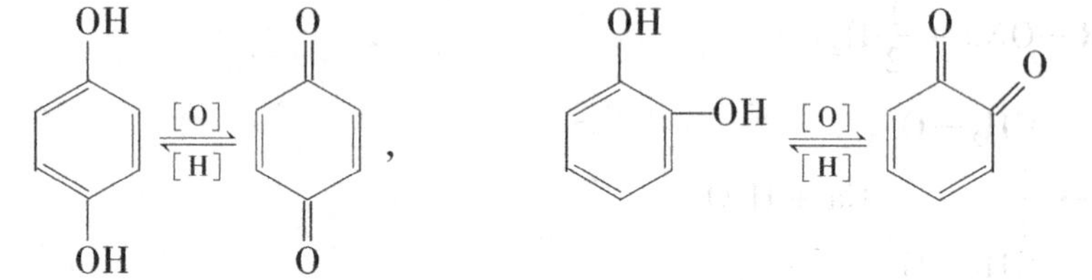

3）醚类　它是含有醚键的化合物，通式为 R—O—R，Ar—O—R，Ar—O—Ar。一般较稳定，由于分子间不能形成氢键，所以沸点比相同分子质量的醇低，在化学建材中常用作溶剂。

①反应中心　醚键的化学性质比较不活泼，在常温下不与金属钠反应，对碱、氧化剂和还原剂十分稳定，但能生成鉡盐和断裂醚键。

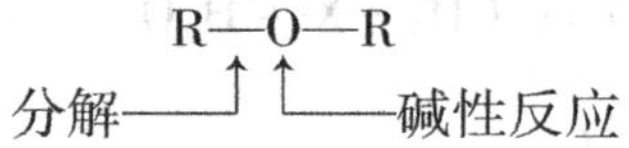

②主要反应　有鉡盐的生成和醚键的断裂。

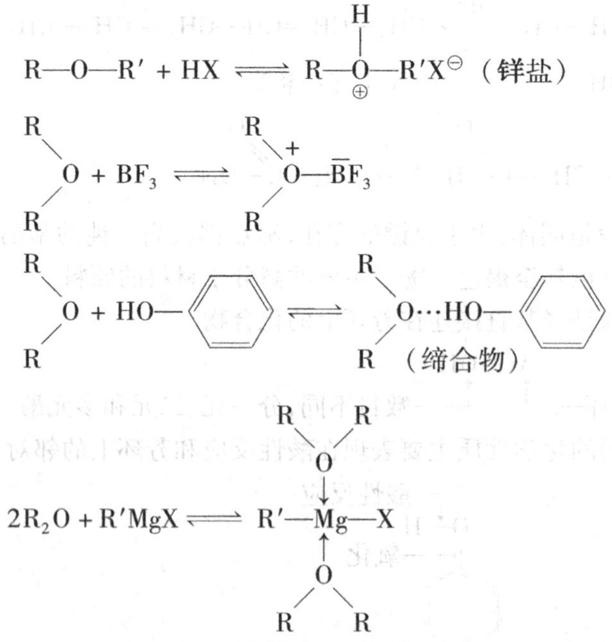

$$R_2O + HI \longrightarrow R—OH + RI$$

4）羰基衍生物　羰基衍生物是指分子中含羰基的化合物。羰基化合物有醛、酮两种。

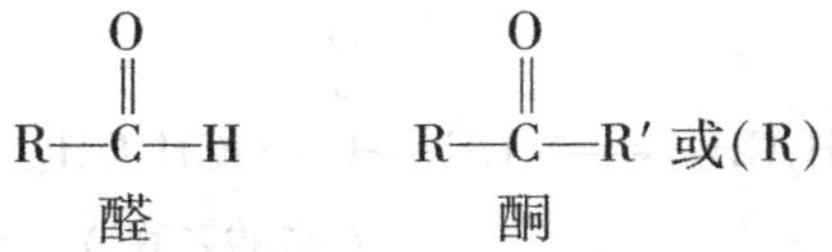

①反应中心　羰基衍生物的化学性质取决于碳氧双键，氧的电负性较强，碳氧双键上的电子云偏向于氧原子，它是极性的，而发生亲核加成反应。

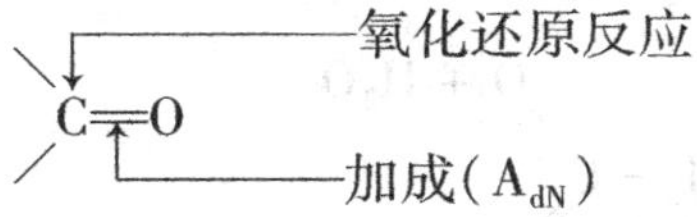

②主要反应　有加成反应、氧化和还原。

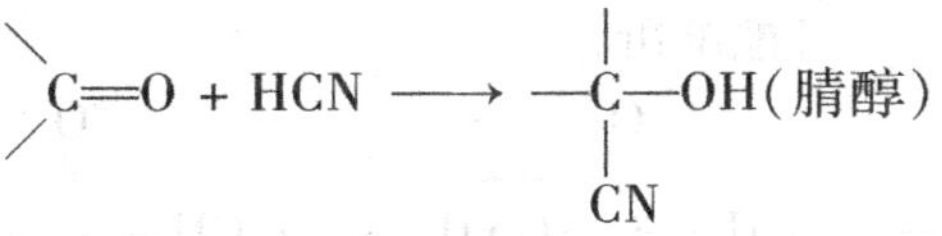

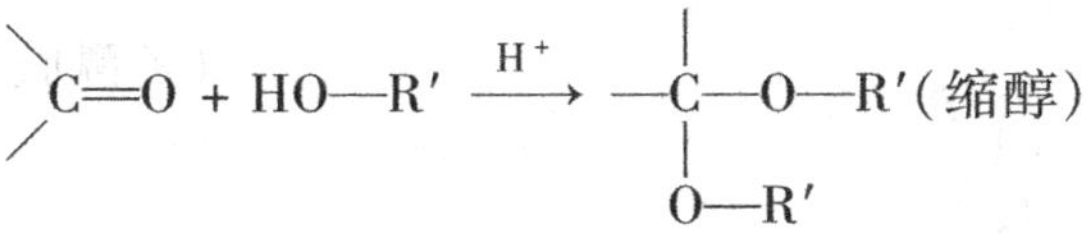

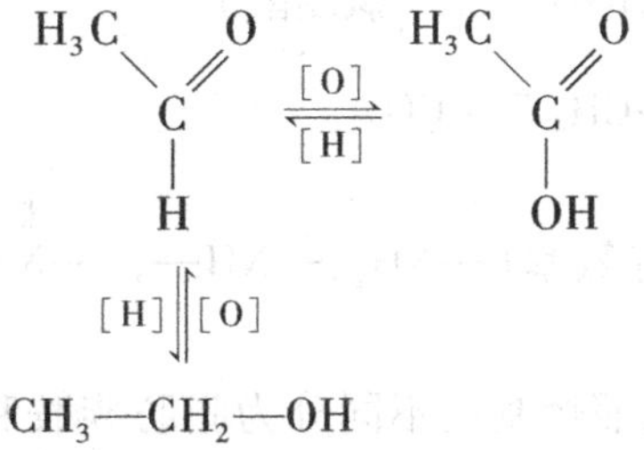

5)羧基衍生物　烃分子中含有羧基的化合物称为羧酸，它是有机酸的代表。羧酸中的—OH被取代形成了羧酸的四类重要衍生物：酰氯、酰胺、酐和酯。它们与羧酸一样都是化学建材的重要原料。

①结构特点　羧基衍生物按所含的羧基数目不同，可分为一元、二元、多元羧酸等。

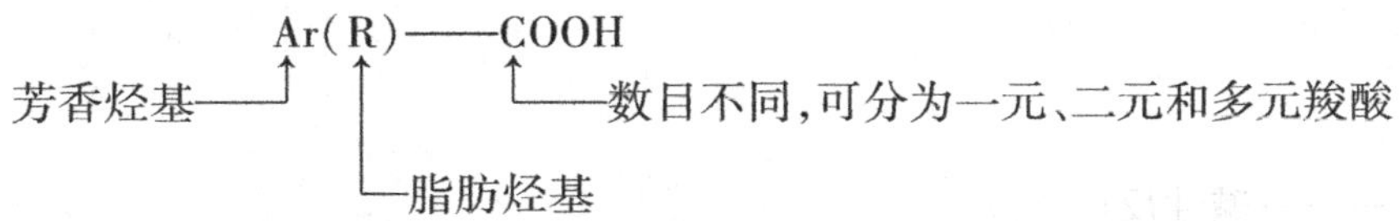

②反应中心　羧酸的化学反应是根据分子结构中键的断裂方式不同而发生不同的反应，表示如下：

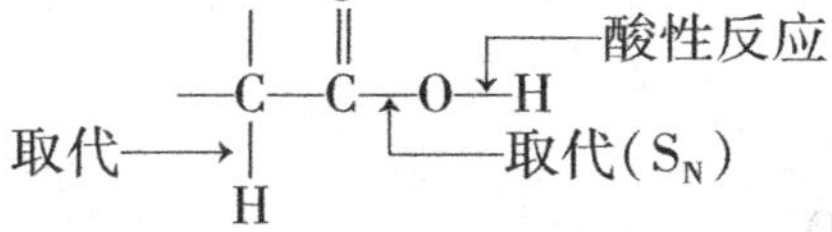

③主要反应　有酸性和成盐、羧酸衍生物生成、脱羧反应等。

$RCOOH + NaOH \longrightarrow RCOONa + H_2O$

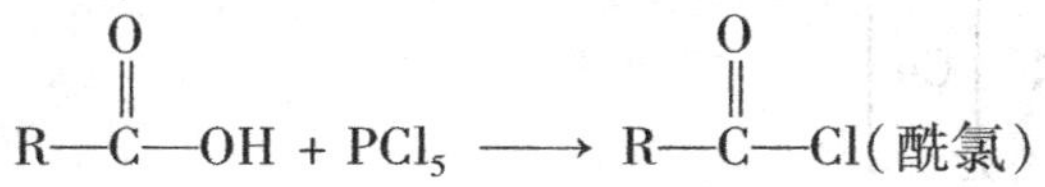

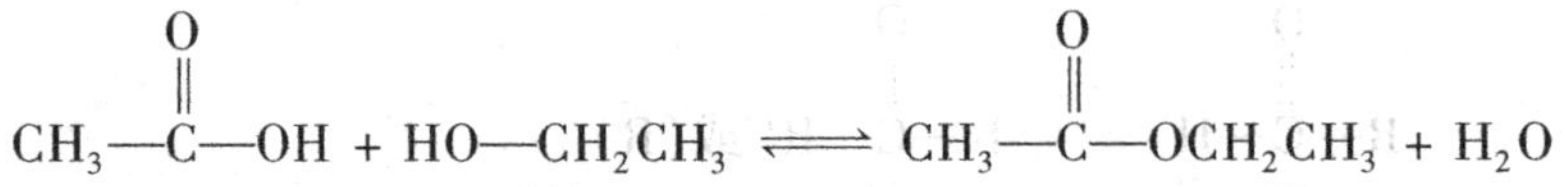

（醋酸乙酯）

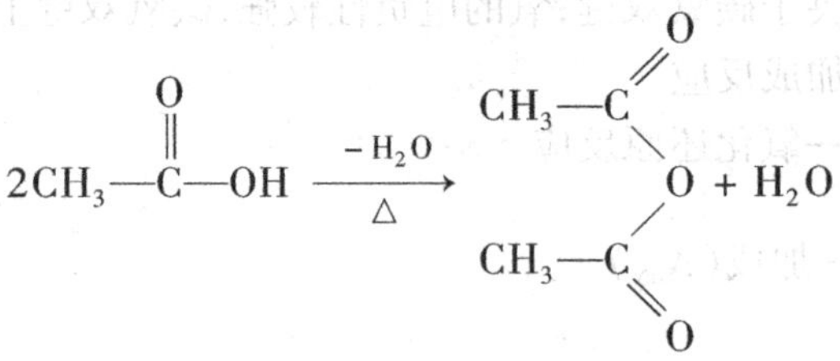

（醋酸酐）

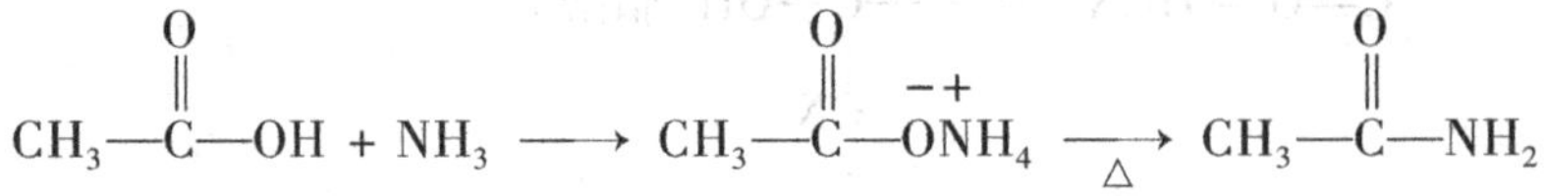

（乙酰胺）

$$CH_3COOH + Cl_2 \xrightarrow{P} ClCH_2COOH \quad （一氯醋酸）$$

$$CH_3COOH + NaOH \xrightarrow[\text{脱羧反应}]{CaO\ \triangle} CH_4\uparrow + CO_2$$

6）氨基衍生物　分子中含有氨基（$-NH_2$，$-NH-$，$-\overset{|}{N}-$）的有机化合物称为胺类化合物。

①结构特点　胺类化合物按照烃基的不同分为脂肪族胺和芳香族胺，根据分子中氨基的数目可分为一元胺、二元胺等。

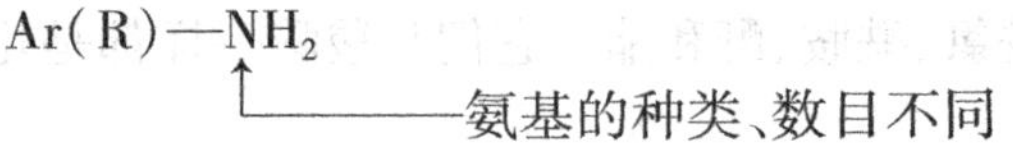

②反应中心　胺的化学性质与氨相似，具有碱性。

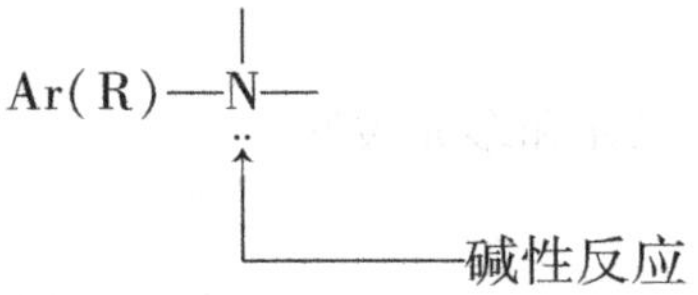

③主要反应　胺的主要化学反应发生在氨基氮上，它有一对未共用的电子对，具有提供电子的能力。

$$CH_3-NH_2 + HCl \longrightarrow CH_3\overset{+}{N}H_3Cl^-$$

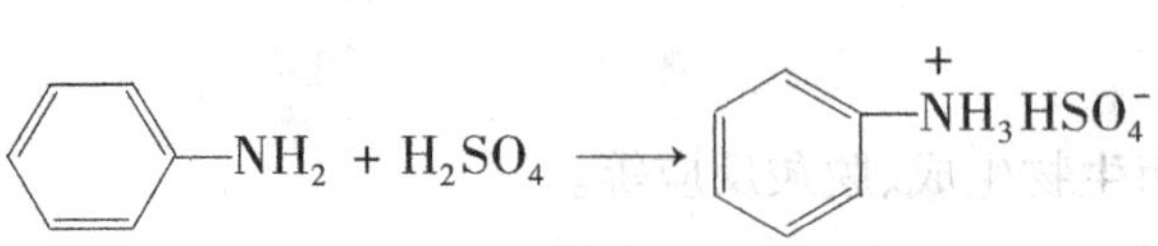

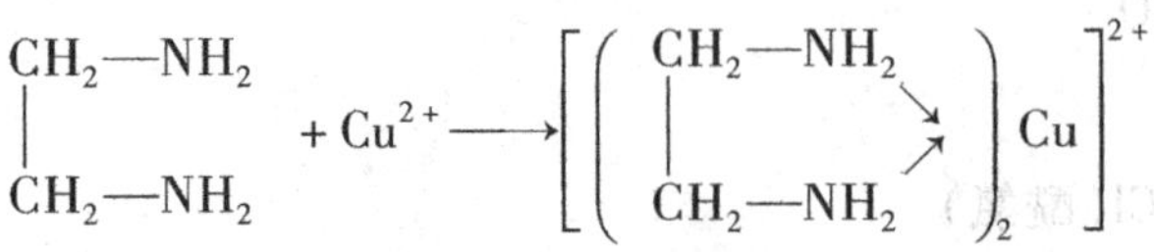

7)芳香杂环化合物　具有芳香性的杂环化合物,且环中杂有 O,N,S 等原子,分子具有环状平面性和一定的饱和性,π 电子数符合 4n+2 规则,能进行类似芳烃的化学反应。常见的杂环化合物如下:

呋喃

噻吩

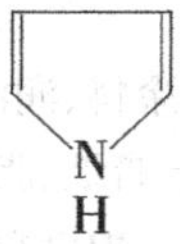

吡咯

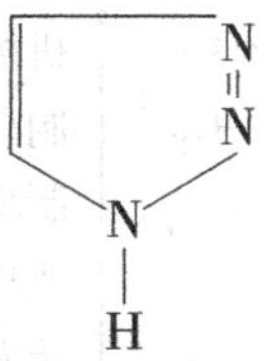

吡唑

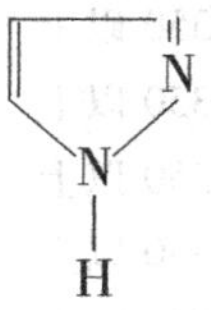

咪唑

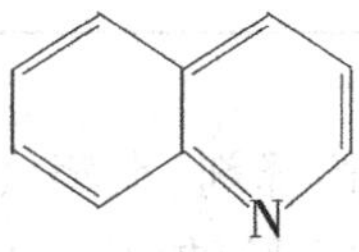

喹啉

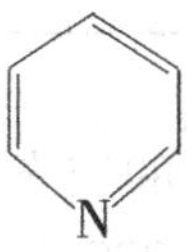

吡啶

1.1.4　化学建材基本原料来源

生产化学建材的原料很广,获得的途径也很多,但最基本的还是通过石油化工、煤化工等来获取。

(1)石油化工路线

石油原油经炼制得到汽油、石脑油、煤油、柴油等馏分。用它们作原料进行高温裂解,由其裂解气分离得到乙烯、丙烯、丁烯、丁二烯等;产生的液体加氢后,催化重整转化为芳烃,经萃取分离可得到甲苯、苯、二甲苯等芳烃化合物。然后可将它们直接用作单体或进一步经化学加工以生产一系列单体。石油化工路线是当前最重要的单体合成路线。

1)石油的炼制产品　在常压下,于 300 ~ 400 ℃蒸馏石油原油,依各组分沸点的不同,得到不同的馏分,如表 1.1 所示。

表 1.1　石油的分馏产物

产品		沸点范围/℃	大致组成	用途
石油气		40 以下	$C_1 \sim C_4$	燃料、化工原料
粗汽油	石油醚	40 ~ 60	$C_5 \sim C_6$	溶剂
	汽油	60 ~ 205	$C_7 \sim C_9$	内燃机燃料、溶剂
	溶剂油	150 ~ 200	$C_9 \sim C_{11}$	溶剂(溶解橡胶、油漆)
煤油	航空煤油	145 ~ 245	$C_{10} \sim C_{15}$	喷气式飞机燃料油
	煤油	160 ~ 310	$C_{11} \sim C_{16}$	煤油、燃料、工业洗涤油

续表

产　品	沸点范围/℃	大致组成	用　途
柴　油	180 ~ 350	C_{16} ~ C_{18}	柴油机原料
机械油	350 以上	C_{16} ~ C_{20}	机械润滑
凡士林	350 以上	C_{18} ~ C_{22}	制药、防锈涂料、润滑、化工原料
石　蜡	350 以上	C_{20} ~ C_{24}	制皂、蜡烛、蜡纸、脂肪酸等
燃料油	350 以上		船用燃料、锅炉燃料
沥　青	350 以上		防腐绝缘材料、铺路及建筑材料
石油焦	350 以上		制电石、碳精棒等

2)石油裂解产品　石油裂解过程是将沸点 350 ℃以下的液态烃，在稀释剂、水蒸气存在下，经 750 ~ 820 ℃高温裂化为低级烯烃、二烯烃。沸点低于 220 ℃的直馏石脑油(C_7 ~ C_9)在 820 ℃下通过管式炉裂解，制得芳烃。

3)石油产品的再加工产物　石油经热解分离可以得到烯烃和芳烃(苯、甲苯、二甲苯)等，它们是重要的基本有机原料。烯烃中的乙烯、丙烯和丁二烯可以合成各种树脂与橡胶，应用于化学建材各类产品的生产中。

①乙烯

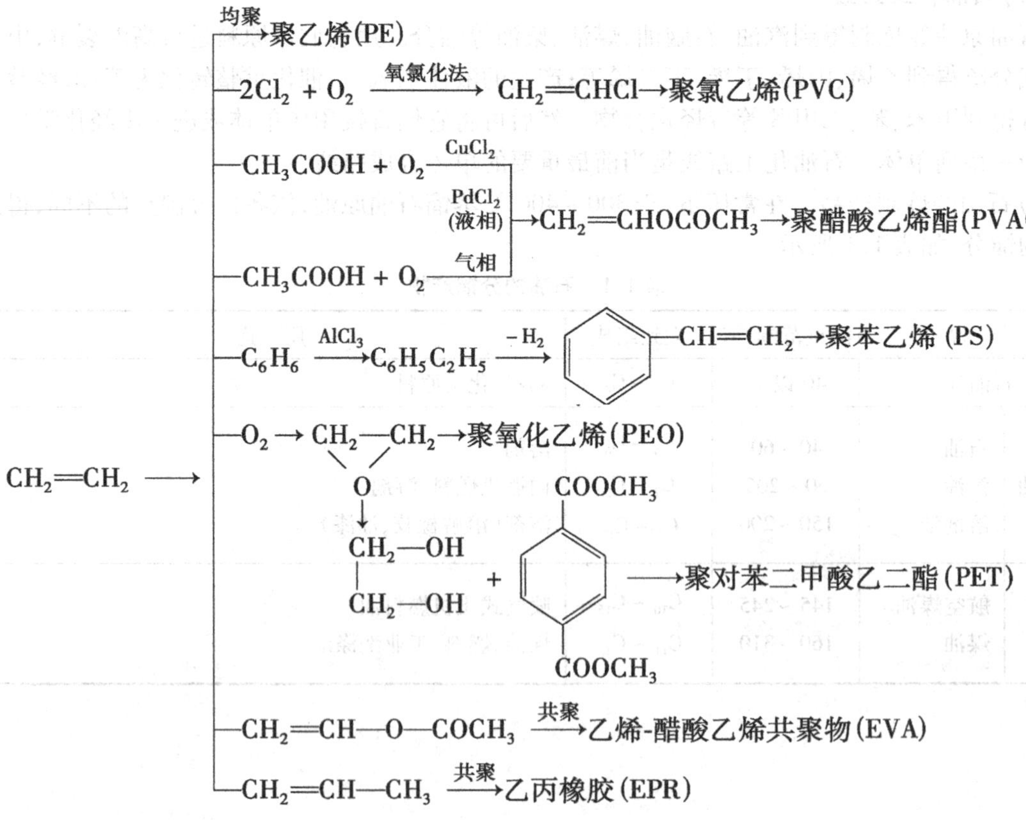

②丙烯

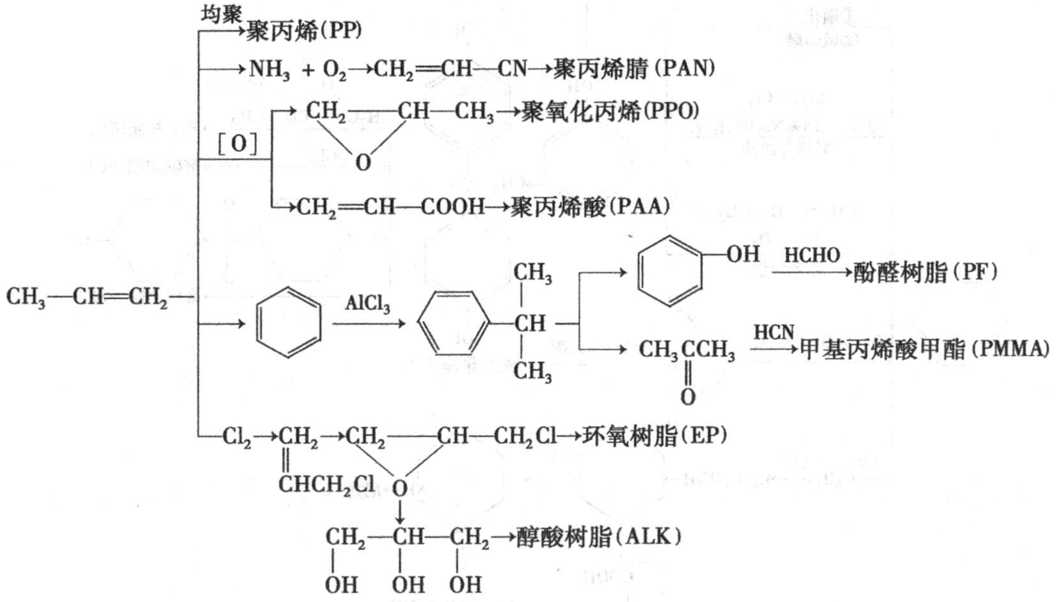

③1,3-丁二烯

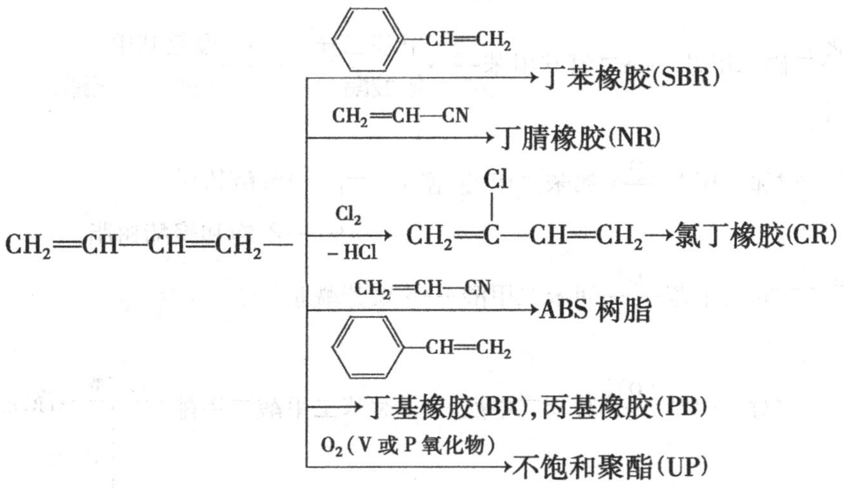

④芳烃

• 苯:

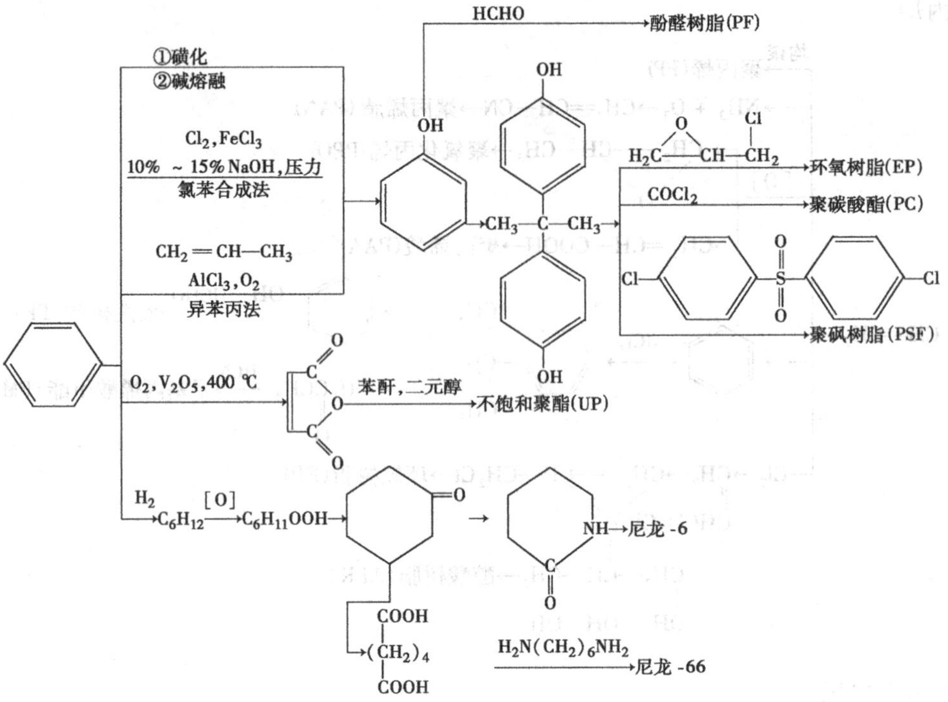

• 甲苯:

甲苯 $\xrightarrow{\text{硝化}}$ 二硝基甲苯 ⟶ 二氨基甲苯 ⟶ 甲基二异氰酸酯 $\xrightarrow{\text{多元醇}}$ 聚氨基甲酸酯(聚氨酯)

• 二甲苯:

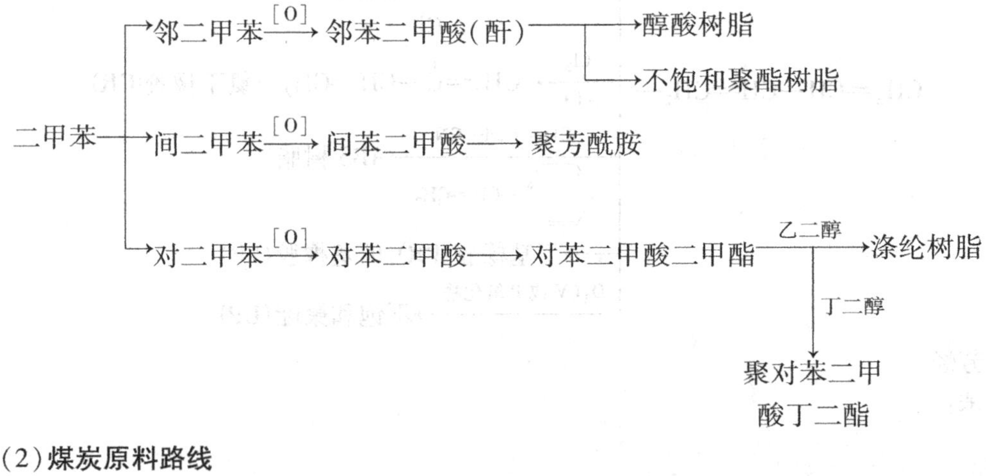

(2)**煤炭原料路线**

煤炭在高温和隔绝空气下干馏,则产生煤气、氨、煤焦油和焦炭。煤焦油经分离可以得到苯、甲苯、二甲苯、萘、蒽、苯酚及甲苯酚等。它们都是重要的有机化工原料和单体的生产原料。

焦炭与生石灰在 2 500 ~ 3 000 ℃的高温电炉中,强热生成碳化钙(电石)。碳化钙与水作用生成乙炔气体。乙炔是重要的有机化工原料和单体的生产原料。我国大部分氯乙烯单体、氯丁二烯单体及一部分醋酸乙烯单体都是以乙炔为原料生产的。由于生产电石需要大量的电能,在经济上不合理。但综合历史原因和资源状况,乙炔仍是重要的高分子合成的基本原料。

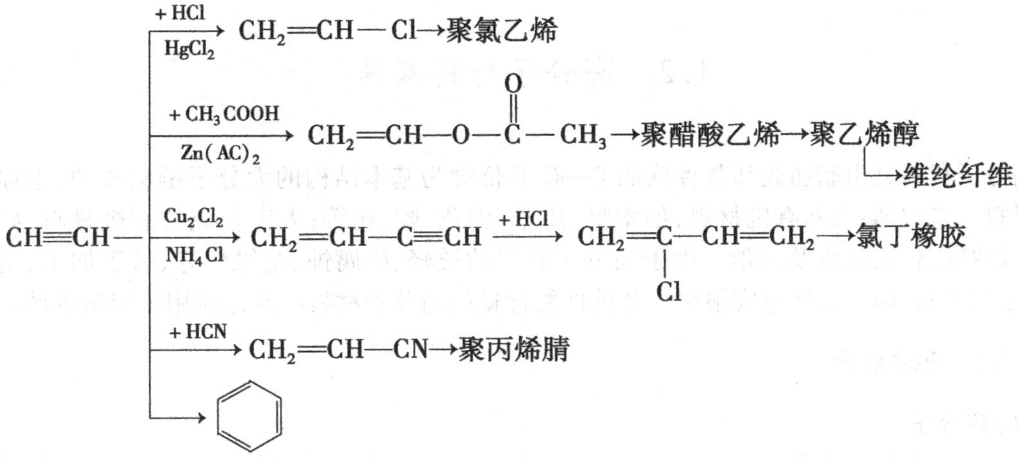

(3)其他原料路线

此外,高分子单体原料也可以来自自然界存在的植物、农副产品等。它们不仅可以用来提炼单体,也可以利用天然产的高分子化合物原料,经化学加工得到塑料和人造纤维。比如,米糠、稻草、棉籽壳、玉米芯等农副产品经酸水解、再脱水而制得的重要单体——糠醛。糠醛类树脂具有优良的耐化学腐蚀性,可用于制造耐酸涂层和耐酸腻子等。

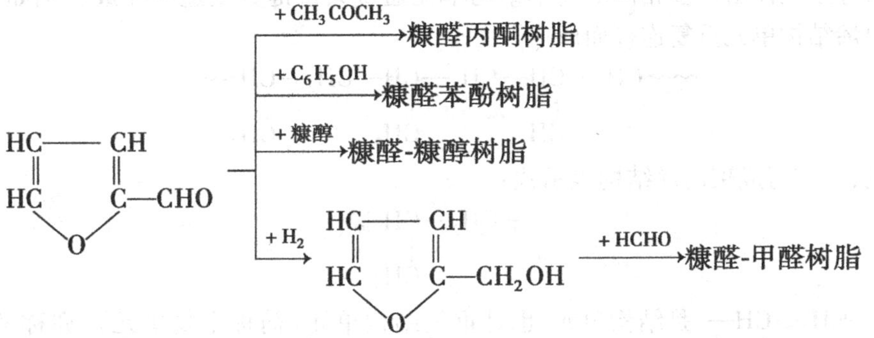

植物的主要化学成分是天然高分子化合物——纤维素。以棉花纤维的纤维素含量最高;木材经化学加工脱除胶质、木质素等,得到的纸浆也是较纯粹的纤维原料。纤维素的分子通式为$[C_6(H_2O)_5]_n$,其结构式为:

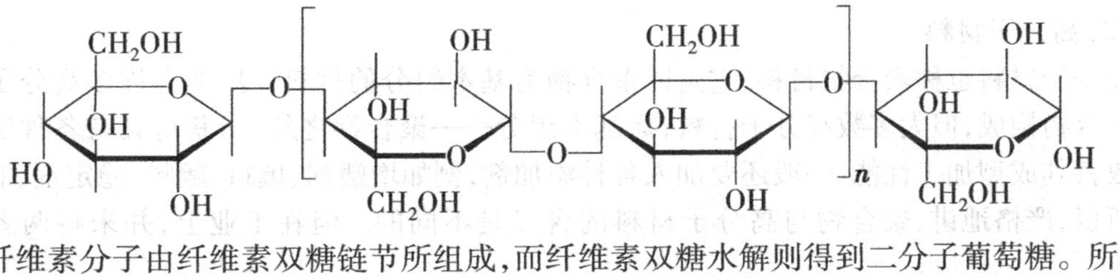

纤维素分子由纤维素双糖链节所组成,而纤维素双糖水解则得到二分子葡萄糖。所以,纤维素分子也可以看作葡萄糖的环状半缩醛链节所组成的高分子化合物。每一个环状半缩醛含有三个游离的羟基,它可以发生化学反应,而未改变其大分子结构。经酯化或醚化反应生成相应的纤维素或纤维素醚。

1.2 高分子材料基础

高分子材料是由脂肪族和芳香族的 C—C 共价键为基本结构的大分子链构成的，也称为有机材料。它包括：天然有机材料，如木材、皮革、棉花、胶、丝等；人工合成的有机材料，如塑料、合成橡胶、合成纤维及其他。由于高分子材料的质轻、耐腐蚀、绝缘性好、易于加工、用途广，且原料丰富，因而发展速度很快。各种性能优良的高分子材料广泛地应用于建筑领域。

1.2.1 基本概念

(1)高分子

高分子化合物一般是由低分子质量物质(单体)通过聚合反应，转化为含有许多重复单元的大分子，常简称高分子，又称聚合物或高聚物。低分子和高分子之间并无严格的界线，相对分子质量在10 000以上者常称作高分子化合物。严格地讲，高分子和聚合物并不等同。因为有些高分子化合物并非由简单的重复单元连接而成，而仅仅是分子质量很高的物质，这就不宜称作聚合物。但通常这两个词是相互混用的。

一个大分子往往由许多相同的简单结构单元通过共价键重复连接而成。例如，聚丙烯大分子是由丙烯结构单元重复连接而成。

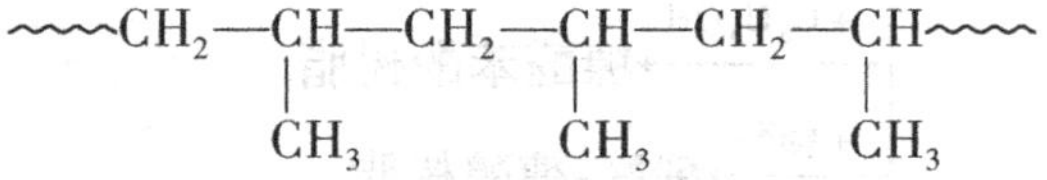

为方便起见，可缩写成聚丙烯结构表示式：

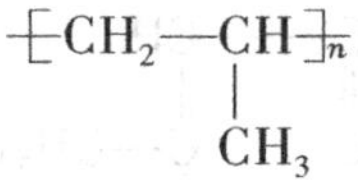

其中 $-CH_2-CH(CH_3)-$ 是结构单元，也是重复结构单元(简称重复单元)，亦称链节。形成结构单元的分子称作单体。结构式中 n 代表重复单元数，又称聚合度，它是衡量分子质量大小的一个指标。

(2)高分子材料

高分子材料也称聚合物材料，它是以聚合物为基本组分的材料。虽然有许多高分子材料仅由聚合物构成，但大多数高分子材料，除基本组分——聚合物之外，为获得具有各种实用性能或改善其成型加工性能，一般还要加入各种添加剂，例如增塑剂、填料、颜料、稳定剂、润滑剂等。所以，严格地讲，聚合物与高分子材料的含义是不同的。但在工业上，并未将两者严格区分。

1.2.2 命名

聚合物和以聚合物为基础组分的高分子材料有三组独立的名称，即化学名称、保护商品名称或专利商标名称以及习惯名称。此外，在描述常用的塑料和橡胶时，常使用以基础组分聚合物的化学名称为基础的标准缩写名。

(1)化学名称

化学名称是根据大分子链的化学结构而确定的名称,国际纯化学和应用化学联合会(IUPAC)1937年提出了以结构为基础的系统命名法。按结构命名,名称严谨。例如俗名分别为聚乙烯、聚丙烯、聚氯乙烯,而按系统命名法则命名为聚次乙基、聚(1-甲基乙烯)、聚(1-氯代乙烯)。显得很烦琐,目前仅见于学术研究文献中,尚未普遍采用。

$$\mathrm{-\!\!\![CH_2-CH_2]_n\!\!\!-}\ ,\quad \mathrm{-\!\!\![CH_2-\underset{\displaystyle CH_3}{\underset{|}{CH}}]_n\!\!\!-}\ ,\quad \mathrm{-\!\!\![CH_2-\underset{\displaystyle Cl}{\underset{|}{CH}}]_n\!\!\!-}$$

(2)按来源和制备方法命名

以单体或假想单体名称为基础,前面冠以“聚”字,就成为聚合物名称。大多数烯类单体的聚合物均按此命名。如聚乙烯、聚丙烯、聚氯乙烯、聚苯乙烯分别是乙烯、丙烯、氯乙烯、苯乙烯的聚合物。聚乙烯醇则是假想单体乙烯醇的聚合物。

尿素和甲醛、苯酚和甲醛、甘油和邻苯二甲酸酐的反应产物分别称为脲醛树脂、酚醛树脂和醇酸树脂,即取其原料简称,后附“树脂”二字来命名。

(3)化学分类名称

重要的杂链聚合物,通常采用化学分类名称,它是以该类材料中所有品种所共有的特征化学单元为基础的。例如,环氧树脂、聚酰胺、聚酯、聚氨基甲酸酯的特征化学单元分别为环氧基、酰胺基、酯基和氨基甲酸酯基。至于具体品种,应有更详细的名称。例如,己二胺和己二酸的反应产物称为聚己二酰己二胺。

(4)聚合物为弹性体命名

许多合成橡胶是共聚物,常从共聚单体中各取一字,后附“橡胶”二字命名,如丁(二烯)苯(乙烯)橡胶、乙(烯)丙(烯)橡胶、丁(二烯)(丙烯)腈橡胶等。

(5)商品名称或专利商标名称

商品名称或专利商标名称是由材料制造商命名的,突出所指的是商品或品种。这样的材料很少是纯聚合物,常常是指某个基本聚合物和添加剂的配方。很多商品名称是按商号章程设计的。

(6)习惯名称和缩写符号名称

习惯名称是沿用已久的习惯叫法。如聚酰胺类的习惯名称为尼龙,聚对苯二甲酸乙二醇酯的习惯名称为涤纶等,因其简单而普遍采用;许多聚合物化学名称的标准缩写也因其简便而日益广泛地采用。缩写符号名称应采用印刷体,大写,不加标点。常见聚合物的缩写符号见附录。

1.2.3　分类

聚合物可以根据来源、性能、结构、用途等不同进行分类。这里仅简要介绍工业上常用的分类方法。

(1)按高分子链的组成分类

根据聚合物大分子链的组成不同,可以分为4类。

1)碳链高分子　分子主链全部由碳原子以共价键相连结的大分子为碳链高分子,绝大部分烯类和二烯类聚合物都属于这一类。如聚乙烯、聚丙烯、聚苯乙烯、聚氯乙烯及聚丁二烯等。

主要用作板材、管材、薄膜等。

2)杂链高分子　分子主链中除含有碳原子以外,还含有如氧、氮、硫等两种或两种以上的其他原子,并以共价键相连接的高分子称为杂链高分子。常见的有聚酯、聚醚、聚酰胺、聚硫橡胶等。常用作涂料、粘合剂、密封材料及工程塑料等。

3)元素有机高分子　主链中含有硅、硼、磷、铝、钛、砷、锑等元素的高分子称为元素有机高分子。其特征是主链上不含碳原子,而在侧基里包含有有机基团,如聚硅氧烷。有机硅主要用于制造硅橡胶、有机硅涂料、胶粘剂和密封材料等。

4)无机高分子　分子主链上既不含碳元素也不含有机取代基,而完全是由其他元素构成的高分子。如石墨、金刚石、碳纤维、氮化硼及碳化硼等。

(2)按性能和用途分类

根据以聚合物为基础组分的高分子材料的性能和用途不同,可将聚合物分成塑料、橡胶、纤维、粘合剂、涂料、功能高分子等不同类别。这实际上是高分子材料的一种分类,并非聚合物的合理分类,因为同一种聚合物,根据不同的配方和加工条件,往往既可以用作这种材料也可以用作那种材料。例如,聚氯乙烯既可以作塑料亦可作纤维,又如尼龙是典型纤维材料,也可以用作工程塑料。

1.2.4　聚合反应

由低分子单体(或反应物)转变成聚合物的反应称为聚合反应。按照聚合机理或动力学,可以将聚合反应分为连锁聚合和逐步聚合。为改善聚合物的某些性能,还可以进行共聚合反应。

(1)连锁聚合反应

连锁聚合需要活性中心,活性中心可以是自由基、阳离子或阴离子等不稳定的中间体。由于这类粒子的活性很高,使得反应速率极快,而且具有连锁性。不同的活性中心会形成相应的连锁聚合,如自由基聚合、离子聚合等。单体只能与活性中心反应而使链增长,彼此间不能反应。因此,连锁聚合反应的关键是活性中心的形成,活性中心的破坏就是链终止。

1)反应单体　一般烯烃及二烯烃类单体容易按照连锁聚合的机理进行加成聚合反应,形成加聚产物。如适用于生产化学建材原料的单体主要有乙烯、丙烯、丁烯、异丁烯、丁二烯、异戊二烯、氯丁二烯、苯乙烯、氯乙烯、醋酸乙烯酯、丙烯酸及丙烯酸酯类等。

2)反应机理　连锁聚合的特征是整个聚合过程一般包括链引发、链增长、链终止和链转移等基元反应过程。本节以自由基活性中心为例说明连锁聚合反应机理。

- 链引发反应是形成单体自由基活性种的反应。用引发剂引发时,包括引发剂 I 分解,生成初级自由基 $R^{\bullet}$;初级自由基与单体加成,形成单体自由基,单体自由基继续与其他单体加聚,而使链增长。

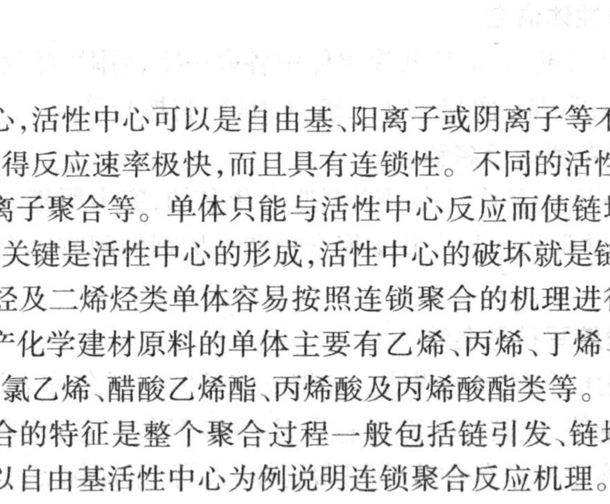

- 链增长反应是在链引发阶段形成的单体自由基,仍具有活性,能打开第二个烯类分子的

π 键，形成新的自由基。新自由基活性并不衰减，继续和其他单体分子连续反应，形成单元更多的链自由基。

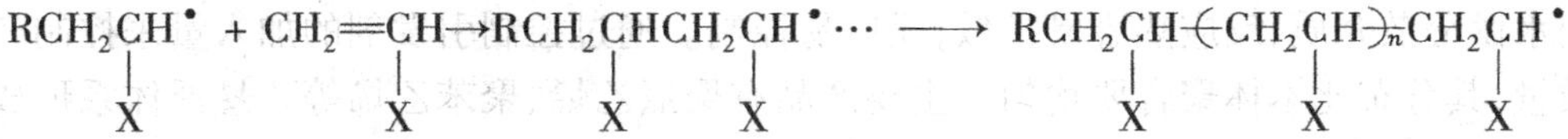

（链自由基）

链增长是放热反应、活化能低、链增长速率极高，取代基在空间上排布是无定型的，结构单元有不同键接形式，由于电子效应和位阻效应，以头-尾式链接为主。对于共轭稳定较差的单体，如醋酸乙烯酯，会有一些“头-头”链接出现，当聚合温度升高时，头-头式结构将增多。

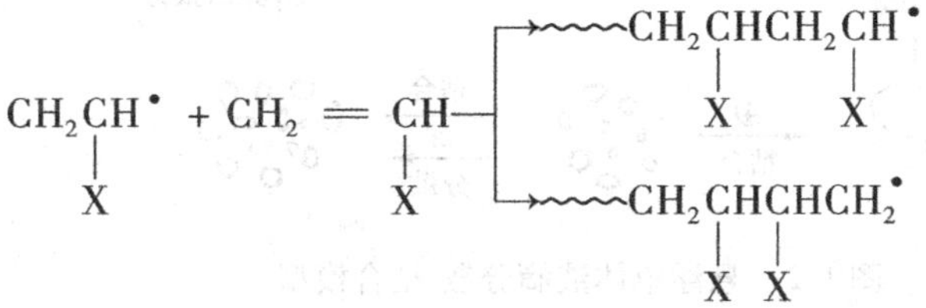

头 - 尾

头 - 头

• 链终止有偶合终止和歧化终止两种形式。偶合终止是指两链自由基的孤电子相互结合成共价键的终止反应。其结果是大分子的聚合度为链自由基重复单元的两倍。用引发剂引发并无链转移时，大分子两端均为引发剂残基。

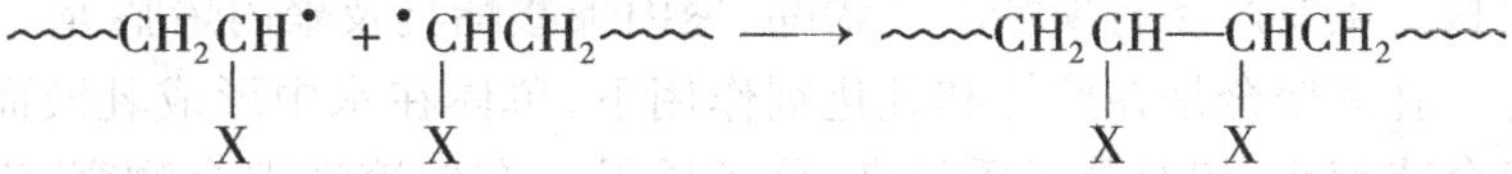

歧化终止是指某链自由基夺取另一自由基的氢原子或其他原子的终止反应，其结果是大分子的聚合度与链自由基中单元数相同，而每个大分子链中只有一端为引发剂残基，另一端则为饱和或不饱和的碳-碳键，两者各半。

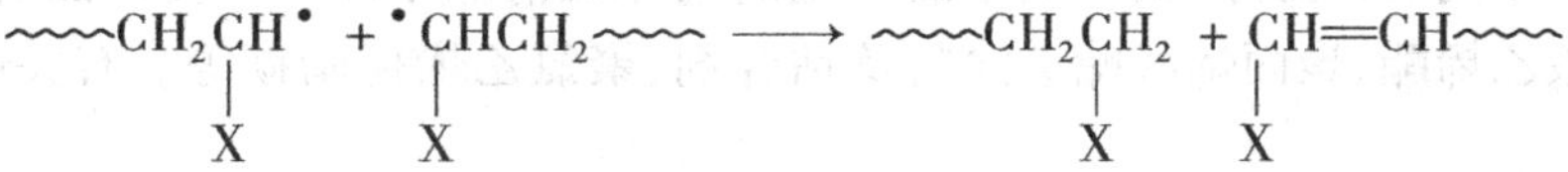

任何自由基聚合都有上述链引发、链增长、链终止基元反应。其中引发速率最小，是控制整个聚合反应速率的关键步骤；链转移是链活性自由基可能从单体、溶剂、引发剂等低分子或大分子上夺取一个原子而终止，并使这些失去原子的分子成为自由基，继续新链的增长，使聚合反应继续进行下去。向低分子转移的结果，终止了原有自由基，产生了新的自由基，聚合产物的相对分子质量有不同程度的降低。

3）连锁聚合反应方法　按照聚合产物相的不同，通常有气相、液相和固相聚合三种。其中液相聚合反应的应用最为广泛。液相聚合按其反应介质和反应条件的不同，又可以分为本体聚合、悬浮聚合、溶液聚合及乳液聚合四种。

①本体聚合　本体聚合亦称块状聚合，它是单体本身的聚合，不需要另加水或溶剂，所得的产物纯度高，一般以固体形式存在。为了得到某些性能，在聚合过程中还加入有关助剂，如着色剂、增塑剂、分子质量调节剂等。该反应的特点是达到一定的转化率后，反应速率及产物的分子质量随转化率的提高而增大，在聚合过程中存在自动加速效应。由于体系没有分散介质，这种效应导致聚合热不易扩散，温度难以控制，有可能造成产物的分子质量分布较宽、产品有气泡、易老化、易变色等。主要产品有低密度聚乙烯、聚氯乙烯、聚甲基丙烯酸甲酯及聚丙烯腈等。

②悬浮聚合　悬浮聚合亦称珠状聚合,是以水为介质,在强力搅拌下,将不溶于水的单体分散为无数小液珠,分散剂使小珠稳定。油溶性引发剂溶于单体中,聚合在小液珠内进行。特点是用水做分散介质,反应热容易扩散,反应易控制。通过控制引发剂的加入量来控制产物的分子质量,其分布比本体聚合要均匀。主要产品有聚氯乙烯、聚苯乙烯等。悬浮体系形成过程如图1.2所示。

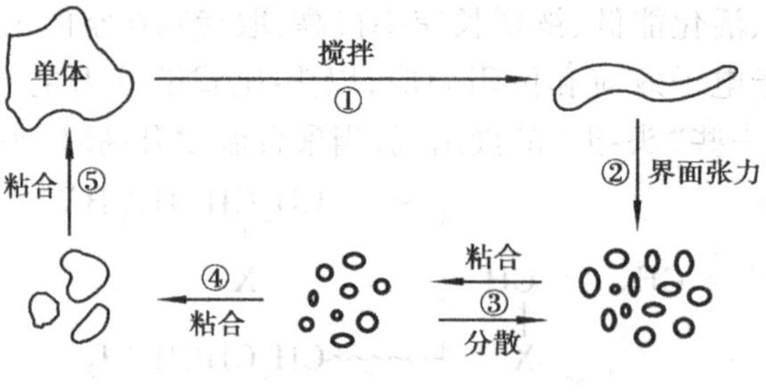

图1.2　悬浮单体液滴分散-粘合模型

③溶液聚合　将单体溶解于溶剂中进行聚合的方法叫做溶液聚合,它有均相溶液聚合和非均相(沉淀)溶液聚合两类。单体和所生成的聚合物都能溶解于溶剂者称为均相溶液聚合,如果单体能溶于溶剂而聚合物被析出者叫做沉淀聚合。涂料中广泛使用均相溶液聚合,所得溶液直接用于涂料。主要产品有聚醋酸乙烯酯、聚丙烯酸酯类及聚丙烯腈等。

④乳液聚合　乳液聚合是在搅拌和乳化剂作用下,单体在水中形成乳液而进行的聚合反应。其特点是聚合速度快,相对分子质量高,分子质量分布较溶液聚合物窄;生成的乳液粘度低,固含量很高。乳液可以直接用做涂料或粘合剂的基料;聚合反应温度低,传热易于控制。但是,产物中因存在大量乳化剂而使产品的纯度降低。要得到固体聚合物,还需要破乳、洗涤、脱水、干燥等一系列后续工序,而产品中的乳化剂同样难清除干净。主要产品有丁苯橡胶、丁腈橡胶、聚醋酸乙烯酯、聚丙烯酸酯类涂料及粘合剂、聚氯乙烯树脂糊等。有关内容在第3章中介绍。

(2)**逐步聚合反应**

逐步聚合反应形成大分子具有逐步形成的特点。分为逐步缩聚和逐步加聚两大类。本节介绍以缩聚为主的逐步聚合反应。这是指带有两个或两个以上反应性官能团的同种或异种单体,通过官能团之间的多次重复缩合反应,生成大分子聚合物的过程,同时伴随 H_2O、HX、ROH 等小分子化合物生成。

1)线形缩聚反应　线形缩聚反应是参加反应的单体都是2官能度体系,大分子只能向两个方向增长,得到线型聚合物。

①反应单体　适合于线形缩聚反应的单体有两类,一类是同时含有两种可以相互反应的基团,如氨基酸、羧基酸等;另一类是两种不同的单体,通过它们所带的反应性基团进行反应,如二元酸和二元醇,二元酸和二元胺的反应等。

②线形缩聚机理　线形缩聚机理具有逐步和可逆的特征。即低分子转变成高分子反应是一个以逐步增长的过程,在反应早期,大部分单体很快聚合成二聚体、三聚体、四聚体等低聚物,随后低聚物继续相互反应,分子量缓慢增加。本节以二元酸和二元醇的缩聚为例,两者第一步缩聚,形成二聚体羟基酸。

$$\text{HOROH} + \text{HOOCR'COOH} \rightleftharpoons \text{HORO} \cdot \text{OCR'COOH} + H_2O$$

二聚体的羟端基或羧基可以与二元醇或二元酸反应,形成三聚体。

$$HORO\cdot OCR'COOH + HOROH \rightleftharpoons HORO\cdot OCR'CO\cdot OROH + H_2O$$

$$HOOCR'COOH + HORO\cdot OCR'COOH \rightleftharpoons HOOCR'CO\cdot ORO\cdot OCR'COOH + H_2O$$

二聚体自身也可以相互自聚,形成四聚体。

$$2HORO\cdot OCR'COOH \rightleftharpoons HOOCR'CO\cdot ORO\cdot OCR'CO\cdot OROH + H_2O$$

含羟基的多聚体和含羧基的多聚体都可以相互缩聚,如此逐步进行下去,得到高分子量聚酯。缩聚反应无特定的活性种,每一步反应的速率常数和活化能均相同,并不存在链引发、链增长、链终止和链转移的基元反应。线形缩聚反应是可逆反应,其可逆程度可由平衡常数衡量。

2)体形缩聚　参加缩聚反应的单体中至少有一种单体含有两个以上的反应性官能团,大分子可以向三个方向增长,得到非线型或网状或体型结构的聚合物。因此,制备含有三官能团以上单体的缩聚物时,当反应进行到一定程度时,体系的粘度会急剧增加,并形成弹性凝胶,称之为凝胶化现象。出现凝胶时的反应程度称为凝胶点。如生产醇酸树脂、聚酯树脂和聚氨酯树脂所使用的原料都涉及三官能团的单体。所以,控制凝胶点,防止出现凝胶具有重要的意义。

逐步聚合反应的实施方法有熔融缩聚法、溶液缩聚法、界面缩聚法和固体缩聚法,可以根据不同的需要合理选用。

(3)共聚合反应

由一种单体进行的聚合反应,称为均聚合。所形成的聚合物称作均聚物,均聚物只由一种单体单元组成。两种或多种单体共同参加的聚合反应过程,称作共聚合。所形成的聚合物称作共聚物,共聚物含有两种或多种单体单元。共聚合这一名称多用于连锁聚合,如自由基共聚,离子共聚。本节介绍比较成熟的自由基共聚。

1)基本类型　根据大分子的微观结构,二元共聚物可以分为统计型(含无规共聚物)、交替型、接枝型和嵌段型四种基本类型。

①统计共聚物　在统计共聚物中,以 M_1 和 M_2 代表两种单体的结构单元的排列符合某种统计规律。无规共聚物是统计共聚物的一个特殊类型,结构单元的排列是无规的。即:

$$\sim\sim M_1M_1M_2M_2M_2M_2M_1M_2M_2M_2M_1M_1\sim\sim$$

②交替共聚物　共聚物中 M_1 和 M_2 两单元严格相间排列。可以看作无规共聚物的一种特例。

$$\sim\sim M_1M_2M_1M_2M_1M_2M_1M_2M_1M_2M_1M_2\sim\sim$$

③嵌段共聚物　嵌段共聚物由较长的单体 M_1 链段和另一较长的单体 M_2 结构单元链段构成大分子。每段链段由几百至几千个结构单元组成。即:

$$\sim\sim M_1M_1M_1M_1M_1\cdots M_1M_1M_2M_2M_2\cdots M_2M_2\sim\sim$$

④接枝共聚物　接枝共聚物的主链由单元 M_1 组成,支链则由另一种单元 M_2 组成。即:

$$\begin{array}{l} \qquad\qquad\qquad\quad M_2M_2M_2\cdots\cdots M_2M_2M_2\sim\sim \\ \qquad\qquad\qquad\quad | \\ \sim\sim M_1M_1M_1M_1M_1\cdots M_1M_1M_1M_1M_1\cdots M_1M_1\sim\sim \\ \qquad\qquad\qquad\qquad\qquad\qquad\qquad\quad | \\ \qquad\qquad\qquad\qquad\qquad\quad \sim\sim M_2M_2M_2 \end{array}$$

2)反应机理　共聚合反应机理与自由基连锁聚合相似,也包含链引发、链增长和链终止等基元反应。以 M_1、M_2代表两种单体、$\sim\sim M_1^{\bullet}$ 、$\sim\sim M_2^{\bullet}$ 表示两种链自由基。二元共聚时有 2 种链引发、4 种链增长和 3 种链终止反应。

①链引发

$$\underset{(引发剂)}{\mathrm{I}} \longrightarrow 2R^{\bullet}$$

$$R^{\bullet} \xrightarrow[k_{i,1}]{M_1} RM_1^{\bullet}$$

$$R^{\bullet} \xrightarrow[k_{i,2}]{M_2} RM_2^{\bullet}$$

式中 $k_{i,1}$ 和 $k_{i,2}$ 分别代表初级自由基引发单体 M_1和 M_2的速率常数。

②链增长

$$RM_1^{\bullet} \xrightarrow[k_{11}]{M_1} RM_1M_1^{\bullet} \quad (a)$$

$$RM_1^{\bullet} \xrightarrow[k_{12}]{M_2} RM_1M_2^{\bullet} \quad (b)$$

$$RM_2^{\bullet} \xrightarrow[k_{21}]{M_1} RM_2M_1^{\bullet} \quad (c)$$

$$RM_2^{\bullet} \xrightarrow[k_{22}]{M_2} RM_2M_2^{\bullet} \quad (d)$$

③链终止

$$\sim\sim M_1^{\bullet} + \sim\sim M_1^{\bullet} \longrightarrow \sim\sim M_1{-}M_1 \sim\sim$$

$$\sim\sim M_1^{\bullet} + \sim\sim M_2^{\bullet} \longrightarrow \sim\sim M_1{-}M_2 \sim\sim$$

$$\sim\sim M_2^{\bullet} + \sim\sim M_2^{\bullet} \longrightarrow \sim\sim M_2{-}M_2 \sim\sim$$

式中 k_{11},k_{21},k_{22}分别为相对应的速率常数,其下标的第一个数字代表自由基,第二个数字表示单体。二者相同就表示是均聚反应,不同则为共聚反应。对于一种单体与另一种单体的均聚能力和共聚能力,通过比较 k_{11}与 k_{12}或 k_{22}与 k_{21}来比较 M_1和 M_2的活性,所以两种不同的单体对同一个自由基的反应是相互竞争的。

3)竞聚率与共聚方程　从四个链增长方程得知,r_1是自由基$M_1^{\bullet}$对 M_1和 M_2反应形成聚合物的增长能力的比值,称作第一种单体的竞聚率或第一种单体的相对活性;r_2表示自由基$M_2^{\bullet}$对 M_2和 M_1反应形成聚合物的增长能力的比值,称作第二种单体的竞聚率或第二种单体的相对活性,如式(1.1)所示。竞聚率表征两个单体的相对活性。

$$r_1 = \frac{k_{11}}{k_{12}} \qquad r_2 = \frac{k_{22}}{k_{21}} \tag{1.1}$$

在共聚反应过程中,共聚物的组成主要取决于链增长的四个反应,$[M_1^{\bullet}]$和$[M_1]$分别代表自由基$M_1^{\bullet}$和单体 M_1的浓度,其单体消失的速率为:

对于 M_1

$$-\frac{d[M_1]}{dt}=k_{11}[M_1^{\bullet}][M_1]+k_{21}[M_2^{\bullet}][M_1]$$

对于 M_2

$$-\frac{d[M_2]}{dt}=k_{22}[M_2^{\bullet}][M_2]+k_{12}[M_1^{\bullet}][M_2]$$

两种单体消失速率比如式(1.2)所示：

$$\frac{d[M_1]}{d[M_2]}=\frac{k_{11}[M_1^{\bullet}][M_1]+k_{21}[M_2^{\bullet}][M_1]}{k_{22}[M_2^{\bullet}][M_2]+k_{12}[M_1^{\bullet}][M_2]} \tag{1.2}$$

当反应达到一定时期后，体系中的两种自由基经过多次的相互转变，其浓度可视为相等，即称为动力学上的稳定假设，则：

$$k_{12}[M_1^{\bullet}][M_2]=k_{21}[M_2^{\bullet}][M_1] \tag{1.3}$$

由式(1.3)解出$[M_2^{\bullet}]$，代入式和(1.2)，消去$[M_1^{\bullet}]$，并结合式(1.1)，整理可得二组分共聚物组成的微分方程式(1.4)。

$$\frac{d[M_1]}{d[M_2]}=\frac{[M_1]}{[M_2]}\times\frac{r_1[M_1]+[M_2]}{r_2[M_2]+[M_2]} \tag{1.4}$$

式中 $d[M_1]/d[M_2]$是两种单体在共聚物中的比例，而$[M_1]$，$[M_2]$分别为单体 M_1和单体 M_2的浓度。式(1.4)表明：根据已知的$[M_1]$，$[M_2]$，r_1，r_2求得共聚物三组成，还可以由不同配料比得到的共聚物组成求得 $d[M_1]$和 $d[M_2]$，从而求得 r_1和 r_2。在实际工作中常以竞聚率的乘积($r_1 \cdot r_2$)，反映单体间的共聚能力和共聚反应的交替程度。

4)共聚反应的应用　高分子化合物是高分子材料基础，在很大程度上决定了材料的性能。用共聚合反应的方法对聚合物进行化学改性，研究和合成具有特定性能的聚合物，满足使用要求。通过共聚可以改进许多性能，如机械强度、弹性、塑性、柔软性、玻璃化温度、粘流温度、熔点、溶解性能、表面性能以及染色性能等。在化学建材生产及应用领域有着重要的意义。

在涂料的研究中，可以选用不同种单体对涂料乳液进行改性。如果成膜物质的玻璃化温度太高，则涂膜太脆，而且溶解性较差，可以通过选用不同的单体，采用共聚合的方法来调节涂料主要成膜物质的玻璃化温度。例如有机玻璃的玻璃化温度为105 ℃，常温下材质性能属脆性；聚丙酸丁酯的玻璃化温度是 -56 ℃，常温下涂膜发粘而不能干燥。但是，若将这两种单体共聚，则可以调节适宜的玻璃化温度，改善涂膜的附着力。还可以通过共聚手段向聚合物中引入含有羟基、胺基或羧基等活性反应基团，改善涂料对底材的附着力和成膜物的功能化，提高耐蚀性。

1.2.5　聚合物分子量及其多分散性

聚合物的分子量有两个基本特点，一是分子量大，二是分子量具有多分散性。聚合物相对分子质量可达 $10^4 \sim 10^6$或以上，大分子的长度可达 $10^2 \sim 10^3$ nm。而一般低分子物质的分子量不超过数百，分子长度不超过数纳米。分子质量的这种量变，引起了物质性能的变化，特别是机械性能的显著提高，为构成高分子材料奠定了材质上的基础。因此，在聚合物合成、成型、应用中，分子量是需要考虑的重要指标。

(1)聚合物的平均分子量

聚合物是由大小不同的同系物组成,其相对分子质量不是均一的,存在一定的分布和多分散性,通常用平均分子量来表示。根据统计的方法不同,平均分子量就有多种不同的表示法。

1)数均分子质量　聚合物稀溶液的沸点升高、冰点下降、渗透压等,只取决于溶液中大分子的数目(依数性)。根据聚合物稀溶液的依数性测得的分子质量平均值称为数均分子质量。

$$\overline{M}_n = \frac{\sum_i n_i M_i}{\sum_i n_i} = \sum_i N_i M_i \tag{1.5}$$

式中　n_i——分子质量为 M_i 的大分子的摩尔质量;N_i——分子质量为 M_i 的大分子的摩尔质量分数。

2)重均分子质量　聚合物稀溶液对光的散射性质、扩散性质,不但与溶液中大分子的数目有关,而且与大分子的尺寸有关。根据这类性质测得的平均分子质量称为重均分子质量。

$$\overline{M}_W = \frac{\sum_i W_i M_i}{\sum_i W_i} = \frac{\sum_i n_i M_i^2}{\sum_i n_i M_i} \tag{1.6}$$

式中　W_i——分子质量为 M_i 的大分子的质量。

3)Z 均分子质量　根据聚合物稀溶液沉降性质可以测得 Z 均分子质量。

$$\overline{M}_Z = \frac{\sum_i n_i M_i^3}{\sum_i n_i M_i^2} \tag{1.7}$$

4)粘均分子质量　根据聚合物稀溶液粘度性质测得的平均分子质量叫粘均分子质量。

$$\overline{M}_\eta = \left(\frac{\sum_i W_i M_i^\alpha}{\sum_i W_i}\right)^{1/\alpha} \tag{1.8}$$

式中　α——参数,通常的数值在 0.5~1.0 之间。各平均分子质量之间的关系如下:

$$\overline{M}_Z \geqslant \overline{M}_W \geqslant \overline{M}_\eta \geqslant \overline{M}_n$$

等号只适用于分子质量为单分散性,即大分子的相对分子质量都相等的情况。

(2)聚合物分子量的多分散性

聚合物分子量的多分散性可用分子质量分布函数来完整描述,但是,在实际应用中,一般只用多分散性的大小来表示。多分散性的大小是指分子质量分布的宽窄,可用分子质量多分散性指数 α 来表征。α 值愈大,表明分子质量分布愈宽。

$$\alpha = \frac{\overline{M}_W}{\overline{M}_n}\left(\text{或}\ \alpha = \frac{\overline{M}_Z}{\overline{M}}\right) \tag{1.9}$$

分子量大小及多分散性是影响聚合物性能的重要因素。通常,聚合物的玻璃化温度、抗张强度、密度、比热等性能,起初随分子量的增大而提高,最后达到一极限值。而粘度、弯曲强度等,随着分子量的增加而不断提高,不存在上述的极限值。

分子量分布对聚合物性能的影响同样重要。对于塑料,分子量分布窄时对加工和性能都有利;对橡胶,由于平均分子量一般都很大,足以保证制品的强度,分子量分布的宽时可以改善流动性而有利于加工;对于薄膜及纤维,分子量分布的窄便于加工,同时对制品的性能亦有利。

1.2.6 聚合物分子运动单元的多重性

分子运动的性质和程度取决于温度。不同的运动形式需要不同数量的能量来激发,因此不同形式的运动,存在不同的临界温度,低于此温度时,该形式的运动处于"冻结"。

由于聚合物结构的多重性,因此聚合物分子运动就存在与其结构相对应的一系列形式,也就决定了聚合物的分子运动具有多重性。如侧基、链节、支链、链段及整个大分子主链等,与这些不同运动单元相对应的运动形式有键长、键角的振动或扭曲;侧基、链节或支链的摇摆、旋转;分子内旋转及整个大分子的重心位移等。此外,对结晶聚合物还存在晶型转变、晶区缺陷部分的运动等。聚合物分子运动单元大致分为两种尺度,一种是整个大分子链,另一种是指链段及其以下的运动单元。

1.2.7 聚合物分子运动的温度依赖性

温度对聚合物的分子运动有显著的影响。形变-温度曲线可以有效地描述聚合物在不同温度下的分子运动和力学行为。

(1)玻璃化温度

非晶态聚合物在热力学上可视为液态。当液体冷却的速率足够快时,分子来不及做规整排列,体系的粘度急剧增加,冻结成无定型状态的固体。这种状态称为玻璃态或过冷液体。此转变过程叫做玻璃化转变过程,其转变温度称为玻璃化温度(T_g)。它是分子链段开始运动(或被冻结)的温度,即玻璃-橡胶转变温度,属于聚合物的特征温度之一。

(2)粘流温度

粘流温度(T_f)是聚合物由高弹态向粘流态转变的温度。当温度达到T_f时,由于链段运动造成分子链开始运动,或降温时分子链失去运动能力的温度。也是高聚物的特征温度。

(3)非晶态聚合物的形变-温度曲线

在T_g以下,非晶态聚合物处于玻璃态。处于玻璃态的聚合物受热时,经高弹态最终转变成粘流态。这个过程经历了玻璃态-橡胶态、橡胶态-粘流态的转变过程和两个斜率突变的转变区,即玻璃化转变区和粘弹转变区,如图1.3所示。

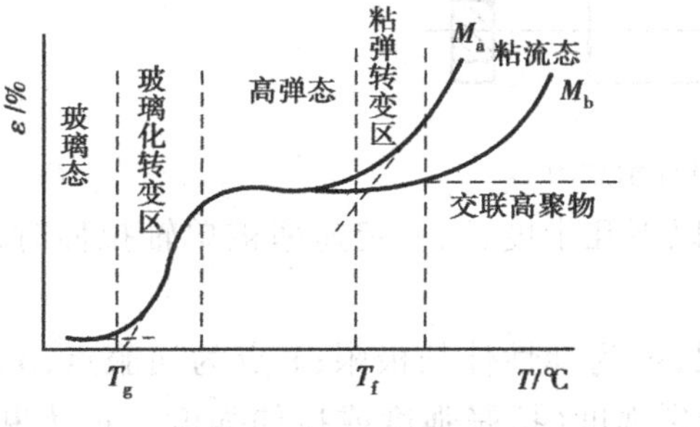

图1.3 非晶态聚合物形变-温度曲线

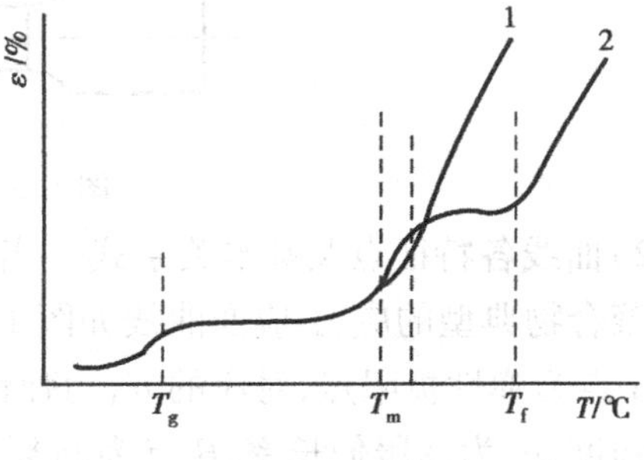

图1.4 结晶聚合物形变-温度曲线

1)玻璃态 由于温度低,链段的热运动不足以克服主链的内旋转位垒,在恒定作用力下,链段的运动处于被"冻结"状态,只有比分子链段更小单元(链节、侧基、价键角或键长)的局部运动。在力学行为上表现为模量很高,形变值很小且可逆,材料的应力与应变关系符合虎克定律,意味着高聚物材质硬而脆,如聚甲基丙烯酸甲酯、聚苯乙烯。

2)高弹态　当温度在 $T_g < T < T_f$范围时,链段运动能充分伸展,但整体分子链不能运动,聚合物弹性模量下降较快。在较小的应力作用下,材料迅速发生很大的形变,外力除去后,形变可迅速恢复。所对应的力学状态是高弹态或橡胶弹性。例如顺式1,4-聚丁二烯。

3)粘流态　当温度 $T > T_f$时,由于链段的剧烈运动,整个大分子链重心发生相对位移,而产生不可逆的形变,即粘性流动。此时聚合物为粘性液体,并符合牛顿定律。T_f随分子量的增加而升高,粘度也越大。过渡交联的聚合物不能产生分子间的相对位移,所以无粘流态存在。

(4)晶态聚合物形变-温度曲线

结晶聚合物存在一定的非晶部分,也有玻璃化转变。但是,由于结晶部分的存在,链段运动受到限制,所以在 T_g以上,形变增加不明显。在玻璃化温度和熔点(T_m)之间不出现高弹态。在 T_m以上,形变迅速增大。若聚合物分子质量很大且 $T_m < T_f$,则在 T_m和 T_f之间将出现高弹态。若分子质量较低,$T_m > T_f$,则熔融后即转变成粘流态,如图1.4所示。

(5)聚合物形变-温度曲线的应用

室温塑料处于玻璃态,玻璃化温度是非晶态塑料使用的上限温度,一般要求 T_g比室温高50 ~75 ℃;熔点则是结晶聚合物使用的上限温度;对于橡胶,玻璃化温度为其使用下限温度。

处于玻璃态的材料硬而脆,可以进行车、削、铣、刨等机械加工,如硬质聚氯乙烯;高弹态的材料有弹性,可以用作橡胶或密封材,处于这一聚集状态的材料可以进行吹塑、模压、压延等工艺成型,例如膜、橡胶类防水卷材;粘流态的材料用于挤出、注射等成型工艺制造制品。

1.2.8　聚合物的力学性能

(1)非晶态聚合物的应力-应变曲线

材料受力的方式不同,发生形变的方式也不同。对于各向同性材料,受力方式有三种基本类型,包括简单拉伸、简单剪切和均匀压缩,本节简介材料简单拉伸情况。

1)简单拉伸试验　规定试验条件下,在标样上沿纵轴向施加拉伸载荷,材料受到的外力 F 是垂直于截面大小相等、方向相反并作用于同一直线上的两个力。试样以均匀的速度被拉伸,直到断裂为止。应力-应变实验标样为哑铃型,如图1.5所示。

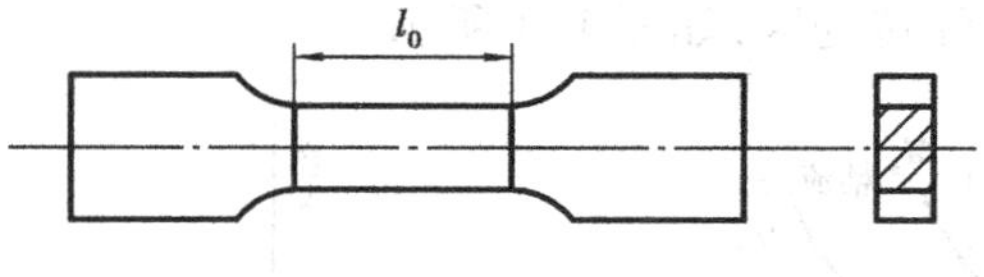

图1.5　简单拉伸试样示意图

2)曲线各特征点及基本关系式　当温度在 T_g以下几十度、以一定速率被单轴拉伸时,非晶态聚合物典型的应力-应变曲线如图1.6所示。

A 点为弹性极限点,对应的 σ_A为弹性强度极限,ε_A为弹性伸长极限;Y 点为屈服点,σ_Y为屈服强度,ε_Y为屈服伸长率;B 点为断裂点,σ_B为断裂强度(抗张强度或拉伸强度),ε_B为断裂伸长率。这时材料的应变称为张应变,小伸长时,张应变通常以单位长度的伸长来定义,如式(1.10)所示。当材料发生张应变时,材料的应力称为张应力,用式(1.11)表示。

$$\varepsilon = \frac{\Delta l}{l_0} \tag{1.10}$$

式中　ε——张应变;$\Delta l = l - l_0$——试验时,相应标线间长度的改变;l_0——标距原长;l——拉

伸后的长度。

$$\sigma = \frac{F}{A_0} \tag{1.11}$$

式中　σ——应力；A_0——试样的初始截面积；F——试验时，断裂前试样承受的最大载荷。

3）拉伸过程分析　在拉伸过程中，高分子链的运动经过以下四个阶段：

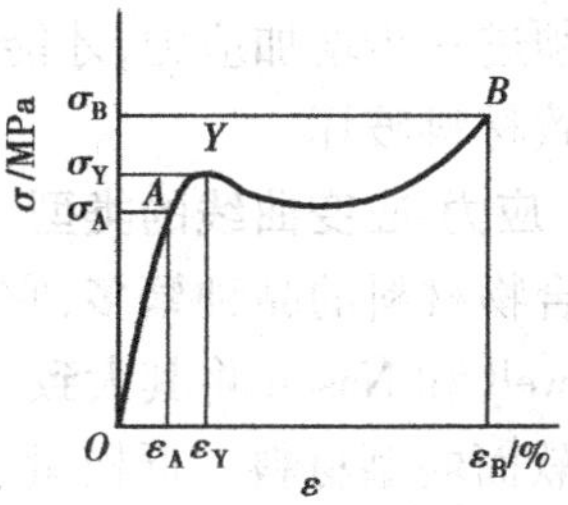

图1.6　非晶态聚合物的应力-应变曲线

- 试样从拉伸开始至弹性极限 A 点之间，这是一段直线，其斜率为弹性模量，应力的增加与伸长率的增加成正比，符合虎克定律，外力去除，形变立即恢复原状。形变的发生主要是由分子链的键长、键角的变化所引起的。
- 当应力达到屈服点 Y，曲线开始出现随应变的增加而应力不变或先降低后不变的现象，此时进入强迫高弹形变区，称为材料的屈服。形变的发生是由于应力增大到可以克服链段运动的位垒，使链段运动造成的，这种高弹性称为强迫高弹性。
- 应力过屈服点 Y 至断裂点 B 间进入大变形伸展区，在不增加外力或外力增加不大的情况下，变形发生很大的变化。此时，如果停止拉伸除去外力，试样的大变形已无法恢复。但是，如果温度升至玻璃化温度附近，形变又可恢复。该段的分子运动机理是在应力的持续作用下，链段沿外力的方向运动，伴随发生分子间滑动，总趋势是应力几乎不增加，而形变量增加的却很快，即材料处在塑性区。
- 当应力升高趋近断裂点 B 时，在应力集中的部位有部分分子链发生断裂，应力急剧增加，才能使拉伸保持等速伸长，直到最后断裂，这个阶段的形变是不可逆的永久形变。

（2）**晶态聚合物的应力-应变曲线**

未取向晶态聚合物在一定温度、以一定拉伸速度进行单轴拉伸时，典型的应力-应变曲线如图1.7所示。

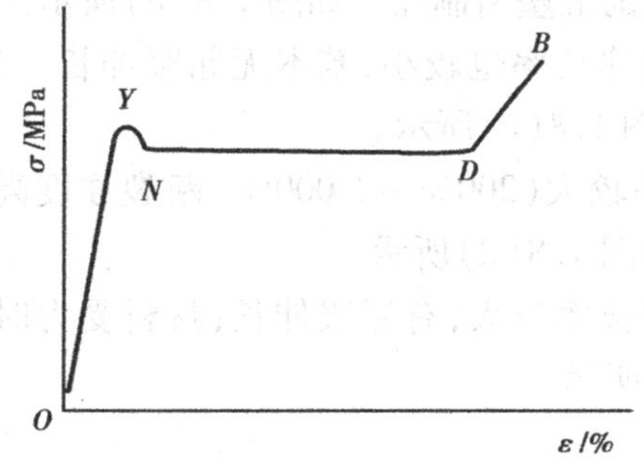

图1.7　晶态聚合物典型的应力-应变曲线

1）曲线特征　这条曲线比非晶态聚合物的拉伸曲线有更明显的转折，整个曲线划分为以下三段：

- 初始段（OY），应力随应变的关系呈直线增加，试件均匀伸长，达到屈服点后，试样突然在某处变细出现“细颈”由此开始拉伸的第二阶段。
- 细颈发展阶段（YND），试样不均匀伸长，且伸长不断增加，而应力几乎不变，直到整个试样变为细颈为止（D）点。
- 均匀拉伸阶段（DB），是成颈变细的试样重新被均匀拉伸，它的弹性模量和强度变大，应力随应变很快增加，直到断裂点 B。

2）分子运动机理　进入拉伸的第二阶段，由于应力 σ 增加至 N 点时，足以克服其晶格能，结晶会发生熔融，同时链段也开始运动，并沿外力方向取向。此时，如果聚合物结晶速度足够大，则沿外力方向取向后，链段能重新排入晶格而再结晶；如果结晶速度太低，则会成为非晶态取向高聚物。由于取向的分子链排列紧密，分子间作用力加大，故强度增大，致使试样不会迅速变细拉断，而是在细颈两端发展，即在粗细交接处的分子链继续取向，直至细颈发展完全。

此后必须进一步增加应力，才能破坏晶格能，或克服链间作用力，使分子发生位移，甚至断裂，从而导致材料破坏。

(3)应力-应变曲线的类型

聚合物材料的品种繁多，它们在温室和通常拉伸速度下的应力-应变曲线呈现出复杂的情况，Carswell 和 Nason 将其大致分为如图 1.8 所示的五种类型：

1)软而弱型材料　低模量、低抗张强度，但仍有中等的断裂强度。如未硫化的天然橡胶、柔软的高聚物凝胶，如图 1.8(a)所示。

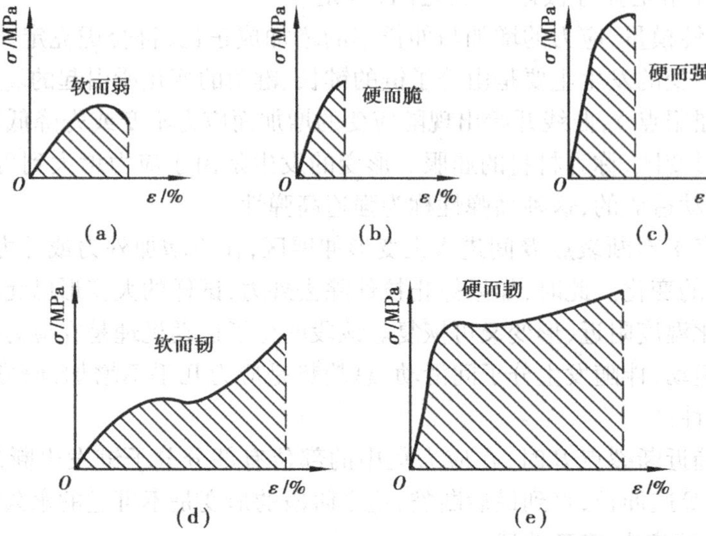

图 1.8　聚合物应力-应变曲线的五种类型

2)硬而脆型材料　具有高模量及抗张强度，断裂伸长率很小，受力时呈脆性断裂。作刚性制品，可承受静压力，不宜冲击，如聚甲基丙烯酸甲酯，酚醛塑料制品。如图 1.8(b)所示。

3)硬而强型材料　具有高模量和高抗张强度，断裂伸长率也较小，基本无屈服伸长。如硬聚氯乙烯、高分子量聚苯乙烯、聚甲基丙烯酸甲酯，如图 1.8(c)所示。

4)软而韧型材料　低模量，低屈服强度，断裂伸长率较大(200% ~1 000%)断裂强度高，用作要求形变较大的材料。如硫化橡胶、软聚氯乙烯，如图 1.8(d)所示。

5)强而韧型材料　具有高模量及抗张强度，断裂伸长率较大，有屈服伸长；材料受力时，多为韧性破坏。如聚碳酸酯、尼龙、聚甲醛，如图 1.8(e)所示。

1.2.9　聚合物的粘弹性

材料在外力作用下将产生应变。理想弹性固体的行为服从虎克定律，应变与应力呈线性关系。受外力时平衡应变瞬时达到，除去外力，形变立即恢复。对于 T_g 以下的非晶态聚合物材料，这种形变是由分子中键长和键角变化引起的小形变，称为普弹性；若在 T_g 以上，则由于高分子中链段运动而产生很大的可逆形变，称为高弹性。理想的粘性液体(牛顿流体)的行为服从牛顿流动定律，应力与应变速率呈线性关系。受外力时应变随时间线性发展，除去外力应变不能回复。这是由于分子链段运动而发生质心相对位移造成的位移，这种变形随时间呈线性增加，且不可逆，有能量消耗。而实际材料同时显现弹性和粘性，即所谓粘弹性。粘弹性是松弛性质，其实质是内摩擦力即质点运动需要时间造成的结果。聚合物材料的粘弹性表现尤为突出。

粘弹性聚合物的力学性能受到力、形变、温度及时间等因素影响。在聚合物加工过程中，四个因素有可能同时变化。而在测试和研究工作中，往往固定两个因素以考察另外两个因素之间的关系。即：

在一定温度和恒定应力作用下，考察试样应变随时间而逐渐增大的蠕变现象；

在一定温度和恒定应变条件下，考察试样内部应力随时间增加而逐渐衰减的现象；

在一定温度和循环(交变)应力作用下，考察试样应变滞后于应力变化的滞后现象。

这三种现象统称为聚合物的力学松弛现象。根据应力或应变是否交变，蠕变和应力松弛属于静态粘弹性，滞后现象属于动态粘弹性。本章仅限于静态粘弹现象的表述。

(1)**蠕变现象**

蠕变是指在一定的温度和较小的恒定应力作用下，材料的应变随时间的增加而增大的现象。当外力作用在交联橡胶上时，普弹形变瞬时发生，高弹形变缓慢发展；外力除去后，经过弹性恢复，还保留着随时间增加而逐渐恢复的滞后形变。

1)蠕变曲线及其方程　图1.9为非晶态线性聚合物在 T_g 以上单轴拉伸的典型蠕变曲线和蠕变回复曲线，它是由三部分的贡献叠加而成。

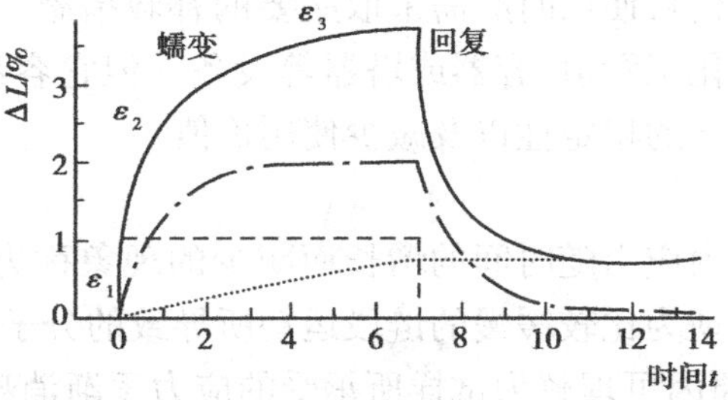

图1.9　线性非晶态聚合物的蠕变及回复曲线

(t 时刻恒定外力下试样的伸长 ΔL 是三部分的叠加：

------瞬时弹性响应；—·—·—推迟弹性部分；……粘性流动，

除去外力回复过程完成后，留下不可回复的形变)

• 理想的弹性形变　即瞬时的响应，以 ε_1 表示。当材料受到外力作用时，分子链内部键长，键角立刻发生变化，这种形变是与时间无关的弹性形变。有固定的模量(叫初始模量)，形变速度很大，但形变量很小，称为普弹形变。外力除去时，普弹形变能立刻完全回复。

• 推迟弹性形变　即滞弹部分，以 ε_2 表示，形变 ε_2 属高弹形变，形变速率较大，弹性模量逐渐变化，因此是表观模量。高弹形变是分子链通过链段运动逐渐伸展的过程，形变量比普弹性形变要大得多，ε_2 与时间 t 呈指数关系，如式(1.12)。外力除去时，高弹形变逐渐回复。

$$\varepsilon_2 = \frac{\sigma_0}{E_2}(1 - e^{-\frac{t}{\tau}})，其中\ \tau = \frac{\eta_2}{E_2} \tag{1.12}$$

式中　ε_2——高弹形变(包含弹性形变和塑性形变)；E_2——高弹模量；τ——松弛时间。

• 粘性流动　以 ε_3 表示：

$$\varepsilon_3 = \frac{\sigma_0}{\eta}t \tag{1.13}$$

式中　η—本体粘度；ε_3——粘性流动形变，称不可逆形变。

蠕变曲线总的形变包括 ε_1，ε_2和 ε_3的贡献，其方程式如式(1.14)所示。

$$\varepsilon(t) = \frac{\sigma_0}{E_1} + \frac{\sigma_0}{E_2}(1 - e^{-\frac{t}{\tau}}) + \frac{\sigma_0}{\eta_3}t \tag{1.14}$$

以上三种形变的相对比例依具体条件不同而不同。在非常短的时间内，仅有理想的弹性变形 ε_1，且形变量很小。随着时间的延长，蠕变速度开始增加很快，然后逐渐变慢，最后基本达到平衡。总的形变中除了 ε_1以外，主要是推迟弹性形变 ε_2，也存在着随时间增加而增大的极少量的粘流形变 ε_3。若加载时间很长，推迟弹性形变 ε_2充分发展，达到平衡值，最后是纯粹的粘流形变 ε_3。

2）蠕变的影响因素　蠕变与温度高低和外力大小有关。温度过低、外力太小，蠕变很小且很慢，在短时间内不易觉察；温度过高、外力过大，形变发展过快，也察觉不出蠕变现象；在适当的外力作用下，在聚合物 T_g 以上附近，链段能够运动，但运动时受到内摩擦力又较大，只能缓慢运动，则可观察到较明显的蠕变现象。

3）实用性　聚合物蠕变性能反映了材料的尺寸稳定性和长期负载能力，有重要的实用性。主链含芳杂环的刚性链聚合物，具有较好的抗蠕变能力，成为广泛应用的工程塑料，可以代替金属材料加工机械零件。由于聚合物的蠕变性，不能用作建筑结构材料。

对于蠕变比较严重的材料，使用时必需采取必要的补救措施。例如硬聚氯乙烯有良好的抗腐蚀性能，可以用于加工化工管道、容器或塔器等设备。但它容易蠕变，使用时必须增加支架，以防止因蠕变而影响尺寸的稳定性以及减少使用价值。

(2)**应力松弛**

高聚物在固定形变时，内应力随时间的增长而减少的现象称为应力松弛。应力松弛的本质是质点运动需要时间，表现为比较缓慢的链段运动所导致的分子间相对位置的调整。

高聚物内应力产生的原因可理解为试样所承受的应力逐渐消耗于克服链段及分子链运动的内摩擦阻力上。即由于外力作用下的高分子链段，原先不得不顺着外力方向所形成的舒展而产生的内部应力，与外力相抗衡。但是，链段借助于热运动调整分子构象而逐渐回缩，分子链逐渐卷曲，致使缠结点散开，分子链重心发生了位移，分子链构象逐渐恢复到原状，残余内应力为零。在恒定的形变下，应力随时间的延长而逐渐衰减的关系呈指数变化。

1.2.10　聚合物的老化

聚合物及其制品在使用或贮存过程中，由于受到光、热、氧、潮湿、应力、化学侵蚀等环境因素的影响，其强度、弹性、硬度、颜色等性能逐渐变坏的现象称为老化。酷似金属的腐蚀。

(1)**光氧化**

聚合物在光的照射下，分子链的断裂取决于光的波长与聚合物的键能。各种键的离解能为 167 ~ 586 kJ/mol，紫外线的能量为 250 ~ 580 kJ/mol。在可见光范围内，聚合物一般不被离解，而呈激发状态。因此，在氧存在下，聚合物易于发生光氧化过程。为延缓或防止聚合物的光氧化过程，需加入光稳定剂，如邻羟基二苯甲酮衍生物、水杨酸酯类等；光屏蔽剂，如炭黑、金属减活性剂（又称猝灭剂）；能量转移剂，如镍或钴的络合物等。

(2)**热氧化**

聚合物的热氧（老）化是受热和氧综合作用的结果，热加速了聚合物的氧化进程，而氧化物的分解导致了主链断裂的自动氧化过程。氧化过程首先是形成氢过氧化物,再进一步分解而产生活性中心(自由基)。一旦形成自由基即开始链式的氧化反应。

(3)**化学侵蚀**

由于聚合物受到化学物质的作用,分子链产生化学变化致使性能变劣的现象称为化学侵蚀。如聚酯、聚酰胺的水解等。上述的光、热氧化也可视为化学侵蚀。在考虑高分子材料的老化以及环境影响时,要充分估计聚合物可能发生的化学变化。

(4)**生物侵蚀**

聚合物材料一般具有极好的耐蚀性。也有某些高分子材料,由于质地柔软易受蛀虫的侵蚀。如软质聚氯乙烯制品因含有大量增塑剂会遭受微生物的侵蚀;某些来源于动物、植物的天然高分子材料,如酪蛋白纤维素以及含有天然油的涂料,亦会受细菌和霉菌的侵蚀。

1.2.11　聚合物的燃烧特性

大多数聚合物都是可以燃烧的,尤其是广泛使用的聚乙烯、聚苯乙烯、聚丙烯、有机玻璃、环氧树脂、丁苯橡胶、丁腈橡胶、乙丙橡胶等都是很容易燃烧的材料。因此,了解聚合物的燃烧过程和阻燃方法在化学建材应用中是十分重要的。

(1)**燃烧过程与阻燃**

燃烧是一种发光发热的剧烈氧化作用的化学现象,通常是指在较高温度下,物质与空气中的氧剧烈反应并发出热和光的现象。燃烧必须同时满足三个条件才能发生,即有可燃物质的存在以及助燃剂(如空气、氧气、氧化剂等)和火源(如火焰或高温作用)的作用。要阻止燃烧进行必须将三要素中的任何一个要素隔绝开来。如用难燃或不燃的涂料封闭可燃物表面,使其避免与空气接触,将可燃表面转变成难燃或不燃的表面;隔绝被保护物体的任何形式的热量的传导,如形成膨胀隔热层,利用高导热和高反射性能的涂层排出热能,或利用吸热的化学反应抵消外部热源等。

(2)**氧指数**

在规定的条件下,试样在氧气和氮气的混合气流中维持稳定燃烧所需要的最低氧气的浓度称为氧指数,用混合气流中氧气所占的体积百分数表示。氧指数是表征物质可燃性的物理参数,又称限氧指数(Limited Oxygen Index,简称 LOI 或 OI 值),如式(1.15)所示。

$$\mathrm{OI} = \frac{V(\mathrm{O_2})}{V(\mathrm{O_2}) + V(\mathrm{N_2})} \times 100\% \tag{1.15}$$

式中　$V(\mathrm{O_2})$——混合气流中氧气的体积;$V(\mathrm{N_2})$——混合气流中氮气的体积。

由于空气中氧的浓度是21%,所以 OI 值低于0.21的材料很容易在空气中点燃和燃烧,称易燃材料;OI 值大于0.27,被认为是难燃物质;OI 值在0.21~0.27之间属自熄材料。由于氧指数试验是定量的,故其大小可以准确比较材料的阻燃性。某些聚合物的氧指数如表1.2所示。

表 1.2　几种聚合物的氧指数

聚合物	氧指数	聚合物	氧指数
聚甲基丙烯酸甲酯	17.3	软质聚氯乙烯	23.0 ~ 40.0
聚乙烯	17.4 ~ 17.5	氯丁橡胶	26.3
聚丙烯	17.4	聚酰胺	26.7
聚苯乙烯	18.1	聚碳酸酯	26.0 ~ 28.0
环氧树脂	19.8	硅橡胶	26.0 ~ 39.0
氯化聚乙烯	21.1	聚氯乙烯	45.0 ~ 49.0
聚乙烯醇	22.5	聚四氟乙烯	795.0

第2章 建筑塑料

2.1 概　述

建筑塑料是利用高分子材料的特性，以高分子材料为主要成分，添加各种改性剂及助剂，为适合建筑工程各部位的特点和要求而生产的一类新兴的建筑材料，用于各类建筑工程的塑料制品。由于它优异的性能和广阔的应用领域及前景，被人们认为是继传统的钢材、水泥、木材之后的第四大类建筑材料。

2.1.1　分类

世界上塑料制品达到上千种，建筑塑料制品至少也有上百种，面对如此之多的品种，至今还没有一个标准的分类方法。常用的分类方法有三种，第一种是按照制品所用的原料种类来分类，如聚乙烯树脂生产的建筑塑料制品有聚乙烯屋面板、聚乙烯排水管等。这种分类方法材质明确，使人能清楚地知道制品使用树脂的种类，对于从事生产制造和应用方面工程技术人员比较方便；第二种是按照制品应用的建筑部位名称来分类，如塑料铺地材料、塑料装饰板、塑料门窗、塑料管材及管件等；第三种是以制品在建筑上发挥的功能结合建筑部位来分类，在国内用得比较普通，尽管有些制品具有多种功能，各种分类相互交叉。建筑塑料的分类与原材料如表2.1所示。

2.1.2　特点

建筑塑料不仅能大量替代钢材和木材，而且具有某些传统建材无法比拟的优异性能，可以显著地节约能源，保护环境，改善居住环境和条件，提高建筑功能。

(1)加工性能好

塑料容易加工成各种异型材，可以通过压制、注射、挤出、压延、吹塑等方法，加工成尺寸各异、形状复杂、花纹精美的塑料制品，且生产效率高。

表 2.1　建筑塑料原材料、分类及适用范围

种　类	部位及功能	主要塑料制品	原材料*
塑料装饰材料	地面材料	地砖和卷材	PVC
		涂布地板	PU,EP,UP,PVAC
		地毯	PP,PAN,PA
	墙体材料	护墙板	PVC,PS,GRC,PU,PF,EP,MF,PMMA
		隔墙板	PVC,PS,PU,MPF,GRP
		墙纸、墙布、墙革	PVC,PU
	屋面材料	屋面板	PVC,PMMA,GRP
		塑料平顶	PE,PS,PC,PMMA,PVC
塑料装修材料	门窗	门、框	PVC,PU
		窗、框	PVC,PU,AC
		百叶窗	PVC
	异型材	踢脚线、画镜线、扶手、踏步	PVC,PS,PE
		塑料小五金、灯具	PVC,UF,AC,PF
防水工程材料	防水卷材、嵌缝材料、涂料		PVC,CPE,CSM,PU,PE,AC
水暖工程材料	给排水管材管件、雨水管、煤气管、浴池、水箱、洗面池		PVC,PP,PE,ABS,FPR,AC,PMMA
混凝土工程材料	塑料模板、聚合物混凝土		PVC,FRP,PP,PS,AC,UP,EP
塑料建筑	充气建筑、全塑建筑、盒子卫生间、厨房		PVC,GRP,FRP
隔热材料	泡沫塑料、保温板、冷库板		PS,PU,PF,UF

* 原材料英文缩写见附录。

(2)质轻

一般塑料的相对密度为0.8～2.2 g/cm^3,是钢材的1/8～1/4,铝的1/2,混凝土的1/3。在建筑中,用塑料代替传统材料可以减轻施工强度和建筑本身的自重。尤其是高层建筑,这一优异的性能更为突出。

(3)多功能性

塑料材料具有防水、隔热、隔音、耐蚀等多种性能,并且通过改进配方,调整加工方法可进一步改善这些性能。使得同样一种塑料原材料,根据不同的使用要求,采用不同的添加剂配伍、不同的加工方法和工艺条件,可加工成各种建筑塑料制品。这是多数传统建筑材料所不及的。

(4)装饰性能好

塑料可着色性强,既可以制成具有金属色泽、荧光效果的晶莹剔透或色彩斑斓的制品,也可以用各种表面加工技术进行印花、压花,制成仿天然质感花纹,如木纹、大理石、花岗石花纹等,图像逼真,花纹设计能满足建筑师丰富的想象力和创造力。此外,在塑料表面还可以电镀、烫金、涂饰各种表面物及采用各种表面修饰等。总之,塑料的适用性与装饰性是其他任何材料无法比拟的。

(5)耐燃性与耐热性

塑料一般是可燃的,各种塑料的耐燃性差异也很大。热塑性塑料的耐燃性较差,热固性塑料的耐燃性较好。工程塑料的耐热性最好,如聚酰亚胺,可以耐温400 ℃,且形变小。但是,有

些塑料燃烧时伴随有毒气体和大量烟雾放出，必须采取措施加以防范。应根据不同场合有选择地使用塑料制品。

(6)热伸缩性

塑料材质的热膨胀系数是传统建材的4倍以上，在建筑中使用塑料建筑制品应提请注意。为防止热应力的积累导致材料的破坏，在塑料板材拼接时要考虑充分的柔性与伸缩性，在塑料管道系统中必须留有足够数量的伸缩节。

(7)蠕变性

有机材料的粘弹性造成的蠕变现象是很难避免的，使得塑料制品在较小外力作用下，容易产生变形，而且形变量会随着时间的延长而逐渐增大，限制了塑料在建筑上的应用。所以，塑料不能作为建筑结构材料来应用。

(8)经济性

塑料类建材制品无论在生产过程还是在使用过程中都有节能效果。生产时的能耗为63～188 kJ/m^3，而钢材的能耗为316 kJ/m^3。在建筑应用中，采暖地区塑料窗代替普通金属窗，可节省采暖能耗30%～40%；用塑料给排水管代替金属管材节能可达50%，节能效果十分明显。

2.1.3 发展现状与前景

据资料介绍，目前发达国家塑料用于建筑的比例已达到15%以上，最高的甚至达到25%以上。德国是建筑塑料应用最广泛的国家之一，虽然近几年，德国的建筑业和其他行业一样呈现衰退的迹象，但建筑业在数量上依然是最重要的塑料消费行业。建筑塑料的世界产量已超过1 200万t/a，居塑料工业用量的第二位，仅次于包装业用塑料。从20世纪80年代以来，平均每年以4.6%的速度增长。我国的建筑塑料从20世纪70年代开始迅速发展，特别是进入21世纪以来，每年以8%左右的速度增长。目前，全国塑料制品年产量在800万t/a左右，人均消费量在7 kg左右，预计2010年产量将增加两倍。

近几年来，我国塑料建材行业加快了研发和推广应用步伐，技术水平稳步提高，尤其是塑料型材、管材已经进入稳定成熟的增长时期。全国有30%以上的地区应用了新型塑料管材，发展快的一些省市达到了90%。东北三省、内蒙古等地的一些城镇40%以上的新建住宅都使用了塑料门窗；青岛、大连80%以上的新建住宅使用了塑料窗。

目前，塑料建材产业已成为我国重要的经济增长点，国家也给予了众多的政策支持，鼓励发展新型节能墙体和屋面的保温、隔热技术与材料、节能门窗的保温隔热、密封技术。在《关于加速化学建材推广应用和限制淘汰落后产品的规定》等政策中，提出要使用新型塑料门窗、管材替代原有合金门窗和铸铁水管。这些政策的出台和实施，大大加强了塑料建材推广应用力度，使塑料建材迅速崛起成为塑料行业的支柱产业。仅就塑料管材来讲，到2010年，全国新建住宅室内排水管80%采用塑料管，上水管的30%和供暖管20%采用柔性塑料管；建筑电线穿线护管90%要求采用塑料管；外墙雨水管50%采用塑料管；城市供水管道中的塑料管应用率达到50%，村镇供水管应用率达到80%；城市燃气管道塑料管的应用量达到20%，城市下水管道的塑料管使用量达到15%。发展建筑塑料制品，无论从社会意义还是从经济效益都具有很大的价值。

2.2 基本组分

2.2.1 常用的树脂

(1)聚氯乙烯

聚氯乙烯(Polyvinylchloride,PVC)树脂是乙烯基聚合物中最主要的品种之一,其产量在世界范围内曾居合成树脂的首位,现仅次于各种聚乙烯的总产量。其相对分子质量在3.6万~8.5万范围,热塑性,相对密度为1.35~1.45 g/cm^3,无结晶熔点。产品多呈白色粉末状或半透明颗粒。根据PVC的生产方法,有悬浮法生产的粉状树脂和乳液法生产的糊状树脂两种。粉状树脂粒径大于100 μm,按照分子量的大小分为7级。分子质量大的PVC适于生产软质制品,塑性较好,加工较易;分子质量较小的PVC适于加工硬质制品,由于不含增塑剂,不易加工。PVC糊状树脂适合于与增塑剂配合制成PVC糊,其粒径小于10 μm,是制作塑料卷材地板和墙纸等软制品的主要原料。PVC塑料具有如下良好的性能:

- 化学稳定性　PVC树脂具有良好的化学稳定性,可以耐酸、碱和非极性溶剂的化学腐蚀。但是,一些极性大的溶剂,如环已酮、四氢呋喃等则可以溶解PVC,配制成自粘剂;
- 热稳定性　在光和热的作用下,PVC树脂是一种较不稳定的聚合物,降解放出氯化氢气体。随着氯化氢气体数量的增加,树脂的颜色由白变成淡黄色、深黄色、棕色直至变黑。在140 ℃时,PVC树脂开始分解,随着温度的升高,分解加速,200 ℃达到全部分解。PVC制品的长期使用温度不宜超过55 ℃,经过改性的特殊配方的制品耐温可达90 ℃,并具有耐燃性、自熄性、无滴落性;
- 耐老化性能　硬质PVC制品的耐老性能比软质PVC制品好。当增塑剂挥发后,软质PVC制品会变硬发脆,这在制品受户外紫外光照时尤其明显;
- 加工性能　PVC树脂是无定型高聚物,在120~160 ℃有可塑性。由于热稳定性较差,在混炼时,温度不宜过高,时间不宜过长。在树脂中加入增塑剂、热稳定剂、紫外线吸收剂、填料等,以满足制品加工及材料性能的要求。

PVC塑料性能多样化,可制成硬质、半硬质和软质制品,易加工成多种色彩的建材制品。在建筑中应用较广泛的有门窗、异型材、模板、地板、管道、管件、墙纸、护墙板和防水卷材等。

(2)聚乙烯

聚乙烯树脂(Polyethylene,PE)是部分结晶聚合物,树脂呈白色蜡状固体物。聚合度值大于400甚至高达50 000以上。有一定的柔软性,熔点较低。按照聚乙烯的相对密度可以分为三类:高密度聚乙烯(HDPE)又称低压聚乙烯,其相对密度为0.941~0.965 g/cm^3,结晶度为85%~90%,熔点125~135 ℃,分子量和机械性能都较高,常用来制造电器、仪表、机械壳体、零部件及管材等;低密度聚乙烯(LDPE)又称高压聚乙烯,其相对密度为0.910~0.941 g/cm^3,结晶度为55%~65%,熔点110~115 ℃,分子量和机械性能都较低,分子链上有支链,适合制造薄膜、电缆、电器设备绝缘层以及各种空心制品等;线型低密度聚乙烯(LLDPE),是在有机金属催化剂存在的情况下,使乙烯与α-烯烃(如丙烯、丁烯、辛烯等)进行共聚而产生的。其密度接近LDPE,但分子具有线形结构,机械性能优于LDPE。PE树脂有如下性能:

• 化学稳定性　优良的耐酸、碱以及耐极性化学物质腐蚀的性质。在室温下，几乎无溶剂能溶解它。只有在加热时，能溶于四氢萘、四氯化碳等溶剂；

• 耐燃性　耐燃性很差，易燃，离火后能继续燃烧，火焰上端为黄色，下端为蓝色。燃烧时，熔融滴落，放出石蜡的气味，无自熄性。着火温度为 340 ℃，自燃的温度为 349 ℃。着火时，燃烧缓慢，滴下胶质不发烟，离火继续燃烧。制品在受热时会发生热收缩现象，加工的熔化温度范围为 132 ~135 ℃，熔体流动性对温度不敏感；

• 耐老化性能　在紫外线辐射及氧气、热、日光等作用下，PE 树脂的各项性能指标逐渐变劣。在树脂中加入防紫外线、光老化及热老化的稳定剂，可以防止和减缓这种现象的发生；

• 电性能　电绝缘性能可与任何已知的介电材料相比。

PE 塑料适合做给排水管材，由于 PE 无毒，尤其适合做进水管，还常用于制作装饰薄膜、合成木材、装饰片材、钙塑材料等。

(3)聚丙烯

聚丙烯树脂(Polypropylene,PP)是一种热塑性结晶聚合物，容易燃烧，无自熄性，燃烧时有滴淌现象；相对密度 0.899 1 ~0.910 0 g/cm^3，是最轻的塑料品种之一。聚丙烯树脂可分为等规、无规和间规三种类型。其性能如下：

• 化学稳定性　优良的耐酸、碱以及耐极性化学物质腐蚀的性质。高温下，溶于高沸点脂肪烃和芳烃，可与浓硫酸和硝酸等氧化剂作用；

• 物理机械性能　在室温及低温下，PP 的抗冲击性较差，冲击强度随聚合物中的等规程度而变化。分子质量越大，冲击强度也越大，但成型加工性能变差；在 100 ℃时，PP 还能保持常温时 50% 的拉伸强度，抗弯曲性能好，所制成的活动铰链，能承受 7×10^7 次以上的折叠弯曲而无损坏痕迹；对缺口效应十分敏感，在设计制品时，应尽量避免夹角、缺口；PP 具有优异的成纤性，由它制作的纤维“丙纶”的拉伸强度达到 21 ~39 MPa，弯曲强度为 42 ~56 MPa，压缩强度为 56 MPa；

• 耐老化性能　PP 分子链上叔碳原子及与之相结合的氢原子，在紫外线的作用下容易被氧化导致链断裂而发脆。因此，加工时，必须加入稳定剂和抗氧剂，提高耐热老化性能；加入紫外线吸收剂，提高耐光老化性能。在铜的作用下，PP 氧化降解速度会成百倍地加快，既使加入大量的抗氧化剂也无效，这时必须加入特殊稳定剂苯并三唑等加以控制；

• 热性能　良好的耐热性，纯等规聚丙烯耐温可达 176 ℃，维卡软化温度为 105 ~110 ℃，安全使用温度上限为 100 ~120 ℃，短时间受热可高达 140 ℃，低温使用温度可达 -15 ~ -20 ℃，脆化温度为 -60 ℃。

在建筑上，PP 常用作饮用水管材、卫生洁具、整体淋浴室，建筑模壳等，也用其编织的织物作建筑施工时的大面积保护性网罩。

(4)聚苯乙烯

聚苯乙烯(Polystyrene,PS)是一种无定型热塑性塑料，无毒、无臭、无味。具有良好的透明性，其透光率达到 88% ~98%，折光指数为 1.60。受到光照和长时间存放，透明度下降，变浊及发黄；制品具有刚性、良好的表面光泽、电绝缘性能、耐水和较低的吸湿性；密度小，加工成型容易。但是，燃烧时会分解出苯乙烯单体，有刺激性气味，未燃尽物燃烧时冒出大量的黑烟。

聚苯乙烯能够耐无机及一些脂肪族试剂的作用。但是，PS 与芳烃接触则变软，与脂肪和油类接触易产生应力破裂。能溶于甲苯、苯等芳香烃类溶剂中，制作 PS 胶粘剂；PS 的分子内应力较大,质脆,在受外力时易碎裂,展延性差。

PS 除通用型聚苯乙烯(GPPS)品种外,在工业上重要的品种还有可发性聚苯乙烯(EPS)、高抗冲击的聚苯乙烯(HIPS,聚苯乙烯-聚丁二烯接枝共聚的产物)、ABS(聚苯乙烯-丁二烯-丙烯腈的三元接枝共聚物)等。透明 PS 板常用于不受力的装饰顶棚透光材料,发泡 PS 在建筑中用于轻质、隔热保温材料,也可用作彩钢板或铝合金板材的中心隔热材料,还可用于冷库隔热、影剧场隔音板材等。

改性后的 PS 具有一些新的性能,如 HIPS 有较高的抗冲击性、综合加工性能良好的 ABS 树脂等,可以制成各种色彩鲜艳,外形美观,力学性能和化学性质都很好的中高档建筑用塑料制品。

(5)聚甲基丙烯酸甲酯

聚甲基丙烯酸甲酯(Poly methyl methacrylate, PMMA)的透光率达到93%,外观酷似玻璃,故俗称为有机玻璃。其透明性与表面光泽特别好,硬度高,易加工,具有电性能和耐候性好等特点。但是,不耐磨,遇硬物易划伤,抗冲击性较差,在 100 ℃下可变形。在建筑上,主要用于各式窗玻璃,尤其是大型透光顶棚,还用作建筑装饰、塑料小五金装饰外壳等。

(6)不饱和聚酯树脂

不饱和聚酯树脂(Unsaturated polyester,UP)是一种分子中含有不饱和双键的线型聚酯,分子质量较低,一般为粘性液体或低熔点固体。但是,加入不饱和单体后,其双键与 UP 中的双键发生反应而形成交联结构,呈热固性。一般来说,UP 大都是指已加入不饱和单体的树脂。

UP 的优点是工艺性能良好,它可以在常温常压或低压固化成型。同时具有多功能性,通过改变配方可以得到不同物理性能的固化产物。缺点是固化时收缩率较大。一般为 7%~8%;加工时单体易挥发,劳动条件较差。主要用来生产复合材料制品和制造各种非增强的模塑制品,如卫生洁具、人造大理石、塑料涂布地板等。

(7)酚醛树脂

酚醛树脂(Phenol—Formaldehyde Resin,PF)是以酚类和醛类化合物缩聚而得的一类树脂。以苯酚和甲醛缩聚而得的酚醛树脂最为重要。PF 塑料是以酚醛树脂为基料,以木粉、石棉、布屑、纸屑、云母、合成纤维等为填料,加工成压缩粉,制成一种不溶不熔的硬而脆性的热固性塑料。这种塑料具有坚固耐用,尺寸稳定,不易变形等特点。由于苯酚易氧化,PF 的颜色较深,因此制品大都为暗色。PF 在建筑中被大量用来生产胶合板、纸质装饰层压板。此外,还用来制造建筑小五金。

(8)环氧树脂

环氧树脂(Epoxy Resin,EP)是指分子中含有两个或两个以上环氧基团的高分子化合物。产量大、用途最广的是双酚 A 型环氧树脂。由于 EP 分子中含有的羟基、醚键和环氧基等极性基团,使得 EP 具有很强的粘结力、优良的工艺性能和较低的固化收缩率,并且可以在室温下低压成型。缺点是粘度较高,粘合的初粘性不高。固化后 EP 的性能取决于交联度即固化程度,这与固化剂种类、加入量及其他添加剂的性能有关。通过改变配方也可得到不同性能 EP 固化产物,如有弹性的 EP、刚性的 EP 等。主要用来制造复合材料,同时也作为高强度的建筑粘结剂使用,还可以用来制造耐老化性能优异的建筑涂料和涂布地板。但是 EP 的价格较高,限制了它在建筑中扩大使用。

(9)聚氨酯树脂

聚氨酯树脂(Polyurethane,PU)是由含有异氰酸酯基的多异氰酸酯预聚物与含有羟基的聚醚或聚酯反应生成的一类聚合物。它可按照使用要求制成热塑性和热固性塑料。

PU广泛用作硬质、半硬质、软质泡沫塑料，塑料，弹性体，人造革，涂料和胶粘剂等，其中用于隔热的泡沫塑料用量最大，其次是涂料。可以在常温常压下聚合和发泡，甚至用在建筑施工现场的喷涂发泡，这是其他泡沫塑料所不及的。PU的性能优异，强度高，耐化学性比PVC等塑料好。但是，异氰酸脂有一定毒性，操作时应采取适当的措施。聚合后的PU是无毒性的。

2.2.2 常用的助剂

(1)增塑剂

增塑剂通常是一类对热和化学试剂都很稳定的有机物，大多是挥发性低的液体，少数则是熔点较低的固体，而且至少在一定范围内能与聚合物相容。经过增塑的聚合物，其软化点、玻璃化温度、脆性、硬度、拉伸强度、弹性模量等均有所下降，而耐寒性、柔顺性、断裂伸长率等则会提高。目前工业上大量应用增塑剂的聚合物有聚氯乙烯、醋酸纤维、硝酸纤维等少数品种。其中主要是聚氯乙烯，它所耗增塑剂占其总产量的80%左右。增塑剂有一定的迁移性，在使用过程中，应加以防止增塑剂渗出、迁移、挥发而损失物理机械性能。

1)分类　增塑剂的分类方法有许多种。按化学组成可以分为邻苯二甲酸酯、脂肪族二元酸酯、石油磺酸苯酯、磷酸酯、聚酯、环氧化合物等；按照相容性分为主增塑剂和次增塑剂；按照结构分为单体型和聚合体型；按照应用分为耐热型、耐寒型、耐光热型、耐燃型及抗菌型增塑剂等。常用增塑剂的品种及性能，如表2.2所示。

表2.2 建筑塑料中常用增塑剂

缩写	化学名称	主要性能	应用范围
DOP或DEHP	邻苯二甲酸二辛酯	相容性好，能符合建筑塑料中大多数制品要求，光热稳定性好，电性能好，挥发性小，耐低温，低毒，价格适中	因性能全面，用作建筑塑料中的主要增塑剂，几乎适用于各种制品
DBP	邻苯二甲酸二丁酯	相容性好，挥发性高，柔顺性大，不单独使用，价格便宜	常作为辅助增塑剂使用
DIOP	邻苯二甲酸二异辛酯	性能与DOP相似，但稍差些，因有臭味，使用受到局限。优势是价格低，毒性低	因价廉，常代替DOP使用
DOS	癸二酸二辛酯	低温性能好，但相容性差，价格较高	常用于北方耐低温要求的建筑塑料
DOA	己二酸二辛酯		
TBP	磷酸三丁酯	阻燃，耐污染，耐光，但耐寒性差，有毒	常用于防火要求的制品，也可作为涂料的消泡剂
TCP	磷酸三甲酚酯环氧油类	同TBP，与塑料相容性好，不易萃出和迁移，挥发性低，耐热，耐光，电性能好	用于电线套管等电器制品的辅助增塑剂，不能单独使用
CL-P42	氯化石蜡(含氯42%)	耐燃，电性能好，价廉，不单独使用	
CL-P5	氯化石蜡(含氯50%~54%)	同CL-P42，用量可增大	常作建筑塑料的耐燃辅助增塑剂
	环氧大豆油	挥发性低，耐热，耐光，不易析出，相容性与电性能好，兼有稳定剂作用	不能单独使用，用于板材、薄膜的辅助增塑剂
M-50	石油(磺酸苯)酯	电性能好，价廉	

2)作用机理　塑料的增塑有内增塑和外增塑两种。外增塑是通过加入增塑剂而起到增

塑作用的方法；内增塑是用化学方法对树脂进行改性，破坏树脂的规整性来达到减弱分子之间作用力而达到增塑作用的方法。对于非极性的增塑剂是通过聚合物与增塑剂间的溶剂化作用，增大分子间距离，从而削弱聚合物间的作用力，达到增塑目的。非极性增塑剂对非极性聚合物增塑效率与质量成正比，用量越大，隔离作用也越大，T_g 降低越多，而极性增塑剂则是其极性基团与聚合物分子的极性基团相互作用，从而削弱了聚合物分子间的作用力，增塑效率与增塑剂的摩尔质量成正比，其机理是增塑剂的极性基与极性聚合物很好的互溶；而非极性部分把聚合物的极性基屏蔽起来，减少其分子间作用力，使得 T_g 降低。

(2)**稳定剂**

稳定剂是有助于塑料在成型加工和使用中，保持塑料性质原始值或接近原始值的物质。其作用是制止或抑制聚合物因外界因素所引起的破坏。稳定剂的选用目前还在很大程度上属于经验性的。按照稳定剂的作用分为热稳定剂、光稳定剂及抗氧剂等。由于聚合物的分子结构不同，老化机理不同，而所用的稳定剂也不同。

1)热稳定剂　常用的种类有铅盐类、钡镉皂类和硫醇锡类热稳定剂。铅盐类稳定剂有毒，制品不透明，易受硫化物污染，分散性差。但其具有耐热性好、电绝缘性高、耐候性优良和价格低等优点，因此使用较多。主要品种有三盐基性硫酸铅、二盐基性硫酸铅、二盐基性磷酸铅、二盐基性硬脂酸铅、马来酸铅、水杨酸铅、硬脂酸铅等。其中，三盐及二盐的用量最大；Ba-Cd 皂类热稳定剂的稳定效果好，制品有一定的透明性。但易出现污点和生垢；硫醇锡类热稳定性好，制品透明。但气味太大；无毒稳定剂有钙、镁和锌的有机盐。但稳定效果不如钡、镉和铅的有机盐。

2)光稳定剂　它是紫外线吸收剂和光屏蔽剂。紫外线吸收剂是指能够吸收紫外线而本身结构不发生变化的物质。主要作用是防止塑料、涂料、染料等物质在阳光、灯光、高能射线照射下的光分解，用量通常为树脂量的 0.01% ~0.5%，能有效吸收波长为 290 ~410 μm 紫外线，常用的品种有邻羟基二苯甲酮类、苯并三唑类、水杨酸酯类、三嗪类等。炭黑常用作光屏蔽剂，具有良好的耐候性。

3)抗氧剂　在常温或高温下能抑制氧气或大气对聚合物起氧化作用的物质称为抗氧剂。由于聚合物的氧化是一种游离基的连锁反应，所以按照作用机理把抗氧剂分为游离基抑制剂和过氧化物分解剂。常用的有酚类、芳香胺类，如二芳基仲胺、硫代二丙酸酯等。

(3)**偶联剂**

偶联剂又称为表面化学处理剂，是一种改善无机材料和有机材料界面结合的化合物。偶联剂分子中含有两种不同性质的活性基团，一种是能与无机材料表面的化学基团反应，形成高强度的化学键；另一种是具有亲有机物质性质的基团，它可与有机分子反应或进行物理缔结。由于偶联剂的架桥作用，使两种不能结合起来的有机材料和无机材料界面最大限度地结合起来，形成牢固的复合材料，达到提高其综合性能的目的，扩大其应用范围。偶联剂可以在无机材料的表面处理过程中涂在其表面，也可以加在合成树脂中。主要有如下四类：

1)有机酸氯化铬络合物类　常用的是甲基丙烯酸氯化铬的络合物，又称“沃蓝”，简称铬络合物，是一种暗绿色液体，使用时先配成浓度为1% ~3%异丙醇溶液，并用2%的 NH_4OH 溶液调整 pH 值为 5 ~6，而后配成 0.4%的水溶液即成。可以作为环氧树脂、聚酯树脂、酚醛树脂等玻璃纤维增强塑料的偶联剂。其作用原理如下：

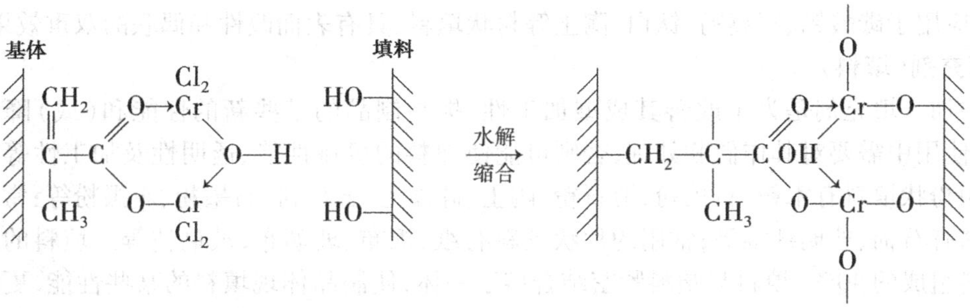

2）有机硅烷类　这类偶联剂的品种很多，是应用最广、偶联效果较好的偶联剂，其化学通式为 R_nSiX_{4-n}，式中 R 代表乙烯基、环氧基、氨基、巯基等，这些基团能与树脂端作用；X 代表能够水解的甲氧基、乙氧基等基团；n 代表数字 1，2 或 3（常用的为 1）。有机硅烷类偶联剂对树脂有选择性，如不饱和聚酯树脂应选用有双键基团的偶联剂；环氧和酚醛树脂要选择含有环氧基和氨基的偶联剂。

此类偶联剂可用于多种无机填料，但是作用的效果有差异，如对石英粉和白炭黑效果最好，碳酸钙欠佳。以乙烯基三甲氧基硅烷（A-171）为例，说明其与无机相（填料）的偶联作用。

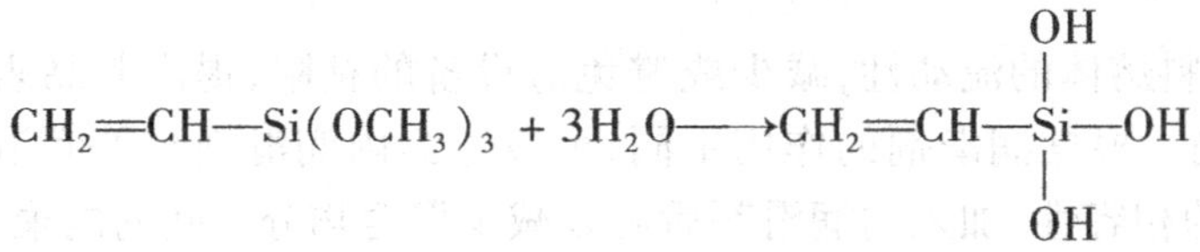

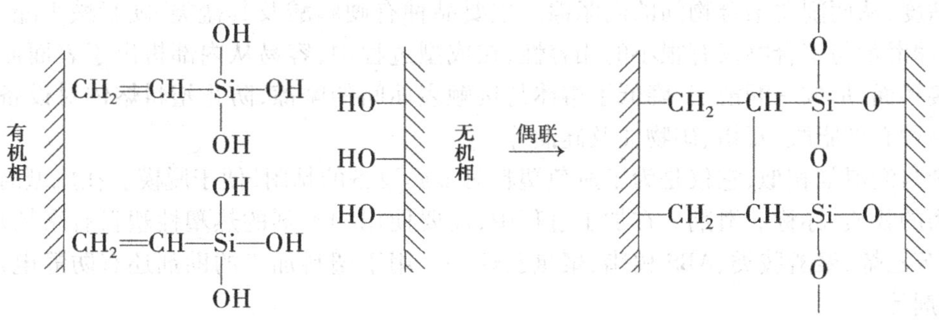

3）钛酸酯类　这类偶联剂用于热塑性塑料中添加干燥的填料（如碳酸钙等粉料）的偶联效果较好。钛酸酯类偶联剂与硅烷类偶联剂并用有协同效应，可得到良好的效果。以异丙基三（异硬脂酰基）钛酸酯（KR-TTS）为例，说明其与无机填料的作用。

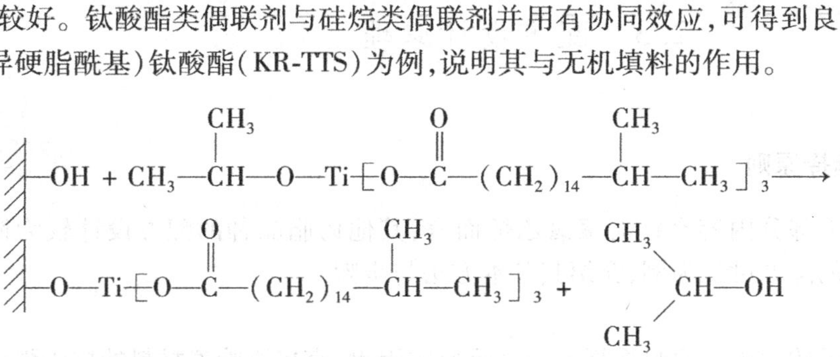

4）锆类　锆类偶联剂是美国 Cavedon 化学公司 1983 年出品的新型偶联剂，分子结构上含有铝酸锆的低分子质量无机聚合物，在分子主链上络合着两种有机配位体，一种是赋予偶联剂对水解有良好稳定性的配位基，另一种是赋予偶联剂有良好的反应性。可适用于多种合成树

脂和填料，应用于碳酸钙、石英粉、钛白、陶土等粉状填料，具有表面改性和偶联的双重效果。

（4）**填充剂（填料）**

塑料中加入填充剂是为了改善其成型加工性、提高制品的某些新的性能和（或）降低成本。但是，使用中需要对其作偶联处理，否则可能使塑料的机械性能、透明性及加工性等有所降低。常用粉状填料有木粉、石棉粉、滑石粉、陶土、硅藻土、云母粉、石墨粉、炭黑粉等；常用的纤维状填料有石棉、玻璃纤维等；常用的片状填料有纸、棉布、玻璃布、玻璃毡等。填料的用量通常为塑料组成的40%，填料与塑料紧密结合熔于一体，使制品体现填料的某些性能，更能扩大其应用范围。

（5）**着色剂（色料）**

赋予塑料色彩或特殊光学性能或使之具有易于识别等功能的助剂称为着色剂。某些着色剂还兼有改进耐气候老化性，延长制品使用寿命的作用。塑料着色有整体着色（内着色）和表面着色（外着色）两类。着色料主要有无机颜料、有机颜料和染料三类。成型加工中对色料的一般要求是性能稳定，不分解、易扩散、耐光和耐候性好，不发生从制品内部移向表面的洇色及向其他接触物品迁移的现象。

（6）**润滑剂及其他助剂**

在塑料加工中，为了改善塑料熔体的流动性，减少或避免对设备的粘附，提高制品表面光洁度，常常在塑料中加入润滑剂。根据润滑剂的作用不同，可以分为内润滑剂与外润滑剂两类。内润滑剂与聚合物有一定的相容性，加入内润滑剂后可以减少聚合物分子间的内聚力，降低其熔体粘度，从而削弱聚合物间的内摩擦。主要品种有硬脂酸及其盐类、硬脂酸丁酯、硬脂酰胺等；外润滑剂与聚合物仅有很小的相容性，在成型过程中，容易从内部析出于表面而粘附于设备的接触面，形成一润滑层，降低了熔体与接触表面间的摩擦，防止塑料熔体对设备的粘结。主要品种有硬脂酸、石蜡、矿物油及硅油等。

脱模剂与润滑剂相似，它仅是为了避免塑料对金属设备的粘附，便于脱模。在成型时涂布于模具表面的物质，亦称润滑剂。在加工过程中，需要使用润滑剂的热塑性塑料有聚烯烃、醋酸纤维、聚苯乙烯、聚酰胺类、ABS树脂、聚氯乙烯等。用于塑料加工的助剂还有防静电剂、阻燃剂、防霉剂等。

2.3 配方设计原理

2.3.1 原料的选择原则

塑料配方设计的大部分内容是针对聚氯乙烯而言，其他树脂品种的配方设计较为简单。这里以聚氯乙烯制品的配方设计为例，介绍其基本方法与步骤。

（1）**树脂**

树脂相对分子质量的大小是原料选择的一个重要的因素，直接影响着材料的抗张强度、撕裂强度等力学性能及熔体流动性、制品的耐热性等。相对分子质量较大的树脂，熔体粘度较大，成型加工困难，但力学性能好。因此，实际应用时应综合考虑材料性能和加工性能后，再决定其相对分子质量的大小。当要求加入少量增塑剂和多量填料时，为改善成型加工条件，必须选用低分子质量树脂。PVC 组方特点是以树脂投料量为 100 作为配方基础选配其他组分。

(2)**增塑剂**

要求增塑剂对聚合物除了具有较好的相容性以外,还要求增塑效率高、低挥发性、高化学稳定性、对光和热稳定性好,并且无色、无毒、无臭、不燃、吸水量低;在水、油、溶剂等中溶解度和迁移性小,介电性能好;在室温和低温下制品外观和手感好,防霉、耐污染性好以及价廉等。但是,一种增塑剂同时兼有所有优良性质是困难的,其中相容性好和低挥发性是最基本要求。

增塑剂使 PVC 树脂成型加工容易,降低了玻璃化温度,使制品柔软。制品柔软程度取决于增塑剂的添加量及其搭配关系。通常增塑剂在 25 份以上为软制品、5 份以下为硬制品,两者之间为半硬制品;而增塑剂在 30% 以上则塑料表现为橡胶的性质。常用的增塑剂主要品种是邻苯二甲酸二辛酯(DOP)和邻苯二甲酸二丁酯(DBP);脂肪族二元酸酯类增塑剂具有优良的低温柔性,常选用已二酸二辛酯(DOA)、壬二酸二辛酯(DOZ)、癸二酸二辛酯(DOS)等。

(3)**稳定剂**

由于聚氯乙烯树脂的分解温度与成型加工温度相接近,所以在配方设计中一定要加入稳定剂,加入量一般小于 2%,少数也可以高达 5% 左右。选择稳定剂时,除了要考虑其对树脂有较好的稳定效果外,还要求其相容性好、挥发性低、尽可能无色;在加工条件下对热及化学品稳定、无毒或低毒;在设备上结垢的倾向性小;熔体流动性、润滑性、透明性及电性能好等。

(4)**填料及其他**

塑料加工使用填料时,要合理地选择其种类、细度、用量及表面处理方法等。填料的加入量一般为塑料组成的 40% 以下,近年来生产的一些高填充塑料制品中的填料的用量可能远超过此范围。此外,颜料、抗氧剂、抗紫外线剂、润滑剂等,均需合理选择。根据具体情况而定,一般用量在 1% 左右。

2.3.2　材料性能影响的分析

(1)**力学性能**

硬度是衡量聚氯乙烯塑料软硬程度的标志,它与所添加增塑剂的种类和份数、树脂分子质量大小及填料种类有关。硬度随着 PVC 树脂分子质量和填料加入量的增加而增加,随着增塑剂加入及其量的增加而降低。不同种类增塑剂对聚氯乙烯硬度有不同的影响,如图 2.1 所示。拉伸强度通常是随着树脂分子质量的增大、增塑剂含量的减少、填料含量的减少、成型加工时塑化程度的增加、填料粒度的变细等而增加,如图 2.2 所示。塑料的冲击强度随着增塑剂含量的增加而增加,随着无机填料的减少而有所提高。伸长率一般随增塑剂含量的增加、树脂分子质量的增加及填料的减少而增加。

(2)**光热稳定性**

光热稳定性取决于树脂的质量,要求树脂几乎没有支链,杂质极少、分子量较高。其他助剂如增塑剂对光热稳定性也有不同的影响,如环氧增塑剂、钡-镉环氧化合物或有机锡羧酸稳定剂的光稳定效果较好;填料也有不同的影响,如二氧化钛或炭黑的光学稳定效果较好。

(3)**其他性能**

增塑剂的挥发性主要取决于增塑剂的分子质量,其影响是分子质量越大挥发性越低;塑料的低温柔性主要取决于增塑剂的类型,比如,从增塑剂的耐寒性相比较,DOA 优于 DOP,DOP 优于 TCP。

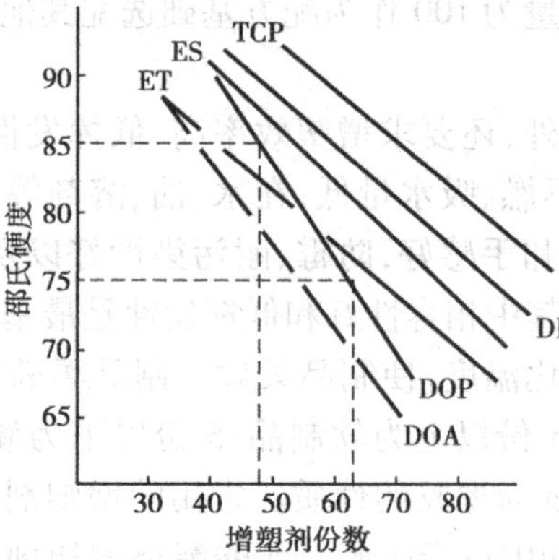

图2.1 增塑剂份数与邵氏硬度的关系

DOA-己二酸二辛酯,DOP-邻苯二甲酸二辛酯,

ES-环氧大豆油,DIOP-邻苯二甲酸二异辛酯,

ET-环氧妥尔油酯,TCP-磷酸三甲酚酯

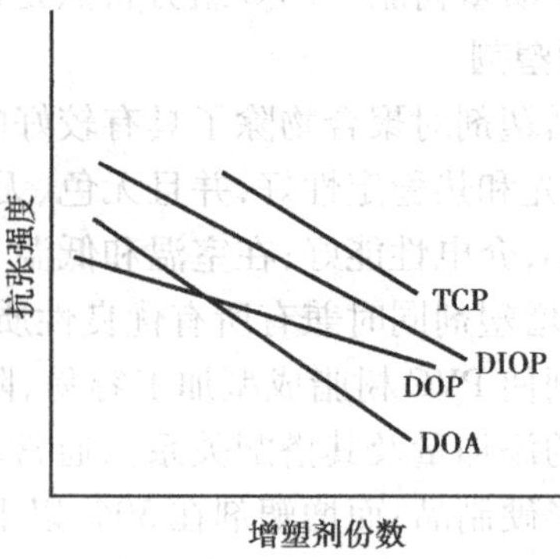

图2.2 增塑剂份数与抗张强度的关系

塑料的透明性主要取决于有机锡稳定剂及硬脂酸润滑剂;添加填料影响塑料的透明性,甚至可能失透。毒性主要受树脂中氯乙烯单体的含量及稳定剂中的重金属、增塑剂的影响。在PVC树脂中氯乙烯单体的含量不能大于5×10^{-6},无毒稳定剂有Ca、Mg、Zn体系的稳定剂,无毒增塑剂有二辛酯、环氧大豆油、二辛基己二酸酯、乙酰基三丁基柠檬酸酯等。

2.3.3 配方设计要点

(1)硬质PVC配方设计

PVC塑料硬质品中增塑剂的含量在5份以下(包括零份),其比重为1.38~1.43 g/cm^3,使用温度范围为-15~55 ℃,机械强度高,电性能及化学稳定性良好,但熔融粘度高,流动性差。PVC对温度敏感,主要通过控制加工温度而成型,所以在设计硬制品配方时,一定要重点选好热稳定剂。成型加工时产生大量的摩擦热,设计配方时还要考虑加入润滑剂、填料等对摩擦热的影响和填料加入量对设备的摩损。

(2)软质PVC配方设计

软质PVC制品中有大量的增塑剂,使材料的拉伸强度、化学稳定性、电学性能、热性能都有所下降;而其相对伸长率、吸水率、耐寒性等有所上升。因此,配方设计时重点考虑增塑剂的种类与用量。

从成型加工来看,若增塑剂用量较大时,则熔融粘度低、流动性好,扩大了加工温度范围,相对于硬质PVC制品对稳定剂的要求不严格。但是,加入大量的增塑剂会导致化学稳定性及耐老化性能降低。应再适量的加入抗氧剂、抗紫外线剂及其他添加剂来改善耐老化性能。

(3)配方设计举例

设计一个用挤出法生产室外装饰片材PVC配方。要求低温柔性、耐水萃取和增塑剂不迁移、制品不透明、耐霉菌、邵氏硬度为75。

第一步,增塑剂及填料的确定:由邵氏硬度为75的要求,从图2.1可查出增塑剂DOP的用量为63份,所以基本配方为PVC 100,DOP 63。

根据增塑剂不向表面迁移要求,选用具有抗迁移性能的聚合物型增塑剂,用丙二醇聚酯

20份，取代20份DOP。又由于丙二醇聚酯的增塑效率比DOP低，为保持同样的硬度，可按1.2比率换算，则用24份丙二醇聚酯取代20份DOP。聚酯增塑剂的加入会降低低温性能，所以采用混合型邻苯二甲酸辛酯和邻苯二甲酸癸酯(NONDP)来代替DOP，其效率为0.95，所以43份DOP可用45份NONDP来代替。此时的配方为PVC 100，NONDP 45，丙二醇聚酯24。

板材制品要求光稳定性能好，可用环氧大豆油(ES)代替部分聚合物型增塑剂，其效率为1.05，所以5份ES代替6份聚合物型增塑剂，即丙二醇聚酯由24份变成18份。又因为片材不透明，同时在不影响强度的情况下，可以加入10份碳酸钙。此时的配方为PVC 100，NONDP 45，丙二醇聚酯18，ES 5，$CaCO_3$10。

第二步，确定树脂：增塑剂与树脂分子质量匹配要求是增塑剂含量高，树脂分子质量也高。从上一步的增塑剂所用量看，一般可选用中等偏高的分子质量树脂，所以PVC树脂选用Ⅱ型或Ⅲ型。

第三步，稳定剂的选择：稳定剂选用Ba-Cd液体2份，因Ba-Cd体系无润滑性，再添加0.5份硬脂酸(HSt)作润滑剂。配方变化为PVC(Ⅲ)100，NONDP 45，丙二醇聚酯18，ES 5，$CaCO_3$10，Ba-Cd 2，HSt 0.5。

第四步，考虑防霉剂：制品要求防霉，可以考虑加入1份抗霉剂如五氯苯酚(FF)，但它对稳定性有影响，所以再把Ba-Cd稳定剂提高到3份。这样最终的配方如表2.3所示。最后再通过试验和调整，确定正式投入生产的配方。

表2.3 室外装饰片材PVC的参考配方

原料名称	投料量(质量比)	原料名称	投料量(质量比)
PVC(Ⅲ)	100	$CaCO_3$	10
NONDP	45	Ba-Cd液体	3.0
丙二醇聚酯	18	HSt	0.5
ES	5	FF	1.0

2.4 成型加工的基本方法及设备

2.4.1 挤出成型

挤出成型又称为挤出模塑或挤塑或挤压成型。挤出成型是热塑性塑料最主要的成型方法之一，它几乎能成型全部的热塑性塑料制品，也能成型少量的热固性塑料制品。将配好的塑料粉料或粒料，由挤出机的供料段送入压缩段，在机械剪切力、摩擦热和外部热源的作用下，使物料迅速熔融塑化、压实，随之进入匀化段，进一步塑化。物料在定量、定压、均匀的环境下，从机头的口模挤出的过程为挤出成型。主要的设备是挤出机，它包括机头、口模、切割、卷取等附属设备。适宜加工的制品有薄膜、管材、板材、片材、棒材、单丝、扁带、网、复合材料、中空容器、电线包复及异型材等。单螺杆挤出机结构示意图如图2.3所示。圆管挤出机头结构示意图如图2.4所示。

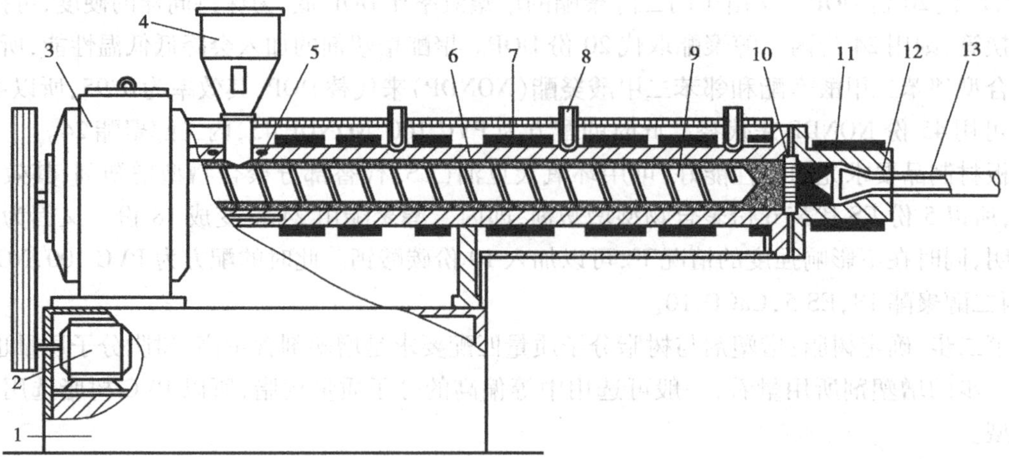

图 2.3　单螺杆挤出机示意图

1—机座;2—电动机;3—传动装置;4—料斗;5—料斗冷却区;6—料筒;7—料筒加热器;8—热电偶控温点;9—螺杆;10—过滤网及多孔板;11—机头加热器;12—机头;13—挤出物

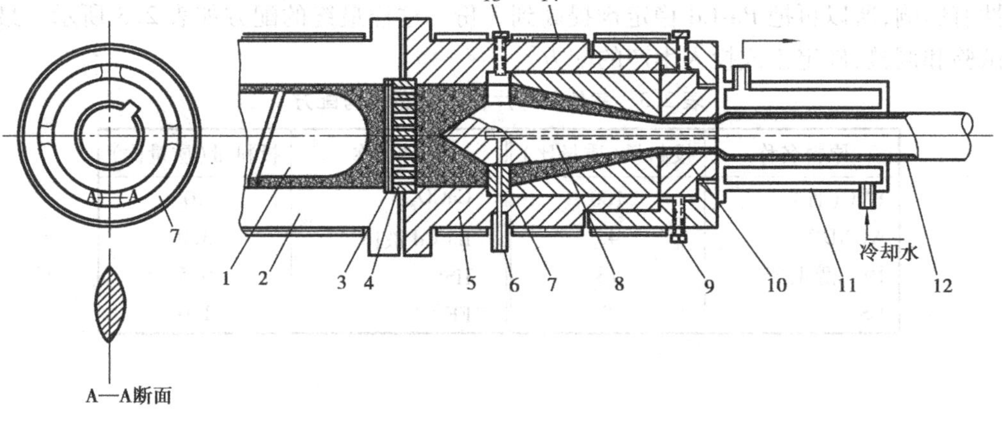

图 2.4　圆管挤出机头结构示意图

1—螺杆;2—料筒;3—过滤网;4—多孔板;5—机头;6—压缩空气进口;7—模芯支架;8—模芯;9—定芯螺钉;10—模口外环;11—定型套;12—管状挤出物;13—定芯螺钉;14—加热器

2.4.2　注射成型

注射成型又称为注塑。它是将粒状或粉状塑料从注射机的料斗送进加料的料筒,经加热熔化呈流动状态后,由柱塞或螺杆的推动,使物料通过料筒前端的喷嘴注入闭合塑模中。充满塑模的熔料在受压的情况下,经冷却(热塑性塑料)或加热(热固性塑料)固化后即可保持注塑模腔所赋予的形状,松开模具即可取出制品。注射机主要由注射系统、锁模系统和塑模三大部分组成。适用于全部的热塑性塑料和部分热固性塑料。可以成型各种形状、尺寸、精度、满足各种要求的模制品。柱塞式注射机结构示意图如图 2.5 所示。

2.4.3　压延成型

压延成型简称压延。这是将加热塑化的热塑性塑料通过一系列加热的压辊,形成连续薄

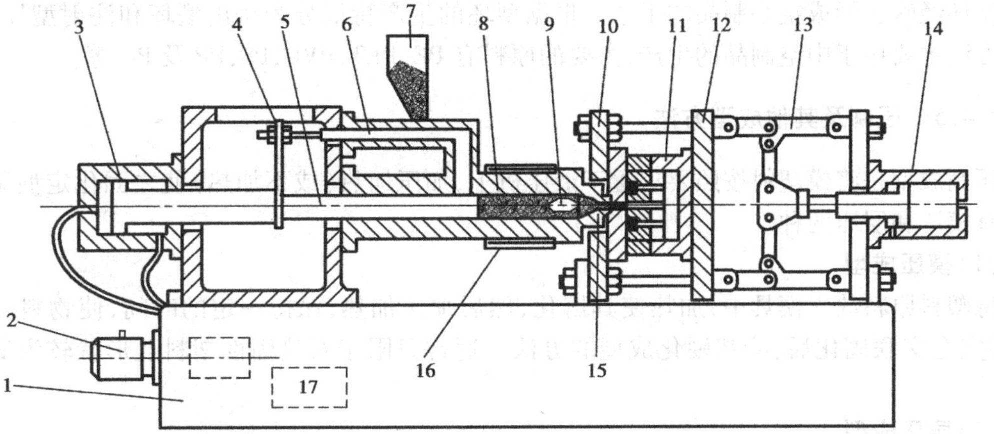

图2.5　卧式柱塞式注塑机结构示意图

1—机座;2—电动机及油泵;3—注射油缸;4—加料调节装置;5—注射料筒柱塞;6—加料筒柱塞;7—料斗;8—料筒;9—分流棱;10—定模板;11—模具;12—动模板;13—锁模机构;14—销模(副)油缸;15—喷嘴;16—加热器;17—油箱

膜或片材的一种成型方法。它包括两个阶段,第一阶段主要是配料、捏和、塑化和供料等工序;第二阶段则主要是压延、引离、刻花、冷却定型、输送、切割卷取等工序。压延机按照辊筒的数目有三辊、四辊和五辊三种;按其排列方式有直线型三辊、逆L型四辊、斜Z型四辊、L型五辊四种。最常用的是三辊、四辊压延机。主要用于生产薄膜、薄板、片材、人造革和壁纸等。滚筒的几种排列方式如图2.6所示。

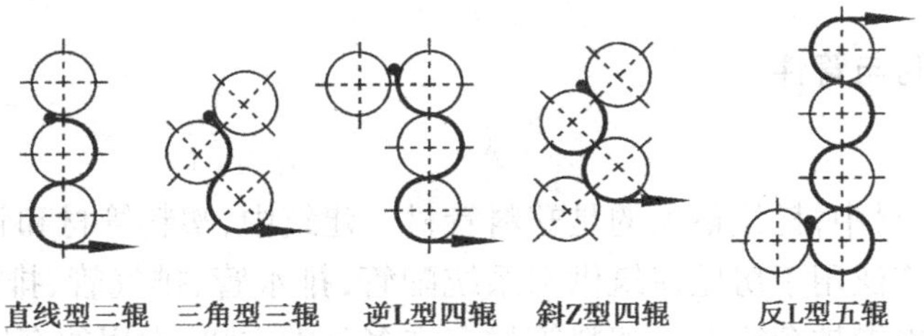

图2.6　几种压延机滚筒的排列方式

2.4.4　吹塑成型

吹塑成型是将挤出机头熔融塑化物料,经压缩空气吹胀而成型为各种制品。主要包括挤出吹塑和中空吹塑两种成型方式。

(1)挤出吹塑

挤出吹塑是利用特定螺杆在加热料筒中旋转,使热塑性塑料塑化后,在压力作用下,通过挤出机头的口模挤成圆筒状挤出物,再在薄管中鼓入一定量的压缩空气,使其横向吹胀,经冷却、导入牵引,由辊轴卷取即可。根据原料的性质与成膜方向不同,分为上吹法、平吹法和下吹法三种。上吹法主要用于PVC和PE的吹塑薄膜;平吹法主要用于小型PE,PS和PVC的吹塑薄膜;下吹法主要用于PP和PA等薄膜的吹塑。

(2)中空吹塑

中空吹塑是制造空心塑料制品的成型方法。它是借助于气体压力使闭合在模具中的热熔塑料型坯经吹胀形成空心制品的工艺。根据型坯的生产特征分为挤出型坯和注射型坯两种。这种方法主要用于中空制品的生产,主要的原料有 PE,PET,PVC,PS,PP 及 PC 等。

2.4.5 压制及其他成型方法

压制成型是将模塑料按照要求置于液压机上,加压加热(或不加热)使之固化定型制得产品。有模压和层压两种。

(1)模压成型

将塑料原料放入模具中,加热使其熔化,然后加压加热,保持一定的时间,使物料充满模腔,并完全交联固化后,冷却硬化成型的方法。通常只限于对热固性塑料且形状较为简单的制品。

(2)层压成型

将树脂与各种填料,逐层地有规律地填充于制品模具中,预制成坯料。按照一定的层叠方法,使之达到一定厚度的叠合本,放入液压机上,加温加压,保持一定时间,使其粘结固化,冷却后解除压力,即得制品。这种方法多用于生产板材。

塑料制品的成型方法还有滚塑成型、热成型、发泡成型、真空成型、喷涂成型及二次加工等。

2.5 常用的建筑塑料制品

2.5.1 塑料管材与管件

(1)分类

在众多的化学建材中,耗量最大的是塑料管材。建筑中,塑料管材和管件代替传统的铸铁管、白铁管、水泥管,广泛用于房屋建筑供水系统配管,排水管、排气管、排污卫生管、地下排水管、雨水管以及电线电缆护套管等。塑料管材有许多分类方法,常用的有以下三种分类方法:

1)按照管的材质分类　有聚氯乙烯管(PVC 管)、聚乙烯管(PE 管)、聚丙烯管(PP 管)、丙烯腈-丁二烯-苯乙烯共聚物管(ABS 管)、氯化聚氯乙烯管(CPVC 管)、苯乙烯橡胶管(SR 管)、聚丁烯(PB 管)、铝塑复合管以及玻璃纤维增强热固性塑料管(GRP 管)等。

2)按照管的用途分类　塑料管可分为压力管和常压管两大类。压力管有上水管道、饮用水管道、输油输气管道、真空管道、污水压送管道及某些受压的下水管道等;常压管有一般下水管道、排污及放空管道、电气及电线管道、雨水落水管道及农用灌溉管道等。

3)按照管材的软硬度分类　塑料管材又有硬质、半硬质和软质管之分,硬管多用于有压力的部位,管壁较厚,管径可达 800 mm 以上,如硬质聚氯乙烯(UPVC)管等;半硬质管又叫可弯型硬管,如电线护套等;软质管有波纹管、发泡管等。

(2)在建筑领域中的应用

塑料管材的应用领域越来越广,用量最多的是 PVC 管和 PE 管,约占塑料管总量的 80%,其次是 PP,ABS,PA、玻璃钢、塑料/金属复合管及聚合物混凝土管等。其应用范围如表 2.4 所示。

表2.4　塑料管材在建筑领域中的应用范围

应用领域	管材品种	材质名称	管径 φ/mm
住宅建筑	给水与饮水管	HDPE,ABS,UPVC,PP,PB	10~50
	热水管	CPVC,PB	10~50
	下水管、排污管、换气管	UPVC,ABS,LDPE	20~50
	排水管	PP,ABS,HDPE	<50
	电线套管、雨水管、排气管	UPVC	20~30
	地板加热管	PP,交联 PE	10~50
	自来水管、输浆管	UPVC,HDPE,PVC 波纹管	10~50
市政工程	排水管、排污管	HDPE,PVC 波纹管	100~500(最大2 000)
	下水道	UPVC	<500
	道路排水管	PVC 波纹管	100~254
城市公用设施系统	自来水供应系统	无毒 UPVC,PB,HDPE	50~1 200(1 MPa)
	热水供应系统	PB	10~40(0.2~0.4 MPa)
	燃气供应系统	HDPE,MDPE,UPVC,ABS,PB	50~500
	电力、电话系统下电缆套管	UPVC,LDPE,SBR	37~150

(3)硬质聚氯乙烯管

硬质聚氯乙烯管一般添加很少量邻苯二甲酸二辛酯增塑剂或者不加增塑剂。目前它是国内塑料管材的主导产品。适用于给水、排水、供气、排气,电线电缆套管等。

1)管材的性质　管材的性质主要从耐热性、耐腐蚀性、力学性能、阻燃性及毒性等方面考虑。

①耐热性质　硬质聚氯乙烯管的线膨胀系数较大,约为 5.9×10^{-5}/℃,比钢材大5~7倍,在安装过程中必须考虑温度补偿装置。此外,其强度随着温度的升高呈直线下降,随着温度降低耐冲击强度也降低。因此,使用温度一般在 -15~+65 ℃。

②耐腐蚀性　硬聚氯乙烯管具有良好的耐化学腐蚀性能。如耐酸、碱、盐雾等;在耐油性能方面超过碳素钢,耐低浓度酸的能力超过不锈钢和青铜,且不受土壤和水质的影响。但不耐酯、酮类以及含氯芳香族液体的腐蚀。

③力学性能　具有较好的抗拉、抗压强度,但其柔韧性不如其他塑料管。因此,在要求耐冲击的环境中,一般采用改性耐冲击的硬质聚氯乙烯管。

④阻燃性　由于聚氯乙烯本身难燃,硬管配方中含有相当数量的无机物填料和增韧聚合物或含氯、磷、溴的增塑剂,也起阻燃作用。因此,硬质聚氯乙烯管具有自熄性能。

⑤毒性　聚氯乙烯管毒性是指其树脂中的残留单体氯乙烯和助剂中的铅、镉含量超过规定限量。这些有毒有害物质从管道中析出,从而危害环境和人类的健康,并有致癌的可能性。解决的方法,首先是从树脂中排除氯乙烯残留单体,其次是采用双螺杆挤出机生产硬聚氯乙烯管,使含铅、镉稳定剂的使用量达到国家规定的指标以下。

2)配方与成型工艺　根据硬质聚氯乙烯管的使用要求不同,可以有不同的配方。非饮用水的聚氯乙烯硬管的参考配方,如表2.5所示。按配方计量后,经配料、高速搅拌、双螺杆挤出、定型、冷却、牵引、切割等工序完成。

3)规格与性能要求　PVC 硬塑料管大体分为排水和给水两大类,其规格与性能要求各不相同。为使排水管材管件具有通用性，必须对其进行规范。建筑排水硬质聚氯乙烯管的规格与性能要求应符合《建筑排水用硬质聚氯乙烯管材和管件》标准(GB/T 5836.1—1992)，硬质聚氯乙烯给水管材的规格与性能应符合 GB 10002.2—1998《给水用硬质聚氯乙烯管材》的规定。

表 2.5　非饮用水的聚氯乙烯硬管的参考配方

原料名称	用量(质量比)				
	配方 1	配方 2	配方 3(耐压)	配方 4(透明)	配方 5(大口径)
PVC(XS-4)	100				
PVC(P1100)			100	100	
PVC(P1050)		100			70
PVC(P800)					30
$BaSO_4$(工业品)	10		1	1	
HSt(工业品)	0.2	1.0	0.2	0.2	1
DOP(工业品)	1.0				1
三盐基性硫酸盐(工业品)	4.0	2.0			
二盐基性硬酯酸铅(工业品)		3.0			
巯基有机锡(工业品)			0.3~0.5	0.3~0.5	2~4
硬酯酸钡(工业品)	0.7				
硬酯酸钙(工业品)	1.0	1.0	0.8	0.8	1.5
硬酯酸铅(工业品)	0.5	1.0			

(4)**聚乙烯管**

聚乙烯管的用量仅次于聚氯乙烯管。这种管在燃气管道工程中使用多年，有成功的理论与实践经验。

聚乙烯管重量轻、柔韧性好、无毒、耐腐蚀、可盘绕；它的低温性能好，还具有抗机械振动、冰冻环境及操作压力的突然变化的性能，并且装卸、安装和连接方法简便。聚乙烯管分为高、中、低密度管。高密度管具有较好的耐低温性能和强度，适于低压管与软管的制造；中密度管是天然气管道及工业耐腐蚀管道等的最好管材；而低密度管价格较便宜，可用于低压自来水管、下水管、绝缘套管等。

(5)**聚丙烯管**

聚丙烯管是一种较轻的热塑性塑料管。它具有刚性大、强度高、耐蚀好，对普通无机酸、碱、盐类以及大量的有机化合物等有良好的耐化学腐蚀性，耐热性较高，在 100~120 ℃时仍能保持一定的机械强度，所以在压力较小时可用作热水管使用。但聚丙烯的低温脆性较大，在 0 ℃以下就难以用作管材，尤其在室外使用时必须进行改性处理。改善 PP 性能的方法有物理和化学改性两种：物理改性方法是在聚丙烯中加入冲击改性剂，如 LDPE，EPDM、丁二烯橡胶及热塑性弹性体；化学改性方法是将丙烯单体与乙烯单体共聚，得到聚丙烯-乙烯嵌段共聚产物，适合于低温使用。聚丙烯管适用于化学污水、海水、油和灌溉管道，也适用于采暖系统的热水管。

(6)ABS 管

美国 ASTM 标准规定:用于生产 ABS 管材及管件的 ABS 树脂,丁二烯最少含量为6%,丙烯腈的最少含量为15%,苯乙烯最少含量为25%,其余单体不超过5%。ABS 管具有密度小,质量轻以及优良的韧性、坚固性和保温性能,能避免在严寒天气条件下因运输装卸而损坏;并兼具耐腐蚀性,表面光滑,优良的抗沉积性,保持热量不使油污固化、结渣和堵塞管道。这种材质比铜、黄铜、铸铁和钢制成的管材更能始终长期保持较高流水率,所以 ABS 管是卫生洁具系统的下水、排污、放空用管的理想材料。

(7)聚丁烯管

聚丁烯树脂管具有独特耐蠕变特征和抗应力破坏的综合性能。密度仅为0.92 g/cm^3,而拉伸强度可达27 MPa 以上,其冲击强度也很高;化学性质较稳定,能抗细菌、霉菌和藻类孳生;耐磨及耐温性好。适合于建筑和工业方面的应用,主要用作供水管、冷或热水管,以及化工厂、造纸厂、发电厂,开矿作业用污水管道和输气管道。

(8)氯化聚氯乙烯管

氯化聚氯乙烯树脂(CPVC)的氯含量为63% ~69%,美国古立德公司生产的 CPVC 氯含量达到74%,由于氯含量的增加使玻璃化温度 T_g 显著增加,则 CPVC 可以在120 ℃下长期使用。鉴于氯化聚氯乙烯具有突出的耐热性能,故又称为耐热型聚氯乙烯管。CPVC 还具有优良的抗拉和抗压强度,可以用作冷、热水管,也用于太阳能供水管和温泉管道等,使用寿命长达40年。

(9)塑料管件

管件又称为配件,是指把管材与管材,管材与仪表、设备、阀门等相连接的管接件。在管道系统中是不可缺少的部件。管件分为两类:一类是从强度和安全性出发,采用金属管件,其中用得最多的是铜管件;另一类是在强度和各项性能允许的情况下,尽可能采用同种材料加工的管件,这样可以避免不同材料缩胀率不同,引起的压力下接头渗水问题。在塑料管道中,建筑排水用硬 PVC 管件有粘结承口、弯头、三通及四通、异径管和管箍、伸缩节、存水弯、立管检查口、清扫口、通气帽、排水栓、大或小便器连接件及地漏等。

(10)塑料管的连接技术

根据不同的材质,管件与管道的连接方法有所不同,塑料管的连接方法很多。

1)粘接法　主要用于硬 PVC 管、ABS 管的连接,做法是在承口和插口涂上粘结剂,插口挤压入承口,待粘结剂固化即成。使用的溶剂粘接剂大多为 PVC 在四氢呋喃或环己酮中的溶液,要求粘度适中,室温下最低粘度为90 Pa · S。外观呈流动状态,无块状物,无分层。溶液中 PVC 含量不低于10%。

2)焊接法　主要用于聚烯烃管,如 LDPE,HDPE 及 PP 管。焊接时,对操作的技术要求较高,相对应用较少。

3)螺纹连接　螺纹连接比较安全可靠。但由于要开螺纹,管材管件的壁厚就必须比溶剂法管材管件厚一些。螺纹填料可采用白漆丝或生料带。

4)异径管的连接　这种连接有两种方法:一种是用偏心大小头,另一种是同心大小头。异径管连接主要用于生活卫生管件(如洗面盆、浴缸)与排水管件的连接。异径管的连接如图2.7所示。

5)GRP 管的连接　这种管的连接方法有三种:一是包缠对接,即将两根管子对准,然后用

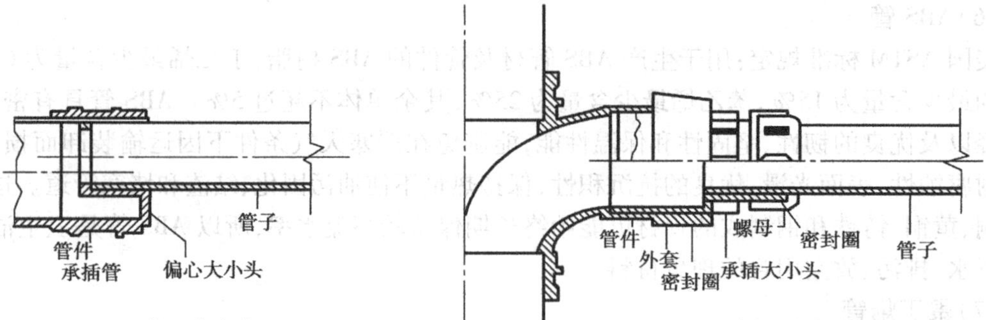

(a)偏心大小头　　(b)同心大小头

图2.7　异型管的连接

浸渍过树脂的不同尺寸的增强材料(玻璃布、毡、带等)包在两管的接头处,包到适当的厚度和宽度;二是套管连接,即用一段比管径稍大的套管,内表面涂上胶泥,GRP管外表面也涂上胶泥,然后把两根管子套入套管,胶泥固化后即可;三是软管连接,将一根橡胶套管套在两根管子的接口处,套管两端用不锈钢的管夹夹紧。

2.5.2　塑料门窗及型材

(1)概述

门窗是建筑物中重要的开口部分,起采光和通风作用,在寒冷地区必须能保温,以防止室内热量散失,而在炎热地区能隔热,以防止室外热空气进入室内。塑料门窗因其资源丰富,质轻、耐腐蚀和不生锈、加工成型容易、保温节能、绝缘性能好等已成为建筑门窗中的主流产品。

塑料门窗通常是指以热塑性聚氯乙烯树脂为主要原料,再加入所需的各种添加剂,经过配混和挤出成型,然后通过切割、焊接等方式制成门、窗、框和扇,装配上连接件、密封件、玻璃及其五金配件等。为了增强型材的刚性,超过一定长度的型材空腔内需要增加钢衬,这样制成的聚氯乙烯门窗,通称为塑钢门窗,简称为塑料门窗。它是目前建筑上使用最为广泛的塑料门窗品种。

此外,也可以用热固性不饱和聚酯树脂作为基体材料,以玻璃纤维及其织物为增强材料,用拉挤成型方法生产各种形式的断面中空型材,经定长切割后,再经机械加工,装配上连接件、密封件、玻璃及其他五金配件,这样所制成的塑料门窗,通称为玻璃钢门窗。虽然它也是塑料门窗中的一种品种,但是目前在建筑上使用得不多。本节主要介绍聚氯乙烯塑料门窗。

(2)聚氯乙烯门窗异型材

1)PVC门窗的要求　选择PVC塑料作为门窗型材的材料,必须考虑对门窗基本功能的适用性。外窗必须牢固、坚韧、安全可靠,能抵抗一定机械损坏、防火防盗、隔热隔音和经受风吹雨淋及日晒,还必须考虑塑料对温度变化的承受能力和耐老化性能。室内门窗则对隔音、隔热、保温、轻便、防腐、耐水要求较高,还要考虑装饰效果等。

2)原料选择　根据产品的要求确定PVC树脂,通常选择悬浮法SG-4或SG-5型。稳定剂通常采用三盐基性硫酸铅、二盐基性亚磷酸铅、二盐基性硬脂酸铅和金属皂类,这些稳定剂用于不透明制品;为了改善PVC的加工性和制品表面性能,应考虑加入适量的改性剂,如丙烯酸酯类、聚α-甲基苯乙烯等,这些助剂能提高PVC的流动性,也能使型材制品表面光滑、平整;选择润滑剂时,要注意内润滑剂与外润滑剂的平衡问题,常用硬脂酸与蜡类并用;在配方中可加入少量填料，如碳酸钙，以改善制品尺寸的稳定性，但加入量太多会使强度显著下降。因此，在设计配方时应综合考虑制品的性能、设备和工艺的选用及其他因素。

3）配方　设计建筑用门窗配方时应保证其质量要求，达到国家标准 GB/T 8814—1998《门、窗框用 PVC 型材》所规定的技术指标，配方与成型设备、工艺参数相匹配。选择原料时除了考虑树脂和各种助剂品种和用量的同时，还要考虑各组分间组合的相互影响、协同效应、成本及对环境的影响等因素。PVC 塑料型材常见的典型配方，如表 2.6 所示。

表 2.6　PVC 塑料型材常见的典型参考配方

原料名称	用量（质量比）			
	配方 1	配方 2	配方 3	配方 4
PVC	100.0	100.0	100.0	100.0
复合铅盐稳定剂	4.0～6.0			
有机锡		1.5～2.0		
稀土稳定剂				4.0～5.0
硬脂酸钙			0.3～1.2	
硬脂酸镉			0.3～1.0	
硬脂酸锌			0.2～0.6	
硬脂酸钡			0.6～1.2	
CPE	8.0～10.0		6.0～12.0	8.0～10.0
$CaCO_3$	5.0～8.0	5.0～10.0	5.0～10.0	8.0～12.0
TiO_2	4.0～5.0	5.0～8.0	3.0～6.0	4.0～6.0
加工助剂	1.5～2.0	1.5～2.5	1.0～2.0	1.0～2.0
润滑剂	1.0～2.0	1.5～2.5	0.8～1.6	1.0～2.0
ACR 抗冲改性剂		6.0～8.0		
石蜡			0.5～1.0	

4）成型工艺　聚氯乙烯门窗异型（型）材的生产可以用单螺杆挤出机或双螺杆挤出机。两种工艺挤出用的原料都是前道工序按照配方比例混合好的粉料。目前，硬 PVC 窗异型材大多采用双螺杆挤出机生产。这种方法特别适用于大批量常规型材和大规格异型材的生产，其产品的性能优于单螺杆挤出成型的产品；单螺杆挤出成型方法特别适用于小批量、小规格异型材的生产。

（3）PVC **塑料窗**

1）塑料窗的特点　塑料窗的特性是耐蚀、阻燃性好，生产能耗、使用能耗均低；隔音性能好；水密性、气密性均好；耐久性好。PVC 塑料型材具有优良的二次加工性能，在设计加工塑料窗的形状结构时，应当充分发挥和利用。归纳起来，PVC 塑料窗有如下特点：窗的玻璃面积大，中部横格少，组装较为简单、快捷。窗用玻璃厚度一般采用 5 mm，采光良好；窗框与窗扇是彼此搭接组合而成的，中间夹有密封条。可见，窗的密封性、隔音性和隔热性都比较理想；塑料窗玻璃采用干法安装，根本不用油腻子，而是使用附有密封条的玻璃压条型材固定玻璃；窗的五金件直接安装在窗框与窗扇的异型材上。应当采用防腐材质的五金件，以协调塑料窗的耐腐蚀的特点；窗款新颖，功能较齐全，有防腐型、隔冷保温型、豪华装饰型等，已形成系列化产品。

2）塑料窗的种类　PVC 塑料窗的种类很多。一般按照窗的开启方式来分类，大致可以分为固定窗、平开窗、翻转窗、推拉窗、复合窗、异型窗、双色窗、拱门窗及其他窗。其中平开窗分为侧开窗、上开窗和开窗三种，翻转窗又分为上翻转、下翻转和中翻转三种，推拉窗分为平推拉窗和直推拉窗两种。塑料窗已经形成系列化、规格化、标准化，用户可根据有关塑料窗图集选用。图 2.8 为常用窗开启方式的示意图。

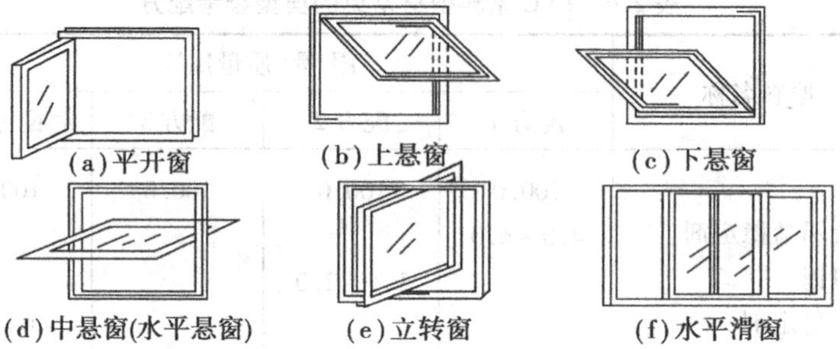

图 2.8　开启窗示意图

3）PVC 塑料窗的组装　随着 PVC 塑料窗的型材设计及成型技术的发展，其窗型种类越来越多，但其组装技术大同小异，通常是按照用户的需求组装。拼装工艺主要采用热融焊接和机械联接，塑料窗的组装有三种组合方式：一是整窗热融焊接法；二是热融焊接和机械联接（即窗框、窗扇四个角采用焊接，中挺和横撑采用螺栓联接）；三是整窗用螺丝机械联接。拼装工序包括异型材切割、插入增强金属型材、开排水孔、焊接及焊缝修理、安装密封条、装配五金、安装玻璃、装嵌缝压条等完成窗制品。

①异型材锯切　为了保证拼装质量，将放置于常温下 48 h 的型材，用双头割锯及 V 形锯进行准确切割，严格控制 45°的锯切面及 V 型槽的准确性。一般型材下料尺寸应比门窗框的实际尺寸长 4 ~ 8 mm。

②插入金属增强材料　对尺寸较长和受力的异型材，下料后，需在中空腔内插入金属型材加强。金属加强件应较松地插入塑料异型材的主要中空室内，不能太紧，以适应金属的热膨胀。金属加强件比塑料异型材内腔尺寸短 15 ~ 20 mm，以适应斜角的焊接，金属件需用自攻螺丝固定。

③开排水孔　在窗框和窗扇的外侧需开一个排水孔，以排除可能进入内侧的少量雨水，开排水孔可用专用的开孔机操作。

④嵌密封条　人工将密封条嵌入固定的凹槽内，末端对接或焊接。

⑤焊接与焊缝修理　窗框和窗扇均可以用自动焊接机进行焊接。单点焊接机，一次只能焊接一个窗角；四角焊接机，一次可焊接完成四个角，且四个焊接点的位置可以依据窗的尺寸调节。因此，它可以用来焊接各种规格的窗。此外，还有双点焊接机。用自动角缝清理机将焊接后留在焊缝处的物料进行清理，在焊角处开一个深 0.5 mm、宽 2 ~ 3 mm 的沟槽，使其外型美观。

⑥装配五金件　用气动专用工具拧上连接五金件的自攻螺丝。

⑦装配玻璃和压条　采用干法安装玻璃。先在窗异型材内嵌密封条，然后在凹槽内放底座和垫块，放好玻璃后，用橡胶锤将压条轻轻敲入预定的位置。

⑧安装铰链 用气动工具拧自攻螺丝紧固金属铰链,最后用白色硅橡胶(室温固化)乳液涂覆螺钉尾部和铰链,以达到防锈和装饰作用。

⑨检验 检查外观和外部位尺寸,合格后入库。

(4)PVC 塑料门

塑料门有很多种类,目前使用较多的是硬质 PVC 挤出成型门。其结构主要有三种:

1)镶板门 它是由门芯板和门框两部分组成。门芯板由大小中空型材镶合而成,门框由多孔异型材拼合而成。为了牢固地安装铰链和门锁,在门芯板两边插入 PVC 和金属增强型材;为保证门扇有足够的刚性,用 8 mm 的钢筋加固。这根钢筋从门芯板的一侧穿透门芯板所有中空壁,并在两端固定。门芯板的四周用门边框包边。底部用 U 形型材包边。因此,镶板门是由大门板型材、增强型材、门扇边框、门框这四种异型材拼装而成的。

2)框板门 它有一个门扇框,门扇框的结构与开启的窗扇基本相同,只是异型材的壁厚大些,为 2.8 ~ 3.0 mm。门芯板则可以用玻璃做成玻璃门,也可以用夹层板或在镶板门中使用的中空型材拼装。框板门的刚性好,具有较好的水密性和气密性,可以作外门用。门芯板的固定方法与窗玻璃的干法安装基本相同。

3)折叠门 硬 PVC 折叠门的结构形式多种多样,但其拼装所需的主要型材是门框、门板和活动铰链。一面门框与门扇连接,另一面上装电磁门锁,门框分别由两部分组成,相互间为卡槽式连接。门板分为大门板、小门板和滑动门板三种。大门板中间有一小孔,用于固定滑动块。滑动块在滑轨内滑动使折叠门开闭。滑动门板有两个小孔,安装两个滑动块,它能在滑轨上平行滑动以便于电磁锁锁合。活动铰链连接大小门板并随它们一起滑动使门折叠起来。这种门轻巧灵活、耗料省、开启时占地少,适于厨房、卫生间的门,也可作内门以及房间的活动分隔。

除以上门的种类外,还有平开门、推拉门、自由门及升降门等。

2.5.3 塑料地面制品

塑料地面制品是指以高分子材料为基料,加工成铺设于地面的建筑装饰塑料。在室内装饰中,地面装饰占有重要地位。一般地面材料有三方面的基本要求:一是耐磨性;二是回弹性,即使步履无疲劳感,其坚牢度及柔软度适当;三是脚感,一般认为人足温度下降 1 ℃以内大体在舒适范围内。塑料地面制品包括塑料地板、塑料涂布地面及塑料地毯等。

(1)塑料地板

塑料地板是塑料铺地材料中主要的建筑塑料品种之一,大都是采用 PVC 树脂。其形式有 PVC 地砖(即粘型,在塑料地板背面粘附有压敏胶)、软质 PVC 地面卷材、印花塑料地板及 PVC 水磨面地板等多种。单色半硬质 PVC 地板砖如图 2.9 所示,印花 PVC 地砖的结构如图 2.10 所示。

1)塑料地砖 普遍使用的塑料地砖是以 PVC 树脂为基料添加大量的 $CaCO_3$、石英砂及其他助剂,经压制而成。其基本配方如表 2.7 所示。一般采用压延法和热压法来生产。其中,压延法是连续的大规模生产工艺,即物料经高速捏和、密炼后,在卧式二辊压延机上出片,后经 2 ~3 个立式的二辊压延机压光,最后经退火、冷却后冲却得均质的块材地板;热压法适用于小规模生产,基本工艺流程是将物料混合后在二辊开炼机上拉片,再切成大块,放在不锈钢模板内,用热压机压光,退火后冲片成产品。

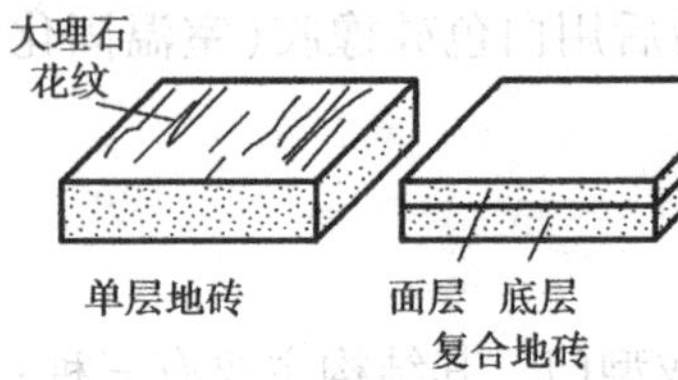

图 2.9 单色半硬质 PVC 地板砖

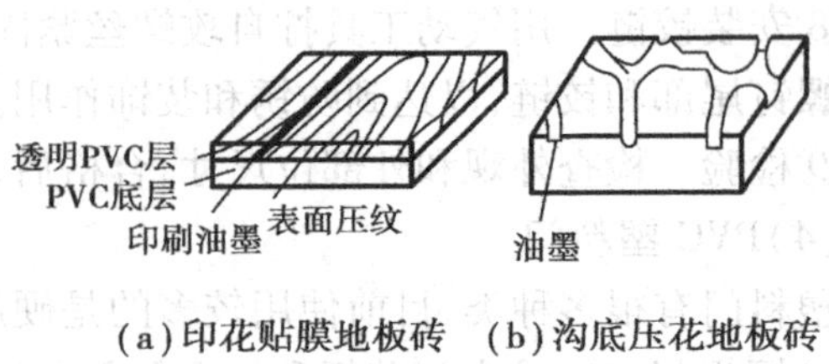

图 2.10 印花 PVC 地板砖

表 2.7 塑料地砖的参考配方

原料名称	用量(质量比)	原料名称	用量(质量比)
PVC 树脂	100	氯化聚乙烯	5
三碱式硫酸铅	0.5	硬脂酸	0.4
二碱式亚磷酸铅	0.5	石蜡	0.3
邻苯二甲酸二丁酯	20	红泥	120

2)印花发泡塑料地板　印花发泡塑料地板由底层、发泡层、印刷层及透明层构成。底层是生产时的载体,起支撑增强作用。常用的有涤纶无纺布、玻璃纤维毡等。一般用量≤100 g/m^2,有时为了提高弹性,这增强底层也可放在两层发泡层之间。发泡层是采用可发性的PVC 糊树脂,提高弹性和隔热、隔音性能,它是印刷层的基层。可发性树脂糊配方如表2.8所示。

表 2.8 可发性树脂糊的参考配方

原料名称	用量(质量比)	原料名称	用量(质量比)
PVC 糊状树脂	80~100	碳酸钙填料	40~100
PVC 悬浮树脂	5~15	Cd-Ba 液体稳定剂	4~5
邻苯二甲酸酯类增塑剂	50~70	AC 发泡剂	2~3.5
环氧大豆油	4~6		

印刷层直接印在发泡聚氯乙烯上,常用的方法有机械压花法和化学压花法。化学压花法是在某一种或几种颜料的印刷油墨内加入发泡抑制剂,如反丁二烯等,印刷后向可发泡 PVC 层内渗透,在发泡时起抑制作用,使一部分不发泡而凹下去,发泡部分凸出来,以增加立体感。透明层附着在印刷层表面,其作用是透出和保护底下的印花层,并提高耐磨性。这种地板的生产常采用涂布法工艺。产品质量参照标准 GB 11982.1—1989 及 GB/T 11982.2—1996。

3)软质塑料地面卷材　这类产品适于压延法生产。因增塑剂较多,而质地较软,有弹性、脚感好,产品成卷材形状。填料大部分用碳酸钙,有各种色彩。但表面耐热性差。

(2)**塑料涂布地面**

塑料涂布地面是由树脂、填料及颜料等组成,现场调配成砂浆,以泥工方法施工。其特点是施工简单、耐磨、无缝。满足耐化学腐蚀及卫生标准要求高的地面。如医院手术室、食品加工厂及奶制品厂地面等。常见的有不饱和聚酯树脂涂布地面、环氧树脂涂布地面及聚合物水泥砂浆涂布地板等。

(3)塑料地毯

塑料地毯是指用聚合物纤维织成的地毯。适宜生产塑料地毯的合成树脂纤维主要有聚酰胺纤维、聚丙烯纤维、聚丙烯腈纤维和聚酯纤维等。塑料地毯具有纯羊毛地毯的保温、耐磨、富有弹性的特性,且不会像羊毛那样易霉烂及蛀蚀,这种地毯以其原料来源丰富、成本低,被人们普遍采用为地面装饰材料。

根据使用的场合、特点及性能的不同,地毯分为六个等级:轻度家用级,适宜铺设在不常用的房间;中度家用级,铺设在主卧室较好;一般家用级,用于起居室;重度家用级(一般专业级)适用于家中重度磨损场所;重度专业级地毯一般家庭不用,价格较高;豪华级具有长毛和豪华气派的特点。

塑料地毯的主要材料包括:毯面纤维,即各类合成树脂纤维;初级背衬,常用黄麻平织网,现在多用PP背衬;涂层材料,一般采用橡胶乳(SBR)、PVC糊、PUR等;次级背衬材料以黄麻为主。塑料地毯的种类有簇绒地毯、针扎地毯、机织地毯、印染地毯、手工编织地毯及静电植绒地毯。通过摊铺、粘结以及拉接等施工工艺进行铺设。

2.5.4　塑料墙面装饰材料

墙面装饰塑料的主要形式是墙纸和墙布。塑料墙纸又称为塑料壁纸,一般是用纸作为基材,表面涂塑,通过印花,压花或发泡等工序制成,并带有各式花纹图案或具有某些功能的内墙面装饰材料。其中压花墙纸、印花墙纸的应用较为普通。同时玻璃纤维贴墙布、无纺墙布等也大量生产。

(1)原材料

塑料墙纸的原材料包括树脂、添加剂和底纸。树脂一般选用较低分子质量PVC树脂糊;添加剂主要有稳定剂、增塑剂、润滑剂、填料、颜料等;另外,为了防霉,还要加入0.5%～1.0%的含铜、锡类的防霉剂。发泡墙纸还要加入AC发泡剂,这种发泡剂能较好地分散于PVC树脂中,在空气中分解温度为195～210 ℃;有碱性物质存在时,分解温度在155～210 ℃;有酸性物质时,可抑制其分解。

底纸是墙纸的基材,一般选用80～100 g/cm^2,厚度0.12～0.15 mm定量纸,并要求有一定的耐热性。经高温不发黄、不变脆,表面涂胶后不卷曲,有较好的湿强度。

(2)塑料墙纸的生产方法

塑料墙纸生产方法主要有压延法、涂布法和印花法。工艺一般分为两步进行:第一步是在底层纸或布上复合一层塑料得到半成品;第二步是将半成品进行印花、压花、发泡等加工而成。

1)压延法　用压延的方法生产贴膜墙纸,故又称压延贴膜法。即先压出PVC膜,再与底纸热复合。方法有一步压延法和二步压延法两种。一步压延法用来生产PVC塑料墙纸。主要原料一般采用较低分子量悬浮PVC树脂、增塑剂、热稳定剂、颜料等,经配料、捏合、混炼、压延复合、花辊轧花、冷却、检验、计量、卷取及包装等工序制得。参考配方如表2.9所示。

用二步压延法生产PVC塑料墙纸的主要原料类同于一步压延法。按表2.10配方比例称量,经配料、捏合、混炼、压延复合、发泡、压花等工序制得。

表 2.9　一步压延法生产 PVC 塑料墙纸的参考配方

原料名称	用量(质量比)	原料名称	用量(质量比)
PVC	100	石蜡	0.7
DOP	25	三碱式硫酸铅	0.5
DBP	35	钛菁绿	0.15
硬脂酸钡	1.0	钛白粉	15
硬脂酸铅	1.0	碳酸钙	20～25

表 2.10　二步压延法生产 PVC 塑料墙纸的参考配方

原料名称	用量(质量比)	原料名称	用量(质量比)
PVC	100	三碱式硫酸铅	1
DOP	20	硬脂酸铅	0.8
DBP	10	硬脂酸	0.2
M-50(烷基磺酸苯脂)	30	碳酸钙	50
Ba-Ca-Zn 液体复合稳定剂	2	AC 发泡剂	5.0

2)涂布法　涂布法是采用 PVC 糊树脂和氯-偏共聚乳液或氯-醋乳液两类为原料。经调糊、涂布、塑化而得制品。所用 PVC 糊树脂粘度要适中,粘度过大,涂布困难,表面会造成涂痕;粘度过小,加工过程不易控制,涂布量不准。用这种方法生产的墙纸的主要品种有 PVC 糊树脂墙纸和 PVC 乳液墙纸。

①PVC 糊树脂墙纸　配方设计时从耐污性出发,尽量少加增塑剂,一般不超过 60%。但增塑剂减少使其粘度增大,不利于涂布。所以要加入溶解能力较弱的甲苯、二甲苯及其混合物溶剂;从提高耐燃性出发,要加入适量阻燃性助剂。参考配方如表 2.11 所示。其生产工艺如图 2.11 所示。

表 2.11　涂布法生产 PVC 塑料墙纸的参考配方

原料名称	用量(质量比)	原料名称	用量(质量比)
PVC	100	钛白粉	10～20
DOP(增塑剂)	60	碳酸钙	10～30
稳定剂	3	氯化石蜡	10
AC 发泡剂	3～7	三氧化二锑	2

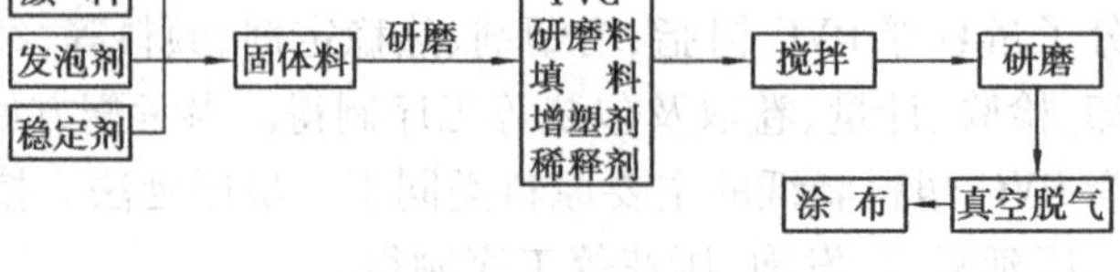

图 2.11　PVC 糊涂布工艺

②PVC 乳液墙纸　乳液涂布方便,无溶剂挥发,具有良好的成膜性。但涂层较薄,压花后立体感不强。这种墙纸的参考配方如表 2.12 所示。

表2.12 涂布法生产PVC乳液塑料墙纸的参考配方

原料名称	用量(质量比)	原料名称	用量(质量比)
氯偏乳液(基料)	100	钛白粉(颜料)	30
DOP(增塑剂)	10	瓷土(填料)	70
六偏磷酸钠(分散剂)	1	干酪素(增稠剂)	9

生产工艺是先将干酪素配制为10%~20%水溶液。然后将全部物料在三辊磨上进行分散匀化,配制成固含量为45%~55%、粘度为25~40 S(涂—4杯)的涂布料。采用气刀涂布方式,通过调节气压大小、气刀角度和狭缝的宽度来调节涂布量。一般气刀的狭缝宽是1~1.5 mm,压缩空气从狭缝中吹出,倾斜角度为15°,涂布量约为40 g/cm^2,塑化温度在110~130℃,用热风对流干燥后,直接印花或压花。

3)印花法 生产印花塑料墙纸,图案和色彩的设计极为重要,需要有一个准确及时的市场需求调查和专门的设计。要求塑料壁纸向多功能发展。在满足基本的装饰功能条件下,还要兼具其他功能,如透气性好,防霉、防蛀、除臭、保温隔热性好等。

印花一般采用凹版印刷。油墨一般为溶剂型,即在100份糊状树脂中,加入55份DOP和2份液体稳定剂,配成糊状。然后以10份糊状料为基础,加入16份环已酮,52份醋酸丁酯制成中间体。最后按一定比例与色浆分散均匀。印花工艺是在印刷机上完成,压花是在压花机上进行。

(3)塑料墙纸的裱贴工序

1)基层处理 无论新、旧墙面,在裱贴墙纸前必须对基层进行修整,达到大面积平整、表面坚实光滑,无飞刺砂粒、无油迹污渍,对凹坑和凸包、裂缝、接缝、麻坑以及旧墙面都要用腻子修补、批刮嵌平。干燥后用砂纸打磨,如有无法去除的金属件,需涂上防锈漆以免日后露锈。对于凹坑、裂缝、接缝及麻点等缺陷要用腻子修补。

2)基层预刷胶液 为了防止基层吸水太快,引起胶粘剂脱水过速,在被贴墙面基层上满涂一层胶液。涂刷要求薄而均匀,不要有漏刷、流淌等现象。

3)墙纸刷水 为防止墙纸贴好后拱起变形,上墙的墙纸需在纸基上先刷一道水(闷水),使纸基吸水膨胀,在粘贴后能干燥胀紧,达到平服熨贴的效果。

4)涂胶 墙纸按照基层的尺寸,对准花纹图案将墙纸裁剪后,在墙纸上先均匀在涂刷一遍胶粘剂,同时基层涂刷一遍同样的胶。

5)裱贴 裱贴墙纸要求平整、花纹图案整体化、无接缝痕迹。

2.5.5 塑料板材

塑料板材大量用作护墙板、屋面板、平顶板、有夹芯层的夹芯板、建筑用模板、非承重的墙体及隔断板等。主要的材质有硬PVC板、GRP板、PP和PE的钙塑板、MF装饰板、PMMA格子板、复合夹层板以及塑料钢板等。板材的结构形式主要有波形板、格子墙板、异型板材和加层墙板等。以全钙塑材料制成的新型建筑物已经问世,它具有轻质、保温绝热性能好、美观、拆装方便等特点,适用于野外作业的活动房屋、岗亭及街头装饰等。

(1)钙塑板材

钙塑板是以树脂为主要原料配以轻质碳酸钙、亚硫酸钙等填料及其他助剂,加工而成的塑料板材。其特点轻质、保温绝热性能好、美观。主要用作天棚装饰、保温绝热、墙面装饰等。一般分为高发泡、低发泡及不发泡三大类。三者虽然配方不同,但生产工艺大体相同。

1)主要原料　树脂一般选用PP,PE,PVC;填料通常是碱性或中性无机材料,如轻质碳酸钙、熟石膏、滑石粉、钛白粉、粉煤灰、高岭土、水泥等。另外,还有锯木屑、纸浆、废渣等物;常用的发泡剂有偶氮二甲酰胺(AC),塑化温度为160~170 ℃;常用的交联剂是过氧化二异丙苯(TCP);使用三盐基性硫酸铅可使AC分解温度由190 ℃降到145 ℃,用量一般为1.5%~2.0%;硬脂酸锌作润滑剂;炭黑常作防老剂用;其他还要考虑加入抗氧化剂、紫外线吸收剂及着色剂等。

2)高发泡钙塑板材　高发泡钙塑板材是目前应用比较广泛的一种钙塑板材,它是以低密度聚乙烯、AC发泡剂、交联剂为主要原料经混料、混炼和发泡等工序加工而成。其参考配方如表2.13所示。

表2.13　高发泡钙塑板材参考配方

原料名称	用量(质量比)	原料名称	用量(质量比)
LDPE	100	DCP交联剂	0.75
轻质碳酸钙	100	三盐式硫酸铅	1.5
AC发泡剂	8	硬脂酸锌	2.5

生产工艺是在120~150 ℃下,于双辊混炼机上将树脂和助剂(不包括AC和DCP)混炼均匀后,加入AC发泡剂,在90~120 ℃下精炼并加入DCP;将精炼后的片料做成坯料,放入模框中,在多层硫化机上进行预发泡;当温度为140 ℃左右时,突然减压,使模框中的物料迅速膨胀发泡,制成板坯;将预发泡后的板坯冷却后脱模,并将厚度为5~6 mm的板坯料放入预先设计有装饰花纹的模框中,并置于多层热压机中,于150 ℃预热使其软化,以5×10^{-3} MPa压力,加压25 min后,松开压机压板,板坯迅速发泡膨胀,冷却后定型,得到高发泡钙塑板的素坯。最后,将素坯放在强氧化剂溶液中浸蚀,增加表面的极性,再用设计好的涂料进行表面涂装。

高发泡钙塑板材的特点是施工方便、可钉、可锯或钻,而得到广泛应用。适用于室内吊顶、墙面装饰及屋面防水保温等。若加入阻燃剂还可制成自熄性钙塑板。

(2)**PVC护墙板和屋面板**

硬质聚氯乙烯板作为建筑板材已有几十年的历史,这种材料耐老化,具有自熄性和良好的机械强度,同时又符合建筑上的隔热、防水、透光等要求。其板材的主要形式有如下两种:

1)PVC波形板　硬质PVC波形板有两种基本结构,一种是纵向波形板,另一种是横向波形板,在国内市场上常见的是纵向波形板。目前常用工业废料红泥作填充剂填充聚氯乙烯生产阻燃型波形板,它具有耐候性好、热稳定性高、机械性能好、阻燃、使用安全可靠等优点。在发生火灾时有自熄性,是代替传统建材的新型建筑材料。其配方如表2.14所示。硬质PVC波形板的生产常采用挤出法连续成型。

2)PVC异型板和格子板　用异型材挤出的方法,生产建筑上需要的异型护墙板等;而格子板一般是将硬PVC平板用真空成型的方法使平板变为各种立方体图案的方形或矩形的建筑材料,它主要用于护墙和装饰。

表2.14　PVC波形板的典型配方

原料名称	用量(质量比)	原料名称	用量(质量比)
PVC树脂	100	加工改性剂	1.4
热稳定剂	4.0	红泥	25
润滑剂	2.4	色料	适量

(3)**塑料复合板**

1)塑料/金属复合板　包括塑料/镀锌钢、铝板涂布或贴膜法复合而成的铝塑复合板材、钢丝网泡沫塑料复合夹层板材等品种。它们兼有金属板的强度、刚性和塑料表面层优良的装饰性、防腐性等性能。

2)钢/塑复合板　建筑用的塑钢板宽度有610 mm,914 mm,1 200 mm三个规格,厚度为0.4～1.5 mm,镀锌钢板的镀锌量为250～300 g/m^2。背面与正面都要涂装,底漆最好用附着力强的环氧树脂。表面则常用聚酯树脂、PVC糊或丙烯酸树脂等。表面涂层要求耐老化性好、附着力强,并有一定的柔性,以防止在二次加工时脱落或开裂。涂装钢板的表面涂层厚度一般为20 μm,而涂PVC糊或贴膜的表面厚度可达100 μm。

3)铝/塑复合板　以铝合金薄板作为表层,聚乙烯或聚氯乙烯作为芯层或底层复合加工而成的。其品种有铝/塑/铝或铝/塑双层复合板等。

4)复合夹层板　常用的复合夹层板,一般是用14号钢丝焊接组合而成的三维空间骨架,以轻质泡沫塑料为保温隔音材料制成的轻质墙板。通常用作表面要抹水泥沙浆或用金属、塑料等装饰板贴面。

(4)**人造大理石饰面**

人造大理石是以天然石材碎粒及粉末作为骨料,用胶凝材料作基料固化而成的制品。胶凝材料分为有机和无机两大类。有机胶凝材料通常称为胶粘剂,主要品种有不饱和聚酯树脂和环氧树脂及其助剂组成的胶粘剂;无机胶凝材料有各种水泥、石膏、石灰及菱苦土等。

高档而漂亮的人造大理石,都是由合成树脂为胶凝材料,骨料一般为大理石、白云石、花岗石的碎粒料的粉料组成。国内外普遍使用的是树脂型人造大理石,它是由不饱和聚酯树脂为胶粘剂,加入固化剂及粗细集料、颜料等,制成的一种新型建筑装饰材料。

1)主要原料　树脂型人造大理石主要原料是不饱和聚酯树脂,一般选用通用型,但收缩率较大(7%～12%),会引起制品变形、翘曲和脱落(现在许多厂家对此进行改进);催化剂多用有机过氧化物,如过氧化甲乙酮;促进剂一般使用钴皂类和胺类,如萘酸钴苯乙烯溶液;填料通常选碎石粉、玻璃粉、石料和粉煤灰等;降收缩剂一般用苯乙烯溶解的PS;脱模剂用脱模蜡和聚乙烯醇溶液;其他助剂还可能有紫外线吸收剂、阻燃剂及内隔离剂等。

2)结构与配方　人造大理石的构成一般分为底层、面层和保护层三层结构。用来增加制品厚度,减少变形的层称为底层。这一层树脂用量较少,粗骨料用量增加,其参考配方如表2.15所示。

面层是人造大理石的花纹装饰层。制备过程是先称取UP191树脂,加入引发剂和PS,充分搅拌均匀;其次加入颜料并进行不均匀性搅拌;最后加入填料。将此混合料倒入涂好保护层的模具内,振动密实,但保持颜料不充分搅拌造成的花纹效果。其配方如表2.16所示。

表 2.15 底层参考配方

原料名称	用量(质量比)	原料名称	用量(质量比)
不饱和聚酯(191)	100	石粉	100～150
引发剂	4.0	碎石屑	300～400
促进剂	0.5～3.0		

表 2.16 面层参考配方

原料名称	用量(质量比)	原料名称	用量(质量比)
不饱和聚酯(191)	100	聚苯乙烯(PS)	5～10
引发剂	4.0	石粉(过120目)	250～300
促进剂	0.5～3.0	颜料	适量

保护层是在制品的表面涂一层厚度为0.15～0.30 mm的胶衣层。这一层具有较高的表面光泽和耐蚀耐候性能。该层应用与面层相同的树脂,但不加任何填料和颜料。

3)工艺过程 包括准备模具、涂脱模剂、涂保护层、面层成型、底层成型、固化、脱模、修边及检验等工序。

4)粘结与存在的问题 人造大理石的粘结一般有四种方法,即水泥砂浆粘贴;捆扎与水泥砂浆粘贴相结合;用环氧树脂粘贴;用UP与砂的混合物粘贴等。存在的问题是成本太高,收缩变形较大,材质较脆,使用不当容易产生划痕和水痕,有待进一步改进与提高。

2.5.6 玻璃纤维增强塑料

由UP,EP,PF等树脂与玻璃纤维作为增强材料构成的塑料统称为玻璃纤维增强塑料。由于这类复合材料性能优异,能与钢媲美,我国习惯上又称为玻璃钢。根据所用的树脂类别不同可以分为热塑性玻璃纤维增强塑料(FRTP)和热固性玻璃纤维增强塑料(FTP)两种。它广泛地应用于国防、化工、农业、建筑等部门。主要用在建筑物的采光、围护、装饰、装修、给排水工程、采暖通风及土木工程中。

(1)性能特点

1)力学性能好 玻璃钢制品的力学性能非常优良,而且可以根据构件的不同要求和受力情况,合理地配置增强纤维,变换增强材料组成,以满足不同位置及不同方向上的应力变化,使材料符合设计要求。

2)透光性及装饰性良好 玻璃钢作为采光材料其透光率虽没有玻璃高,但它具有光线柔和及分布均匀,质量轻,强度大,不会破碎等性能,这是其他材料无法可比的,是用作暖房、花房、采光屋顶的极好材料。另外,玻璃钢的着色性良好,可以制成各种透光或不透光的彩色制品,表面也可涂装各种涂料和彩色树脂糊,所以也是理想的装饰材料。

3)成型工艺多样灵活 可实行工业化生产,原材料来源丰富,制品设计灵活性强,成型方法多种多样。以不饱和聚酯树脂为例,常见的成型方法有:手糊法、喷射法、冷压法、压制法和缠绕法等。

4)优良的绝缘性 玻璃钢不接受电磁波,具有良好的绝缘性能,不反射无线电波,透微波性好,对电气通讯系统的建筑物,有着特殊的用途。

5)耐腐蚀性好 玻璃钢具有优良的耐腐蚀性,耐水、耐湿性好,且吸水及透湿性一般都较低,广泛适用于给排水工程及类似建筑物。

6)保温隔热性能好 混凝土、玻璃、金属等材料的热阻率通常低于0.17 (m·K)/W,玻璃钢板材的热阻率一般为0.34 (m·K)/W,如果用泡沫夹芯做成板材,其热阻率可提高到0.69 (m·K)/W。

7)缺点 刚性小,有较大的蠕变性,弹性模量低,有各向异性,易燃,易老化及价格较高等。

(2)主要原料

生产玻璃钢的主要原料是树脂和增强材料。大多数制品首选不饱和聚酯树脂,其次是环氧树脂和酚醛树脂,其他种类树脂用得较少,一般仅在某些特殊场合采用;增强纤维主要有玻璃纤维纱、无捻粗纱布、无纺布、有捻纱织布和玻璃纤维毡;其他助剂包括固化剂、填料、偶联剂、阻燃剂等。

(3)成型方法

玻璃钢的成型方法很多。以不饱和聚酯树脂为例,常见的有低压成型法(包括手糊法、喷射成型、铺层法)、缠绕法、模压法、层压法、注射成型法以及挤拉等成型工艺。

1)手糊法 手糊成型是聚合物基复合材料生产中最早使用和最简单的一种工艺方法。具有操作简单,设备投资少,投产迅速等特点。缺点是需要有熟练的操作技术,否则影响产品质量,表面需整修加工,劳动生产率低,适合小批量生产。

适于生产波形瓦、风机叶片、冷却塔、贮槽,活动房、卫生间、浴盆,各类渔船和游艇、微型汽车和客车壳体,大型雷达天线罩及天文台屋顶罩、设备防护罩,雕像、舞台道具,机翼、火箭外壳等。

2)缠绕法 将浸过胶的布带或纱束,按照一定规律缠绕在芯轴上,达到一定厚度,经固化而制得玻璃钢产品的成型方法,称为纤维或布带缠绕工艺。

该工艺能使纤维伸直并按规定方向排列整齐,因而精确度高,制品能充分发挥玻璃纤维的强度,比强度和比刚度均较高;由于可以按照承力要求确定纤维排布的方向、层次与数量,可以实现等强度设计。所以,制品结构合理;缠绕工艺的机械化程度较高,能精确地进行机械成型,产品质量较稳定,生产效率高。缺点是设备造价高,只适用回转体(桶、罐、管类)制品的成型。

3)模压法 它是将一定量的模塑料放入金属对模中,在一定的温度和压力作用下,使模塑料在膜腔内受热塑化、受压流动并充满模腔成型,经固化而获得制品的一种方法。模压法可分为热压法、冷压法。热压法目前常用的有酚醛坯料和块状模压料(BMC)、片状模压料(SMC)、团状模塑料(DMC)等。模压法适宜大批量生产,制品质量均一,表面光滑、美观,可成型形状复杂的制品,操作技术难度不大。但是设备投资较大,体积大、容量深的制品需备有大容量压机。

4)层压法 这是一种高压成型法,多用纸、棉布、玻璃布为增强材料,热固性酚醛树脂、芳烃甲醛树脂、氨基树脂、环氧树脂及其他树脂为粘结剂。用粘合剂预浸润增强材料后,按一定方向和顺序在模具内逐层铺贴,直至所需的厚度(层数),经加温加压固化、脱模、修整而获得制品的过程。

优点是制品强度高,根据不同的受力情况制成强度各向异性的产品。在铺贴时,纤维的取向、铺贴的顺序及层数可以按照等强度或等刚度原则,进行优化设计。另外,还可以通过控制制品的含胶量控制制品(板材)的厚度或重量。使用计算机控制铺层程序或用机械手替代人工铺层,大大提高生产效率,并获得铺层方向准确的高质量制品。

5)喷射成型　利用压缩空气将短切纤维及树脂、固化剂等,一起喷射于模具表面,固化后脱模。其优点是比手糊法生产效率高,可以现场施工;成型设备较贵,但低于液压机价格。缺点与手糊法相似。喷射成型要求无捻粗纱切割性、浸透性、分散性、脱模性良好;树脂的温度、固化时间要适当;喷射机的类型要选择好;喷涂胶衣时要连续进行。

6)注射成型　用具有保温功能的阴阳模具,借助模具下部的注入孔,注入树脂,使其充至上部溢出孔,固化后即得成品。该法首先将玻璃纤维毡片在模具中铺展,闭模后再用注射机注入树脂,冷却固化后脱模。适用于成批生产容量较大的玻璃钢容器。

此外,玻璃钢的生产还有袋压法、离心成型法、连续板材成型法等。

第3章 建筑涂料

3.1 建筑涂料基础

涂料是一种有机聚合物(或无机物)胶体混合物的溶液或粉末,添加(或不添加)颜料、填料调制而成。在剪切力的作用下,能够均匀的涂布在物体的表面,并形成一层牢固附着、有一定防护和装饰作用的连续膜状的涂装材料。它属配套性工程材料。

我国传统上称“涂料”为“油漆”。早期的油漆主要是以动植物油脂和天然树脂为主要成膜物质制造的。随着科学的进步,各种合成树脂广泛地用作涂料的主要涂膜物质,再延用油漆一词就不恰当了,故统称为涂料。这是一个泛指名词,既包含油漆,也包含以各类合成树脂为主要原料生产的各种涂料,还包括人们所熟悉的清漆、瓷漆、底漆、腻子等。建筑涂料是涂料的重要类别之一。

3.1.1 定义与功能

(1)建筑涂料

建筑涂料是按照涂料的用途分类得出的一个类别。定义为用于保护和装饰建筑物的涂料,它是指能大面积涂敷于建筑构件表面,并能够与构件表面材料很好的粘结,经固化干燥形成完整的保护膜(称为涂膜或涂层)的一种成膜物质。在防止建筑物不受外界破坏的同时,它不仅能给予外观和形状以色彩和花纹等装饰效果,而且也是可以根据不同的场合起到调节声、热、杀菌、防火及防水等特殊作用的薄层膜材料。实际上,建筑涂料的范围很广,凡是应用于建筑物所有部位的木质、金属、塑料等构件的涂料都应列为建筑涂料的范畴。

(2)建筑涂料的功能

建筑涂料是目前国内外广泛使用的建筑装饰装修材料。一般地说,它是一种以装饰功能为主,兼具保护功能和其他特殊功能的饰面材料。

1)装饰功能　建筑物涂饰涂料后,使可视面得到美化的功能称为装饰功能。实际上,涂装建筑物就是用来美化或遮盖建筑物表面的各种缺陷。装饰功能主要通过平面色彩、色彩图案、光泽以及立体花纹的构思设计,达到美化环境的效果。涂装后的建筑物不但色彩丰富,还可以具有不同的光泽和平滑度,以及各种立体图案和标志,建筑物显得美观大方,明快舒畅并与周围环境协调匹配,使人在视觉上产生美观舒畅之感。达到理想的艺术效果,提升建筑物的外观价值。

2)保护功能　建筑涂料对建筑物进行涂装后,能够保护建筑物不受环境影响的功能称为建筑涂料的保护功能。由于建筑物在大气中,受到阳光、雨水、冷热以及各种有害介质的侵蚀作用,使得建筑物表面发生风化、剥落,金属构件被锈蚀等破坏现象。通过涂刷各种涂料在建筑物表面形成连续完整均匀的薄膜,用来抵抗大气中氧气、水汽、紫外线、腐蚀性气体以及其他污染源的破坏作用,阻止或延缓这些因素所导致的破坏现象的发生和发展,起到保护建筑物,延长它的使用寿命的作用。

3)特殊功能　建筑涂料除了装饰和保护功能外,还具有某些特殊功能,例如防水、防火、防霉、防冻、防结露、防静电、防辐射、吸声隔音、保温隔热、自洁以及吸收大气中的毒气等。

3.1.2　分类

我国建筑涂料的品种和类别还没有统一的划分方法,通常采用的分类方法有如下几种:

(1)按主要成膜物质的组成分类

1)油性涂料　以干性油为基料的涂料,也称油漆。

2)溶剂型涂料　这是以有机合成树脂为主要成膜物质,有机溶剂为稀释剂,加入适量的颜/填料及其他辅助材料,经研磨、过滤、除杂等工序制成的涂料。如环氧树脂系、聚氨酯系、氯化橡胶、苯乙烯焦油和聚丙烯酸酯等涂料。其特点是涂膜细腻而坚韧,有一定的耐水性,施工温度较低,可以在0 ℃左右施工,但是价格较高、易燃、溶剂挥发后对人体健康有害。

3)乳液型涂料　乳液型涂料是以合成树脂乳液为主要成膜物质,水为稀释剂,加入适量的颜/填料及其他辅助材料,经过滤、除杂等工序制成的涂料,也称乳胶漆或水乳性涂料。常用的乳液有聚醋酸乙烯乳液、聚丙烯酸乳液、聚醋酸乙烯-丙烯酸乳液、苯乙烯-丙烯酸乳液及有机硅-丙烯酸乳液等。这类涂料的特点是无毒、无味、不污染环境、涂膜附着力强、有一定的透气性,涂布操作不要求基层材料很干,在施工7天后的水泥砂浆面层上即可涂覆,且价格便宜,它是建筑涂料的发展方向。但是容易发霉,不宜在潮湿的场所使用,施工温度要求在10 ℃以上。

4)水溶性无机涂料　水溶性无机涂料是以水泥、石灰等传统材料体系或无机高分子材料为基料,水为稀释剂,加入适量的颜料及其他辅助材料,经研磨、过滤、除杂等工序而制成的涂料。如水溶性硅酸盐、硅溶胶系涂料等。这类涂料的特点是以水为溶剂、无毒、不污染环境、有一定的透气性、阻燃,而且价格便宜。

5)有机/无机复合涂料　有机/无机复合涂料主要有两种复合形式。一种是两类涂料的品种上的复合,即把水性有机材料与水性无机材料混合而配制成的涂料。如聚乙烯醇水玻璃涂料、聚合物改性水泥涂料、苯丙-硅溶胶复合外墙涂料等;另一种则是两类涂料的涂层的复合装饰,即在无机物涂层的表面涂布有机聚合物制成悬浮液。其特点是利用有机树脂组分的柔性改善无机材料成膜干燥后发硬变脆的缺点,同时又避免或减轻了有机材料易老化、不耐污、耐热性差等问题。

(2)按使用的部位分类

建筑涂料按其在建筑物的使用部位不同,可以分为外墙涂料、内墙涂料、地面涂料、顶棚涂料、屋面涂料、地形结构涂料;按使用的部位,还有门窗以及室内木器涂料等。

(3)按特殊性能或使用功能分类

特殊类型的建筑涂料可以为其使用对象提供特殊功能服务,这类涂料称之为功能性建筑涂料。例如,防火涂料能够使被涂敷的建筑物的部位产生防火特性,具有阻止燃烧或阻止燃烧蔓延,推迟燃烧时间等防火的功能;防水涂料具有较好的抗渗性能和防水的功能;防霉涂料能使涂装后的饰面具有防止霉菌生长的功能,适用于饮料厂或食品厂等场合的墙面使用;吸声或隔音涂料可以吸收某些声波,具有很好的吸声或隔音功能;杀虫防蛀涂料的表面含有毒性物质,能杀死某些昆虫,具有杀虫防蛀功能;隔热保温涂料能反射能量,防止热量损失,降低建筑物的能耗,具有隔热保温功能;防结露涂料除了具有防止结露,解决墙面或顶棚的结露滴水问题以外,还具有很好的保温性能;防辐射涂料能防止辐射线的侵入,故具有防辐射功能。此外,还有防静电、芳香、发光、自洁、示温等特殊功能的涂料。

(4)按涂膜状态分类

1)薄质涂层涂料　在涂料构成的组分中没有骨料,涂膜层厚度仅为1 mm左右,表面光滑平整,适用于室外涂饰。几乎所有类型的基料都可以制成这种饰面风格的涂料,它可以用于建筑物的各个部位,但对基层凹凸线型无任何改变作用。

2)厚质涂层涂料　又称拉毛涂料或厚质喷涂涂料,厚度为2~3 mm。施工方法可采用刷涂、喷涂及滚涂等工艺,涂敷成光滑平整的厚质装饰涂层,表面有大小圆点、拉毛和细波纹等各种图案。常用于地面、墙面,也可用于外墙涂饰。

3)粒状涂料　又称彩砂涂料或称真石漆。这类涂料的构成组分中加入了带有颜色的颗粒状骨料,涂膜具有富于质感的颗粒状表面,多用于外墙的涂饰。涂装工艺可以采用喷涂、刷涂、滚涂及抹涂等方法。由于骨料颜色、粒径及掺入的方法不同,粒状涂料可分为砂粒状涂料、彩砂涂料、胶砂涂料等。

4)复合层涂料　又称复层浮雕涂料,或多层花纹涂料,或仿瓷砖涂料,或仿石喷涂涂料等。这种涂料粘稠度大,呈胶泥状或稠浆状。复合涂料的涂层通常由底涂层、主涂层及罩面涂层三部分组成,其中主涂层的表面符合饰面的式样、色调等设计要求。采用喷涂或滚涂等工艺形成斑点状、环山状、凹凸等富于变化的浮雕花纹图案。这种饰面庄重华丽,有较强的质感和吸湿、吸音等功能,属于高档涂饰工艺。一般用于室内墙面、地面、顶棚等处的高档装饰。

(5)按涂料的状态分类

按建筑涂料的状态可分为溶剂型、水溶型、乳液型及粉末型等。

(6)按有无颜料分类

按有无颜料可分为清漆(无颜料的透明体)和色漆(有色不透明),若含有大量体质颜料的稠厚浆状体,即为腻子。

总之,在实际应用中,涂料的分类是多因素的,各种分类可以相互交叉。如薄质涂层涂料包括溶剂型、水溶型及无机薄质涂料等;厚质涂料也包括上述几种类型的涂料,内墙涂料当然也包括溶剂型、水溶性、薄质和厚质涂料;若从色彩角度分类上述各种涂料又可分为红、蓝、绿、白色等多种颜色以及多彩涂料。

3.1.3 主要成膜物质

组成建筑涂料的物质大体分为基料、颜料、填料、溶剂(包括水)以及其他助剂等。按照在涂料中的作用可以概括为主要成膜物质、次要成膜物质和辅助成膜物质。

(1)主要成膜物质的特征

建筑涂料中的主要成膜物质又称为基料,俗称胶粘剂,它包括油脂和树脂。基料是涂料组分的基础,可以单独成膜,也可以将涂料中颜料、填料等其他组分粘结,并附着在被涂敷基材表面,形成均匀连续而坚韧的保护膜。基料的性质对所形成涂膜的硬度、柔性、耐水性、耐热性、耐寒性、耐冲击性、耐磨性、耐候性、施工性等都起着决定性的作用。此外,还决定涂料的状态和最终涂膜的成膜方式,如单组分、双组分、干燥成膜、交联成膜等。根据涂料使用场合环境,对基料的要求主要有以下几方面:

1)能常温成膜　建筑物表面积较大,建筑涂料是直接涂刷在建筑物的内外墙、顶棚、地面及其他不同部位的表面,而且是现场施工,不适宜加热固化。故要求基料能在常温(5~35 ℃)下干燥或交联固化成膜。

2)较好的耐碱性　由于建筑涂料涂刷在碱性很大的水泥砂浆或水泥混凝土基材的表面上,要求涂层不能受碱性的影响和破坏,所以基料应具有良好的耐碱性。

3)较好的耐水性　在使用中,特别是外墙涂层经常会遇到雨水及其他用水的冲刷,内墙涂层同样存在沾污的情况,需要擦洗,耐水性差的基料的涂层容易被破坏。因此,要求基料成膜固化后应具有良好的耐水性。

4)较好的耐候性　建筑物外墙涂层是曝露在大气中,长年遭受风化、阳光、雨水、腐蚀性气体的侵蚀等。因此,要求涂层有一定的耐久性,则基料应具有较好的耐候性。

表 3.1　涂料的类别和主要成膜物质

类　别	主要成膜物质
油脂涂料	天然动植物油、清油(熟油)、合成油
天然树脂涂料	松香及其衍生物、虫胶、乳酪素、大漆及其衍生物
酚醛树脂涂料	酚醛树脂、改性酚醛树脂
沥青涂料	天然沥青、石油沥青、煤焦油沥青
醇酸树脂涂料	甘油醇酸树脂、季戊四醇酸树脂、其他改性醇酸树脂
氨基树脂涂料	脲醛树脂、三聚氰胺甲醛树脂、聚酰亚胺树脂
硝基涂料	硝基纤维素酯
过氯乙烯涂料	过氯乙烯树脂
乙烯涂料	聚氯乙烯树脂、醋酸乙烯及其共聚物、聚乙烯醇缩醛树脂、乙烯氟树脂等
丙烯酸涂料	丙烯酸树脂、丙烯酸共聚物及其改性树脂
聚酯涂料	饱和聚酯树脂、不饱和聚酯树脂
环氧树脂涂料	环氧树脂、改性环氧树脂、环氧酯
聚氨酯涂料	聚氨基甲酸酯
元素有机涂料	有机硅、有机钛、有机铝等元素有机聚合物
橡胶涂料	天然橡胶及其衍生物、合成橡胶及其衍生物
其他涂料	表中未列出的其他成膜物质

5)原料来源广泛、资源丰富　建筑涂料所使用的基料种类会随着自然资源利用的状况和工艺水平而变化。要求基料的原材料来源广泛、价格适中。目前我国使用的主要基料是以合成树脂为主,其中丙烯酸酯及其共聚物乳液最为广泛。此外,还有水玻璃、硅溶胶等无机胶结材料。

(2)**主要品种**

涂料的主要成膜物质除了油脂和树脂两大类外,还有无机硅酸盐类。涂料的类别和主要成膜物质如表 3.1 所示。

3.1.4　次要成膜物质

次要成膜物质也是构成涂膜的重要组成部分,但它本身不能单独成膜,必须通过主要成膜物质的作用与其一起构成涂层。因此,称为次要成膜物质,主要指涂料中的各种颜料。它的作用使涂膜呈现颜色和遮盖力,遮盖被涂饰基层的缺陷,美化外观,增加涂层的硬度和机械强度,减缓紫外线的破坏,提高涂料的耐久性、耐候性、附着力以及调整涂料的流动性等。

表 3.2　常用颜料的品种

<table>
<tr><th rowspan="2">类别</th><th rowspan="2">色　别</th><th colspan="2">品　名</th></tr>
<tr><th>有 机 颜 料</th><th>无 机 颜 料</th></tr>
<tr><td rowspan="10">着色颜料</td><td>红色颜料</td><td>甲苯胺红、大红粉、甲苯胺紫红等</td><td>银朱、镉红、氧化铁红、红丹、钼红等</td></tr>
<tr><td>黄色颜料</td><td>耐晒黄、联苯黄胺、永固桔黄 G 等</td><td>铬黄、锑黄、氧化铁黄、锌铬黄等</td></tr>
<tr><td>蓝色颜料</td><td>酞菁蓝、孔雀蓝等</td><td>群青</td></tr>
<tr><td>白色颜料</td><td></td><td>氧化锌、立德粉、钛白、铅白、锑白等</td></tr>
<tr><td>黑色颜料</td><td>苯胺黑等</td><td>炭黑、松烟、石墨、氧化铁黑、铬铁黑等</td></tr>
<tr><td>绿色颜料</td><td>酞菁绿等</td><td>铬绿、锌绿、铁绿、氧化铬等</td></tr>
<tr><td>紫色颜料</td><td>甲基紫、苄基紫</td><td>群青紫、钴紫、锰紫等</td></tr>
<tr><td>棕色颜料</td><td></td><td>氧化铁棕等</td></tr>
<tr><td>氧化铁颜料</td><td colspan="2">天然颜料—土红、棕土、黄土等
人造颜料—氧化铁红、氧化铁黄、氧化铁黑、氧化铁棕等</td></tr>
<tr><td>金属颜料</td><td colspan="2">铝粉(银粉)、铜粉(金粉)、锌粉、不锈钢粉等</td></tr>
<tr><td rowspan="2">防锈颜料</td><td>物理性防锈颜料</td><td colspan="2">活性—氧化锌、碱性碳酸铅、碱性硫酸铅
非活性—氧化铁红、铝粉、石墨</td></tr>
<tr><td>化学性防锈颜料</td><td colspan="2">红丹、锌铬黄、铅酸钙、锌粉、铅粉、碱性铅铬黄等</td></tr>
<tr><td rowspan="3">体质颜料</td><td>碱土金属盐</td><td colspan="2">沉淀硫酸钡(重晶石粉)、碳酸钙(大白粉、白垩)、硫酸钙</td></tr>
<tr><td>硅酸盐</td><td colspan="2">滑石粉、高岭土、石英粉、云母粉、石棉粉、硅藻土、膨润土、偏铝酸钙(硅灰石)等</td></tr>
<tr><td>镁铝轻金属氧化物</td><td colspan="2">碳酸镁、氧化镁、氢氧化铝</td></tr>
<tr><td colspan="2">特种颜料</td><td colspan="2">示温颜料、发光颜料和荧光颜料等</td></tr>
</table>

（1）**颜料的概念**

颜料是一种具有装饰和保护作用的有色物质，在工业中常称为着色剂。它是不溶于水、溶剂、油和树脂等介质，但能够与被着色物质充分混合，并均匀地分散在其中，形成悬浮体，改变其吸收光谱特性而显示出颜色的微细粉状的物质。

（2）**常用颜料的主要品种**

建筑涂料常用颜料的种类很多，根据化学组成可以分为有机颜料和无机颜料两大类；按来源可分为天然颜料和合成颜料两大类；按颜料在涂料中所起的作用可分为着色颜料、防锈颜料、体质颜料和特种颜料四大类。颜料类别和主要品种如表3.2所示。

3.1.5 辅助成膜物质

辅助成膜物质也不能单独成膜，只是对涂料形成涂膜的过程或涂膜性能起辅助作用。它包括各种溶剂、水和助剂等。

（1）**溶剂和水**

溶剂和水是建筑涂料的重要成分，它们都是溶解基料或分散涂料组分的分散介质。涂料涂刷到基材上后，依靠溶剂或水的逐步挥发（又称挥发分），使涂料逐渐干燥硬化，形成均匀连续的涂膜。最终溶剂或水并不存留在涂膜中，但是对涂膜的形成和质量起着极其重要的作用，因此称为辅助成膜物质。

1）溶剂的作用　溶剂是液体涂料的挥发分，一般在50%左右，甚至高达70%～90%，正确选择和使用溶剂对涂料的生产、贮存、成膜及成膜质量、施工、干燥速度、毒性等均产生很大的影响。溶剂的主要作用是溶解涂料中的基料，降低涂料的粘度，使之符合施工工艺要求；增加对基材的润湿性，提高涂膜对基层的附着力；改善涂层的流平性，避免涂膜过厚、过薄，或者薄厚不均以及刷痕、起皱等不良现象；提高涂料的贮存稳定性，防止基料凝胶，并使涂料的密闭包装桶内充满溶剂蒸气，防止涂料表面结皮。

2）溶剂的分类　涂料中的溶剂除水以外，一般都是挥发性有机溶剂，其种类很多。按照极性的大小可以分为高极性溶剂、中极性溶剂、低极性溶剂和无极性溶剂，如表3.3所示。

表3.3　溶剂的极性分类

高极性	中极性	低极性	无极性
丙　酮	醋酸戊酯	甲基戊醇	苯
丁　酮	醋酸甲基戊酯	乳酸乙酯	甲　苯
甲基异丁基酮	丁　醇	溶剂油	二甲苯
甲基乙基酮	溶纤剂		松香水
甲　醇	醋酸溶纤剂		高沸点石脑油
二丙酮醇	乙二醇乙醚		200号煤焦溶剂
异丙醇	乙二醇丁醚		
醋酸乙酯			
醋酸丁酯			
N,N二甲基乙酰胺			
N甲基-2吡咯烷酮			

溶剂按照来源和分子结构特征分为石油溶剂、煤焦溶剂以及萜烯类、醇类、酮类、酯类、醇醚类、含卤素类、有机酸碱及水等。

3)常见溶剂的品种及用途　建筑涂料常用溶剂是除含有卤素类、有机酸碱以外的八类。

①石油溶剂　由石油分馏而得的一种脂肪烃的化合物,依据沸点不同大致有汽油、煤油、重油和渣油四个馏分的产品。汽油可以用作稀释清油、酚醛清漆、各色底漆等;200号溶剂汽油可以用于溶解大多数天然树脂、油基树脂、中油度醇酸树脂、长油度醇酸树脂及粘度不高的聚合油,它还可以用作清洗溶剂和脱脂溶剂。若将200号溶剂汽油与松节油、二甲苯以适当的比例混合均匀,配制常用油漆的稀释剂——松香水;煤油的主要用途是改善涂料的流平性,使其便于(如无光漆)涂刷,且涂膜平滑。

②煤焦溶剂　煤焦溶剂是由煤干馏而得。将120~210 ℃的轻油馏分,精制后可以得到苯、甲苯、二甲苯,这是一类应用较广的芳烃溶剂,但是毒性较大。苯是天然干性油及树脂的最好溶剂,但不溶解虫胶,可用在脱漆剂中;甲苯的用途与苯相似。还常用作乙烯类涂料和氯化橡胶涂料的混合溶剂中的一种成分,在硝酸纤维素涂料中则用作稀释剂;二甲苯大量的应用于溶剂型涂料中,可替代松香水用作短油度醇酸涂料、纤维素涂料、乙烯涂料、氯化橡胶涂料及聚氨酯涂料的溶剂。还常在烘干型涂料及喷涂施工的涂料中使用。

③萜烯类溶剂　萜烯类化合物也称萜类化合物。它们广泛地存在于植物体内,属于植物性溶剂。在涂料生产中常用的萜烯类溶剂有两种,一种是松节油,又称脂松节油;另一种是松油,含有大量萜烯醇类。萜烯具有聚异戊二烯的碳架,如结构:

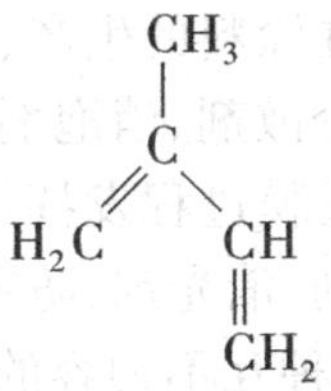

萜烯分为单萜、倍半萜、二萜。这类分子中碳原子数为10或10的倍数,即单萜由二个异戊二烯单元构成,含有10个碳原子;倍半萜由三个异戊二烯单元构成,含有15个碳原子;二萜由四个异戊二烯单元构成,含有20个碳原子。松节油常用作油基涂料的溶剂;松油的特性是溶解力强,流平性好,挥发速度慢。常用在醇酸涂料中改进涂刷性,用作防硬化剂、抗结皮剂和消泡剂使用,但用量不宜过多。

④醇类溶剂　乙醇和丁醇是相对应的烯用浓硫酸催化加水而成。乙醇只能溶解乙基纤维、虫胶等醇溶性树脂,常用作醇溶性涂料和硝化纤维素漆的助溶剂;丁醇主要用于油性涂料和合成树脂涂料,特别适用于氨基树脂涂料的溶解和短油度醇酸涂料的稀释,丁醇与乙醇、异丙醇合用能防止涂膜发白,消除针孔、桔皮、气泡等。

⑤酮类溶剂　含有酮基的化合物,常见的有丙酮、环己酮、甲乙酮。其中丙酮可以溶解硝酸纤维及多种合成树脂,由于易吸水使涂膜泛白,很少单独使用,多用在硝基漆、快干粘结剂及脱漆剂中;环已酮能溶解纤维、过氯乙烯、聚氯乙烯等树脂。可以防止涂膜泛白,改善流平性,它是聚氨酯涂料、环氧树脂涂料和乙烯类树脂涂料的良好溶剂;甲乙酮主要用于乙烯类树脂涂料、环氧树脂涂料和聚氨酯涂料的溶剂。

⑥酯类溶剂　酯类溶剂是醇类和低碳有机酸进行酯化反应,形成含有酯基的化合物。常用的有乙酸乙酯、乙酸丁酯和乙酸戊酯。其中乙酸乙酯能溶解植物油、硝化纤维素、氯乙烯树

脂及聚苯乙烯树脂等，在涂料中可以用作硝化纤维素、乙基纤维素、聚丙烯酸树脂及聚氨酯树脂的溶剂；乙酸丁酯常用作硝基纤维素涂料、聚丙烯酸酯涂料、氯化橡胶涂料及聚氨酯涂料中的溶剂；乙酸戊酯可以改进硝化纤维漆的流平性，防止涂膜泛白。

⑦醇醚类溶剂　醇醚类的分子中，存在醚键和酯基的结构。这类溶剂溶解力强，能与多种溶剂混溶，能溶解油脂、松香、氯化橡胶、硝基纤维素、醇酸树脂、酚醛树脂、三聚氰胺甲醛树脂、聚醋酸乙烯酯、聚甲基丙酸甲酯及聚苯乙烯等多种涂料的基料。由于该溶剂的挥发速度慢，能控制涂料溶剂系统的挥发速度，改善涂膜的流平性。常用的有丙二醇乙醚。

⑧水　最好为软水，其次是自来水。水价廉，易得，无毒，无味，不燃。但是能与水混合的有机液体的品种不多，而且以水为溶剂或分散介质的成膜物，成膜后耐水性均不太理想，而耐水性又是所有涂膜必须考虑的方面。常用水做乳胶漆的分散介质，也可单独或与醇类、醇醚类溶剂一起作水溶树脂或水溶涂料的溶剂。

(2)**助剂**

助剂是建筑涂料中不可缺少的组成部分，虽然用量不大，但是只要使用得当可以改进建筑涂料的生产工艺，提高涂料及涂膜质量，赋予涂料特殊功能并改善施工条件。

要求助剂与基料有较好的相容性，不能产生絮凝状物质和发生其他化学反应；对体系的pH或其他盐类不敏感，不能降低涂料和涂膜的性能；在建筑涂料施工后的有效使用期限内，不会因发生析出等现象而造成涂膜的劣化；低毒或无毒；加入量通常在1%以下，因此要求高效，综合性能好。一种助剂最好同时发挥多种功能，体现助剂的综合性能。

助剂的种类很多，其作用主要体现在涂料的生产、贮存、施工、性能等方面。如在涂料生产过程中发挥作用的助剂有乳化剂、湿润分散剂、消泡剂；在涂料贮存过程中发挥作用的助剂有防结皮剂、防沉淀剂等；对涂料施工或成膜过程发挥作用的助剂有流平剂、增稠剂、成膜助剂等；对涂膜性能发生作用的助剂有增塑剂、消光剂、防霉杀菌剂、光稳定剂等。

1)乳化剂　乳化剂是一种能促使两种互不相容的液体容易形成稳定乳液的表面活性剂。主要作用是能降低分散相的表面张力，在其微细粒子的表面形成薄膜或双电层，以阻止微细粒子的相互凝聚。

在涂料的制备中，选择乳化剂的原则是优先选用离子型乳化剂，因为它可以赋予分散粒子以静电荷，通过静电斥力作用使乳液获得分散稳定性；其次选择与被乳化物质结构类似的乳化剂，提高乳化效果；若采用阴离子型乳化剂与非离子型乳化剂混用，二者有协同作用，会得到更好的乳化和乳液稳定效果；所使用的乳化剂对单体有更大增溶能力，并且不应干扰乳液聚合反应；还应有良好的聚合稳定性和贮藏稳定性。乳化剂应来源广泛、价格低廉。

常用阴离子乳化剂主要品种有亚甲基萘磺酸钠(NNO扩散剂)、十二烷基硫酸钠、烷基磺酸钠(As乳化剂)、丁基萘磺酸钠(Bx渗透剂)；非离子型乳化剂主要有平平加(主要成分是聚氧乙烯脂肪醇醚)、OP乳化剂(其化学成分是聚氧乙烯烷基酚醚)、BS乳化剂及EL乳化剂，而阳离子乳化剂在建筑涂料中不常使用。

2)润湿分散剂　凡是能改善颜料、填料在分散介质(水或有机溶剂)中的分散稳定性的物质称为润湿分散剂，其主要作用是将颜/填料的二次粒子(凝聚粒子)解聚和分散成一次粒子，并保持其不再凝聚。分散剂是吸附在颜料、填料的表面上产生电荷斥力或空间位阻，防止颜料、涂料絮凝，使分散体系处于稳定状态，一般分子质量较大；润湿剂是一种有助于保持分散稳定性的助剂，它的主要作用是降低物质的表面张力，其分子质量较小。二者都是表面活性剂，但其作用难以区分,有的助剂兼有润湿和分散双重功能。

①溶剂型建筑涂料常用的分散剂 主要品种有天然高分子和合成高分子两大类。

• 卵磷脂 它是天然高分子分散剂有代表性的品种,主要用途使颜、填料形成絮凝结构而具有防沉、防浮色、防发花及防流挂的作用。

• 长链多氨基酰胺和高分子酸酯的盐 属电中性分散剂,主要用作面漆,适合于所有的无机和有机颜料的润湿分散,特别是对环氧树脂和聚氨酯等高固体分涂料有很好的润湿分散作用。

• 长链多氨基酰胺磷酸盐 属阳离子型分散剂,在醇酸、氯化橡胶改性醇酸中使用。主要用作氧化铁、铬、镉系颜料、重晶石粉、碳酸钙等填料的润湿分散,兼具防沉淀作用。

• 高分子聚羧酸盐 属电中性分散剂,主要用于双组分涂料,常用于底漆中。在铬酸锌涂料中加入2%聚羧酸盐,有极好的防沉淀和防流挂性,还可以与膨润土混用。

• 高分子不饱和聚羧酸 属阴离子分散剂,主要用于钛白和着色颜料的防浮色、防发花以及防碱性填料碳酸钙的沉淀,可在大多数涂料中应用。

• 磷酸酯盐 属阴离子分散剂,适用于多数涂料的多数颜料的润湿和分散,并具有良好的防沉淀作用。

• 三异硬脂酰基钛酸异丙酯 属偶联剂单烷氧基型分散剂,对铁红、铬黄和钛白等有一定的分散效果。

• 聚羧酸和胺的衍生物盐 属电中性分散剂,主要用作氧化铁、钛白、氧化铬绿、立德粉等无机颜料润湿分散;甲苯胺红、酞菁蓝(绿)等有机颜料的润湿分散;对填料如高岭土、硫酸钡、重晶石粉等具有较好的润湿分散作用。

②水性建筑涂料常用的分散剂 主要品种有聚羧酸盐、萘磺酸钠的缩合物及萘磺酸盐缩聚物等。

• 聚羧酸盐及聚丙烯酸钠盐 属特种阴离子型分散剂,主要用作氧化铁、钛白粉、立德粉、高岭土、硫酸钡、滑石粉、氧化锌、碳酸钙等无机颜料、填料的润湿分散,效果较好。

• 萘磺酸钠的缩合物 带有活性基聚合物分散剂,呈粉末态。主要用于苯丙乳胶漆中的炭黑分散。

• 聚羧酸钠盐 属特种阴离子型分散剂,主要用作乳胶漆中的钛白及体质颜料的润湿分散。

• 萘磺酸盐缩聚物 带有活性基聚合物分散剂,主要用于炭黑及碳酸钙等颜料、填料的分散。

• 六偏磷酸钠 属电解质分散剂,主要用于乳胶漆中的颜料分散。

3)消泡剂 建筑涂料特别是水性涂料,由于加入了一些表面活性剂,在制造和使用中极易产生气泡,它不仅给生产和施工带来不便,而且使涂料的质量受到影响。为了缩短涂料的制造时间、降低成本、便于施工,必须使用消泡剂来抑制泡沫的产生和消除泡沫。消泡剂在涂料中使用的量不大,但是专用性很强。

①消泡机理 泡沫体系不是自由能最低状态,它是一种不稳定体系,即泡沫总是要破裂的。泡沫的破裂要经过三个过程,第一个过程是气泡的再分布,第二个过程是膜壁变薄,而第三个过程才是膜破裂。对于动力学稳定的泡沫体系,经过这三个过程达到自然消泡需要经过很长时间,故在涂料生产中要使用消泡剂来消泡。当气泡遇到含有消泡剂的水时,消泡剂会扩

散到气泡周围的水膜中，并以微细粒子渗入到泡沫体系中，在接触到泡沫后立刻捕获泡沫表面的憎水链端，迅速铺展并形成很薄的双膜层，再进一步侵入到泡沫体系中。低表面张力的消泡剂总是带动一些液体流向高表面张力的泡沫体系中，促使膜壁逐渐变薄，最终导致气泡破裂。

②常用的消泡剂　水性涂料主要品种有难溶于水的矿物油、萜烯油、脂肪酸低级醇酯、高级醇、高级脂肪酸、高级脂肪酸金属皂、高级脂肪酸甘油脂、高级脂肪酸酰胺、聚乙二醇、聚丙二醇、乙二醇、有机硅树脂及改性有机硅树脂等；溶剂型涂料常用消泡剂，多为难溶于有机溶剂的低级醇、高级脂肪酸金属皂、低级烷基磷酸酯、有机硅树脂及改性有机硅树脂等。

4）流变剂/防沉剂　能够改善涂料流变性能的助剂称为流变改性剂，也称为流变剂或触变剂，它常兼具防沉剂的作用。流变助剂的作用是使涂料具有独特的稳定结构，保护已分散的颜料、填料颗粒，形成有触变性的厚浆涂料，有助于调整涂膜厚度，提高涂膜的质量，控制流挂，保持优良的流平性；贮存时，防止颜料、填料的沉降或使沉淀软化，以提高再分散性能；改善施工性能和防止或减少涂料向多孔性基材渗入等。

①流变剂的作用机理　在涂料体系中添加流变助剂，可以建立触变结构，形成凝胶网络，能用剪切速率来控制涂料粘度的变化。即在高剪切速率下有低粘度，增加流动性，易于施工；在低剪切速率下有较高粘度，防止施工时涂膜流挂和涂料存放时颜料、填料的沉降。

②涂膜的流平和流挂　涂料在施工中存在“流平”和“流挂”相互矛盾的实际问题。要满足涂膜流平性要求，需要在足够长的时间内保持粘度在最低点，有足够的时间使涂膜充分流平，以形成平整的薄膜。如果涂料的稠度不合适就会出现流挂现象，防止流挂的发生，要求涂膜的粘度特别高，甚至涂膜失去流动性。因此，选用的流变剂能使涂膜的流平和流挂这二者有适当的平衡，即在施工条件下，涂料的粘度暂时降低并保持一段时间，以利涂膜流平，一旦涂膜流平，则粘度又逐渐回复，以利防止流挂。

③涂膜的流平和防止流挂机理　由于流变剂的存在，涂料在贮存时呈凝胶状态，施工时有外力作用，当这个力超过涂料的屈服值时，内部结构受到破坏，涂料呈溶胶态，极易流动，便于流平，经过一定时间，湿膜的内部又缓慢地回复到疏松网状结构的凝胶态，有利于防止流挂。涂料从贮存到施工成膜经历了一个凝胶—溶胶—凝胶的循环。

④常用的品种　为防止涂料中颜/填料的沉降，改善低剪切速率下的粘度，常加入的流变剂/防沉淀剂的品种是有机膨润土、气相二氧化硅、蓖麻油衍生物、硬脂酸锌及聚乙烯蜡等。

• 有机膨润土　适用于聚酯、醇酸、环氧、氯化橡胶、氧化沥青等涂料和底漆中，有机膨润土有触变性和防止沉淀的作用，一般用量是总涂料量的0.1%～1.0%。

• 气相二氧化硅　适用于聚酯/聚氨酯混合物、环氧树脂、环氧沥青等涂料的增稠、防沉和触变。通常采用的气相 SiO_2 比表面积要在200 m^2/g 以上，才有防沉淀的作用，用量一般是涂料总量的2%～3%。

• 氢化蓖麻油　在涂料中形成有触变性的网络结构，改善颜料的悬浮性，有效地控制流挂，并保持流动性，促进涂膜流平，不与涂料中的其他组分起反应。适用于氯化橡胶、聚氨酯、环氧和醇酸等涂料中。

• 聚乙烯蜡　可以使颜料悬浮而不增稠，改善流平，控制流变，防结块，并有助于贮存中粘度的稳定性。应用于高固体聚酯，三聚氰胺树脂等涂料中。

5）增稠剂　增稠剂是一种流变助剂。对乳胶漆的增稠、稳定及流变性能起着多方面的改进和调节作用。

①增稠剂的作用　在乳液聚合过程中,加入增稠剂后可以提高乳液的稳定性;在颜、填料的分散阶段,提高分散物料的粘度,有利于分散;在乳胶漆的贮存中,增稠剂将颜、填料包覆在自己的单分子层中,增加体系的稠度,改善涂料的稳定性,防止颜、填料的沉积结块,水层分离,并使抗冻融性及抗机械性能提高;在施工时,由于增稠剂能调节乳胶漆的粘度,并赋予良好的触变性,在滚涂及刷涂的高剪切力作用下,涂料的粘度下降而省力;成膜后,剪切力消除,粘度恢复,使厚膜不流挂;沾涂时不滴落,滚涂时不飞溅;它又能延缓涂膜失水速度,使一次涂刷的面积较大。

②常用的增稠剂　在建筑涂料生产中用的增稠剂有有机和无机两大系列。

• 羧甲基纤维素钠盐　用于乳胶漆增稠,使用时常用温水配制成水溶液。由于在生产羧甲基纤维素钠时有氯化钠副产物产生,不易去除而使涂膜的耐水性变差,易受霉,并使涂料的粘度下降,故目前很少使用,或仅在低档水性漆中使用。但是当它与羟乙基纤维素混合使用时,可以制得无流挂的乳胶漆。

• 羟乙基纤维素　它是天然纤维素的葡萄糖单元上的羟基被羟乙基取代。由于羟乙基纤维素增稠的效果好,其溶液具有假塑性流体特征,使用方便,与乳胶漆中各组分的混合性好,因而广泛地用作乳液聚合时的增稠剂和保护胶,还可以用作乳胶漆的增稠剂。

• 羟丙基甲基纤维素　它是天然纤维素的葡萄糖单元上的羟基一部分被甲氧基取代,而另一部分被羟丙基取代。其增稠效果相同于羟乙基纤维素,并具有较好的抗酶降解性能,广泛地用作乳胶漆增稠剂。其水溶性不如羟乙基纤维素,受热容易产生胶凝,故不宜在乳液合成中使用。

• 聚合物增稠剂　主要有聚丙烯酸盐及改性聚丙烯酸盐的水溶液、丙烯酸、甲基丙烯酸的均聚物或两者共聚物乳液。有机聚合物增稠剂的触变性较小,粘度受剪切力的影响极小,可用于有光乳胶漆的增稠,但它们与乳胶漆其他组分易混溶,产生颜/填料絮凝现象,应引起注意。

• 无机增稠剂　这是一类吸水膨胀而形成触变性的凝胶矿物,不但有增稠作用,还具有防沉淀、防流挂、防浮花等作用。但是保水性和流平性较差。主要品种有膨润土及气相二氧化硅等。

• 其他增稠剂　主要有胶质(阿拉伯胶、黄芪胶等)藻朊酸、阳离子淀粉、明胶、大豆蛋白、聚乙烯醇、聚醚、非离子型乳化剂乳液、聚丙烯酰胺以及聚乙烯吡咯烷酮等。

6)催干剂　催干剂又称干料,或称为燥剂、燥液、燥油等。它是一种能加速涂膜氧化、聚合、干燥的物质。通常是有机金属皂类。催干剂一般不参加涂膜组成,其作用能有效地加快气干型涂料的成膜速度,对涂膜的硬度、附着力、耐水性、耐气候性等性能有较大的影响,各种催干剂用量以不超过2%为宜。否则,涂膜会受到损害,在贮存时出现结皮或胶冻现象。

①催干剂的作用机理　不同种类的涂料催干剂的作用原理不同。一般认为成膜过程分为诱导期、过氧化物的形成、过氧化物的分解和聚合四个阶段。

在诱导期,涂膜开始吸氧,之后通过双键的加成而形成过氧化物;在一定条件下,过氧化物分解形成活性的自由基,最后自由基迅速聚合,形成高分子质量的聚合物;而后进一步聚合形成体型结构分子,使干性油逐步变为粘稠状的半固体,以致胶化而达到涂膜的表干、实干。因此,油基涂料的氧化聚合,加入某些金属皂后,大大加速涂膜的聚合速度。

②常用的催干剂　最常用的催干剂有钴、锰、铅、锌、钙等金属氧化物、盐类及其他各种有机酸皂类。钴、锰、铅是主催干剂,锌、钙为辅助催干剂。辅助催干剂单独使用时无催干作用,

但它可以提高主催干剂的催干效率,并使漆膜干燥均匀,消除起皱,稳定主催干剂。

• 钴催干剂　由环烷酸与钴盐反应制成的金属皂,能溶于200号溶剂汽油等有机溶剂中,它是氧化反应型催干剂,催干能力强。主要适用于氧化成膜催干的酯胶、酚醛、醇酸等涂料中,用量一般不超过0.5%。

• 锰催干剂　由环烷酸与锰盐反应制成的金属皂,溶于200号溶剂汽油。催干能力仅次于钴催干剂,可调整涂膜的干燥性能,并促进涂膜氧化及聚合反应的进行。主要用于氧化成膜清漆、磁漆及一般油性漆中,一般用量不超过1.5%~2%。

• 铅催化剂　由环烷酸与金属铅反应制成的金属皂,溶于有机溶剂中。催干效果比较均匀,而且能到达涂膜的深处,可以调整涂膜的干燥性能并促进涂膜表面和内层同时干燥。主要用于一般油性漆中,一般用量不超过2%~3%。

7)抗结皮剂　涂料的结皮现象是经常遇到的,尤其对于气干型的涂料,在使用和贮存中表层与空气接触,易被氧化聚合胶凝,逐渐结膜,以致结厚皮甚至凝胶,或因溶剂挥发而促使凝胶化而无法使用。结皮现象不仅造成的涂料的大量损耗,而且影响涂膜外观,产生起粒、粗糙等缺陷。所以,在生产过程中加入抗结皮剂来减少结皮现象。常用的抗结皮剂有酚类抗结皮剂和肟类抗结皮剂两类。

①抗结皮剂作用机理　酚类抗结皮剂为抗氧剂,本身易氧化,具有抗氧作用,通过自身氧化阻止油基漆的氧化结膜,延缓其表面结膜;肟类抗结皮剂是含有肟基($\overset{|}{\text{—C}}\text{=N—OH}$)的化合物,也为抗氧剂。肟类抗结皮剂有抗氧化作用,阻止涂膜的氧化聚合而成膜。液态的肟类化合物为强溶剂,它的溶解作用能延缓凝胶体的形成而抗结皮。肟类抗结皮剂能与催干剂的金属部分形成络合物,该络合作用使催干剂失去催干性而延缓其结皮;在成膜过程中,肟类化合物挥发而使络合物趋向分解,又使催干剂恢复其催干性能。

②常用的抗结皮剂　常用的酚类抗结皮剂有邻甲氧基苯酚、邻异丙基苯酚,其结构式为:

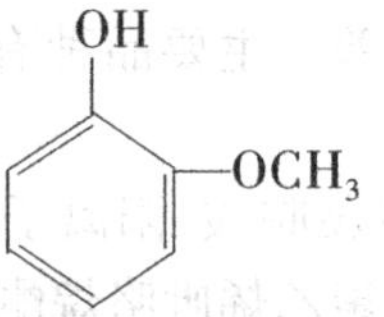

(邻甲氧基苯酚)

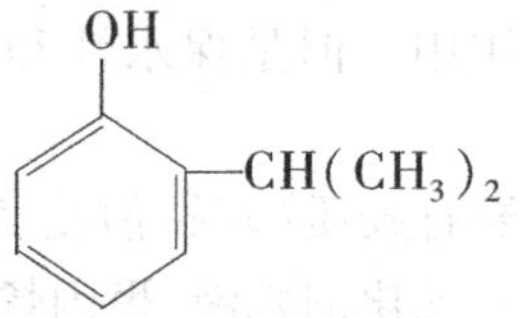

(邻异丙基苯酚)

酚类化合物延缓油基涂膜的表干,使底干较为彻底,适用于底漆。易泛黄,并与铁反应呈棕色,还具有些刺激味,一般的涂料不宜采用酚类抗结皮剂。

常用的肟类抗结皮剂,如甲乙酮肟,用于醇酸涂料;丁醛肟,用于油基涂料;环己酮肟,用于低气味涂料。各自结构式为:

$$\underset{\displaystyle C_2H_5}{CH_3\text{—}\underset{|}{C}\text{=NOH}}$$

(甲乙酮肟)

$$C_3H_7CH=NOH$$

(丁醛肟)

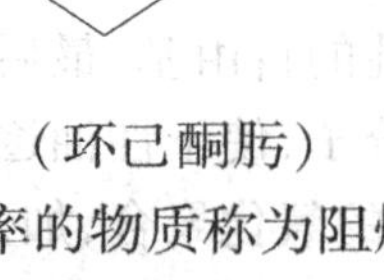

(环己酮肟)

8)阻燃剂　能够降低材料的引燃(起燃)程度和火焰传播速率的物质称为阻燃剂。

①聚合物的燃烧　可燃性聚合物受热发生降解反应,同时产生挥发物,留下了多孔的残渣。空气中的氧气进入固体基材中进一步发生氧化反应,产生了累积性温度,最后挥发物起

燃，形成火焰。若燃烧产生的热量能连续地为基材热解提供所需的热量，因而能维持起燃，这样的材料称为可燃性材料；若燃烧产生的热量不能满足材料热解提供所需的热量，并且也不能以足够速率产生挥发物而起燃，则火焰将熄灭，这样的材料称自熄性材料；由外部火焰引起起燃叫骤燃，而自发地产生的起燃叫自燃。

②阻燃剂的作用机理　阻燃剂通过阻隔氧、降低温度等途径达到阻燃的目的。

A.燃烧的过程　燃烧的过程是可燃物在热、氧的作用下，放出热量和挥发物，其量和产生的速率将决定着材料的可燃程度，其中挥发物的燃烧尤为重要。

对于高分子材料的热解生成挥发物，一般总会含有C—C和C—H等基团的物质，其燃烧的化学过程及反应式如下：

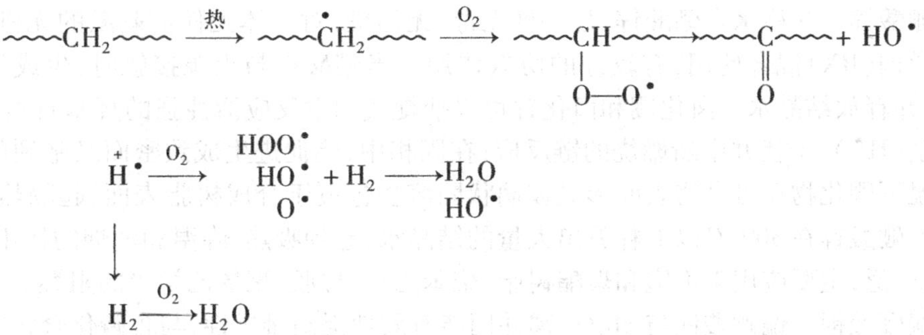

由燃烧反应式看出，起燃的敏感性和火焰传播速率均与形成羟基自由基（$HO^{\bullet}$）的难易程度和速率有关。反应中生成CO_2和H_2O，并放出大量的热，该热量对氧化反应和最终的燃烧速率起自动加速作用。

B.阻燃途径　由燃烧反应式可看出，维持燃烧的重要条件是要有足够的挥发性可燃物质和氧气以及足够的$HO^{\bullet}$产生速率。要降低燃烧物质的起燃和维持燃烧的敏感性，阻燃一般采取的措施有四种：一是涂敷表面，减少氧的渗透，降低氧化反应速率。即在涂层中使用的阻燃剂能以很高的速度产生不燃性气体，使涂层发泡并排除氧，形成一种热绝缘层。这类涂覆材料一般采用混有发泡剂和脱水剂的多元醇；二是形成大量不燃性气体，冲淡氧的浓度，并降低材料的温度，使材料的燃烧自熄；三是加入以捕获自由基为主的阻燃剂，这类阻燃剂有有机溴化物和氯化物两类，由于它们在较低温度下可以分解出不燃烧的HCl和HBr，易与活性高的羟基自由基$HO^{\bullet}$反应，如：

$$\underset{\text{(阻燃剂)}}{R{-}X} \xrightarrow{\text{热}} R^{\bullet} + X^{\bullet}$$

$$X^{\bullet} + \underset{\text{(聚合物)}}{R'H} \longrightarrow HX + R'^{\bullet}$$

$$HX + {}^{\bullet}OH \longrightarrow H_2O + X^{\bullet}$$

四是采用混合系统获得阻燃的协同效应。通常用含有卤素/磷化合物、卤化物/三氧化二锑、硼化物及其他混合物等复合阻燃体系，力求产生协同效应。

③常用的阻燃剂　按照化学结构可以分为无机阻燃剂和有机阻燃剂两类，它们所含的元素多为卤素和磷以及锑、硼、铝等；按阻燃剂的使用方法可分为添加型和反应型。

A.无机阻燃剂　具有很好的热稳定性、无毒或低毒、不产生腐蚀性气体。在贮存过程中不挥发、不析出、有持久的阻燃效果等优点，并且来源丰富、价格低廉，具有环境安全性和使用安全性。主要品种有三氧化二锑、氢氧化铝、硼酸锌、偏硼酸钡等。

• 三氧化二锑　Sb_2O_3属于添加型阻燃剂，又称亚锑酐或锑白。其本身没有明显的阻燃效果，主要作为卤素阻燃剂的优良协效剂，常与含卤素化合物、硼酸酯等混合使用，它们在热分解过程中起阻燃作用，并可取代部分卤素化合物。主要应用于聚氯乙烯、聚丙烯、聚乙烯、ABS树脂、聚酯、聚氨酯等，起辅助阻燃作用。但是对鼻、眼有刺激作用，应用时要注意防护。

• 氢氧化铝　又称三水氧化铝，氢氧化铝水合物有多种变体，主要是α-三水氧化铝。在200 ℃以上吸热分解，放出结晶水，达到降低燃烧物温度的目的，同时还有减少烟雾和有毒气体的作用。氢氧化铝能与多种物质产生协同效应。主要应用于不饱和聚酯树脂、环氧树脂、聚氯乙烯、聚乙烯、聚丙烯等，有阻燃作用。

• 硼酸锌　又称水合硼酸锌，是一种无毒、无污染，对人体无任何刺激的无机阻燃剂。与卤素阻燃剂（RX）混合使用，有较好的协效作用。当硼酸锌与火源接触时，生成气态卤化硼、卤化锌，并释放结晶水。卤化硼和卤化锌可以捕捉气相中反应活性强的羟基自由基（$HO^{\bullet}$）和氢自由基（$H^{\bullet}$），干扰并中断燃烧的链反应；在固相中，能促进生成致密而又坚硬的碳化层，同时在高温下硼化物在可燃物表面形成玻璃状固溶物包覆于合成树脂表面，起隔热又隔绝空气的作用。硼酸锌在300 ℃以上释放出大量的结晶水，起到吸热、降温和消烟的作用。硼酸锌价廉、应用广泛，主要应用于不饱和聚酯树脂、聚苯乙烯、橡胶、聚氯乙烯等的阻燃。

• 偏硼酸钡　偏硼酸钡与Sb_2O_3锑并用能有效地提高难燃性，与含磷化合物联合使用时，有效地取代40%～90%的Sb_2O_3，偏硼酸钡还是一种有效无毒防锈颜料，具有防霉、防污、抗粉化等性能。主要应用于油漆、塑料、橡胶、纤维织物和粘合剂的阻燃。

B. 有机阻燃剂　有机阻燃剂分为反应型和添加型两类。反应型阻燃剂在聚合或缩聚过程参加反应，或者与已经形成的聚合物反应，从而结合到聚合物的主链或侧链中，使阻燃剂与被阻燃物牢固地结合在一起，阻燃作用稳定持久，毒性较小，对聚合物性能影响也较小。但是加工工艺复杂；添加型阻燃剂是物理地分散于阻燃物体系中，使用方便。但是存在分散性、相容性、界面性等研究课题。

有机阻燃剂的种类很多，在实际应用中分为有机磷系阻燃剂和有机卤系阻燃剂两大类。实践证明，聚合物中含有5%以上的磷就有阻燃效果，同时兼具增塑性、润滑性，它还是聚合物较好的加工助剂。但是挥发性、发烟量、毒性均较大，水解稳定性和热稳定性较差。新开发的含磷齐聚物和含磷多元醇克服了这些缺点，并赋予较好的特性；在有机卤素的阻燃剂中，溴系阻燃剂具有阻燃效果好、添加量少、相容性好、热稳定好、对阻燃制品性能影响小等优点；而氯系阻燃剂在阻燃效果、稳定性、毒性等方面均较溴系差一些，但是我国氯的产量大，最常用的氯化石蜡，因价廉易得又兼具增塑作用而在国内外用量都很大。

• 四溴乙烷（Tetrabromoethan）　分子式为$CHBr_2CHBr_2$，相对分子质量为346。结构式为：

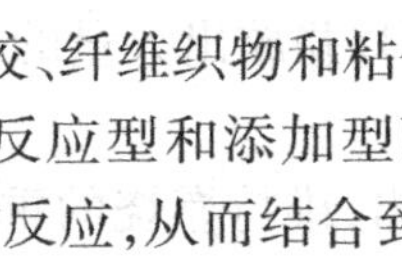

它是淡黄色液体，不溶于水，溶于石油醚。属添加型阻燃剂。含溴量高达92%，阻燃性能好，常用于可发性聚苯乙烯、不饱和聚酯、环氧树脂等阻燃，但热稳定性较差。

• 十溴二苯醚（Decabromodiphenyl oxide）　又称十溴联苯醚。其分子式为$C_{12}Br_{10}O$，相对分子质量为959.0。结构式为：

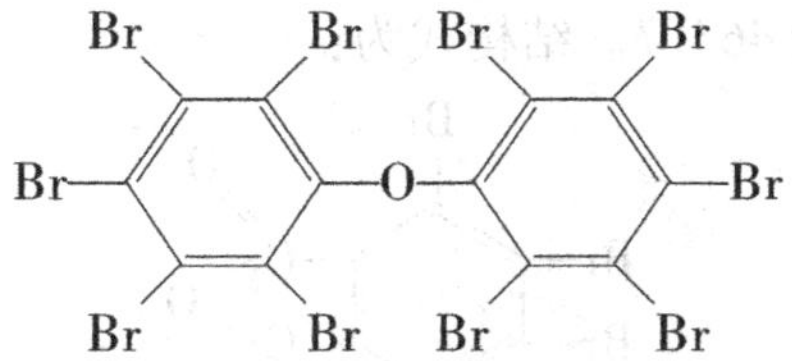

属添加型阻燃剂。含溴量高达82%以上,阻燃效能高,它是一种无毒、无污染、用途广泛的阻燃剂。常用于聚乙烯、聚丙烯、ABS树脂、环氧树脂、硅橡胶、三元乙丙橡胶等的阻燃,但热稳定性较差。

• 六溴苯(Hexabromo benzene)　其分子式为 C_6Br_6,相对分子质量为552.0。结构式为:

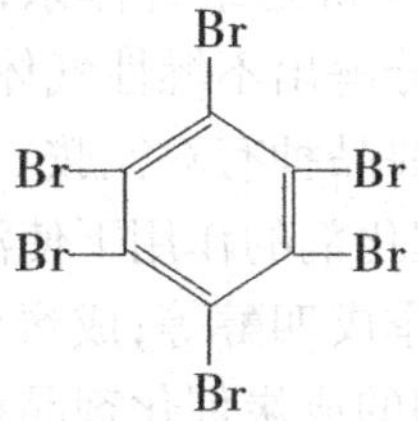

属添加型阻燃剂。含溴量高达85%以上,阻燃效能高,广泛地用于聚乙烯、聚丙烯、ABS树脂、环氧树脂、高抗冲击聚苯乙烯、聚酰胺、聚酯等的阻燃。

• 氯化石蜡-70　它的化学名称是氯化石蜡烃(Chlorinated Parafin),具有较好的阻燃持久性,兼具防潮、抗静电、抗软化、抗拉压力及低挥发性等,并可提高树脂成型的流动性和制品的光泽。用在防火涂料中,不仅有阻燃作用,还能起到防辐射作用。

• 四溴双酚A　其化学名称是4,4′-异丙叉双(2,6-二溴苯酚)[4,4′-Isopropylidenebis (2,6-dibromophenol)],其分子式为 $C_{15}H_{12}O_2Br_4$,相对分子质量为543.9。结构式为:

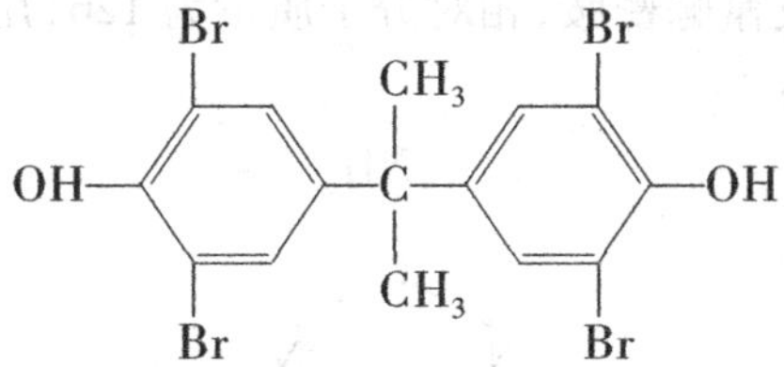

属反应型阻燃剂,可以制备含溴环氧树脂、含溴聚碳酸酯、含溴酚醛树脂等的阻燃剂,也可用作添加型阻燃剂使用,用于环氧树脂、酚醛树脂、抗冲击聚苯乙烯、聚氨酯、不饱和聚酯、ABS树脂等的阻燃。

• 四氯苯酐　它的化学名称是四氯邻苯二甲酸酐(Tetrachlorophlhalic anhydride),其分子式为 $C_8Cl_4O_3$,相对分子质量为286。结构式为:

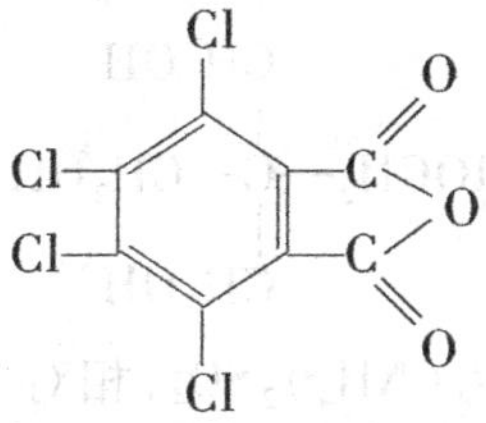

属反应型阻燃剂,可赋予树脂良好的阻燃性和高温稳定性,适用于氯化醇酸树脂、环氧树脂、不饱和聚酯树脂及其他聚合物的阻燃。

• 四溴苯酐　它的化学名称是四溴邻苯二甲酸酐(Tetrabromophthalic anhydride),其分子

式为 $C_8Br_4O_3$，相对分子质量为 463.7。结构式为：

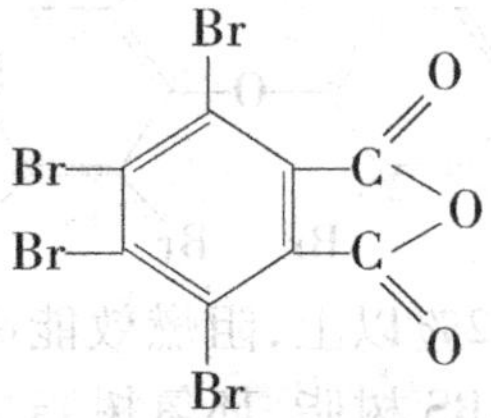

属反应型阻燃剂。可用于环氧树脂、不饱和聚酯、聚酯等的阻燃。也可做添加型阻燃剂使用，用于聚苯乙烯、聚丙烯、聚乙烯和 ABS 树脂等的阻燃，热稳定性很好。

C. 膨胀型防火涂料用防火助剂　通常是组合体系，包括成炭剂、成炭催化剂和发泡剂三部分。其中发泡剂是在涂层受热时能分解出不燃性气体（如水蒸气、氨气、二氧化碳气体等），而使涂层膨胀发泡的物质。常用的主要品种有双氰胺、三聚氰胺、氯化联苯、氯化石蜡等；成炭剂是在发泡剂使涂层发泡后，在成炭催化剂的作用下使涂层形成炭化层的物质，一般是含有高碳的有机化合物，如淀粉、改性纤维素季戊四醇等；成炭催化剂在高温或火焰的作用下分解出酸类物质，促使成炭剂失水、炭化，常用的成炭催化剂品种有三聚氰胺、硫酸铵、磷酸铵、聚磷酸铵、磷酸二氢铵（胺）等。

• 双氰胺　又称氰基胺，相对分子质量为 84，白色粉末，用作发泡型防火涂料的发泡剂，其结构式为：

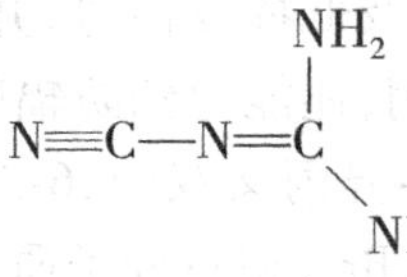

• 三聚氰胺　又称密胺或氰脲密胺，相对分子质量为 126，用作发泡型防火涂料的发泡剂兼具成碳催化剂，其结构式为：

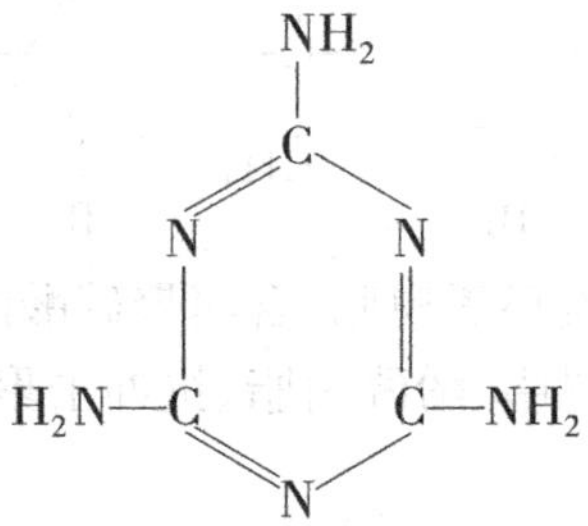

• 季戊四醇　季戊四醇的相对分子质量为 136，用作发泡型防火涂料的成炭剂，其结构式为：

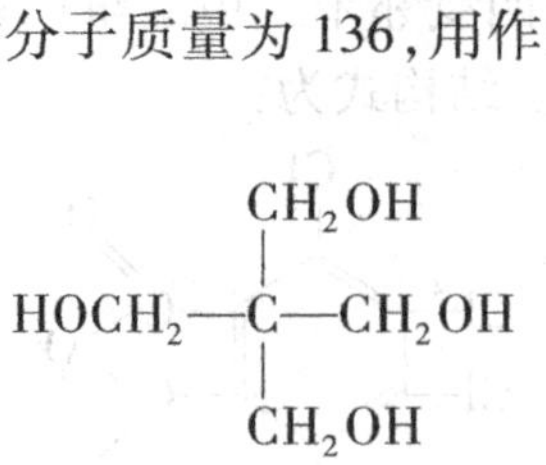

• 硫酸铵　俗称硫铵，其分子式为 $(NH_4)_2SO_4$，相对分子质量为 132，水溶液有辛辣的咸味。用作发泡型防火涂料的成碳催化剂。

• 磷酸铵　又称磷酸三铵，其分子式为 $(NH_4)_3PO_4 \cdot 3H_2O$，无色结晶薄片，易溶于水，不溶于乙醇和乙醚。性质很不稳定，在空气中失去部分氨而形成磷酸一铵或磷酸二铵。由 20%

磷酸一铵和80%的磷酸二铵形成的混合物，有较好的防火性能。用作发泡型防火涂料的成碳催化剂。

9）防霉防腐剂　由于在乳液涂料中加入了多种助剂，特别是大量使用了各种表面活性剂，而成为微生物的营养源。涂料若被微生物污染，只要温度、湿度等生长条件适宜，微生物就会大肆繁殖，使涂料发霉变质，粘度下降并产生臭味，这种现象称为涂料的“腐败”。霉菌侵蚀干燥后的涂膜，形成黑色的淤积斑，导致涂料失去附着力而破坏，影响涂料的装饰效果，这种现象称为涂膜的“霉变”。为了防止乳胶涂料在贮存罐内的腐败和涂膜在使用过程中的霉变，通常可通过加入防霉、防腐剂来解决。目前在乳液涂料生产中使用低毒防霉、防腐剂。

- 1,2-苯并异噻唑啉-3-酮（BIT）　它的特点是杀菌效率高，用浓度为0.005%的溶液即有显著效果；广谱杀菌，对细菌、霉菌和酵母菌等均有显著效果；安全低毒，不仅能防止乳液和涂料的腐败变质，对涂膜的霉变也有良好的抵御作用。
- 四甲基二硫代秋兰姆（TMTD）　俗称福美双，毒性较低，不仅防霉效果好，而且对细菌抑制能力强，可用于乳液涂料的防腐和防霉。
- 2,4,5,6-四氯间苯二腈（TPN）　俗称百菌清，是目前非汞型防毒、杀菌剂中最有效的广谱杀菌剂之一，毒性极低。
- 苯并咪唑氨基甲酸甲酯（BCM）　俗称多菌灵，毒性低，热稳定性高，不溶或难溶于一般有机溶剂，能溶于无机酸及醋酸并形成相关的盐类，在不同的pH值范围内均可使用。对大部分霉菌显示良好的抗菌效果，但对高湿度下易生长的毛霉、根霉等效果较差，对细菌和酵母的作用也较弱，多与TMTD配合使用，可提高抑菌效果。

10）其他助剂　乳液涂料为水性体系，低温受冻时容易破乳而破坏。防冻剂的作用是降低乳液的冰点，改善其冻融稳定性，使其在低温贮存时不易破坏。防冻剂一般采用低分子的醇类和醚类，如乙二醇、1,2-丙二醇、一缩二乙二醇、乙二醇乙醚、乙二醇丁醚等。常用的是乙二醇。

其他助剂有增白剂、紫外光吸收剂、抗氧剂等，这些助剂的加入能改善涂膜的耐候性；防污剂、防水剂、杀虫剂、防潮剂等助剂的加入，能使涂料具有杀菌、防污、防水、杀虫、防潮等特殊性能；配制建筑涂料所必须的组分还有稀释剂、抗静电剂、导电剂、消光剂、防锈剂、增光剂、耐磨剂、光稳定剂、防滑剂、增滑剂等助剂，其种类和加入量直接影响涂料的质量，要根据实际需要合理选择。

3.1.6　配方设计原理

建筑涂料配方是研究、开发和生产涂料的核心。配方设计就是决定涂料各组分在其配方中的绝对数量和相对比例。设计配方时，首先应对涂料的各个组分以及各个组分所采用的原材料有充分的认识和了解。如基料决定了该种涂料品种的基本性能，而助剂对其性能也有很大影响，不同助剂可以配制不同用途的涂料产品。

（1）主要内容

建筑涂料配方设计是根据产品的用途、技术指标的要求、施工条件、贮存、涂装以及涂膜的干燥方式等，选择涂料的各个组分并确定其用量。主要内容应包括基料类型、颜料、填料、溶剂及助剂的选择、原料配比的确定、基本配方（或称标准配方）的确定以及涂料生产配方的确定。

(2)配方设计的影响因素

建筑涂料中各组分的绝对数量和相对比例对涂料的各项性能影响很大,为了得到最佳配方,在选定了合适的涂料组分后,还要考虑颜料的体积浓度,溶剂等对涂料性能的影响。

1)颜基比(P/B) 颜基比是涂料配方体系中颜料(包括填料)的质量和基料固体(非挥发分)质量的比值,通常用 P/B 来表示,如式(3.1)所示。

$$P/B = \text{颜料基料比} = \frac{\text{着色颜料的质量} + \text{体质颜料的质量}}{\text{基料的固体分(非挥发分)的质量}} \tag{3.1}$$

P/B 是设计涂料配方时的重要参数之一。采用颜基比进行初步配方设计比较方便,而且对确定涂料的原始配方非常重要,也可以对涂料的性能做出粗略的估计。

不同的涂料对颜基比的要求是不同的,一般来说,面漆的颜基比约为(0.25 ~ 0.90):1.0,而底漆的颜基比为(0.2 ~ 4.0):1.0,外用乳胶涂料的颜基比同底漆;内用乳胶涂料的颜基比在(3.0 ~ 7.0):1.0之间,耐久性要求高的户外用涂料不宜采用颜基比高的配方,其原因是基料用量较少不能在大量颜料、填料粒子周围形成连续涂膜。一般外用涂料最高颜基比是4:1。因此,对涂料性能要求越高,其颜基比则应越低。但是,许多专用涂料则不宜用颜基比来分类。

2)颜料体积浓度(PVC) 涂料中使用的各种颜料、填料和基料的密度各不相同,彼此之间差距很大。因此,常采用颜料的体积浓度(PVC)为涂料的配方设计的基本原则,对试验数据的解释较颜基比更为合适。颜料体积浓度为涂料中颜料和填料的体积占配方中所有非挥发分的总体积之比,用 PVC 来表示。如式(3.2)所示。常见颜料在涂料配方中的加入量 PVC 范围如表 3.4 所示。

表 3.4 常见颜料的 PVC 范围

颜料的色别	颜料名称	PVC(质量分数)/%
白　色	二氧化钛、氧化锌	15 ~ 20
黄　色	铬黄、氧化铁黄	10 ~ 15
	耐晒黄	5 ~ 10
绿　色	氧化铬绿、铅铬绿	10 ~ 15
蓝　色	群　青	10 ~ 15
	酞菁蓝	5 ~ 10
红　色	氧化铁红、甲苯胺红	5 ~ 10
黑　色	氧化铁黑	10 ~ 15
	炭　黑	5 ~ 10
防　锈	红　丹	30 ~ 35
	铬酸锌	30 ~ 40
金属粉	铝	5 ~ 15
	锌	60 ~ 70
	铅	40 ~ 50

$$PVC = \frac{V_P}{V_P + V_b} \times 100\% \tag{3.2}$$

式中 V_p——颜料和填料的体积;V_b——固体基料的体积,固体基料指不挥发基料。

PVC 值对乳胶漆的流平性、贮存稳定性影响较大。在总固体体积含量不变的条件下,*PVC* 增高,乳胶漆流平性、贮存稳定性会变差;反之,这些性能会明显改善。但成本也相应提高。

3)临界颜料体积浓度(*CPVC*) 涂膜的许多性能诸如抗拉强度、耐磨性能、抗渗性能、防腐蚀性能等,随着涂料的 *PVC* 的变化而逐渐变化。因此,当涂料的性能随着 *PVC* 变化超过某一极限值时,这些性能会发生突变,这一特定的颜料体积浓度值称为临界颜料体积浓度。

CPVC 值是色漆配方中的一个重要参数。当达到临界颜料体积浓度时,涂膜中恰好有足够的基料润湿质点,即在涂膜里,基料物质恰恰填满颜料、填料颗粒间的空隙而没有多余量;在低于 *CPVC* 值时配制涂料,基料物质的数量除了润湿颜料、填料外,还有余量使颜料、填料质点牢固地分散在基料物质的连续相中,增加涂膜光泽度,降低透气、透水性,提高防锈性。但是容易产生气泡。随着颜料、填料量的增加;*PVC* 值超过 *CPVC* 值时,由于基料物质的数量不足,难以润湿所有颜料、填料质点。这些颜料、填料质点在涂膜中呈疏松状态存在,其相应的性能与 *PVC* 值低于 *CPVC* 值时的结果恰恰相反。所以,高性能或外用涂料配方的 *PVC* 一般不应超过 *CPVC*,否则涂膜许多物性变差。通常,外用涂料的 *PVC* 为 30% ~55%,一般性能或内用涂料配方的 *PVC* 可以超过 *CPVC*,内用涂料的 *PVC* 为 45% ~70%。

4)溶剂的影响 在涂料中,溶剂的作用既能溶解基料物质又能控制涂料的粘度,使挥发性液体符合贮存和施工要求,同时还可以降低涂料的制造成本,改善性能,符合环境保护的要求。

①溶解能力 选择溶剂或混合溶剂遵循的原则是溶解度参数 δ。在配制混合溶剂中除了加入能溶解基料物质的溶剂外,还要加入一些稀释剂,二者的配比以涂料不发生混匀不良及沉淀分层等现象为原则,在干燥过程中防止稀释剂比例增大使涂膜性能变差。所以,设计配方时应避免将真溶剂和稀释剂体系的组成比例设计在沉淀点附近。

②蒸发速度 涂料中溶剂的蒸发速度对涂膜的干燥时间、流平、成膜过程及涂膜性能有很大影响。蒸发速度过快,使涂膜的流平性变差;蒸发速度太慢则干燥时间过长,会产生"溶剂发白"现象。不适当的溶剂蒸发速度还会造成喷涂中的"干喷"现象。即涂料从喷枪的喷嘴喷出以后,某种溶剂的组分还没有达到被涂物件表面就已经在雾化气流中蒸发,不能帮助涂膜均匀和流平,得到的涂膜呈颗粒状似的高低不平。因此,涂料中的溶剂要有适宜的蒸发速度。

③闪点 涂料或溶剂的闪点是其可燃性的表征。在设计涂料配方时,应测定其闪点,调整合适的闪点值。

④粘度 涂料粘度主要是根据贮存稳定性和施工特性的要求而设计的。通常,民用涂料粘度在 0.4 ~0.6 Pa · S 范围,施工时不用另加稀释剂,直接刷涂或辊涂。工业用涂料在贮存时由于粘度太小而发生颜料沉底现象。由于出厂时配制的粘度较大,所以在施工时应按需要再加稀释剂稀释到所需的粘度。

(3)配方设计内容

在建筑涂料配方设计中,依据一定的理论指导,注重实践经验,进行反复调整,满足使用性能要求。经过配方设计、配制试验、性能检测、调整配方等环节的反复循环程序,最后得到满意的配方。

1)选择基料种类并确定其用量 以内用乳胶漆为例,根据分析涂料性能要求,考虑到目前国内市场上原材料供应情况,该涂料的配方基料可选用聚醋酸乙烯乳液和苯丙乳液。由于苯丙乳胶漆有许多优异性能，且原料易购。因而，苯丙乳液配制乳胶漆是首选。

由经验可知，内用苯丙乳胶漆的苯丙乳液用量为25%时，就能配制出性能很好的乳胶漆，而内用乳胶漆的颜料基料比在（3.0～7.0）：1.0之间，这里选择苯丙乳液的用量为25%。

2）确定颜（填）料种类及用量　以白色乳胶漆为例，在普通用途的内用乳胶漆中，常用的颜（填）料有锐钛型钛白粉、立德粉、碳酸钙、滑石粉和硅灰石粉或重质碳酸钙等。

根据内用乳胶漆的颜料基料比的范围，这里选择3.3：1。若苯丙乳液的用量为25%，并假设，其在乳胶漆中的固体含量为12%，颜（填）料的总量为40%，采用颜料和填料搭配使用的方法。根据经验，将上述5种颜（填）料搭配使用比例（质量份）为：钛白粉10；立德粉40；碳酸钙15；滑石粉20；硅灰石粉15。按总量40%计，折合成在乳胶漆中的用量的质量份额为：钛白粉4；立德粉16；碳酸钙6；滑石粉8；硅灰石粉6。

3）确定助剂的种类及其用量　如上所确定的是乳胶漆的基本组分，要满足性能上的要求，还必须使用一些助剂。助剂的选择主要是根据经验、已有的文献资料的介绍、材料得到的难易程度、助剂生产商的技术指标及资料说明，根据涂料性能按需要进行选择，进而确定了乳胶漆的基本配方，如表3.5初步设计的配方栏所示。

表3.5　乳胶漆配方设计示例

涂料成分	原料名称	用量（质量分数）/%	
		初步设计配方	修改后的配方
基料	苯丙乳液	25	20
颜（填）料	钛白粉	4	4
	立德粉	16	14
	碳酸钙	6	6
	滑石粉	8	8
	硅灰石粉	6	5
增稠剂	缔合型增稠剂	4①	4①
	PVA水溶液	0	12
成膜助剂	丙二醇丁醚	5	5①
消泡剂	磷酸三丁酯	消泡用量	消泡用量
分散剂	10%六偏磷酸钠溶液	1.5	2.0
	DA型	0	0.2
防霉剂	BCM（多菌灵）	0	0.25
pH值调节剂	氨水	适量	适量
分散介质	水	补足100%量	补足100%量

注：①按乳液用量的百分比计算。

4）试配及检验　确定了初步设计配方以后，可以按照一定的程序试配，并对所得到的乳胶漆进行最直观的涂刷性能（流平性、流挂性等）和粘度等进行初步检测。

5）配方调整　在性能的初步检验时会发现，有可能乳胶漆的粘度很低，经短时间的贮存即有明显的沉淀，而且漆膜看起来也可能显得很粗糙，成本也可能偏高。这时，需要采取增大粘度，并稍微降低颜(填)料用量和降低成本等措施对配方进行调整。本例经调整后的配方如表3.5中修改后的配方一栏所示。不断重复上面的过程，直到得到更为满意的配方，再进行综合性能检测。

6)综合性能检测 主要指按照在粘度、涂刷等性能较为满意的配方，配制适当量的乳胶漆，进行全面的性能检测，并根据检测结果对配方再进行适当调整。在得到满意的性能结果以后，就可以将配方应用于实际生产中。

3.1.7 涂料的表面化学

(1)表面张力

表面张力是液体物质的基本物理性质。在体积一定的几何形体中，球体的表面积最小，一定量的液体从其他形状转变为球形时，伴随着表面积的缩小，所以液体表面有自动收缩的趋势。当把液体做成液膜，为保持表面平衡，就需要有一适当的力f与液面相切并作用于宽度为l液膜上。达到平衡时必须有一个与f力大小相等方向相反的力，即表面张力。如图3.1所示。

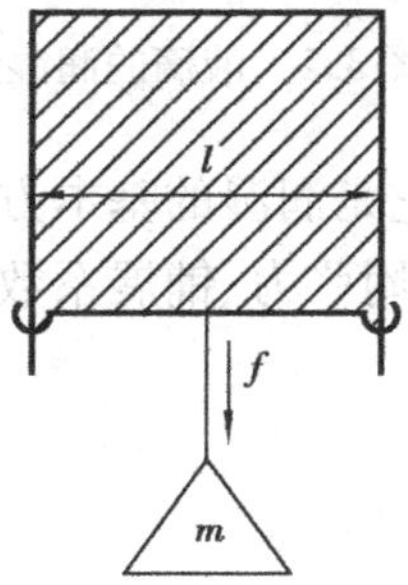

图3.1 表面张力本质示意图

表面张力的表达式如式(3.3)所示：

$$f = 2 \times \gamma \times l \tag{3.3}$$

式中 2——系数。由于液面有两面，所以要乘以2；γ——比例系数，称为表面张力系数(N/m)。

通常将表面张力系数称为表面张力，并定义为垂直通过液体表面上任一单位长度与液面相切的收缩表面的力。表面张力也可以看做是表面作用能，液体表面自动收缩时可以做功即有自由能。因此，表面张力等于产生新表面每单位面积所需的功，如式(3.4)所示。

$$\gamma = \frac{W}{a} \tag{3.4}$$

式中 W——液体表面收缩时所做的功(J)；a——液体表面收缩后的表面积(m^2)。

表面张力随着温度的上升而降低，表面活性剂加到水中，水的表面张力可以大大降低。

(2)润湿作用与润湿角

润湿作用是指表面上一种流体被另一种流体所取代。润湿作用有三类，即沾湿、浸湿和铺展。

1)沾湿 指液体与固体接触过程，即液/气界面和固/气界面变为液/固界面的过程。例如涂料的液滴有效地粘附于基材表面之上，这个过程的自由能变化如式(3.5)所示。

$$\Delta G = \gamma_{SL} - (\gamma_{SG} + \gamma_{LG}) \tag{3.5}$$

式中令$-\Delta G = W_a$——粘附功。若$W_a > 0$，可以自发进行。

2)浸湿 浸湿指固体浸入液体的过程。即将固/气界面变为固/液界面的过程。例如颜料置入涂料的过程。这个过程的自由能变化如式(3.6)所示。

$$\Delta G = \gamma_{SL} - \gamma_{SG} \tag{3.6}$$

式中令$-\Delta G = W_i$——粘附张力。若$W_i > 0$，固体可被浸湿。

3)铺展 将涂料涂布于基材时，不但要求涂料能粘附于其上，而且还要流动，该过程的实质是以固/液界面代替固/气界面的同时液体表面也扩展。当铺展面积为单位面积时的自由能变化如式(3.7)所示。

$$\Delta G = (\gamma_{SL} + \gamma_{LG}) - \gamma_{SG} \tag{3.7}$$

式中令 $-\Delta G = S$——铺展系数。若 $S>0$,在恒温恒压下,液体可以在固体表面自动展开。在式(3.7)中若采用粘附功和内聚功的概念,于是固液粘附力大于液体的内聚力时,液体可以自发铺展。凡能铺展的必能沾湿与浸湿,如式(3.8)所示。

$$S = \gamma_{SG} - \gamma_{SL} + \gamma_{LG} - 2\gamma_{LG} = W_a - W_c \tag{3.8}$$

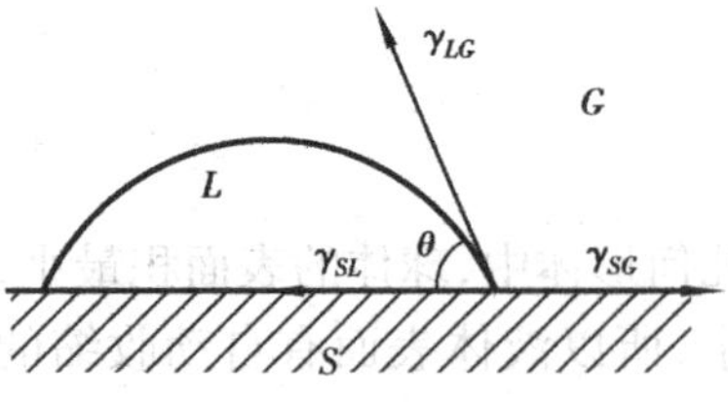

图 3.2 液滴的润湿角示意图

式中 $W_c = 2\gamma_{LG}$ 为内聚功。

4)润湿角(接触角) 润湿角是液体表面的一个参数,定义为气、液、固三相交界处在液体中量得的角,以 θ 表示,如图 3.2 所示。当液滴在固体表面上平衡时,平衡润湿角与固/气、固/液、液/气界面自由能(界面张力)的关系如式(3.9)所示。

$$\gamma_{SG} - \gamma_{LG} = \gamma_{LG}\cos\theta \tag{3.9}$$

它是润湿的基本方程,又叫杨式方程。将含润湿角的润湿方程应用于上述各式,可得粘附功、粘附张力、铺展系数的另一种表达式,即式(3.10)、式(3.11)及式(3.12)。

$$W_a = \gamma_{LG}(1 + \cos\theta) \tag{3.10}$$

$$W_i = \gamma_{LG}\cos\theta \tag{3.11}$$

$$S = \gamma_{LG}(\cos\theta - 1) \tag{3.12}$$

由这三个公式可看出,原则上测定了液体的表面张力和接触角就可以得到粘附功、粘附张力和铺展系数。当 $\theta \leqslant 180°$ 时,可沾湿;当 $\theta \leqslant 90°$ 时,可浸湿;当 $\theta \leqslant 0°$ 时,可铺展。习惯上,以 $\theta = 90°$ 为标准,称 $\theta > 90°$ 为不润湿,$\theta < 90°$ 可润湿。θ 愈小,润湿愈好。当 $\theta = 0°$ 或不存在,可铺展。在涂料应用过程中,不仅涉及液体在固体表面的铺展,有时也涉及液体在液体表面上的铺展。

(3)**流平和流挂**

流平和流挂是涂料应用中非常重要的问题,它影响涂层的表观和光泽。

1)流平性 流平性是指涂料施工后能否达到涂层平整光滑的特性。当涂料涂刷在基材上时留下刷痕,刷痕可因涂料在未干燥前的流动而减轻。涂料的流平力来自于表面张力,流平可以减少液体的表面积。在较薄的涂膜处,表面张力上升得较快,周围高处的涂料有向其铺展的倾向,涂料在固化前有足够的流动时间,以保证涂料流平。如果涂料的流平性差,在涂膜表面用肉眼可见到不平的刷痕。涂料的流平性好是指粘度低涂层厚,如图 3.3(a)所示。

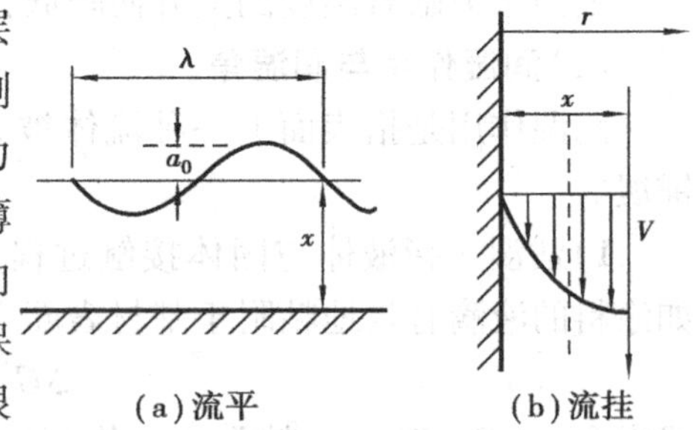

图 3.3 涂膜的流平与流挂

2)流挂 流挂是指当涂料涂布于一个垂直面时,由于重力的作用,涂料有向下流动的倾向,如图 3.3(b)所示。流挂是重力引起的流动,用粘度可以作为抵抗流动的度量。经数学分析,流挂的速度如式(3.13)所示。粘度越大、涂层越薄,则流挂速度越小。控制流挂主要是控制粘度。

$$V = \frac{\rho g x^2}{2\eta} \tag{3.13}$$

式中　ρ——涂料的密度；g——重力加速度常数；x——涂层厚度；η——涂料的粘度。

（4）涂料施工中常见的表面张力问题

涂料施工后产生的各种弊病，诸如缩孔、桔皮、浮色等现象均与表面张力有关。

1）缩孔现象　湿膜表面若滴落一滴低表面张力的液体（溶剂或油物），使其邻近的涂料表面张力降低，并向周围表面张力较高处铺展，于是形成一个火山口似的形状，涂膜表面呈凹态，这种现象称之为缩孔。如图3.4所示。

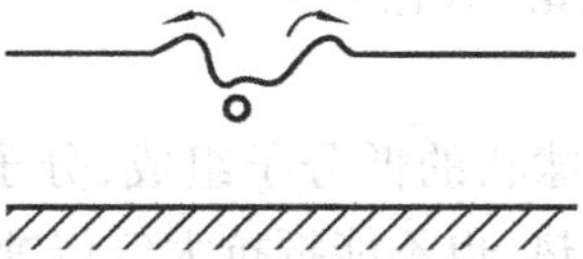

图3.4　涂膜的缩孔现象

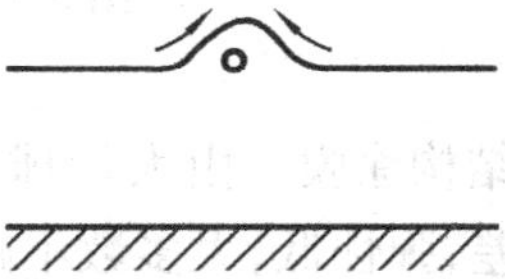

图3.5　涂膜的桔皮现象

2）桔皮现象　桔皮现象指涂膜表面有微微地起伏不平，形状像桔子皮。其原因是喷涂时，雾化的小滴经过较长的距离，大部分溶剂挥发后形成高浓度小液滴，表面张力较大，当它滴落在湿膜上，使周围的涂料自动地向该小雾滴铺展，于是形成凸起。施工中，涂料与溶剂的配合不好，或喷枪的距离控制不当，以及雾化状况不好均能引起桔子皮现象。如图3.5所示。

3）贝纳尔漩流窝　在干燥过程中，涂料随着溶剂的蒸发，涂膜的表面浓度升高，温度下降，表面张力升高。因表层和底层的表面张力不同而产生一种很大的推动力，使涂料从底层向上层运动，造成局部涡流，形成贝纳尔漩流窝。表面张力低的涂料向周围表面张力高的表层铺展，于是形成隆起，并使湿膜形成规则的六角形，其中心与边缘颜料浓度不同。如果涂料的流平性不好，涂膜干燥后便留下凹凸起伏的桔皮。如图3.6所示。

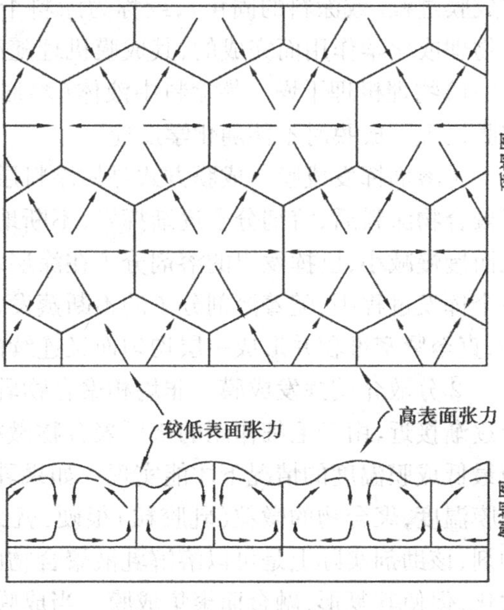

图3.6　涂膜的贝纳尔旋流窝

4）发花和浮色现象　发花指施工后涂膜中颜料的不均匀分布，使外观呈花斑的现象；浮色是指涂膜表面颜色与底层不同的现象。发花和浮色现象都是颜料分布不均的现象，其原因与溶剂蒸发形成的贝纳尔漩流窝有关。如图3.7所示。

3.1.8　建筑涂料的成膜机理

涂料是由不挥发组分和挥发组分两大部分组成的。涂料涂布于物体表面后，其挥发部分逐渐散去，余下不挥发部分在物体表面上干结成膜。由于涂料的种类不同，涂膜的类型与成膜原理也不相同。

（1）涂膜的类型与方式

根据涂膜的分子结构不同，涂膜有三种

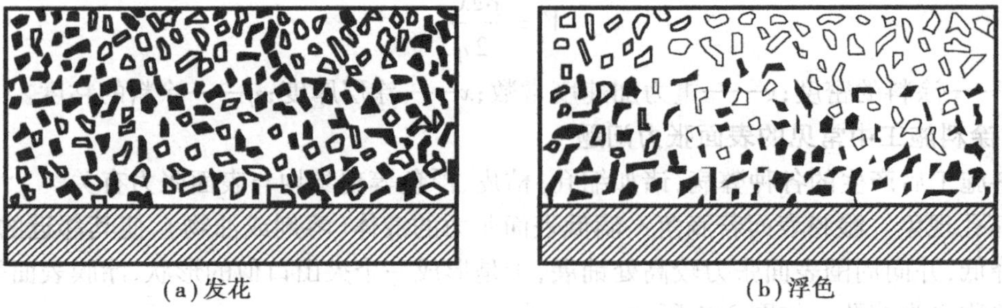

图3.7　涂膜的发花与浮色

类型：

1)低分子球状结构涂膜　由大量球形或类似球状的低分子组成，分子之间连结较弱，这类涂膜的耐磨性较差，弹性低，大多数不耐水、不耐热，也不能抵抗大气侵蚀。但是对木材的附着力尚好。

2)线型分子结构涂膜　由直链或带有支链的大分子与许多非转化型的合成树脂(过氯乙烯、聚丙烯等)组成的涂膜。这类涂膜由于分子间彼此相互交织，联系紧密。所以，耐磨性、弹性、耐水性和耐热性等均好于低分子球状结构的涂膜。

3)体型网状分子结构涂膜　这类涂膜的各个分子间被化学键连接成网状结构，而且许多侧链紧密并牢固连接。该涂膜的耐水、耐热、耐寒、耐磨及耐化学药品性均优于另外两类。

形成这三类涂膜的方式主要有物理机理干燥和化学机理干燥等形式。

(2)成膜机理

当涂料涂覆于被涂物表面上，由液态(或粉末状)变成无定形的固态薄膜的过程称为涂料的成膜过程(或涂料的固化)，或称为涂料干燥。涂料成膜主要靠溶剂蒸发、熔融、缩合、聚合等物理或化学作用而完成的，其成膜机理随涂料的组分和结构的不同而异。

1)物理机理干燥　靠涂料中液体(溶剂或分散相)的蒸发而得到干硬涂膜的干燥过程的成膜机理。成膜时不伴随化学反应。

①溶剂挥发成膜　成膜方式是靠涂料层中溶剂的挥发而干燥成膜。即当基材上涂刷了一层聚合物涂料后，溶剂分子逐渐挥发，不断地从涂层中向外扩散，扩散速度随着涂层的渐渐固化而慢慢减小，已挥发出的溶剂分子在涂层表面形成一层气层，最后冲出气体层向外逸出。在整个挥发过程中，随着溶剂分子的不断蒸发，涂层的浓度不断增加而使聚合物分子逐渐紧密相接，直至紧密堆积并形成一层均匀而又连续的涂膜。升温能加快干燥速度。

②分散介质挥发成膜　非均相聚合物乳液的成膜是随着水分的挥发，乳液中的聚合物微粒逐渐接近，由于毛细作用的挤压聚合物微粒产生复形而融合成膜。这是在外界温度高于乳液最低成膜温度的情况下才能实现。如果乳液的玻璃化温度较高或外界温度低于乳液的最低成膜温度，聚合物的微粒(乳胶粒)很硬，就无法软化复形而聚集成膜。此时就要借助于成膜助剂，该助剂实际上是可以溶解乳液聚合物的高沸点溶剂。它可以溶胀聚合物微粒，使其暂时软化，促使其复形，融合而聚集成膜。当成膜助剂挥发后(大约10天)涂膜又恢复到原来较高的玻璃化温度。因此，从宏观上看，成膜助剂可以降低乳液的最低成膜温度。

2)化学机理干燥　主要是通过缩合、聚合等化学作用完成的。即线型，或轻度支链化的聚合物，甚至用简单的低分子化合物配制成涂料，涂料施工后涂膜再发生交联反应，成为固态网状结构的高分子化合物，所形成的涂膜不能再被溶剂溶解，受热也不能融化。

3.1.9　生产工艺基础

在建筑涂料的生产工艺流程中，主要包括生产某涂料产品的各个过程或工序，每个单元过程的具体任务及其工序间的衔接、反应过程的传质与传热及设备选型等。

(1)物料衡算

通过对各个工序及每个设备的物料平衡计算，可以从量的观点对生产现状做出分析，并对生产能力的确定、操作水平的评价以及市场潜力的挖掘等有着重要的指导意义。

质量守恒定律是化工过程中物料平衡计算的基础。即进入一个装置全部物料的质量，必定等于离开这个装置的全部物料和损失与累积物料的质量之和。在整个工艺过程中物料衡算是对每股物料的组成、数量、转移等变化进行定量计算。要完成这种计算，必须熟悉工艺全过程、化学反应、相互转化等的原理与关系，并需要掌握常用的几个概念。

1)消耗定额　每吨合格产品需要的原料和辅助原料的耗量称为消耗定额。它是反映生产技术水平的一项重要经济指标。

2)转化率　指原料通过反应器之后，产生化学变化的程度。如式(3.14)所示：

$$\text{转化率} = \frac{\text{参加反应的原料量}}{\text{投入反应器的原料量}} \times 100\% = \frac{\text{投料量} - \text{反应剩余量}}{\text{原料投料量}} \times 100\% \tag{3.14}$$

转化率的值仅仅表示参与反应的原料多少，并不表示反应结果是否生成所需要产物量的多少。特别是当反应中心多，有副产物产生时，更不能说明问题，因此常使用选择性概念。

3)选择性　把生成某产物所消耗原料量与全部反应所消耗的原料量之比率称为选择性，通常也称之为产率。它表示生成某产物的原料转化程度，如式(3.15)所示：

$$\text{选择性} = \frac{\text{生成某产物的原料消耗量}}{\text{反应消耗的原料量}} \times 100\% \tag{3.15}$$

选择性(产率)反映了主副反应的竞争程度。如果反应的选择性高，说明副反应少，但是并不表示一定在经济上合理，还需要综合考虑选择性与转化率的关系问题。为了有助于确定合理的工艺指标，常常引入单程收率概念。

4)单程收率　单程收率是反映一次通过反应器后，生成目的物所消耗的原料占总投料量百分数，简称单收或某产物的收率或得率。如式(3.16)所示：

$$\text{单程收率} = \frac{\text{生成某产物的原料消耗量}}{\text{原料投料量}} \times 100\% = \text{转化率} \times \text{选择性} \tag{3.16}$$

在工业生产中，常常会遇到收率(或产率)这个专门名词，它有时是指选择性，有时是指单程收率，这需要弄清楚。例如，有一个反应过程的转化率为99%，有多种产物生成，其中主产物的选择性是90%，则该反应的单程收率为99%×90%=89%。

(2)热量衡算

任何化工生产过程都要求有一定的温度条件。为了确保一定的工艺温度条件，在生产过程中都要伴随能量的传递或转移和自身的化学热效应。热量衡算就是确定传入或传出的热量，确定加热剂或冷却剂的耗量，计算传热面积，用以决定换热设备的工艺尺寸。热量衡算目的在于保证化工过程的完成，合理利用设备和降低能耗。

热量衡算是以物料衡算为基础，根据热力学第一定律进行衡算。热量衡算有两方面的内容:一是对单元设备作热量衡算,二是对整个过程作热量衡算。化工过程中的热量衡算可以用热平衡方程表示,如式(3.17)所示。实际应用中,热平衡方程可写成如式(3.18)所示。

$$\sum Q = \sum H_{出} - \sum H_{进} \tag{3.17}$$

式中 $\sum Q$—— 设备或系统与外界环境交换热量的总合,也包括热损失;$\sum H_{出}$—— 离开设备或系统的焓和;$\sum H_{进}$—— 进入设备或系统各股物料的焓和。

$$Q_1 + Q_2 + Q_3 = Q_4 + Q_5 + Q_6 \tag{3.18}$$

式中 Q_1——各种进入设备的物料所带入的热量;Q_2——由加热剂(或冷却剂)传给设备和物料的热量;Q_3——各种热效应;Q_4——离开设备的物料所带走的热量;Q_5——设备所消耗的热量;Q_6——设备向外界环境散失的热量。

应用上面的通式时,对具体情况应作具体分析,在正确建立各个热量之间的关系之后,还要选择计算基准,收集有关数据,进行逐项计算。从而为换热设备的选择、合理使用能量、降低能耗指标提供依据。

(3)**主要生产设备**

建筑涂料的生产主要通过基料的合成或溶解、研磨、过滤等工序完成。从工艺设计出发,要在物料衡算和热量衡算的基础上,选择好设备的类型、规格、数量等。主要包括化学反应设备、分离设备、物料输送设备、传热设备、粉碎研磨和混合设备、容器及其他。

1)溶解与化学反应设备　通常选用不锈钢或搪瓷内衬的反应釜,并备有搅拌器、加热、冷凝及回流装置。按生产规模的大小,可选用500 L,1 000 L,2 000 L等不同规格。

①反应釜的构成　化学建材中生产聚合物使用最广泛的设备是釜式反应器。一般由四部分构成,包括:釜体,其作用是提供足够的体积,要求具有一定的强度和耐腐蚀性能;换热装置,其作用是能有效地输入和移出热量,以保证反应在规定的条件下完成;搅拌装置,它的作用是强化反应物料的接触、分散、乳化和加强釜内传热与传质。另外,还需要配套密封装置、工艺接管及有关口、孔等。

②反应釜体积的选择　根据生产任务、产品的生产周期、设备的数量,确定每釜需要处理的物料量,再根据物料密度计算所占体积。由生产经验可知,在反应釜中,物料的加入量的基本原则是要保证安全生产(不逸料、冲料)和充分发挥设备的生产能力。通常,液相反应物料所占反应釜体积的比例(称投料系数)为0.7~0.8;易起泡沫,有气相参加的反应,一般取0.4~0.5。反应釜分为常压釜和压力釜两种,应根据实际需要合理选择。

③反应釜的传热方式与选用　在实际生产中,主要根据工艺要求、传热设备的传热面积、传热介质的温度、压力及实际生产经验决定传热方式。常用的有夹套传热,其优点是结构简单、不影响釜内流型。但换热面积小;内冷管传热,传热效果好。但对易粘壁、结疤的物料尽量不选用;加冷却剂吸热;采用物料釜外循环;溶剂蒸发回流传热等。

④搅拌器的作用与选择　根据搅拌器的结构形式,常用的类型有:推进式,其作用主要是推动液体轴向流动;浆式,它的作用是主要产生径向流动;涡轮式,它可以产生径向流动,剪切作用也较强;锚式或框式,用于低粘度或高粘度时都会产生切线流动,适于粘度较大的物料较好;螺杆式和螺带式,更适用于高粘度液体。

不同的物料及其粘度,选择不同类型的搅拌器,通常是搅拌高粘度液体选用涡轮式、锚式、框式、螺杆式和螺带式;对于低粘度均相液体的调和,可选用推进式、涡轮式;对于悬浮体系,当固体颗粒大时可选用涡轮式,颗粒小时也可选用浆式;用于传热操作应选用浆式、推进式等。

2)物料输送设备与种类　在建筑涂料的生产中,会遇到固体、液体和气体物料的输送问题,常用的输送固体物料有带状输送机、斗式提升输送机、吊链式输送机、螺旋输送机及气流输送设备等;液体输送设备主要是泵类,常用的有往复型泵和旋转式泵两大类,要考虑泵送介质的腐蚀性;对于气体输送前后压力不变的条件下使用的输送设备,主要有排风机、吹风机。在有一定压力下的输送多采用气体压缩机。在有负压条件下,采用真空泵。

3)传热设备与种类　常用的有三类,包括:板式热交换器,它是用金属板组成的交换面积足够大的板型传热设备;夹套型热交换器,即在反应器的外部装有夹套,可通过热、冷介质与反应器发生热交换;管式热交换器,主要作用是流体经过管的内部或外部以进行热交换,常用的有喷淋式、沉浸式、蛇管式、套管式等形式。

4)粉碎、研磨设备　粉碎设备主要有颚式破碎机、锥型破碎机、滚筒破碎机、锤式破碎机、球磨机、气流粉碎机等。研磨工艺对于建筑涂料质量来说至关重要,涂料的许多性能,诸如光泽、耐沾污性、耐洗刷性都与其中的颜料、填料的细度有关。因而,研磨设备是建筑涂料生产的重要设备。常用的有球磨机、三辊磨机、砂磨机、高速分散机和胶体磨等。

①球磨机　由球磨罐、球和能水平转动的轴架组成。球磨罐有钢制或石、瓷制衬里,内有一定大小比例的钢球、鹅卵石或刚玉瓷球,做筒体运动时靠球体相互撞击或摩擦,提供冲击作用和剪切作用,达到分散粉碎的目的。该设备操作简单、密闭操作、维修方便。但周期长、效率低、间歇操作、变换颜色时处理麻烦、噪声较大。目前主要用于配色浆料。最新行星球磨机克服上述不足且均质效果较好。

②三辊研磨机　它是一种比较常用的研磨设备。靠旋转速度不同的两个滚筒间的作用,提供剪切力,实现颜料、填料的磨碎和分散。该设备分散效果好,更换颜色时易清洗,能加工粘稠色浆,实现了连续生产,特别适合于小批量生产。但是滚筒表面要求精度高、保养技术要求也高。生产效率较低,是敞开式作业,污染大。常用于水性色浆和厚质涂料的加工。

③砂磨机　它是球磨机的变种,也是靠冲击和剪切作用达到高效分散目的的设备。有立式和卧式两种形式。生产建筑涂料最常用的研磨介质是玻璃球、刚玉瓷珠等,既有较高的硬度,又不会被锈蚀和腐蚀,因而能保证被加工涂料不受污染。砂磨机优点是体积小、结构简单,操作方便、便于连续生产,生产效率高,保养维修方便。但加工难分散的颜料较困难。封闭式砂磨机适用于溶剂型涂料的生产。

④高速分散机　由无级变速皮带带动可变速的叶轮,一般转速为600 ~ 1 700 r/min,叶轮最高圆周速度可高达1 400 r/min。该设备结构简单,操作、清洗方便,生产效率高。常用于钛白浆分散。

⑤胶体磨　胶体磨有立式和卧式两类。在转齿(子)和定齿(子)组成的很小(约1 ~ 5 μm)间隙中,物料受到摩擦力、离心力、高频振动和由高速旋转的转子提供的剪切力等综合作用,使颜料得以粉碎、均质、分散和乳化。用于生产乳液涂料的胶体磨多为立式结构。该设备使用方便,可连续生产。但浆料粘度过高会使转子停转或减速,不适合加工分散程度要求高的色浆。

5)混合、捏合设备　常用的混合设备有滚筒型混合机、V型混合机、双圆锥形混合机、螺旋叶片型混合机等。对于固体物料、粘稠性液体等难混合的物料,需要有强有力的捏合作用,常用的捏合设备主要有双腕式、密闭式捏合机等。

6)乳化和均质设备　常用的有叶片式均质搅拌机、胶体磨、真空乳化机等。这类设备的作用主要是使分散相充分地分散于连续相中。

(4)一般生产工艺

建筑涂料生产工艺过程是指将原料或半成品加工成色漆的物料转化过程。它一般包括基料的制备、固体物料的研磨分散、涂料的配制、涂料过滤和称量包装等过程。

1)基料的制备　根据建筑涂料品种不同,选用不同的原料,其生产工艺随成膜物质的不同而不同。大体上分为油料和树脂两类。

①油料加工　涂料用油一般需要深加工才能使用。加工的方法有精制和炼制两种。精制是通过碱洗、加热破坏部分色素及脱色等操作;炼制是在290~300 ℃下进行热聚合,或在150 ℃下通入空气氧化聚合等方法,改变油料的结构,提高涂膜性能。

②树脂的加工　建筑涂料用的树脂一般通过溶解、聚合和改性三种途径制得。

A. 溶解　通常,树脂的溶解在溶解釜中进行,根据树脂的不同可采用常温或加温溶解。为了提高溶解速度,溶解过程应在搅拌下进行。一般来说,聚合物溶液应完全清澈透明,不允许有杂质。因此,树脂完全溶解后应通过一定细度的滤网过滤。

B. 聚合　单体通过溶液聚合或乳液聚合反应制得基料。溶液聚合体系主要由溶剂、单体和引发剂(或催化剂)组成,其产物可直接用于建筑涂料的生产;乳液聚合主要由分散介质(通常是水)、单体、乳化剂、引发剂等组成。其产物也可直接用于建筑涂料的生产。

C. 聚合物改性　通过共聚等化学反应或共混的物理过程,制得涂料的主要成膜物质。

2)固体物料的分散　在涂料中,颜料及填料的分散可分解为润湿、分散和稳定这三个相互关联的过程。润湿是以润湿剂、分散剂置换原来吸附在颜料、填料表面的空气和水,并为后继的分散过程打下基础;分散是通过高速分散机或研磨机对颜料/填料施加剪切力,使得颜料/填料的聚集体分离开来,同时通过湿润分散剂润湿暴露的新表面;稳定则是分散剂吸附在颜料/填料的表面上,以双电层、物理屏蔽及氢键等形式的作用,使固体粒子间的相互吸引和相互排斥平衡,得到分散性稳定化体系。

①颜料/填料分散的影响因素　在涂料中,颜料/填料保持稳定的分散状态,除了根据颜料、填料的特性选择合适的润湿分散剂外,研磨设备、加料顺序、搅拌速度等对颜料、填料的有效分散也很重要。

A. 分散设备　建筑涂料常用的分散设备是高速分散机,一般颜料、填料经高速分散后,细度仍有可能达不到涂料生产的要求,还需用研磨机研磨。

B. 加料顺序　加料顺序对分散效果影响很大。通常是先在水中将润湿剂、分散剂溶解或稀释,然后加入颜料、填料。其顺序是先加入难分散的颜料,如钛白粉、各种颜料等,再加入其他填料;粉末类填料加料顺序是先轻后重,即先加入密度小的填料,后加密度大的填料。

C. 搅拌速度　先低速搅拌,加料完毕再提高速度,一般加料时的转速为300 r/min,高速分散时搅拌的速度为1 640 r/min。

②注意的问题　由于颜料/填料浆的粘度较大,高速分散时温度有可能升高,如果温度过高应及时停车冷却;为了提高分散效率,可采用适当偏心分散的方法消除死角;当颜料、填料分散到一定程度,再延长分散时间是没有效果的,所以要时刻注意检查细度,合格后停止分散。

3)涂料的配制　将基料、已研磨合格的色浆或填料及其他辅助组分,按配方规定投入带有不同搅拌速度的调和设备中,搅拌均匀即得涂料。在这道工序中,各种助剂的加料顺序十分关键，应按要求加入。涂料一般分为清漆和色漆两种形式。

①清漆的制备　清漆是没有颜色的透明体涂料。它是在基料中加入适当的辅助材料制成的。例如，在炼制的干性油中加入适当的辅助剂制成清漆；由炼制的油和树脂混合的基料，再加入适当辅助材料而制得油基清漆；由树脂加入适当助剂而制得树脂清漆等。

②色漆的制备　涂料配制中加入有色颜料，而呈不透明体的涂料叫色漆。有色建筑涂料的生产工艺根据颜料、填料加入的方式不同，可分为色浆法和干着色法两种。

A. 色浆法　一般适用于各种类型的平面状饰面涂料的制造，但固体含量一般小于65%，比干着色法低。色浆法生产过程是将颜料、填料、润湿剂、增稠剂的水溶液、水及其他组成物用捏合机或搅拌机进行预混合，然后用胶体磨或砂磨机将颜料二次粒子解聚、分散、调制成颜料浆。按配方把颜料浆加入到搅拌机中，再加入基料、色浆及其他辅助材料，进行均匀混合，调节粘度达到技术要求，即配制成涂料。

B. 干着色法　主要适用于立体花纹饰面涂料和厚质涂料，可获得固体含量高达85%的涂料。干着色法是将基料、颜料、填料和其他添加剂一起加入到搅拌机或捏合机中，经混合制得涂料的方法。

4）过滤　涂料通过丝网、离心机或振动筛将配制好的涂料进行过滤，以除去涂料中未研磨细的颜料颗粒、聚合物凝聚物及其他杂质等，经检验合格方可包装出厂。

5）称量和包装　将过滤好的涂料装入贴有标签的容器中，称量，标上生产日期、批号等，送入库房。

3.1.10　产品的检验规则

建筑涂料的产品检验可分为出厂检验和形式检验两种类型。

(1) 出厂检验

出厂检验并非对全部技术性能指标进行检验，而是对局部性能，诸如在容器中的状态、粘度、施工性、涂层外观、干燥时间、耐水性等进行检测，每一种涂料产品出厂检验的具体项目不一定相同。

(2) 形式检验

形式检验也称例行检验，是对该产品全部技术性能指标逐项进行检验，一次检验不合格，即为不合格产品。在下列情况之一时，必须进行形式检验：如停产半年以上恢复生产时；新产品试生产的定型鉴定时；生产设备进行技术改造后或生产技术转让至其他厂生产时；主要原料及用量或生产工艺有重大的变更时；国家质量监督机构提出形式检验时。

(3) 检验规则

根据需要进行出厂检验或形式检验；产品由生产厂家的检验部门按照产品标准提出要求进行检验，所有出厂产品应符合规定的技术指标，产品应有质量合格证，并应附使用说明书；供需双方应对产品的包装、数量及标志进行检查、核对，如发现包装有漏损、数量有出入、标志不符合规定等现象，即为不合格；在有效贮存期内，使用部门有权按标准的规定对产品进行检验，如发现质量不符合标准规定的技术指标时，供需双方可共同按照国家标准规定重新取样进行复验，如仍不符合标准规定时，使用部门有权退货；供需双方如在产品质量上有争议时，由产品质量监督检验机构进行仲裁检验。

(4)**产品质量检验的特点**

产品检验方法多采用物理性能试验方法，主要通过各种测试仪器或测试手段获得数据；产品检验的对象以涂层质量检测为主；由涂料变涂层需通过施工过程，因此检测内容还包括施工性能的现场模拟试验；对特殊应用环境条件下涂层的性能必须进行专门试验。

3.2 常用树脂基料的制备

基料是涂料的主要成膜物质，主要有动植物油和天然树脂类、合成树脂类、聚合物乳液类以及水溶性硅酸盐、硅溶胶等几大类。本章以建筑涂料常用的树脂为主要内容，重点从产品原料、配方、聚合机理、合成工艺及应用等方面介绍。

3.2.1 醇酸树脂

醇酸树脂是最重要的涂料用树脂之一，其原料易得，制造工艺简单，更重要的是综合性能好，还能按照不同的需求进行多种改性，不断推出新产品。它的问世使涂料工业开始了新纪元。

由多元醇和一元酸、多元酸经酯化反应而形成的聚酯称为醇酸树脂，也称无油醇酸。此外还有长油度、中油度和短油度醇酸树脂；含有部分不饱和多元酸的聚酯叫不饱和聚酯。它们都属于醇酸树脂的重要品种。

(1)**主要原料**

传统醇酸树脂所用的原料主要是植物油(脂肪酸)、多元酸和多元醇。

1)植物油及一元酸　制造醇酸树脂的常用植物油及其性能如表3.6所示。

表3.6　制备醇酸树脂常用的植物油

分类	油脂名称	当量值	状态	碘值(韦氏)	相对密度
干性油	桐油	293		160～165	0.94
	梓油	282		165～187	0.94
	亚麻仁油	293	液体	170～190	0.93
	苏籽油	290		190～205	0.93
	大麻油	293		140～166	0.92
	脱水蓖麻油	293		125～140	0.94
半干性油	大豆油	293		120～140	
	葵花籽油	293	液体	112～135	0.92
	棉子油	293		100～116	
不干性油	蓖麻油	310	液体	81～91	0.96
	椰子油	228	固体	7.5～10.5	0.92

①组成与结构　植物油脂主要是各类脂肪酸的混合甘油酯。其结构通式为：

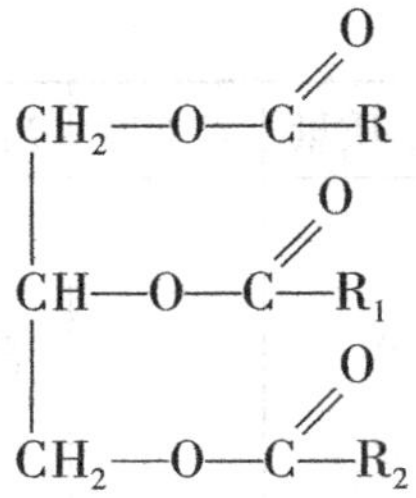

式中 R,R_1,R_2代表不同或相同脂肪酸中的烃基。如:

硬脂酸　　$CH_3(CH_2)_{16}COOH$

油酸　　$CH_3(CH_2)_7CH{=}CH(CH_2)_7COOH$

亚麻油酸　　$CH_3(CH_2)_4CH{=}CHCH_2CH{=}CH(CH_2)_7COOH$

次亚麻油酸　　$CH_3CH_2CH{=}CHCH_2CH{=}CHCH_2CH{=}CH(CH_2)_7COOH$

桐油酸　　$CH_3(CH_2)_3CH{=}CHCH{=}CHCH{=}CH(CH_2)_7COOH$

②分类　根据植物油脂中不饱和双键数目的分类,双键数目在 6 个以上称为干性油;4 ~6 个为半干性油;小于 4 个为不干性油。不饱和双键数目决定油脂的干燥速度,双键数目越多,干燥的速度越快。通常,双键的数量用碘值来衡量,碘值是指每 100 g 油所吸收碘的克(g)数,一般干性油的碘值在 140 以上,半干性油的碘值在 100 ~140 之间而不干性油碘值低于 100。蓖麻油的碘值在 81 ~91,属于不干性油,但是经脱水可以制成干性油。

③用途　干性油的涂膜层能较快吸氧,干结成膜,主要用作涂料的成膜物质;半干性油的涂膜层吸氧较慢,需较长时间才能干结成膜,常作为其他成膜物质与制造油的改性剂;不干性油不能吸氧自行干燥成膜,常用作增塑剂或制造合成树脂。

油脂的不饱和程度越高,涂膜的干燥越快;树脂的颜色随油脂的不饱和度降低而变浅,保色性随着不饱和度增加而增加;桐油改性醇酸树脂的涂膜耐水性好,但是颜色较深并容易起皱。因此,通常与其他油脂混用;大豆油、葵花籽油醇酸树脂制造的涂料,其涂膜弹性好,不易泛黄,多用于浅色或白色涂料;脱水蓖麻油改性醇酸树脂使涂膜的耐水、耐候性均好,颜色也浅,特别是经烘烤和曝晒也不变色,常与氨基树脂并用制备烘漆。

此外,适宜制造醇酸树脂还有妥尔油酸、苯甲酸、松香酸及其他一元酸。

2)多元酸　制造醇酸树脂的多元酸主要是二元酸,其中邻苯二甲酸酐用量最大。常用的多元酸及性能如表 3.7 所示。

表 3.7　制造醇酸树脂常用的多元酸及性能

名　称	结　构　式	分子质量	官能度	当　量	状　态	性能及用途
邻苯二甲酸酐	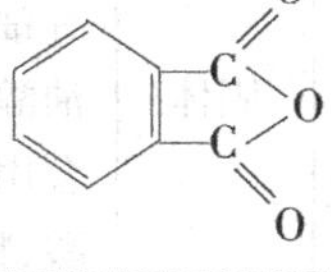	148	2	74.0	固体	受热易升华,一般用于制造各类醇酸树脂
间苯二甲酸	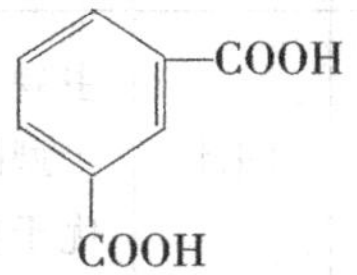	166.2	2	83.1	固体	可以改善醇酸树脂的耐水、耐热及保光性能,耐蚀性好

续表

名　称	结　构　式	分子质量	官能度	当　量	状　态	性能及用途
顺丁烯二酸酐	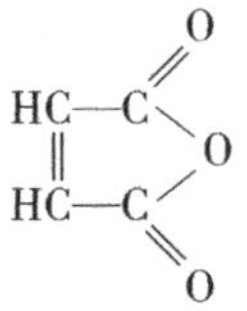	98	2	49.0	固体	提高醇酸树脂粘度和硬度，用量不宜过多
己二酸	$HOOC—(CH_2)_4—COOH$	146.2	2	73.1	固体	改进主链柔韧性，降低树脂粘度，用于无油聚酯中
偏苯三酸酐	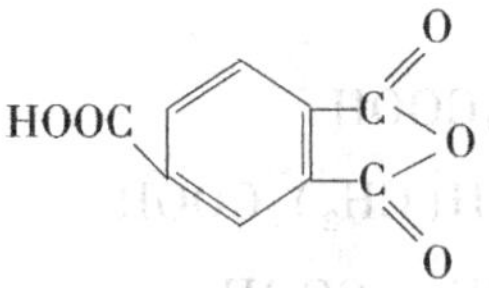	192	3	64.0	固体	反应活性大，用于水性醇酸和特种聚酯中
HET 酸酐＊	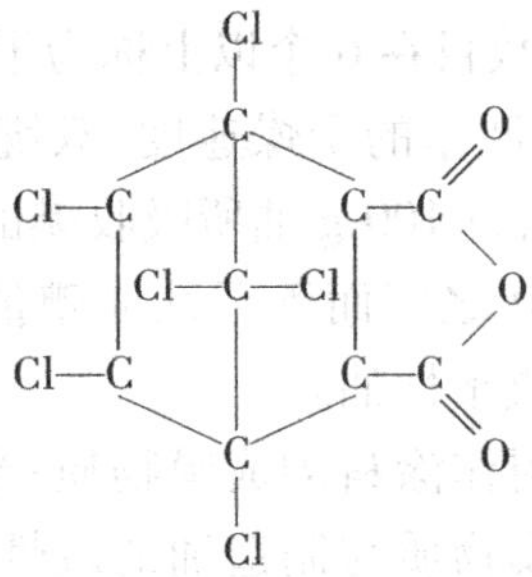	273	2	185.4	固体	含氯量高，制得树脂具有自熄性并改进涂膜硬度、光泽、抗水性及抗碱性

注：HET 酸酐＊为六氯内次甲基四氢苯二甲酸酐。

3）多元醇　多元醇含有活泼羟基数越多，反应活性越大。甘油含有两个伯羟基，而季戊四醇则具有4个伯羟基，所以后者比前者反应更活泼。制造醇酸树脂常用的多元醇及性能如表3.8所示。其中甘油用量最大，其次是季戊四醇。

表3.8　制造醇酸树脂常用的多元醇及性能

名　称	结　构　式	分子质量	官能度	当　量	状　态	性能及用途
丙三醇	$CH_2—OH$ | $CH—OH$ | $CH_2—OH$	92.1	3	30.7	液体	伯、仲羟基的活性不同，可制各类醇酸，耐热性
季　戊 四　醇	CH_2OH | $HOH_2C—C—CH_2OH$ | CH_2OH	136	4	34	固体	用于长油度醇酸，与甘油配合可用于中油醇酸，与乙二醇配合用于中、短油度醇酸，粘接性好
三羟甲基丙烷	CH_2OH | $CH_3—CH_2—C—CH_2OH$ | CH_2OH	134	3	44.7	固体	主要用于短油度烘干型醇酸中，耐水性优于甘油醇酸

续表

名 称	结 构 式	分子质量	官能度	当 量	状 态	性能及用途
乙二醇	$HOCH_2—CH_2OH$	62	2	31	液体	与季戊四醇配合使用,机械强度较高
新戊二醇	$HOH_2C—C(CH_3)_2—CH_2OH$	104.2	2	52.1	固体	用于无油和高固体分醇酸涂料,耐候、耐热性好
2,2,4-三甲基-1,3戊二醇	$CH_3—CH(CH_3)—CH(OH)—C(CH_3)_2—CH_2OH$	146.2	2	73.1	固体	同上
木糖醇	$CH_2(OH)—CH(OH)—CH(OH)—CH(OH)—CH_2(OH)$	152	理论5 实际4	30.4 38	固体	单独使用耐水性差,与季戊四醇拼合使用较好
山梨糖醇	$CH_2(OH)—CH(OH)—CH(OH)—CH(OH)—CH(OH)—CH_2(OH)$	182	理论6 实际4.5	30.3 40.4	固体	同上

(2)反应机理

醇酸树脂是经多次重复缩合聚合反应形成的大分子聚合物,在简单酯化反应中伴有水分子生成。以植物油和甘油醇解为例,假设完全生成甘油一酸酯,再与苯酐反应生成醇酸树脂,其反应式如下:

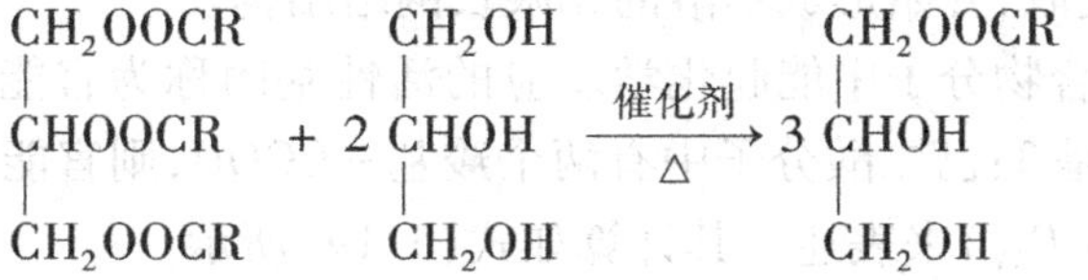

植物油　　　甘油　　　植物油～甘油

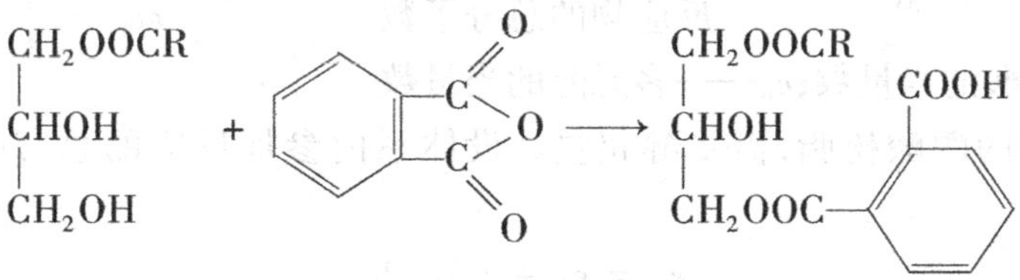

苯酐与羟基反应第一步是加成反应,苯酐开环,只释放出一个羧基;第二步是酯化反应(缩合)并有水分子生成。苯酐与羟基可以继续反应,经反复缩合,逐步增长成醇酸树脂的大分子。

(3)结构特征

醇酸树脂具有多元醇和多元酸的酯为主链、脂肪酸(或其他一元酸)为侧链的结构特征。

1)长油度醇酸树脂的基本结构　甘油∶苯酐∶脂肪酸 = 1∶1∶1(分子比),油度是60.5%的醇酸树脂理想结构如式(Ⅰ)所示:

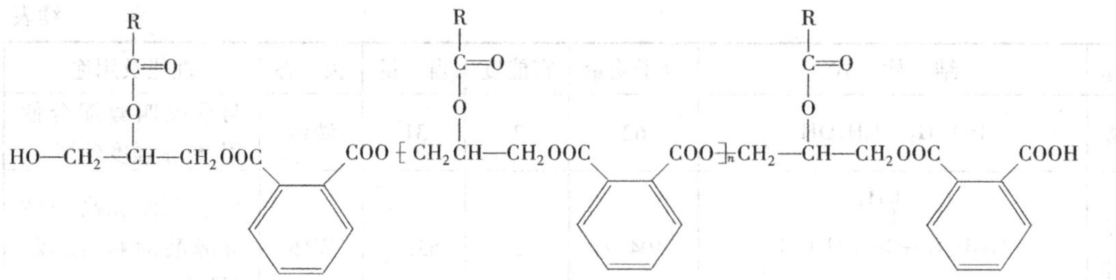

（Ⅰ）

2）短油度醇酸树脂的基本结构　甘油：苯酐：脂肪酸 = 3：3：1（分子比），油度是31.2%的醇酸树脂理想结构如式（Ⅱ）所示：

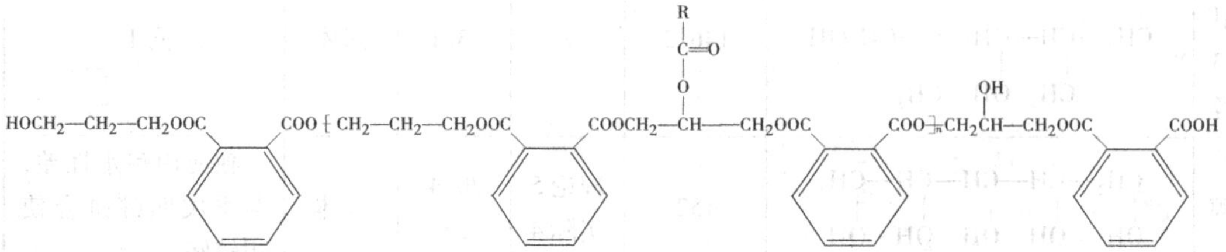

（Ⅱ）

结构式（Ⅰ）、结构式（Ⅱ）可知，分子主链中含有酯基、端羧基、端羟基构成了主链的强极性；R代表侧链的脂肪酸中的烃基，主要由C—C和C═C键构成。所以，整个醇酸树脂分子是由极性的主链和非极性的侧链组成。

（4）**配方计算**

根据醇酸树脂的结构特征，通常用醇酸树脂凝胶点计算公式来设计其配方。

1）基本概念　在进行配方计算之前，需要掌握以下几个基本概念：

①凝胶点　凝胶点是指醇酸树脂缩聚反应达到凝胶化临界点时的反应程度。即当反应达到一定程度时，产生分子间交联，开始形成不溶的无限长网络结构。

②平均官能度　有机化合物分子中能起化学反应的活性基团称为官能度，如甘油分子中有三个羟基—OH，官能度数是3；己二酸分子中有两个羧基—COOH，则官能度数是2。醇酸树脂反应体系需用平均官能度（F_{AV}）来表述。其计算如式（3.19）所示。

$$F_{AV} = \frac{\text{反应物中总官能度(总当量数)}}{\text{反应物的总分子数}} = \frac{e_A + e_B}{m_0} \tag{3.19}$$

式中　e_A——多元酸的当量数；e_B——多元醇的当量数。

如果是溶剂型的醇酸树脂，需要醇超量。设体系内参加反应的总官能度数为e_0，如式（3.20）所示。

$$e_0 = e_A + e_B = 2e_A \tag{3.20}$$

则平均官能度式（3.19）表示为式（3.21），即

$$F_{AV} = \frac{2e_A}{m_0} \tag{3.21}$$

如果是水溶性醇酸树脂，则需要酸超量，则平均官能度式（3.19）表示为式（3.22），即

$$F_{AV} = \frac{2e_B}{m_0} \tag{3.22}$$

③超醇量　体系中醇总当量数与酸总当量数之比称为超醇量，用R表示，如式（3.23）所示。醇酸树脂制备中，植物油分解为甘油与脂肪酸，也要分别计入醇与酸的当量数中。

$$R = \frac{e_B}{e_A} \tag{3.23}$$

④醇酸树脂常数 K　醇酸树脂常数是一个"工作常数",用来比较、分析配方,推测醇酸树脂制造的难易。各种树脂都有各自独立的"工作常数",可用式(3.24)表示。

$$K = \frac{m_0}{e_A} \tag{3.24}$$

当 $K=1$ 时,是一个理论常数。一个新配方,需要计算 K 值。小于"工作常数",将早胶化;大于"工作常数",则树脂性能较差。两者相差不要超过0.05。

⑤油度　醇酸树脂组分中油所占的百分含量称为油度,用 $OL\%$ 表示。如式(3.25)所示。

$$OL = \frac{\text{油量}}{\text{树脂理论产量}} \times 100\% = \frac{\text{油量}}{\text{多元醇} + \text{多元酸} + \text{油量} - \text{酯化反应水}} \times 100\% \tag{3.25}$$

醇酸树脂按照含油量的多少而分为短、中、长三种油度,如表3.9所示。油度的长短对醇酸树脂的性能影响较大。

表3.9　醇酸树脂的油度

油　度	含油量/%	苯二甲酸酐/%	油　度	含油量/%	苯二甲酸酐/%
短	35~45	>35	长	61~70	20~30
中	46~60	30~34	极长	>71	<20

2)配方计算方法　醇酸树脂配方计算方法很多,本节以油度定义计算配方为例。

根据式(3.25)解方程得油量的计算公式:

$$\text{油量} = \frac{\text{油度}}{100 - \text{油度}}(\text{酯化苯酐的多元醇量} + \text{苯酐用量} + \text{过量多元醇量} - \text{酯化产生的水量})$$

现计算一个豆油醇酸树脂的配方。它是由豆油、工业季戊四醇和苯二甲酸酐制成,油度是62.5%。苯二甲酸酐的当量值是74,工业季戊四醇当量值为35.4,多元醇过量10%。

$$\text{解:油量} = \frac{\text{油度}}{100 - \text{油度}}\left(2 \times 35.4 + 2 \times 74 + \frac{\text{过量多元醇}}{100} - 18\right)$$

$$= \frac{62.5}{100 - 62.5} \times \left(2 \times 35.5 + 2 \times 74 + \frac{2 \times 35.4 \times 10}{100} - 18\right)$$

$$= \frac{62.5}{37.5} \times 207.9 = 346.5$$

醇酸树脂的配方如表3.10所示。

表3.10　醇酸树脂的配方

原　料	加料量/kg	按当量计
豆　油	346.5	1.183
季戊四醇	77.9(70.8+7.1)	2.200
苯二甲酸酐	148.0	2.000

(5)合成工艺

按照使用的原料不同,醇酸树脂制备方法有脂肪酸法和醇解法。根据酯化反应产生水被带出反应体系的方法不同，又分为熔融法、溶剂法、真空抽水法和惰性气体排水法。本节介绍醇解法。

1）醇解法　植物油为原料合成醇酸树脂是先进行醇解反应，后进行酯化聚合。其原因是为了避免油（蓖麻油除外）、甘油、苯二甲酸酐混合及加热酯化中先分层后胶化的现象，通常采用油先与甘油进行醇解生成甘油的不完全脂肪酸，然后再与苯二甲酸酐酯化，进而形成均相体系，而制得醇酸树脂。

2）制备工艺　先将植物油、多元醇加入反应釜中，开动搅拌并升温至 120 ℃，均匀后停止搅拌，加入催化剂，再开动搅拌升温到 230～240 ℃保温。30 min 后，测醇容忍度（浑），醇解达到终点后立即降温至 200 ℃；在缓慢加入苯酐之后，加二甲苯回流（共沸除水），慢慢搅拌并升温达酯化温度开始保温，移出酯化生成水，完成醇酸树脂工艺过程。

（6）特点及应用

此类树脂是通过体型缩聚而形成固体或半固体状，呈较高程度的体型结构。具有耐老化优、耐候性好、附着力强、硬度高、保光性能好的特点。并具有一定的弹性，与其他聚合物混合能很好的相容，能与多种树脂混溶。也可以独立制得醇酸涂料，或制造硝基涂料、氨基涂料等。

3.2.2　丙烯酸树脂

丙烯酸树脂是以（甲基）丙烯酸酯类及苯乙烯单体为主要原料，在一定条件下合成的聚合物树脂。在建筑领域中应用的丙烯酸树脂有热塑性和热固性两类。

（1）主要原料

1）单体　无论是热塑性还是热固性丙烯酸树脂，主要的单体大体一致，其差别在于后者使用的单体必须带有官能团。常用丙烯酸酯类单体如表 3.11 所示。

表 3.11　常见丙烯酸酯类单体与性质

名　称	结构简式	分子质量	沸点/℃	均聚物 Tg/K
	丙烯酸酯类单体			
甲酯	$CH_2=CHCOOCH_3$	86.09	80.3	282
乙酯	$CH_2=CHCOOC_2H_5$	100.11	99.6	249
异丙酯	$CH_2=CHCOOCH(CH_3)_2$	114.00	110.0	269
正丁酯	$CH_2=CHCOOC_4H_9$	128	147.0	219
β-羟乙酯	$CH_2=CHCOOC_2H_4OH$	116.06	82(5)	258
β-羟丙酯	$CH_2=CHCOOCH_2CH(OH)CH_3$	130.0	77(5)	
癸酯	$CH_2=CHCOOC_{10}H_{21}$	212.32	158(50)	
	甲基丙烯酸酯类单体			
甲酯	$CH_2=C(CH_3)COOCH_3$	100.11	101	387
乙酯	$CH_2=C(CH_3)COOC_2H_5$	114.13	117	338
异丙酯	$CH_2=C(CH_3)COOCH(CH_3)_2$	128.00	120	321
正丁酯	$CH_2=C(CH_3)COOC_4H_9$	142.19	163	295

续表

名 称	结构简式	分子质量	沸点/℃	均聚物 Tg/K
异丁酯	$CH_2{=}C(CH_3)COOCH_2CH(CH_3)_2$	142.00	155(50)	341
正己酯	$CH_2{=}C(CH_3)COOC_6H_{13}$	170	68(5)	
β-羟乙酯	$CH_2{=}C(CH_3)COOCH_2CH_2OH$	130.08	95(10)	32
β-羟丙酯	$CH_2{=}C(CH_3)COOCH_2CH(OH)CH_3$	144	96(10)	346
丙烯酸	$CH_2{=}CHCOOH$	72.06	142	397
甲基丙烯酸	$CH_2{=}C(CH_3)COOH$	86.09	163	380
衣康酸	CH_2COOH | $CH_2{=}C{-}COOH$	130	分解	
丙烯腈	$CH_2{=}CH{-}CN$	53.03	77.3	383
丙烯酰胺	$CH_2{=}CHCOONH_2$	87	103(5)	438
苯乙烯	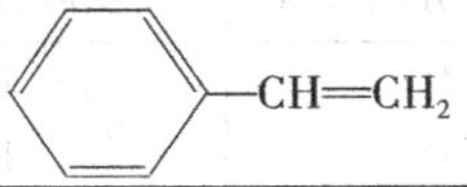	104.14	145.2	373
醋酸乙烯(酯)	$CH_2{=}CHOOCCH_3$	86	74	305
顺丁烯二酸	$HOOCCH{=}CHCOOH$	116		404

丙烯酸酯及其甲基均聚物的性能很难满足成膜物性的要求，例如聚甲基丙烯酸甲酯做成膜物，其质太脆，而聚丙烯酸丁酯膜太粘，它更适合做粘合剂。用作丙烯酸树脂涂料的成膜物质，通常是甲基丙烯酸甲酯-丙烯酸丁酯的共聚物，其中甲基丙烯酸甲酯被称为硬单体，而丙烯酸正丁酯称为软单体，用软、硬单体的比例调节涂膜性质。此外，适合作硬单体的还有苯乙烯、甲基丙烯酸、丙烯酸、乙酸乙酯等；适宜做软单体组分的还有丙烯酸乙酯和2-乙基己酯等。

2）引发剂　溶剂型丙烯酸树脂聚合时，引发剂必须选用能溶解于反应体系中，其次要有适宜的分解温度和半衰期。在实际使用中，还要求引发剂的分解速率均匀，对聚合产物的质量无影响。此外，毒性要尽量的低、稳定、刺激性小、贮存容易，并廉价、易得。常用的引发剂有过氧化物和偶氮二异丁腈。

3）溶剂　溶剂必须能很好地溶解单体、引发剂、链调节剂和反应生成的产物，使反应始终在均一的体系中进行，并且具有合适的粘度。常用的溶剂有甲苯、二甲苯、乙酸乙酯、乙酸丁酯、甲乙酮及二丙酮醇等。

4）链转移剂　为了控制反应物的分子质量，常使用链转移剂，如四溴化碳、丁基硫醇和十二烷基硫醇等。

5）阻聚剂　在自由基聚合反应中，正确选用阻聚剂也是非常重要的。精制和贮存单体时，加入一定量阻聚剂可以防止单体自聚，提高单体贮存稳定性。在聚合反应过程中，反应到一定转化率后，加入一定量阻聚剂可以终止聚合反应。常用的阻聚剂有2,2-二苯基-1-三硝基苯肼、对苯二酚、联苯二酚、邻苯二酚、硝基苯、多硝基苯等。

6）缓聚剂　在放热聚合反应中，由于低温时诱导期过长而反应初期不能聚合，当反应达到某一程度时又突然引发，大量放热而爆聚，出现冲锅或爆炸现象。为了避免这种情况发生，除了采用滴加单体的办法外，还要加入缓聚剂，使反应无诱导期，聚合速度平缓而不发生爆聚。缓聚作用与阻聚作用无本质区别。

(2)基本化学反应

丙烯酸树脂的基本化学反应是自由基聚合。在光、热、辐射能或引发剂的作用下，丙烯酸酯产生的自由基活性很大，它与单体作用使其活化，形成单体自由基，单体自由基继续与单体分子相互作用形成新的活性分子。如此反复，使反应连锁地进行，直至最后借助某种终止方式被稳定下来，形成大分子。

(3)热塑性聚丙烯酸树脂

通常以甲基丙烯酸甲酯为主体，加入苯乙烯和其他(甲基)丙烯酸酯以及(甲基)丙烯酸的高级酯进行共聚而得。相对分子质量范围大约 50 000 ~ 150 000。

1)配方　设计树脂固体含量为 40%。举例配方如表 3.12 所示。

表 3.12　热塑性聚丙烯酸树脂参考配方

原　料	用量(质量分数)/%	实际投料量/g
甲基丙烯酸甲酯(MMA)	14.0	140
苯乙烯(St)	10.0	100
丙烯酸丁酯(BA)	13.6	136
丙烯酸(AA)	2.4	24
甲苯(Tol)	36.0	360
醋酸乙酯(EAc)	24	240
过氧化苯甲酰(BPO)	(1.0)	4
合计	101.0	1 004

2)合成工艺　将 40 g MMA，50 g St，5 g AA 及 1/2 量的混合溶剂(即 180 g Tol 和 120 g EAc)和 0.5 g BPO 投入反应釜中，搅拌使 BPO 完全溶解，然后加热升温；当温度升至回流(约 100 ℃)时保温 0.5 h 后，开始滴加余量的单体混合物、100 g 混合溶剂和 1.5 g BPO 混溶物，在 3 h 内加完；在 100 ~ 110 ℃下保温 1 h 后，开始滴加剩下的 BPO 和 200 g 混合溶剂并在 1 h 内加完，并保温；测固含量为 39% ~ 40%、游离单体含量≤1%时为合格。

(4)热固性聚丙烯酸酯树脂

热固性聚丙烯酸酯树脂的分子链上必须含有能进一步反应使分子链节增长的官能团，相对分子质量一般较小，通常在 10 000 ~ 20 000 范围内。

1)配方　选用有活性官能团的单体与丙烯酸酯单体共聚，配方如表 3.13 所示。所制得的丙烯酸树脂可以与多种交联剂或交联树脂反应形成热固性涂膜。其中最常用的是含羟基丙烯酸酯树脂与三聚氰胺甲醛树脂混合，加热即可发生交联反应。

2)合成工艺　以表 3.13 中配方 1 为例。将二甲苯和乙二醇甲醚投入反应釜内，通氮气 15 min 驱走反应釜内的空气。将 1.2 份引发剂(BPO)与全部单体混合溶解，引至高位槽中；开动搅拌，加热反应釜中的物料至 105 ℃左右；在 2 h 内将单体滴加入反应釜，然后再继续反应 2 h，补加0.3份引发剂；再在 110 ℃下保温 4 h，所得产物相对分子质量为 8 000 ~ 10 000。冷却至 40 ℃以下，出料。

表 3.13 热固性聚丙烯酸酯树脂参考配方

原 料	用 量（质量分数）/%		
	配方1	配方2	配方3
苯乙烯(St)	36.1	60	57.6
丙烯酸(AA)		2	2
甲基丙烯酸甲酯(MMA)	36.1		
丙烯酸丁酯(n-BA)		28	28
丙烯酸-β-羟乙酯(β-HEA)		10	
甲基丙烯酸乙酯(BMA)	14.8		
衣康酸	2		
丙烯酸-β-羟丙酯(β-HBA)	11.0		
甲基丙烯酸-β-羟丙酯(β-HBMA)			12.4
过氧化二苯甲酰(BPO)	1.5	1	1
乙二醇甲醚	22.5		
二甲苯	77.5	100	100

(5)特点及应用

用丙烯酸树脂作涂料的成膜物质，具有色浅和保光保色性、耐温性、耐候性，耐水性能优良等特点，并能耐一般的酸碱盐和洗涤剂。热塑性丙烯酸酯树脂的主要优点是有极好的耐水性和耐紫外线等性能，常用作外墙涂料的耐光装饰漆。由于热塑性丙烯酸酯树脂本身不再交联，所以附着力、柔韧性、玻璃化温度、抗冲击性、耐热性、耐腐蚀性、电性能及抗划/画伤性均比热固性树脂差，需要加入少量的酸类单体来提高涂膜对基材的附着力。此外，这类树脂的残余游离的单体使树脂有较大的气味。热固性聚丙烯酸酯涂膜坚固耐久、丰满度和光泽度较高。

3.2.3 饱和聚酯树脂

饱和聚酯树脂是由多元酸和多元醇缩聚而成的线型树脂，可以看作是无油醇酸树脂，广泛地应用于环氧树脂、聚氨酯和氨基树脂等高档涂料中，也用于低污染高固体分或粉末涂料中。

(1)基本化学反应

根据饱和聚酯树脂涂膜综合性能、贮存稳定性能等要求来选择原料，主要有多元醇、多元酸。以对苯二甲酸(甲酯)与乙二醇进行酯交换或直接酯化法为例，制备羟基化(或羧基化)适宜分子量的聚酯树脂，基本化学反应如下：

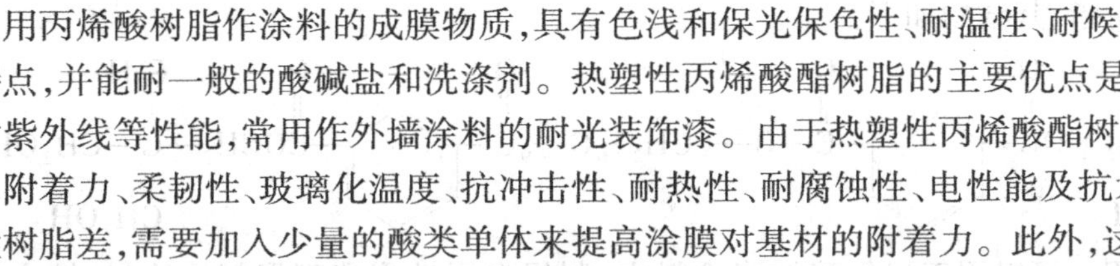

(2)反应性饱和聚酯树脂

1)主要原料　反应性的饱和聚酯树脂是含羟基较多的树脂，即羟基化饱和聚酯树脂。主要原料多是支链型和线型多元醇、多元酸，支链型多元醇的作用是增加溶解性和聚酯分子链的柔顺性。用已二酸替代部分邻苯二甲酸酐可以改善涂膜的柔韧性，含伯羟基的多元醇可以提高树脂的交联活性。

2)配方举例　按照羟基化聚酯树脂要求，一般羟基超量在20%以上，配方如表3.14所示。

表3.14　聚酯树脂配方解析表

原料名称	物质的量/mol	e_B	e_A	m_0
三羟甲基丙烷	2.0	6.0		2
1,6-己二醇	9.0	18.0		9
间苯二甲酸	10.0	0.0	20.0	10
合计		24.0	20.0	21.0

按羟基超量20%设计，计算醇酸工作常数K。

$$R=\frac{e_B}{e_A}=\frac{24.0}{20.0}=1.20;\quad K=\frac{m_0}{e_A}=\frac{21.0}{20.0}=1.05$$

醇酸工作常数K是1.05，意味着反应达到105%也不会胶化。这是一种低粘度羟基化聚酯树脂，剩余的羟基在两端，且都是伯羟基，反应活性大。

3)结构特征　按表3.14配方，2分子三羟基甲基丙烷与9分子1,6-己二醇、10分子间苯二甲酸合成聚酯树脂，其结构如下：

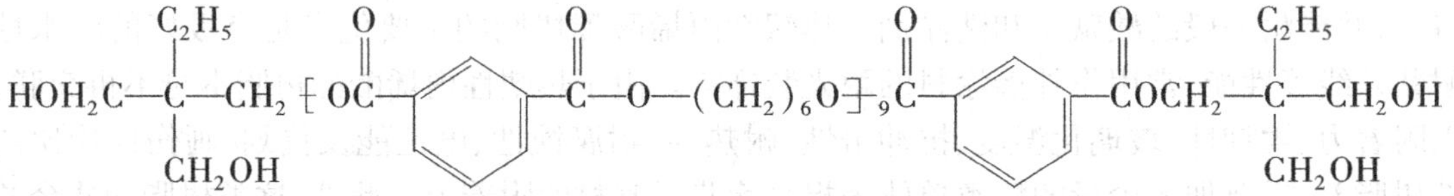

4)特点及应用　可以用于聚氨酯树脂涂料中，制得自干性聚酯型聚氨酯涂料，综合性能优良。若与氨基烘干漆并用可以提高其保光保色性和耐候性，与环氧树脂并用可以优化综合性能。

3.2.4　不饱和聚酯树脂

由不饱和二元酸全部或部分取代二元酸与多元醇，缩合生成不饱和聚酯树脂，结构特征是在聚酯的主链上含有双键，靠自由基引发聚合成膜，常温固化，属无溶剂型醇酸树脂。

(1)主要原料

1)二元酸与作用　重要的不饱和二元酸主要是顺丁烯二酸酐(顺酐)和反丁烯二酸(富马酸)，其次是甲基反丁烯二酸，其作用是增加涂膜硬度，降低树脂粘度；饱和二元酸主要是邻苯二甲酸酐、己二酸和癸二酸等，其作用是增塑。这些饱和二元酸用量多使涂膜硬度变差，树脂的粘度增高。

2)二元醇与作用　常用的二元醇有乙二醇、一缩乙二醇、1,3-丁二醇、1,4-丁二醇、二缩乙二醇等。二元醇的分子结构对树脂性能的影响较大，分子对称性好则树脂的结晶倾向大，与稀释剂的容忍度差；二元醇的分子链越长柔韧性越好，固化后涂膜的柔韧性也越好；若在二元醇结构中含有醚键，则涂膜对水敏感。

3)稀释剂(单体)　常用的稀释剂是苯乙烯，由苯乙烯制得的树脂涂膜质量好且价廉易得，但是挥发性较大。使用苯乙烯前要进行过滤或重蒸处理，以除去其中的少量聚苯乙烯。也可以采用乙烯基甲苯、醋酸乙烯、丙烯酸酯、苯二甲酸二烯丙酯以及乙二醇等做稀释剂。

4)引发剂　常用引发剂的主要品种有过氧化环己酮、过氧化甲乙酮、过氧化苯甲酰和二叔丁基过氧化物等。

5)促进剂　环烷酸钴是过氧化环己酮和过氧化甲乙酮的很好促进剂,它可以与过氧化物组成氧化还原系统,促进过氧化物分解游离基,加速聚酯树脂在常温下固化。

(2)基本化学反应

由二元酸和二元醇缩聚制得线形聚酯树脂的基本化学反应式如下:

$n\mathrm{HOOC(CH_2)_{\mathit{x}}COOH} + n\mathrm{HO(CH_2)_{\mathit{y}}OH} \rightleftharpoons \mathrm{HO{+}CO(CH_2)_{\mathit{x}}COO(CH_2)_{\mathit{y}}O{+}_{\mathit{n}}H} + (2n-1)\mathrm{H_2O}$

由基本化学反应可知线形聚酯树脂相对分子质量无穷大,可以用官能团的非等量比或加入单官能团化合物控制分子质量。当用过量二元酸控制分子质量,缩聚产物的两端均为羧基,抑制了生成物分子继续增长;若用过量二元醇也有类似情况。

(3)合成工艺

用溶剂法合成不饱和聚酯树脂,物料在惰性气体保护下,边搅拌边升温至160 ℃,测酸值达200左右,用冷凝器回流水,升温至175 ℃,使蒸汽出口温度不得超过105 ℃,尽量蒸除生成水而很少带出二元醇;在175 ℃保持至酸值达135以下,升温至190~210 ℃,保持酸值达50左右。经检验合格即可。

(4)特点及应用

这是一种热固性树脂。加入不同种类的乙烯基单体作交联剂,组成不同性能的聚酯树脂。这类树脂可在室温与接触压力下成型,工艺性能好,施工方便,质量易控,而且有较好的力学性能,耐腐蚀性好。但是,固化时会有小分子物析出。

3.2.5　聚氨酯树脂

聚氨酯是各种聚氨基甲酸酯树脂的简称,由多种异氰酸酯和含活泼氢的多羟基化合物"逐步聚合"反应而成,在分子结构中含有氨基甲酸酯($-\overset{\displaystyle H}{\overset{|}{N}}-\overset{\displaystyle O}{\overset{\|}{C}}-O-$)的重复链节。以聚氨酯树脂为主要成膜物质的涂料称为聚氨酯涂料。

(1)主要原料

1)异氰酸酯　涂料工业中所用的异氰酸酯单体主要为二异氰酸酯,分为芳香族和脂肪族两大类,芳香族有TDI,MDI,PAPI,XDI等;脂肪族有HDI,IPDI等。前者主要用于制备室内涂料,而后者用于制备室外涂料。

①甲苯二异氰酸酯(TDI)　TDI有2,4-甲苯二异氰酸酯(简称2,4体)和2,6-甲苯二异氰酸酯(简称2,6体)两种同分异构体。其结构式为:

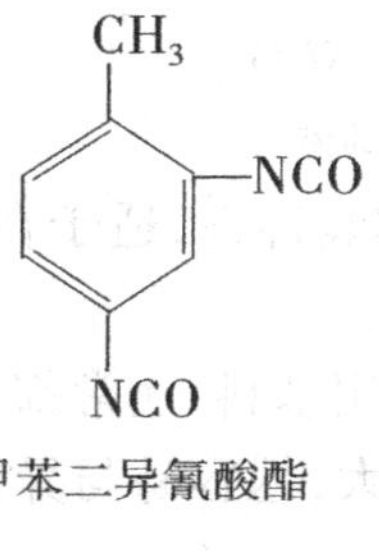

2,4-甲苯二异氰酸酯

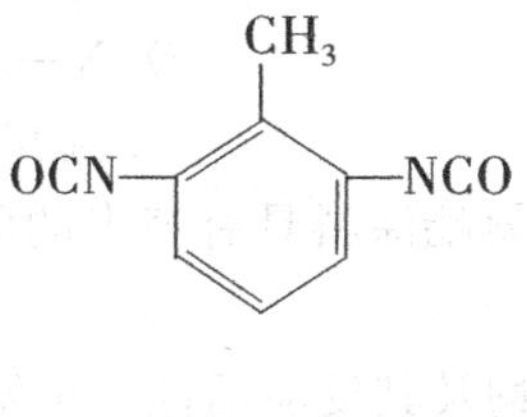

2,6-甲苯二异氰酸酯

TDI纯品是无色透明液体，工业品常带微黄色，相对分子质量为174.16，有强烈的刺激性气味，有毒，有催泪作用。空气中允许最高浓度为0.14 mg/m^3。

TDI的化学性质十分活泼，能与含活泼氢的化合物，如水、醇、酚、氨、胺、硫化氢等发生反应，还能与聚合物，如聚酯、聚醚、醇酸树脂、环氧树脂、丙烯酸酯树脂、酚醛树脂、沥青、氨基树脂等进行反应。在制备聚氨酯时，由于甲基的推电子作用，使对位的2,4体的活性高于邻位的2,6体。用TDI制备的聚氨酯涂料综合性能较好，但是易泛黄。

②4,4′-二苯基甲烷二异氰酸酯(MDI)　MDI的结构式如下：

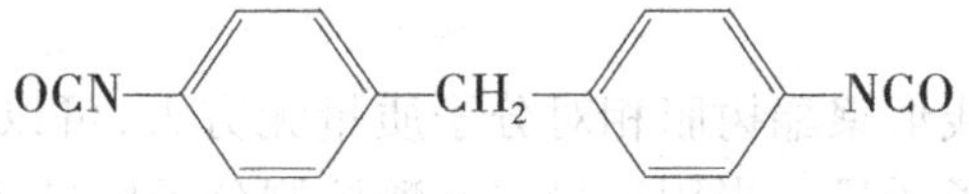

4,4′-二苯基甲烷二异氰酸酯

因蒸气压较小使MDI的毒性远低于TDI，但MDI有自聚倾向。用其制备的聚氨酯涂料耐磨性和强度比TDI要好，也易泛黄。

③多亚甲基苯多异氰酸酯(PAPI)　PAPI的分子结构类似于MDI，有时也称聚合MDI，其结构式如下：

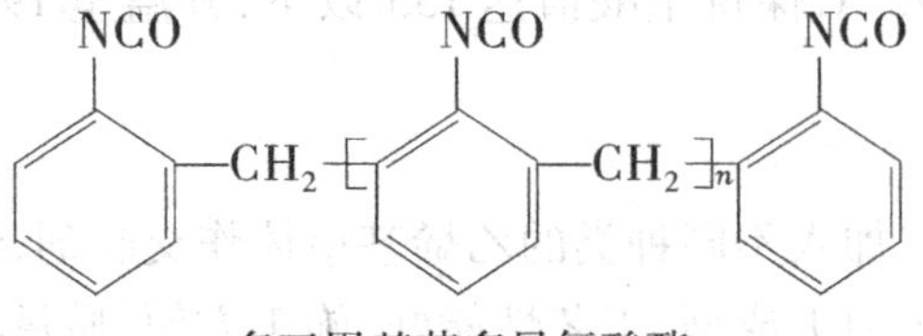

多亚甲基苯多异氰酸酯

这是一种无色至黄色透明粘稠液体，可用作无溶剂涂料，在建筑涂料领域已逐步推广应用。

④苯二甲撑二异氰酸酯(XDI)　XDI为无色透明液体，有间位和对位两种结构：

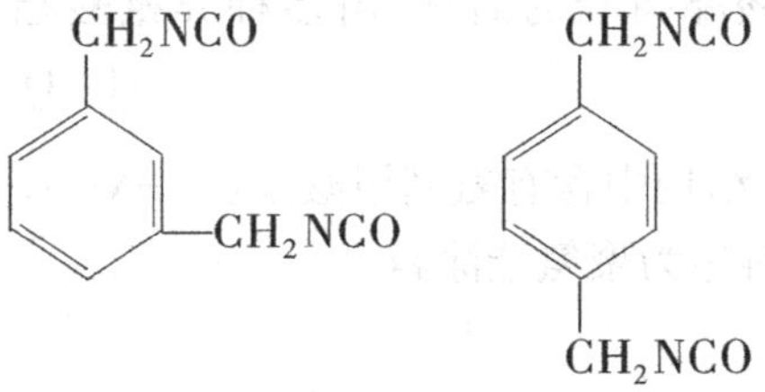

间位XDI　　　对位XDI

工业品一般为含70%～75%间位XDI，25%～30%对位XDI的混合物。XDI有较大毒性。

⑤六亚甲基二异氰酸酯(HDI)　HDI又称己撑二异氰酸酯。外观呈水白色或微黄色透明液体，毒性较大。涂料用HDI的含量应大于99.5%，总含氯量和水解氯含量不得大于0.1%和0.01%。HDI结构式为：

$$OCN—(CH_2)_6—NCO$$

六亚甲基二异氰酸酯

用HDI制备的聚氨酯涂料具有突出的耐候性和装饰性，适于在室外使用，在建筑涂料中已得到广泛的应用。

2)含活泼氢化合物及其反应活性　聚氨酯涂料用基料，通常都是由二异氰酸酯和活性氢化合物逐步聚合而成的。活性氢化合物的亲核性越大，越容易与异氰酸酯基中亲电位置发生反应。取代基的影响恰好和异氰酸酯中的情况相反，吸电子基团会减少活性氢化合物的反应活性，而供电子基团会增加其反应活性。双组分聚氨酯常采用高分子多元醇作为制备聚氨酯的原料，主要有聚酯和聚醚两大类。

①聚酯型聚氨酯　聚酯的性能与聚合物中的多元醇和二元酸的比例和品种有关。三元醇羟值较高且用量多，用其制备的涂料涂膜紧密、坚硬、耐化学性能强，反之则涂膜柔软；在二元酸中加入少量顺丁烯二酸酐，则聚酯的粘度增加，涂膜硬度提高；若加入邻苯二甲酸酐，涂膜的耐热性提高。用聚酯制备的聚氨酯涂料耐候性、耐热性较好。但是，耐水性、耐碱性较差。

②聚醚型聚氨酯　聚醚制备的聚氨酯涂料，其涂膜柔软，耐低温性，耐碱性、耐水性较好，粘度较低，可用于制备无溶剂或高固体分涂料。缺点是涂膜耐候性差，光照下易粉化，不适合室外使用。另外，干燥速度、耐溶剂性不如聚酯型聚氨酯。

3）溶剂及其选用　聚氨酯分子链中含有许多未反应的 NCO 基团，要求溶剂严格控制水分、游离酸和醇的含量。不宜采用醇、醚类溶剂，而应选用酯、酮和芳香烃类溶剂。

聚氨酯所使用的溶剂应尽可能避免水分、醇、醚和碱性物质存在，以防产生凝胶、气泡等现象。因此，溶剂应符合氨酯级溶剂标准，即需用二丁胺分析残留的异氰酸酯量。消耗异氰酸酯多的溶剂不能用。酯中所含水、醇及酸三者消耗异氰酸酯的总值，常用“异氰酸酯当量”表示，异氰酸酯当量是指消耗 1 mol NCO 基所需溶剂的质量（g）。其数值越大，稳定性越好。一般，异氰酸酯当量低于 2 500 为不合格溶剂。

（2）基本化学反应

在异氰酸酯分子中，由于电子效应的作用，异氰酸酯基中碳原子带部分正电荷，易受亲核化合物的攻击而发生一系列反应，可以和含—OH，$—NH_2$，—SH 基的各种活性氢化合物反应。

1）化学反应　异氰酸酯基是由杂原子构成的累积双键，所以 π 电子的极化程度很高，主要的共振式如下：

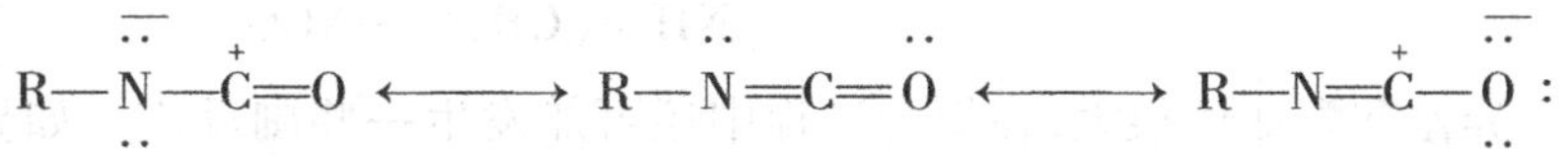

基团中氮和氧具有较高的富电子性，而碳的电子云密度较低，很容易接受富电子（亲核）试剂的攻击，而富电子性较强的氧能首先接受缺电子（亲电）试剂或质子性氢的攻击，即发生亲核性加成（A_{dN}）反应，其产物为烯醇式结构，但易产生质子转位，形成较稳定的酮式结构产物，例如醇类与异氰酸酯反应结果可视为对 N═C 的亲核加成产物。可表示如下：

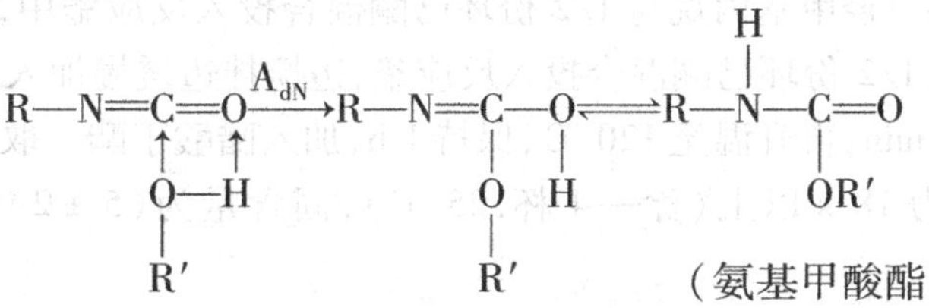

（氨基甲酸酯）

能与异氰酸酯基发生反应的有羟基、氨基、水、有机羧酸以及其自身。

2）NCO/OH 型双组分聚氨酯　带有异氰酸酯（—NCO）基预聚体为 A 组分，含羟基（—OH）的聚酯或聚醚为 B 组分，使用前将 A/B 组分按比例混合，利用—NCO 和—OH 反应而生成聚氨酯。通常 A 组分是甲苯二异氰酸酯与三羟甲基丙烷的加成物和缩二脲。

①甲苯二异氰酸酯/三羟甲基丙烷加成物的反应过程

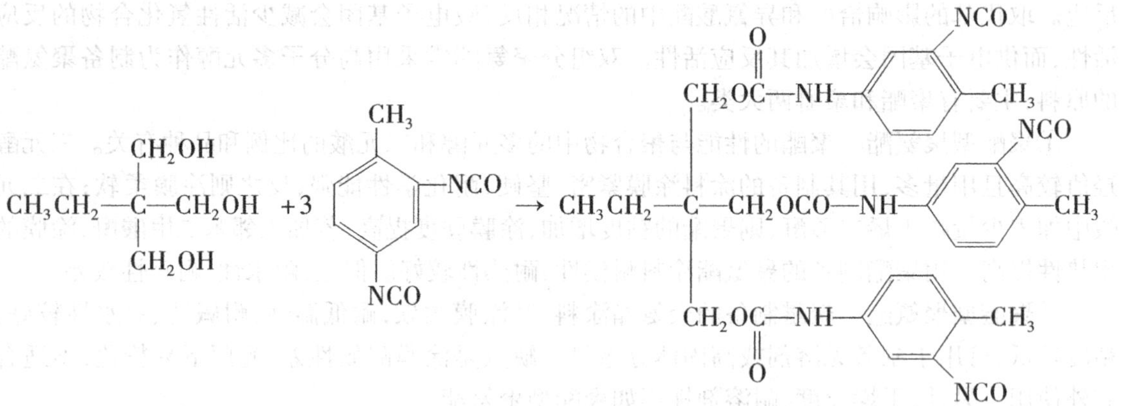

②缩二脲的反应过程　缩二脲是由 HDI 和水反应生成的三聚体。反应过程先是 HDI 与水反应生成胺，然后胺与 HDI 反应生成脲基二异氰酸酯。最后进一步反应生成具有缩二脲结构的三聚体。即

$$OCN—(CH_2)_6—NCO + H_2O \longrightarrow H_2N—(CH_2)_6—NCO + CO_2$$

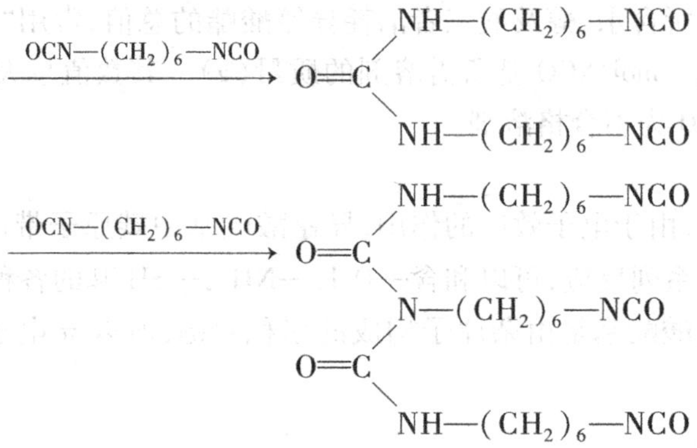

3)副反应　异氰酸酯活性很大，在聚合过程中还可能发生一些副反应。如异氰酸酯遇水和酸分解，放出 CO_2 并形成脲基；过量的异氰酸酯与已形成的氨基反应形成支化结构；异氰酸酯的自聚等，这些副反应影响聚氨酯的结构与性能，必须严格控制。

(3)A 组分的配方与合成工艺

1)配方　以甲苯二异氰酸酯/三羟甲基丙烷加成物为例，配方如表 3.15 所示。

2)合成工艺　将三羟甲基丙烷与 1/2 份环己酮混合投入反应釜中，升温溶解后抽入高位槽。将 TDI 与余下的 1/2 份环己酮混合投入反应釜，边搅拌边缓慢加入三羟甲基丙烷溶液，升温至 75 ℃并保持 15 min，再升温至 120 ℃，保持 1 h，加入醋酸丁酯。取样测定 NCO 含量达到 8.0% ~9.5%，粘度为 18 s 以上(涂—4 杯，25 ℃)，固含量为(5 ±2)% 时，停止反应，过滤出料。

表 3.15　甲苯二异氰酸酯/三羟甲基丙烷加成物参考配方

原料名称	用量(质量分数)/%	原料名称	用量(质量分数)/%
甲苯二异氰酸酯(TDI)	40.6	环己酮	9.0
三羟甲基丙烷	8.4	醋酸丁酯	42.0

(4)B组分的配方与合成工艺

1)配方　以含羟基的聚酯为例,配方如表3.16所示。

表3.16　含羟基聚酯生产参考配方

原料名称	用量(质量分数)/%	原料名称	用量(质量分数)/%
三羟甲基丙烷	10.8	环己酮	21
己二酸	23.6	二甲苯	21
一缩二乙二醇	23.6		

2)合成工艺　将三羟甲基丙烷、己二酸、一缩二乙二醇投入反应釜中,逐步升温至210 ℃,保持反应5 h,取样测定酸值达到5.0 g(KOH)/g后,即刻停止加热;降温至150 ℃以下,加入环己酮和二甲苯,搅拌均匀;再次取样测定酸值达4.0以下,羟基含量4% ~5%,粘度为18 ~25 s(涂—4杯,25 ℃),固含量为(5 ±2)%时,即可过滤出料。

(5)特点及应用

在聚氨酯树脂的分子结构中,含有大量的氨基甲酸酯键以及酯键、醚键、不饱和油脂双键、缩二脲键、脲基甲酸酯键等。粘结性与环氧树脂相近,既能很好的粘结金属、木材、玻璃、水泥,又对橡胶和某些塑料有优良的粘合力;电绝缘性能好,适宜作漆包线漆和其他电绝缘漆;施工适应范围广,不受季节的影响,既能室温固化又能加热固化;能与多种树脂混溶,通过改变树脂中的成分和配比,能够在很大范围调节涂膜的性能,可以制备从极软到极硬的涂膜,能满足各种不同用途的需要。

(6)存在缺点

以芳香族二异氰酸酯为原料制备聚氨酯保光性、保色性均差,室外使用容易泛黄,不宜制成浅色的装饰涂料,涂料中残余的游离异氰酸酯毒性很大。由于异氰酸酯的化学性质活泼,在制备和使用聚氨酯涂料过程中,必须绝对避免与水和潮气接触。

(7)异氰酸酯基的定量分析

预聚物中异氰酸酯基与二正丁胺的快速加成反应,可以用于定量分析。

$$R—N{=}C{=}O + (C_4H_9)_2NH \longrightarrow R—\overset{H}{\underset{|}{N}}—\overset{O}{\underset{\|}{C}}—N(C_4H_9)_2$$

准确称取含1∶1 m mol异氰酸酯预聚物试样于250 mL锥形瓶中,加入25 mL经干燥的甲苯(或二氧杂环己烷),塞好,摇动约15 min,然后加入80 mL异丙醇和4 ~6滴溴酚蓝指示剂,用盐酸标准溶液滴定至出现黄色为终点。同时做一空白试验。按式(3.26)计算异氰酸酯含量。

$$异氰酸酯基 = 42 \times \frac{(V_0 - V)c}{1\,000\,m} \times 100\% \tag{3.26}$$

式中　c——盐酸溶液的物质的量浓度(mol/L);V_0——滴定空白消耗的盐酸溶液体积(mL);V——滴定试样消耗的盐酸溶液体积(mL);m——试样的质量(g)。

3.2.6　酚醛树脂

酚醛树脂(PF)是以酚类和醛类化合物缩聚而得的一类树脂,其中以苯酚和甲醛缩聚而得的酚醛树脂最为重要。根据酚醛缩聚的条件不同,PF树脂有热塑性和热固性两种。

(1)**基本化学反应**

在碱性介质中,甲醛的摩尔数高于苯酚,苯酚邻对位上的氢与甲醛加成,生成多羟甲基苯酚(二羟甲基苯酚、三羟基苯酚),这是 A 阶的产物,如:

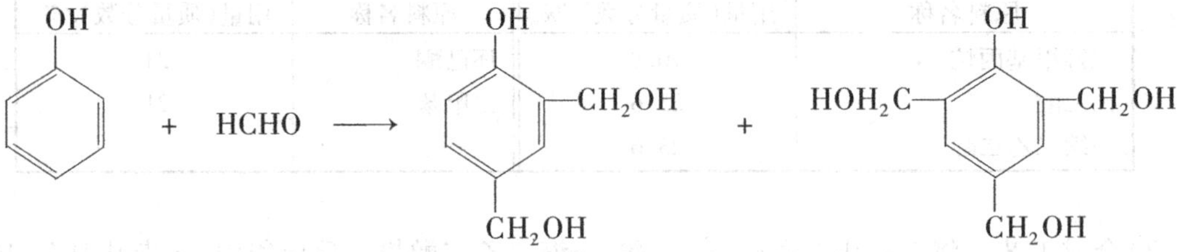

苯酚　　甲醛　　二羟甲基苯酚　　三羟甲基苯酚

反应进一步在多羟甲基苯酚之间进行缩合,形成亚甲基桥或醚键,分子量变大,成为粘稠液体或脆性固体,这时是 B 阶的树脂,仍是可溶可熔的。反应再进一步进行,分子之间发生交联,最后形成不溶不熔的 C 阶树脂。因此,在碱性介质中的缩聚产物为热固性树脂。PF 树脂完整体型化结构为:

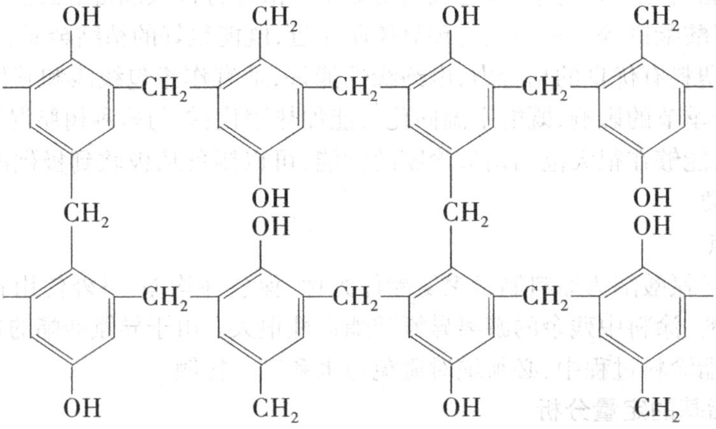

(2)**特性及应用**

常见的酚醛树脂的线型或支链型结构中含有大量的亚甲基和酚羟基,分子链的内旋转困难,刚性很大,材质表现为硬而脆。交联酚醛树脂是由碳-碳键和苯环构成的网状的立体结构。

结构致密,涂层透气性小,屏蔽隔离作用强,所以防腐性能良好,耐酸性尤为突出,对于各种中等浓度的无机酸和有机酸十分稳定,并耐各种酸性盐溶液和有机溶剂的浸蚀。但是,对氧化性酸的抵抗能力稍差。另外,由于它的分子结构中含有大量的酚羟基,容易与碱反应生成酚盐,因此耐碱性差。与环氧、呋喃、有机硅等树脂混用可相应提高其耐碱性、耐热性能,并可改善其物理机械性能。酚醛树脂漆耐候性不良,不宜用于露天环境中。在缩聚过程中,一般进行到变为 A 阶树脂的水溶液或乙醇溶液时,适合于制备清漆、耐腐蚀涂料、粘合剂、电木粉和生产层压板泡沫塑料、保温及隔热材料等。

3.2.7　环氧树脂

环氧树脂是逐步聚合类聚合物的重要代表,它可以制备建筑涂料、防腐涂料以及家用电器涂料,也是粘合剂的重要品种。双酚 A 型环氧树脂是工业上应用最广泛的品种。

（1）**主要原料**

1）环氧氯丙烷　环氧氯丙烷（ECP）是无色油状液体，相对分子质量为92.5，具有较强烈的类似于氯仿和醚的刺激性气味，并有毒性和麻醉性。其结构式如下：

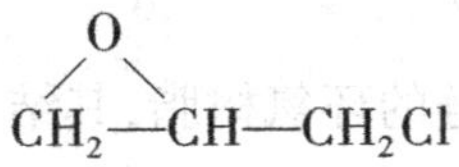

2）4,4′-二羟基二苯基丙烷　4,4′-二羟基二苯基丙烷或称二酚基丙烷，俗称双酚A（或DDP），不溶于水，而溶于醇、醚。溶于碱溶液中形成酚盐。其结构式如下：

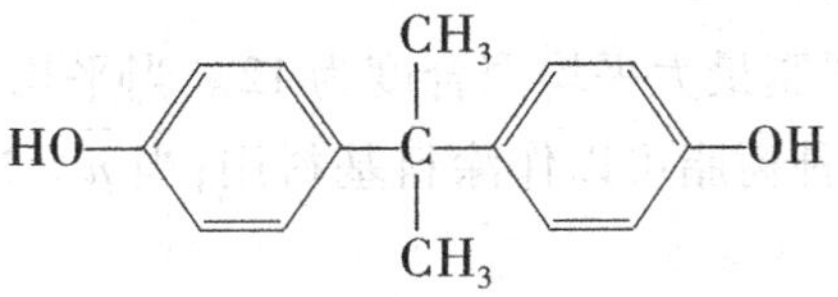

（2）**基本化学反应**

凡含有环氧基团的树脂统称为环氧树脂，常用的双酚A型环氧树脂的基本反应是，在NaOH存在条件下，环氧氯丙烷与双酚A进行亲核加成（开环）和脱HCl的环化（闭环）等反应。即

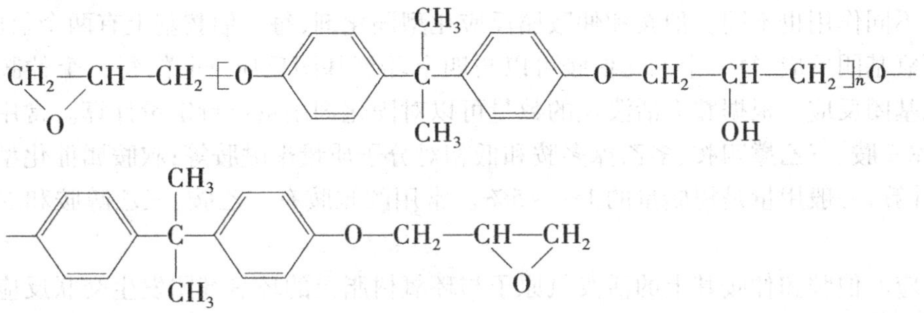

第一步，环氧氯丙烷分子中的环氧基和双酚A分子上的羟基反应生成醚键。即

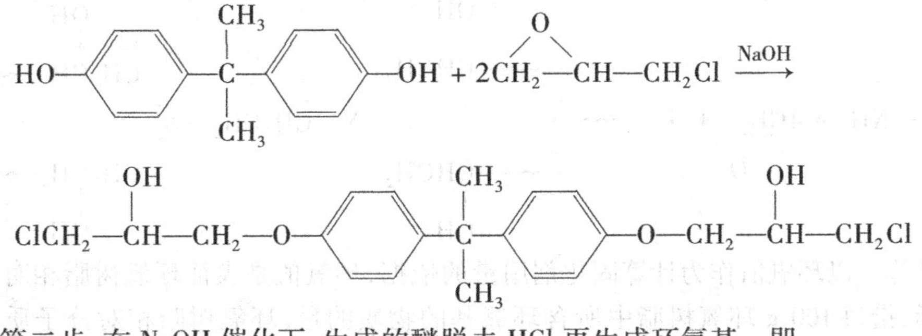

第二步，在NaOH催化下，生成的醚脱去HCl再生成环氧基。即

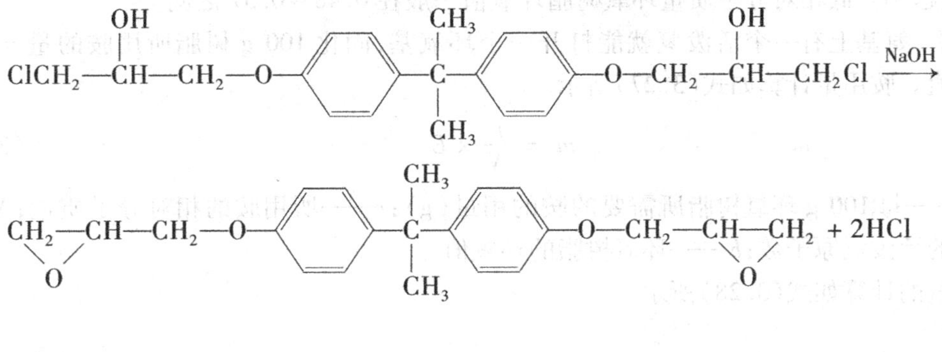

第三步，新生成的环氧基团再与双酚A分子中的羟基反应再次生成醚键。即

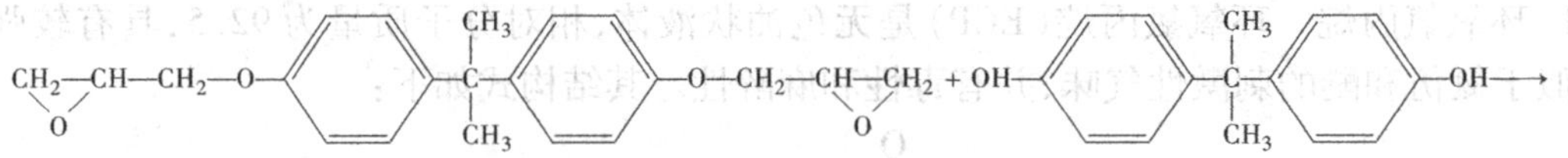

如此不断反复进行，最后得到长链的环氧树脂，其结构如下：

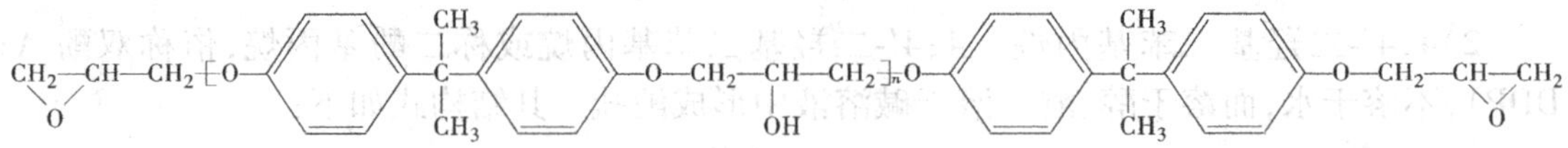

用这种方法合成的环氧树脂最大平均聚合度为12。当平均聚合度$\bar{n}\leqslant 2$时，树脂呈液态，称为低相对分子质量树脂，这种树脂可以作涂料基料用；当$\bar{n}>2$时，树脂呈固态，称为高相对分子质量树脂。

（3）固化体系

由于环氧树脂是相对分子质量不高的线型低聚物，应用时必须加入固化剂进行交联，形成网状结构。固化剂的主要品种有碱性物、酸性物和聚合物三大类。

1）碱性物（胺类）固化剂　应用最为广泛的是脂肪族或芳香族多元胺，分为伯、仲、叔胺。由于胺的种类不同作用也不同。伯胺和仲胺属反应化型固化剂，每一伯胺基上有两个氢原子，可以与两个环氧基团反应，每一个二元伯胺可以与四个环氧基团反应；同样，每一个仲胺基可以与一个环氧基团反应。根据胺上活泼氢的数量可以对固化剂用量进行定量计算。常用的有乙二胺、二乙撑三胺、三乙撑四胺、多乙撑多胺和低相对分子质量聚酰胺等；叔胺属催化型固化剂，不能定量计算，一般用量是树脂量的1%～5%。常用的叔胺有三乙胺、三乙醇胺和二甲基苄胺等。

①固化反应　伯胺和仲胺基上的活泼氢原子与环氧树脂上的环氧基团发生交联反应。以室温固化的乙二胺为例，其固化反应如下：

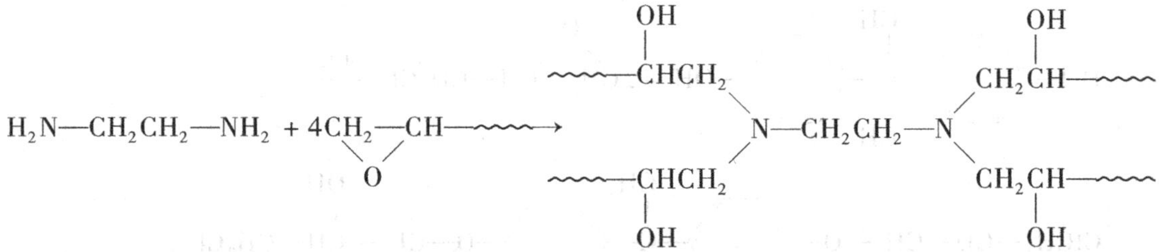

②胺用量计算　以环氧值作为计算固化剂用量的依据，环氧值是表征环氧树脂相对分子质量的重要指标，指每100 g环氧树脂中所含环氧基的物质的量，环氧树脂相对分子质量越大，环氧值越小。低相对分子质量环氧树脂环氧值一般在0.48～0.57之间。

理论上，氨基上有一个活泼氢就能打开一个环氧基，固化100 g树脂所用胺的量＝胺当量×环氧值。胺用量计算如式（3.27）所示。

$$m=\frac{r}{N}\times E \tag{3.27}$$

式中　m——每100 g环氧树脂所需要的胺的用量（g）；r——所用胺的相对分子质量；N——胺分子上的活泼氢原子数；E——环氧树脂的环氧值。

胺当量的计算如式（3.28）所示。

$$胺当量 = \frac{胺的相对分子质量}{活泼氢原子数} \tag{3.28}$$

例如，环氧值为0.51的环氧树脂，当用三乙烯四胺作固化剂时，则其用量为：

$$胺当量 = \frac{146}{6};固化剂用量 = \frac{146}{6} \times 0.51 = 12.4$$

若用乙二胺做固化剂，则用量为7.55。实际应用时，还要考虑气候条件。室温固化一般需3～7 d才能达到最高强度，加热固化需要的时间短、强度高。固化温度和固化时间可以用差热分析(DTA)测定，而差动热分析(DSC)不但可以测定环氧树脂的固化温度和时间，还可以研究固化反应动力学。

③环氧值的测定　相对分子质量小于1 500的环氧树脂环氧值采用盐酸-丙酮法测定，而较高相对分子质量环氧树脂环氧值，一般采用吡啶-丙酮法测定。下面以盐酸-丙酮法为例来说明。

A.盐酸-丙酮溶液的配制　用刻度吸管吸取浓HCl 1.6 mL，置于100 mL容量瓶中，用丙酮稀释至刻度，即配成0.2 mol/mL的盐酸-丙酮溶液。

B.测定步骤　准确称取0.3～0.5 g环氧树脂(精确到1 mg)置于锥形瓶中，用移液管吸取15 mL盐酸-丙酮溶液塞上塞子，摇动使树脂溶解。放置阴暗处1 h，加酚酞指示剂3滴，用浓度为0.1 mol/L的NaOH标准溶液滴定至试液呈粉红色为终点。同时做空白试验。

C.环氧值E的计算　环氧值的计算如式(3.29)所示。

$$E = \frac{(V_1 - V_2) \times c}{m} \times \frac{100}{1\,000} \tag{3.29}$$

式中　V_1——空白试样消耗的NaOH标准溶液的体积(mL)；V_2——滴定试样的NaOH标准溶液的体积(mL)；c——NaOH标准溶液的浓度(mol/L)；m——试样质量(g)。

2)酸酐类固化剂　这类固化剂反应活性较低，因此必须在高温(150～160 ℃)下使用。交联机理可能是酸酐基团与环氧树脂上的羟基直接反应，也可能是酸酐与羟基反应时先生成苯酯，羧基再与环氧基团开环而交联。用酸酐作固化剂的环氧树脂的物理性能和电性能均好于胺类固化的环氧树脂。主要品种有马来酸酐、邻苯二甲酸酐等。

3)聚合物类固化剂　这类固化剂本身是一些有反应基团的低聚物，对EP有改性作用。如低分子质量聚酰胺与环氧树脂的固化产物体积收缩小，尺寸稳定，耐热性较高。此外酚醛树脂、氨基树脂、糠醛树脂以及苯胺甲醛树脂均可以用作环氧树脂的固化剂。

(4)低相对分子质量环氧树脂的制备

1)配方　低相对分子质量环氧树脂生产配方如表3.17所示。

表3.17　低相对分子质量环氧树脂参考配方

原料名称	投料量	
	物质的量/mol	质量/kg
环氧氯丙烷	3	227.5
双酚A	1	228
NaOH溶液(30%)	250 kg	

2)合成工艺　双酚A和环氧氯丙烷加入反应釜内，边搅拌边升温至70～75 ℃，使双酚A全部溶解；将NaOH溶液置于高位槽内，缓慢地向反应釜中滴加完后，在75 ℃下回流1.5 h，反

应结束。该过程为放热反应,温度会自动升高,需调节温度保持在75 ℃。用去离子水、苯反复洗涤。常压下蒸馏除去上层有机相中的苯和未反应的环氧氯丙烷。蒸馏的最终温度为120 ℃时,得到无色至淡黄色粘稠液体。

(5)特点及应用

环氧树脂本身是热塑性的线型高分子,必须用固化剂使环氧树脂交联成网状结构的大分子,才能显现其特有的性能。具有良好的物理、化学性能、电性能,尤其是耐蚀性更为突出,对金属、水泥、玻璃、陶瓷、木材以及部分塑料等有优异的粘结性能。耐碱性好,特别是能耐热碱介质。可以用作粘合剂、各类涂料。但是主要缺点是脆性较大,必须进行增韧改性。使用相对低分子质量聚酰胺做固化剂兼有增韧作用。

3.2.8 呋喃树脂

呋喃树脂是以糠醛或糠醇为原料,分子结构上都带有呋喃环的一大类聚合物总称。这类聚合物有许多相似性质。一般按所用原料不同分为三类,即以糠醛为基础的树脂、以糠醇为基础的树脂及改性树脂。

(1)糠醛为基础的树脂

这类树脂包括糠醛自身缩聚物、糠醛丙酮树脂及糠醛脲素树脂等。在防腐蚀涂料中较为常用的是糠醛丙酮和糠醛缩醛类树脂。

1)糠醛丙酮树脂　在碱性条件下,糠醛和丙酮以1∶1摩尔比反应,在60 ℃以下进行缩合反应,便得到糠醛丙酮树脂,其反应式如下:

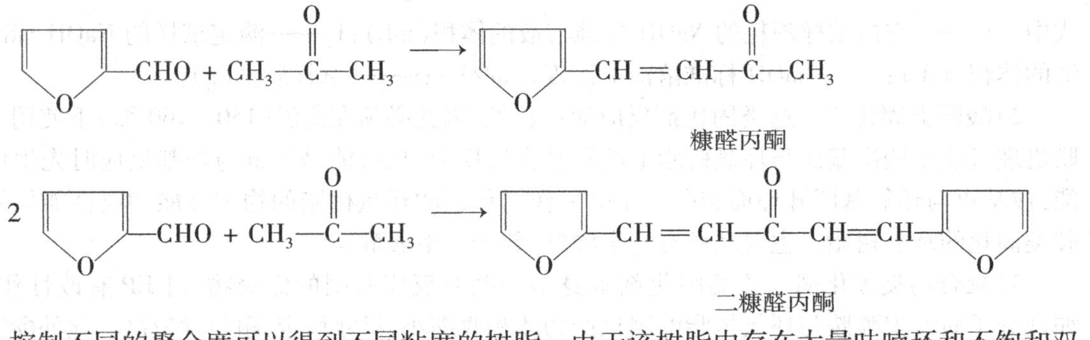

糠醛丙酮

二糠醛丙酮

控制不同的聚合度可以得到不同粘度的树脂。由于该树脂中存在大量呋喃环和不饱和双键,在强的无机酸、苯磺酸或对氯苯磺酸存在下,呋喃环上的双键和分子链上的其他双键均可打开而交联生成不溶不熔的体型结构产物。该树脂可溶于丙酮及大部分酯类溶剂。

2)糠醛丙酮甲醛树脂　在100 ℃下,将糠醛丙酮与甲醛进行缩聚反应,可制得糠醛丙酮甲醛树脂,这种树脂的涂层比糠酮树脂柔软,附着力和防腐蚀性能均优于糠醛丙酮树脂。其反应式如下:

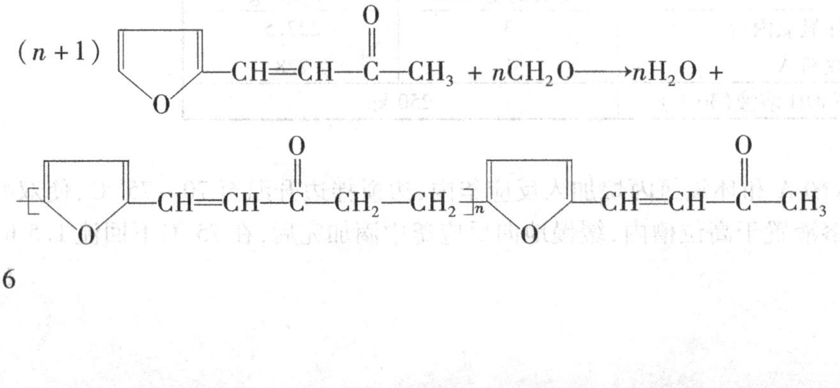

3）糠醛丙酮混醛树脂　将糠醛丙酮和甲醛、乙醛、苯甲醛在酸性（如 HCl）或碱性（如 NaOH）条件下进行催化缩聚反应，可制得耐酸、耐碱和耐高温性能均优于糠醛丙酮树脂和糠醛丙酮甲醛树脂的糠醛丙酮混醛树脂。

（2）糠醇为基础的树脂

糠醛在铜铬合金的催化下，经高压加氢反应可转变为糠醇。糠醇在酸性条件下可自身缩聚成为糠醇树脂，该缩聚反应在水溶液中进行，以无机酸为催化剂，反应温度不超过 105 ℃，反应结束后减压脱去水，加入混合溶剂（甲苯：二甲苯：环已酮 ＝1：3：1）配成树脂溶液。其反应式如下：

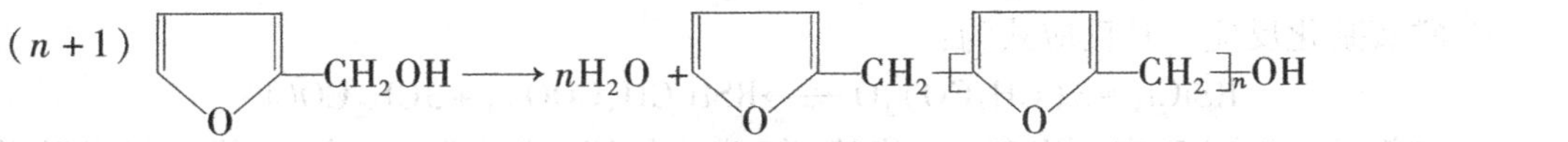

（3）改性呋喃树脂

为改善呋喃树脂的物理机械性能，常采用其他树脂改性。一般通过机械混合和化学改性两种方法。用来改性的树脂有环氧树脂、聚氨脂、聚乙烯醇缩醛等品种。

（4）特点及应用

呋喃树脂对各种非氧化性无机酸、电解质溶液、各种有机溶剂都有一定的抵抗力，尤其是它不含有酚羟基，故耐碱也很突出，甚至超过环氧树脂。用于制备耐酸、碱及其他介质涂料。

3.2.9 有机硅树脂

市场上，有机硅聚合物产品主要以硅橡胶、硅油和硅树脂三种类型出现。有机硅树脂是以硅-氧键链接的聚合物，这种聚合物又称为聚有机硅氧烷。

（1）主要原料

生产有机硅树脂的主要原料是有机硅单体，其中最重要的品种有以下几种：

1）甲基（或苯基）氯硅烷

①物理性质　大多数甲基（或苯基）氯硅烷均是有刺激性气味的无色液体，单体与空气中的水分接触，发生水解，放出对人体皮肤有腐蚀性的氯化氢气体。所有的甲基（或苯基）氯硅烷易溶于芳香烃、卤代烃、醚和酯类等溶剂中。

②化学性质　甲基（或苯基）氯硅烷可以与水、醇、酰氧基化、氨或胺发生反应。

A. 水解反应　甲基（或苯基）氯硅烷水解反应在中间阶段会生成不稳定的硅醇，而硅醇在酸或碱的催化作用下，脱水缩聚生成以硅-氧-硅为主链的有机硅线形或环体结构的低聚物，其反应式如下：

$$nR_2SiCl_2 + 2nH_2O \longrightarrow \underset{\text{硅醇（中间阶段）}}{nR_2Si(OH)_2} + 2nHCl$$

• 生成的线体结构分子，$x=3\sim9$，如：

$$nR_2Si(OH)_2 \longrightarrow HO{-}\!\left[\begin{matrix}R\\|\\Si\\|\\R\end{matrix}{-}O\right]_{n-x}\!{-}H + \left[\begin{matrix}R\\|\\Si\\|\\R\end{matrix}{-}O\right]_x + (n-1)H_2O$$

• 生成的环体结构以 $x=3,4,5$ 的环体量居多，也较稳定，如：

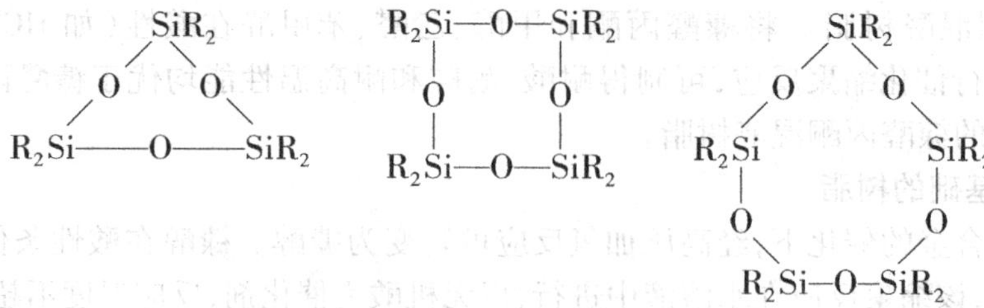

B. 与醇类反应　甲基(或苯基)氯硅烷与醇类反应生成甲基(或苯基)烷氧基硅烷。其反应式为:

$$RSiCl_3 + 3R'OH \longrightarrow RSi(OR')_2 + 3HCl\uparrow$$

C. 酰氧基化反应　其反应式为:

$$RSiCl_3 + 3(CH_3CO)_2O \longrightarrow RSi(CH_3COO)_3 + 3CH_2COCl$$

D. 与氨(或胺类)反应　甲基(或苯基)氯硅烷与氨(或胺类)反应,生成有机硅胺单体。以甲基氯硅烷与氨的反应为例,其反应式为:

$$2(CH_3)_3SiCl + 3NH_3 \longrightarrow (CH_3)_3Si—NH—Si(CH_3)_3 + 2NH_4Cl$$

2)硅醇　硅醇由甲基(或苯基)氯硅烷,或甲基(或苯基)乙氧基硅烷,或甲基(或苯基)乙酰氧基硅烷等水解生成。硅醇极易脱水缩聚,其中$(C_6H_5)_2Si(OH)_2$,$(C_6H_5)_3SiOH$易分离出成品。在浓碱溶液的作用下,硅醇能生成在水溶液中稳定存在的硅醇金属盐。但是,遇酸分解又重新生成硅醇,再进行缩聚生成具有稳定Si—O—Si结构的有机链聚合物。

3)其他单体　制备有机硅的其他单体还有甲基(或苯基)烷氧基硅烷、甲基(或苯基)乙酰氧基硅烷及有机硅胺等。

(2)制备工艺

有机硅树脂是含有Si—O—Si为主链的元素有机聚合物。一般是以甲基氯硅烷单体或苯基氯硅烷单体经水解、浓缩、缩聚等步骤来实现。工业上采用氯硅烷水解法制备有机硅树脂。

1)水解　制备有机硅树脂,一般是用两种或两种以上的单体进行水解,如$(CH_3)_2HSiCl$,$C_6H_5SiCl_3$,CH_3SiCl_3,$(CH_3)_2SiCl_2$及$(C_6H_5)_2SiCl_2$等,选择适当的水解条件使各组分均能同时水解(共水解),并共缩聚成均匀结构的共缩聚体。水解通常是将甲基氯硅烷与甲苯基氯硅烷、苯等溶剂混合均匀,边搅拌边缓慢加入过量的水(或水与其他溶剂)中进行水解。水解时保持一定温度,水解完毕,静置至硅醇和酸水分层,放出酸水,再用水将硅醇洗涤至中性。氯硅烷水解后,生成的硅醇继续缩聚成线型或分枝型低聚物,同时其分子本身也可以自聚成环体。

2)硅醇浓缩　水解后的硅醇溶液,用水洗至中性之后进行减压脱水,并在温度低于90 ℃时,蒸出部分溶剂,固含量为50%~60%。

3)缩聚　浓缩的硅醇溶液分子量低,多是低分子的共聚体及环体,羟基含量高,贮存稳定性和机械性能不好,必须进一步缩聚才能使其成为稳定的、物理机械性能好的有机硅聚合物。有机硅树脂缩聚的方法主要有催化缩聚法、碱催化、金属羧酸盐催化法及高温空气氧化法(很少使用)等。

3.3　常用乳液基料的制备

聚合物乳液是水乳型建筑涂料的基料。它是建筑涂料配方基础,其性能直接关系到涂料的涂膜性能，决定了涂料的最终用途。

3.3.1 聚合物乳液聚合的基本原理

聚合物乳液聚合的主要组分是单体、分散介质、乳化剂和引发剂。单体一般不溶于水或微溶于水。因此，使用水作分散介质，乳化剂是使油水相溶的重要组分。

(1)乳化与乳液的形成

乳化剂分子是由一端是亲水极性基团而另一端是疏水(亲油)的非极性基团构成的。例如在硬脂酸钠 $C_{17}H_{35}COONa$ 分子中，烷基是疏水基团，羧酸钠是亲水基团。它可以使互不相溶的油(单体)和水，转变为相当稳定的乳液，这个过程称为乳化。乳液形成过程分以下三步：

- 乳化剂在水的溶解过程中，当浓度很低时，以分子状态溶解于水中，并集中在水的表面处。它的亲水基伸向水中，疏水基伸向空气层。
- 当乳化剂分子在水表面排满后，开始由 50 ~ 150 个乳化剂聚集在一起，形成胶束。乳化剂开始形成胶束时的浓度称为临界胶束浓度，简称 CMC，约 0.01% ~ 0.03%。胶束中乳化剂分子的疏水基团伸向胶束内部，亲水端伸向水层。
- 加入单体后，极少部分单体溶于水，其溶解度很小。由于胶束的存在，小部分单体可以进入胶束的疏水层内层，使单体的表观溶解度增加，这种现象称为“增溶”。在单体液滴周围吸附了一层乳化剂分子，疏水基团吸附在液滴表面，亲水基团伸向水中，乳液得以稳定。这种乳液在搅拌停止后很长时间也不会分层，形成稳定的乳液。乳液中单体和乳化剂以三种状态存在。即，有极少量单体和乳化剂以分子状态溶解于水中；大部分乳化剂已形成胶束，胶束内增溶有一定量的单体；大部分单体分散而成的液滴，液滴表面吸附有乳化剂。如图 3.8 所示。

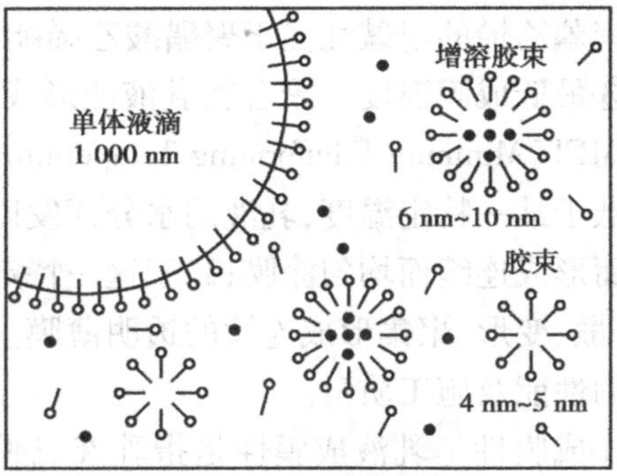

图 3.8 乳液聚合体系示意图

“⌇”表示乳化剂分子；“。”端表示极性基团；“ – ”端是非极性基团；“ · ”表示单体

(2)乳液聚合机理

乳液聚合机理表明，引发剂溶于水中水解成自由基进入胶束而引发单体聚合。即聚合反应是发生在胶束中，而不是发生在水相中和单体液滴中。随着胶束中单体的聚合，水相中的单体进入胶束，补充消耗的单体，单体液滴中的单体又溶解于水中。这一过程反复进行，直至单体液滴中的单体全部消耗完。即当第一个自由基进入胶束后，发生引发、增长等反应，成为聚合物乳胶粒，直到第二个自由基进入后，发生碰撞而链终止。

(3)乳液聚合的特点

以水作为介质，价廉、安全；聚合速率快，同时产物相对分子质量大；聚合反应是发生在分散于水相中的乳胶粒子内，整个体系粘度较低，有利于搅拌、传热和管道输送；排除反应热比较容易，不会出现局部过热和爆聚；产物可直接应用于乳液的场合，如乳液涂料、粘合剂、织物处理剂等，使用十分方便。但产物中残留乳化剂，有损于某些性能，如电性能、耐水性等。

3.3.2 基本组成与作用

(1)单体

1)单体的作用　单体是形成聚合物乳液的基础,通常占配方量的40%~55%。各种单体在不同程度上影响乳液涂膜的性能。诸如硬度、粘结性、耐沾污性、抗张强度、延伸率、光泽、耐水性、耐碱性、耐老化性、最低成膜温度、颜料承载能力等。

2)选择原则　用于制备建筑涂料乳液的单体,在选用时主要考虑以下几个方面:

①耐候性　通过分析单体分子结构,综合考虑在大气条件下分子链的承受能力。如在甲基丙烯酸酯的分子中,α 位置上 H 原子被甲基取代,消除了氧化断链的可能性。因此,甲基丙烯酸酯比丙烯酸酯的耐候性好;聚苯乙烯的苯环相连的叔碳原子容易氧化,引起主链断裂,生成发色基团。所以,苯乙烯容易老化发黄;聚醋酸乙烯酯中的乙酰基在光照和水分的作用下,容易水解而老化。聚苯乙烯和聚醋酸乙烯酯的耐老化性能都不如甲基丙烯酸酯和丙烯酸酯。

②耐碱性　在聚丙烯酸酯中,低级酯比高级酯容易水解;同一种聚丙烯酸酯,相对分子质量较低的容易水解。总体来说,考虑单体与碱性物质作用的能力,聚丙烯酸酯、聚甲基丙烯酸酯和聚苯乙烯的耐碱性优于聚醋酸乙烯酯。相比之下,聚甲基丙烯酸酯的耐碱性最好。

③最低成膜温度　聚合物乳液能形成连续透明膜的最低温度称为最低成膜温度(℃),通常用 MFT(Mininum Filmforming Temperature)表示。乳液最低成膜温度是一个重要应用指标。即在低于某一特定温度,乳液的水分挥发以后,聚合物粒子仍是离散状态,乳液不能因为水的蒸发而形成连续而均匀涂膜;高于这一特定温度时,水分蒸发后,各聚合物粒子中的分子会渗透、扩散、变形、聚集形成连续的透明薄膜。通过测定乳液最低成膜温度可以判定乳液和乳胶涂料的性能及施工质量。

④成膜性　乳液成膜性是指乳液成膜的难易程度,可用最低成膜温度表示。MFT 越低,成膜越容易。这与聚合物玻璃化温度(T_g)有关,涂膜聚合物的 T_g 越高,乳液的 MFT 也相应提高,乳液中的聚合物颗粒就越硬,则较低温度下成膜也越困难,使之气温稍低就不能施工。乳液配方设计的关键技术是既保证涂膜有较好的硬度,又有足够低的最低成膜温度。

• T_g 的调节方法　一般情况下,乳液的 MFT 比其 T_g 低 5~10 ℃,以此作为确定乳液 T_g 时的参考依据。凡 T_g 在接近室温或室温以上的聚合物,常温下涂膜表现出较高的硬度;反之,T_g 低于 0 的聚合物,常温下表现为软质外观。调节和控制 T_g 是控制乳液涂膜硬度和 MFT 的方法,通常是在硬聚合物乳液中加入增塑剂降低 T_g、调配软/硬聚合物乳液的比例达到适宜的涂膜性能和 T_g。目前,大部分聚合物乳液采用内增塑方法,使软、硬单体以不同的比例进行共聚来调节其硬度和最低成膜温度。

• 共聚物 T_g 的估算　T_g 表示聚合物由玻璃态转变为高弹态的温度。共聚物的性能与 T_g 有关,其值可以用式(3.30)估算:

$$\frac{1}{T_g} \approx \frac{W_1}{T_{g1}^{\infty}} + \frac{W_2}{T_{g2}^{\infty}} + \frac{W_3}{T_{g3}^{\infty}} + \cdots + \frac{W_n}{T_{gn}^{\infty}} \tag{3.30}$$

式中　$W_1, W_2, W_3, \cdots, W_n$ 分别代表单体 1,2,3,…,n 的质量分数;

$T_{g1}^{\infty}, T_{g2}^{\infty}, T_{g3}^{\infty}, \cdots, T_{gn}^{\infty}$ 分别代表单体 1,2,3,…,n 在均聚物时的 T_g;∞ 表示均聚物的分子量趋于无穷大;T 用绝对温度(K)表示。

(2)引发剂与作用

引发剂是乳液聚合体系中极为重要的组成部分。在水性自由基聚合体系,引发剂有两大类:一类为过硫酸盐类,如过硫酸钾、过硫酸钠、过硫酸铵等;另一类为氧化还原引发体系,如过氧化氢/硫酸亚铁、过硫酸铵/硫代硫酸钠等。在建筑用乳液生产中,使用单一过硫酸盐引发剂较为普遍。但是,在选择引发剂时,要考虑分解速度(半衰期)问题,通过聚合温度可以控制半衰期,不同引发剂的半衰期-温度关系可以通过相关手册查阅。

(3)乳化剂与作用

乳化剂是表面活性剂中的一种应用类型。它对乳液聚合过程和贮存稳定性具有决定性的影响。

1)乳化剂的作用　在乳液聚合中,乳化剂的作用是将油相的单体在水中乳化,形成乳状液,使原来不溶于水或微溶于水的单体与水形成稳定的分散体系。另外它还可稳定聚合过程中所形成的聚合物微粒,起到保护乳胶粒子,防止在聚合过程中产生凝聚现象的作用。但是,聚合完成后,乳液中残留乳化剂不能除去,对乳液涂膜的耐水性有不良影响;乳化剂使得乳液容易产生泡沫,影响涂料的制备、运输和施工。

2)常用的品种　在建筑涂料乳液生产中,常用阴离子型乳化剂和非离子型乳化剂两类,阴离子型乳化剂的典型品种有月桂酸钾、油酸钾、十二烷基硫酸钠、十二烷基苯磺酸钠、硬脂酸钠及软脂酸钠等,其特点是用量少、效率高、制成的乳液颗粒较细小、机械稳定性好。但是化学稳定性不好、容易起泡;非离子型乳化剂的典型品种有辛苯基聚氧乙烯基醚、壬基酚聚氧乙烯基醚、蓖麻油聚氧乙烯基醚、月桂酸三梨糖醇酯及其上述非离子型乳化剂改性产品等,其特点与阴离子型乳化剂相反,若两者复合使用可以起到协同增效的作用,效果更好。

(4)水与作用

在乳液聚合中,水起分散介质的作用,对乳液聚合和后续制备涂料能否顺利进行至关重要。在建筑涂料乳液中,水约占总配方量的50%。通常当水用量少到45%时,乳液聚合不容易顺利进行。水的质量对乳液聚合影响很大,使用不当容易发生颗粒粗大甚至凝聚等现象,所得乳液稳定性较差。通常使用去离子水。

3.3.3 制备方法

乳液聚合的基本方法有单体直接滴加法、预乳化法和种子聚合法等。其中预乳化法应用最广泛。随着科技的进步,又派生出互穿网络乳液和无皂乳液聚合等方法。

(1)单体直接滴加法

先将部分混合单体、乳化剂、水混合后聚合到一定程度,然后连续滴加其余的混合单体来完成整个乳液聚合过程。其优点是工艺过程比较简单,操作容易。但乳化效果较差,产物的颗粒较粗,产品质量不够稳定。目前已较少采用。

(2)预乳化法

预乳化的方法是在直接滴加法基础上改进的一种方法。将乳化剂、水和单体混合后,强力乳化形成预乳化液。然后将部分预乳化液与部分引发剂混合引发聚合到一定程度,再同时滴加预乳化液、引发剂溶液完成聚合过程。这种方法乳化效果好,产物颗粒细腻,稳定性好,它是目前国内生产建筑涂料采用最为广泛的方法。

(3)**种子聚合法**

种子聚合的方法是先将某些反应单体通过上述直接滴加法或预乳化法制成乳液,然后以这种乳液颗粒为种子,在不添加乳化剂的情况下,滴加另外不同种类的单体,使其在种子颗粒的表面上继续聚合,形成体积更大的乳胶颗粒。用这种方法制备的乳液颗粒的芯核与外层结构不同,称为核/壳结构聚合物乳液。如何选用种子或壳层单体完全取决于乳液的应用目的。在建筑涂料中一般将壳层的玻璃化温度(T_g)设计较低,制成内硬外软颗粒的乳液;若需用既有强度又有弹性乳液,可设计为内软外硬的核壳结构乳液。

(4)**互穿网络聚合法**

乳液互穿网络聚合物,简称为LIPN,也是用种子乳液聚合法合成的。它是把不具有化学键连接的聚合物分子连锁在一起,形成互锁环形结构的共混物结构称为互穿网络,其胶粒也具有核/壳结构或层状结构,所不同的是网络自身也有一定程度的交联,因核/壳层间聚合链可在相当范围内互相贯穿,可以是两层、三层或多层的结构。互穿网络聚合法可以改进现有聚合物结构,设计和制造出许多不同结构和性能的聚合物乳液,使其在许多方面表现出优异的性能,满足一些特殊涂料的需求。

(5)**无皂乳液聚合法**

乳化剂无法从产物中分离,乳液型涂料经干燥,随着水分蒸发将乳化剂部分迁移到涂膜表面,对涂膜造成严重危害,导致涂膜发软、回粘,耐水、耐化学品性能减低等。

这些问题将影响乳液涂料在外墙及潮湿环境下的使用,为了改变这种状况,采用可参与聚合反应或可分解的表面活性剂来代替传统乳化剂。这种无皂聚合乳化剂可以在乳液聚合的同时自身发生均聚、自聚或自氧化交联等高分子化学反应,例如:乙氧基蓖麻油酸乙酰胺、烯丙醇与环氧烷烃的产物、乙烯基磺酸盐类反应性单体等。

3.3.4 聚醋酸乙烯酯乳液

聚醋酸乙烯酯乳液俗称白胶,主要成分为聚醋酸乙烯酯聚合物,一般为乳液组成的40%~50%。该乳液配方如表3.18所示。

表3.18 聚醋酸乙烯酯乳液参考配方

原料名称	投料量(质量分数)/%	原料名称	投料量(质量分数)/%
醋酸乙烯酯	46.0	过硫酸钾	0.2
去离子水	45.6	邻苯二甲酸二丁酯	5.0
聚乙烯醇	2.5	碳酸氢钠	0.15
OP-10	0.5	消泡剂	0.15

(1)**制备工艺**

将聚乙烯醇与去离子水置于溶解釜中,边搅拌边升温至90~95 ℃,保持2 h左右,使聚乙烯醇全部溶解;降温至50 ℃以下,过滤后置于搪瓷聚合釜中,加入乳化剂、碳酸氢钠和消泡剂,边搅拌边加入约15%的醋酸乙烯酯单体和40%过硫酸钾溶液,加热升温至70~75 ℃,停止加热;待温度自动升至80~83 ℃,且当回流量减少时,开始滴加醋酸乙烯酯单体和过硫酸钾溶液,全部单体约5~6 h滴加完毕,并使过硫酸钾溶液略慢于单体滴加完。醋酸乙烯酯滴加完后，加入余下的过硫酸钾溶液；因反应放热而系统温度自动升温至90～95 ℃，保温1 h；降温至40 ℃以下，加入邻苯二甲酸丁二酯，搅拌均匀，冷却，过滤出料。

(2)各组分作用

按表3.18的配方，其中醋酸乙烯酯是单体；聚乙烯醇的作用是用作保护胶兼具增稠，对乳液稳定性、粘度均有重要影响；水是乳液的连续相，其质量对乳液合成成功与否起着关键作用，水质不能太硬，必须使用去离子水，否则存在于水中的钙、镁等离子可使乳液破乳；过硫酸钾为引发剂，用量与聚合速率成正比而与相对分子质量成反比；邻苯二甲酸二丁酯起增塑作用，可以提高乳液涂膜的柔韧性和附着力，更重要的是降低乳液最低成膜温度；碳酸氢钠是一种pH缓冲剂，保持乳液的稳定性；OP-10是乳化剂，对乳液的形成起决定性作用；消泡剂有降低泡沫表面张力、促使泡沫破裂的作用，以减少涨锅的危险性。常用的消泡剂有正辛醇、磷酸三丁酯、相对分子质量较低的硅油等。

(3)特点及应用

以水为介质，无毒安全。涂膜透气性好，不泛黄，无结露现象，施工方便。但耐水、耐候性差，多用作内墙涂料的基料。

3.3.5　丙烯酸酯共聚物乳液

丙烯酸酯共聚乳液，简称纯丙乳液。它是由不同种类的丙烯酸酯或甲基丙烯酸酯共聚而成。其配方如表3.19所示。

表3.19　纯丙乳液参考配方

原料名称	投料量(质量比)	原料名称	投料量(质量比)
丙烯酸乙酯	58	过硫酸铵	0.4
甲基丙烯酸甲酯	36	乳化剂OS	4
丙烯酸	2	聚甲基丙烯酸钠	2
去离子水	100	(30%水溶液)	

(1)制备工艺

将全部单体、聚甲基丙烯酸钠、乳化剂和80%的水加入预乳化釜中，在强力搅拌下，使单体充分乳化，得预乳化液；用10%的水溶解过硫酸铵，取15%预乳化液和10%的水加入聚合釜中，升温至75 ℃时，加入15%左右的过硫酸铵溶液；当体系开始自动升温，料液开始微微发蓝时，表明聚合反应开始。当温度在75～80 ℃之间，开始(同时)滴加余下的预乳化液和过硫酸铵溶液，控制在4～5 h内滴加完毕，并使过硫酸铵溶液略慢于预乳化液滴加完；最后，加入剩余的过硫酸铵溶液，自动升温至90～95 ℃，保持1 h，降温至40 ℃以下，过滤出料。

(2)各组分作用

在表3.19配方中，采用丙烯酸乙酯与甲基丙烯酸甲酯并用，调节乳液涂膜的性能，少量的丙烯酸可以提高乳液附着力并使乳液稳定；OS(辛基酚聚氧乙烯基醚马来酸酯钠)是一种由OP-10改性的阴离子型乳化剂，聚甲基丙烯酸钠是一种阴离子型的高分子电解质，用作保护胶，两者配合使用，对提高乳液的化学稳定性和机械稳定性均有较大作用。

(3)特点及应用

该类乳液的粘结性、成膜性、涂膜的耐水性、耐碱性、耐老化性和保色性均十分优良，可用于较高档的建筑内外墙乳液涂料的基料。

3.3.6 醋酸乙烯-丙烯酸酯共聚物乳液

醋酸(乙酸)乙烯-丙烯酸酯共聚乳液,简称醋-丙乳液或乙-丙乳液。配方如表3.20所示。

(1)制备工艺

在聚合釜中,加入乳化剂和水,边搅拌边升温至65 ℃使其充分溶解;加入全部甲基丙烯酸于反应系统中,随即加入15%的混合单体,搅拌均匀后,加入25%过硫酸钾溶液、缓冲剂溶液,升温至75 ℃进行聚合;当体系开始自动升温,料液开始微微发蓝时,表明聚合反应开始。当温度调节在75~80 ℃之间时,分别滴加其余的单体和过硫酸钾溶液。滴加时间一般控制在4~5 h加完,并使过硫酸钾溶液略慢于单体滴加完;当混合单体滴加完毕,再将剩余的过硫酸钾溶液全部加入聚合釜中,升温至90~95 ℃并保温1 h后,降温至45 ℃以下,过滤出料即得产品。

表3.20 乙-丙乳液参考配方

原料名称	投料量(质量比)		
	配方1	配方2	配方3
醋酸乙烯	81	85	87
丙烯酸丁酯	10	10	10
甲基丙烯酸甲酯	9	5	3
甲基丙烯酸	0.60	0.55	0.50
OP-10	1.0	1.0	0.8
过硫酸钾	0.5	0.5	0.5
磷酸氢二钠	0.5	0.5	0.5
MS-1(40%水溶液)	2.0	2.0	1.6
去离子水	120	120	120

(2)各组分作用

配方中丙烯酸丁酯和甲基丙烯酸甲酯并用,以改进醋酸乙烯性能,用来调节乳液涂膜的硬度和最低成膜温度。使用少量的甲基丙烯酸,既可以提高涂层的附着力,又可以提高乳液稳定性。MS-1乳化剂是一种含有磺酸基和羧酸基的阴离子型乳化剂,与OP-10配合使用,使产物具有颗粒细、不易起泡、稳定性好等特点;甲基丙烯酸乳液在碱性条件下容易增稠,磷酸氢二钠的作用是缓冲聚合体系的酸碱度,有利于聚合的平稳进行,也可用碳酸氢钠代替。

(3)特点及应用

用丙烯酸酯改性聚醋酸乙烯,提高了乳液的耐水性、耐碱性、耐老化性等指标。同时流动性、涂层丰满度均比聚醋酸乙烯乳液好。因此,可用于建筑内外墙乳液涂料的基料。

3.3.7 苯乙烯-丙烯酸酯共聚物乳液

苯乙烯-丙烯酸丁酯共聚乳液,简称苯-丙乳液。其配方如表3.21所示。制备工艺参考纯丙乳液的制备方法。

表3.21　苯-丙乳液参考配方

原料名称	投料量(质量比)	原料名称	投料量(质量比)
苯乙烯	49	过硫酸铵	0.4
丙烯酸丁酯	49	OP-10	4
丙烯酸	2	十二烷基硫酸钠	2
去离子水	105		

(1)**各组分作用**

苯乙烯的作用是提高涂膜的硬度和最低成膜温度,同时也使成膜性、耐老化性降低,随着苯乙烯加入量的增加而这些作用越明显;丙烯酸丁酯则赋予涂膜良好的成膜性、附着力和耐老化性,与苯乙烯并用可提高涂膜的综合性能。少量的丙烯酸能提高涂层的附着力和乳液的稳定性;十二烷基硫酸钠是阴离子乳化剂,与非离子乳化剂(OP-10)配合使用,使得乳液有较好的化学稳定性和机械稳定性,同时使乳液颗粒细腻。

(2)**特点及应用**

苯-丙乳液具有良好的耐候性、耐水性、耐碱性、抗粉化性、抗污染性和抗回粘性,可用作有光、半光、无光乳胶涂料的基料。既可内用又可外用,一般以外用为主。这是我国外墙涂料基料的主要品种之一。改性苯-丙涂料还可配制成有光涂料代替油性涂料,用于门窗。

3.3.8　有机硅氧烷-丙烯酸酯共聚物乳液

有机硅氧烷-丙烯酸酯共聚乳液,简称硅-丙乳液。其配方如表3.22所示。

表3.22　硅-丙乳液参考配方

原料名称	投料量(质量比)	原料名称	投料量(质量比)
八甲基环四硅氧烷	5.2	过硫酸铵	0.5
3-甲基丙烯酰氧丙基三甲氧基硅烷	0.6	十二烷基苯磺酸	0.75
甲基乙烯基环四硅氧烷	0.6	十二烷基硫酸钠	1.4
丙烯酸丁酯	22.4	OP-10	1.0
甲基丙烯酸甲酯	27.6	氨水	适量
丙烯酸	0.6	去离子水	60

(1)**制备工艺**

先将OP-10、十二烷基硫酸钠、80%的水和全部单体加入预乳化釜中,强力搅拌使单体充分乳化,得A组分;用10%的水溶解过硫酸铵和十二烷基苯磺酸,得B组分;其次将约15%A组分及10%的水加入聚合釜中,升温至75 ℃,再加入约15%B组分;当体系开始自动升温,料液开始微微发蓝时,表明聚合反应开始;调节温度在75~80 ℃之间,同时分别滴加其余的A组分和B组分,控制滴加时间为4~5 h,并使B组分略慢于A组分滴加完。最后,将剩下的B组分全部加入聚合釜中,升温至90 ℃保持1 h。降温至40 ℃以下,出料,过滤即得产品。

(2)**各组分作用**

本配方中,采用不同种类的有机硅氧烷与丙烯酸酯或甲基丙烯酸酯共聚而成,以提高硅-丙乳液的综合性能。十二烷基苯磺酸为有机硅环体的开环聚合催化剂,在形成的聚有机硅分子链上链接乙烯基侧基；乳化剂 OP-10、十二烷基硫酸钠及十二烷基苯磺酸配合使用形成复合乳化体系，使产物稳定性好；3-甲基丙烯酰氧丙基三甲氧基硅烷为偶联剂，有助于改善聚有机硅与聚丙烯酸酯两相结构的相容性；过硫酸铵作引发剂，引发丙烯酸酯单体发生接枝聚合反应。最终形成聚合物分子是以有机硅为主链、聚丙烯酸酯为侧链的梳状结构。

(3)特点及应用

经有机硅树脂共聚改性的丙烯酸酯乳液，具有优良的耐高温性、耐候性、耐化学品性、疏水性、高保色性、柔韧性，且表面能低，不易产生污染。可以制备出高耐水、高耐候、抗污染和性价比优异的环保型硅-丙乳胶涂料。该乳液涂膜可具有良好的弹性和优良的耐沾污性，适合于室内外使用。但力学强度较低，价格较高。

3.3.9　聚丙烯酸酯弹性乳液

聚丙烯酸酯弹性乳液，简称弹性乳液。参考配方如表 3.23 所示。其制备方法与纯丙乳液基本相同。

表 3.23　聚丙烯酸酯弹性乳液参考配方

原料名称	投料量(质量比)	原料名称	投料量(质量比)
丙烯酸丁酯	54	过硫酸铵	0.4
甲基丙烯酸甲酯	38	乳化剂 OS	4.0
丙烯酸	2	聚甲基丙烯酸钠(30% 水溶液)	2.0
二乙烯基苯	4	去离子水	100

(1)各组分作用

聚丙烯酸酯弹性乳液与纯丙乳液的主要区别是增加了软单体用量，加入少量二乙烯基苯做交联剂，使聚合物颗粒在形变过程中发生微交联形成弹性体。其他组分作用同纯丙乳液。

(2)特点及应用

该乳液涂膜具有良好的弹性和拉伸强度，其他性能与纯丙乳液基本相同，可用于较高档的防水型内、外墙乳液建筑涂料的基料。

3.3.10　其他乳液

除以上乳液品种外，还有醋酸乙烯-顺丁烯二酸二丁酯共聚乳液、氯乙烯-偏氯乙烯乳液、自交联型乳液、常温交联型乳液、胶乳互穿网络聚合物乳液等。

3.3.11　聚合物乳液的性能检验项目

在合成乳液的研究工作中，聚合物乳液的需要检验项目主要包括外观、固体含量、pH 值、粘度、残余单体含量、化学稳定性、机械稳定性、稀释稳定性、冻融稳定性、最低成膜温度等。乳液的粒径及其分布、相对分子质量及其分布也是经常考虑的指标。

(1)外观

外观通常采用目测法，要求乳液均匀，无机械杂质，无凝聚结块。

(2)固体含量

称取大约 2 g 乳液试样置于表面皿中，称量得 m_1，然后将其置于带有通风装置的烘箱中，于105 ℃下干燥2 h,称量得 m_2。计算固体含量 w 如式(3.31)所示。

$$w = \frac{m_1 - m_2}{m_1} \times 100\% \tag{3.31}$$

(3)**粘度**

粘度测定采用旋转式粘度计,能够测出乳液的绝对粘度(mPa · S)。工业上也可以用涂—4杯测定粘度,测定结果用时间来表示(s)。两种方法得到的数据之间不可简单换算。

(4)**pH 值**

pH 值采用精密试纸或酸度计测定。

(5)**残余单体含量**

残余单体含量是指乳液中残留的未聚合反应的单体的总量,以质量分数表示。乳液中残余单体含量越少,乳液的贮存稳定性越好,异味也越小。残余的单体含量测定一般采用碘量法。

(6)**化学稳定性**

配制浓度为5%的氯化钙水溶液。按乳液：氯化钙溶液 =1：4(体积比)的比例,将氯化钙溶液加入乳液中,密封后静置48 h,观察其是否分层或破乳。

(7)**机械稳定性**

将一定量的乳液装入小塑料瓶中,在1 400 r/min 的转速下搅拌30 min,观察其是否有分层或破乳现象。

(8)**稀释稳定性**

将10 mL 乳液加入40 mL 去离子水中,用玻璃棒轻轻搅拌均匀,密封后静置48 h,观察其是否分层或破乳。

(9)**冻融稳定性**

将一定乳液装入小塑料瓶中,密封后置于 -10 ℃冰箱中16 h,取出后于(23 ±2)℃温度下放置8 h,为一个循环。反复5 次后,观察其是否分层或破乳。

(10)**最低成膜温度**

最低成膜温度是指乳液能够形成完整涂膜的最低温度(℃),是乳液或乳液涂料对施工环境温度的适应能力。采用最低成膜温度测定仪测定乳液的最低成膜温度。

测定原理　在能形成低温至高温的温度梯度的金属板上涂敷试样。在温度条件合适时,随水分蒸发,聚合物乳液粒子会充分融结,形成连续透明薄膜;否则,有龟裂或白垩化产生。其分界处的温度即为试样的最低成膜温度。

3.4 内墙装饰涂料

内墙装饰涂料是用于装饰及保护室内墙面,使其美观整洁的建筑装饰性涂料。室内墙面经装饰后,可以营造出人与自然和谐共处的氛围,使居住环境有舒服、美妙、踏实之感,更加利于人与人之间的情感交流。因此,对内墙装饰涂料特殊的要求是无毒、无味,符合环保标准;色彩丰富协调、淡雅柔和、涂层质地平滑细洁、明亮、装饰性好;耐碱性、耐水性、耐擦洗性、耐粉化性以及透气性好;涂层具有防火、防霉、无结露、耐沾污性好的功能;干燥快、表面平整、遮盖性好、涂刷方便、重涂容易;刷痕很小、无流挂现象;价格合理等。常用的内墙装饰涂料类别如图3.9所示。

- 内墙涂料
  - 乳液型内墙涂料
    - 聚醋酸乙烯酯乳胶漆
    - 丙烯酸酯乳胶漆
    - 苯-丙乳胶漆
  - 水溶性内墙涂料
    - 改性聚乙烯醇缩醛内墙涂料
    - 聚乙烯醇丙烯酸乳液内墙涂料
  - 其他建筑涂料
    - 多彩花纹涂料
    - 云彩内墙涂料
    - 纤维质内墙涂料
    - 绒面内墙涂料
    - 复层涂料

图3.9 内墙涂料的分类

3.4.1 乳液型内墙涂料

在合成树脂乳液中加入颜料、填料、保护胶体、增塑剂及其他助剂,经分散均匀制得的涂料称为水乳液涂料,亦称乳胶漆。

(1)聚醋酸乙烯酯乳液内墙涂料

以聚醋酸乙烯酯乳液为主要成膜物质,加入填料、颜料、增稠剂、防霉剂等助剂配制成。常用参考配方如表3.24所示。

表3.24 聚醋酸乙烯酯内墙乳液涂料参考配方

原料名称	用量(质量分数)/%		
	配方1	配方2	配方3
50%聚醋酸乙烯酯乳液	42	30	26
钛白粉	26	10	
立德粉		10	25
轻质碳酸钙			10
滑石粉	8	5	
沉淀硫酸钡		10	

续表

原料名称	用量(质量分数)/%		
	配方 1	配方 2	配方 3
瓷土			5
乙二醇		3	2
羧甲基纤维素	0.1	0.17	
羟乙基纤维素			0.2
聚甲基丙烯酸钠	0.08		
六偏磷酸钠	0.15	0.2	0.3
五氯酚钠		0.2	0.2
苯甲酸钠		0.17	
亚硝酸钠	0.3	0.2	
醋酸苯汞	0.1		
磷酸三丁酯		0.4	0.3
去离子水	23.27	30.66	31.00

1)制备工艺　主要包括色浆的制备和涂料的调配两个工序。

①颜料浆的制备　将水、纤维素类增稠剂投入高速分散罐内,低速搅拌使增稠剂溶解。然后加入六偏磷酸钠,搅拌均匀。加大搅拌速度,按先轻后重的顺序依次加入各种粉料,再高速搅拌约 30 min 后,送入砂磨机中研磨,即可得细度小于 50 μm 的颜料浆,备用。

②涂料的调配　将水、防霉剂、防锈剂等助剂加入调漆罐中,搅拌至溶解,加入颜料浆,在慢速搅拌下加入乳液,必要时用消泡剂消泡。用氨水调节 pH 值至 7 ~ 8,继续搅拌 30 min。经过滤网过滤,即得产品。

2)各组分作用　配方 1 的颜基比较低,白颜料全部采用钛白粉,填料用量很少。因此,该涂料的遮盖力强,耐洗刷性好,但价格较高,适用于宾馆、医院、公共娱乐场所等要求较高的室内墙面涂装;配方 2 的颜基比较高,白颜料采用钛白粉与立德粉并用,故遮盖力和耐洗刷性较配方 1 差,但价格较便宜。适用于一般办公室、教室、饭店等场合;配方 3 的颜基比高达 3.08,白颜料全部采用立德粉,并加入了部分轻质碳酸钙做填料。因此,耐水性、耐洗刷性和遮盖力都较差,属低档乳液涂料,适用于普通厂房和民用住宅。

3)特点　以水作介质、安全无毒、涂膜透气性好、不泛黄、无结露现象、施工方便、耐碱、耐候性良好。

(2)聚丙烯酸酯乳液内墙涂料

以聚丙烯酸酯乳液为主要成膜物质,加入其他助剂配制而成。根据组成不同,可以配制成底涂料、内涂料和外涂料。如表 3.25 所示。其制备工艺类同聚醋酸乙烯酯乳液涂料。

表 3.25　聚丙烯酸酯内外墙乳液涂料参考配方

原料名称	用量(质量分数)/%		
	底涂料	内墙涂料	外墙涂料
50%聚丙烯酸酯乳液	34	32	40
钛白粉	7.5	25	25
轻质碳酸钙	20	10	
硅灰石粉		10	10
滑石粉			5
乙二醇			1.0
分散剂(汉高 5040)	0.3	0.5	0.5
增稠剂(636 型)	0.3	0.2	0.2
流平剂(汉高 2000)	1.0	0.5	0.5
成膜助剂(晶华醇酯-12)	1.5	2.0	0.3
杀菌防霉剂(KATHONLXE)	0.1	0.1	0.1
去离子水	35.3	19.8	17.4

1)各组分的作用　聚丙烯酸酯乳液作为主要成膜物质,加入适量的分散剂、流平剂等助剂。底涂的作用是对混凝土墙面封底,以提高乳液涂料的附着力和节省用量。因此,对遮盖力和着色力的要求不高,采用少量钛白粉作为颜料和较大量轻质碳酸钙作为填料,颜基比一般较低;内墙涂料对耐老化性和耐水性要求不如外墙涂料,故填料可采用硅灰石粉和轻质碳酸钙,颜基比稍高些;外墙涂料对耐老化性和耐水性要求较高,故乙二醇作防冻剂,填料宜用稳定性较好的硅灰石粉和滑石粉,白颜料采用金红石型钛白粉,颜基比较适中,遮盖力和耐洗刷性较好。

2)特点　耐老化性、耐水性和保色性较好。一般用作较高档的建筑涂料。

(3)苯-丙共聚乳液内墙涂料

以苯-丙共聚乳液为主要成膜物质,加入颜料及其他助剂配制而成。又称为苯-丙乳胶漆。常用的配方如表 3.26 所示。

表 3.26　苯-丙乳液内墙乳液涂料参考配方

组分名称	用量(质量比)	组分名称	用量(质量比)
苯-丙乳液	100~200	增稠剂	4~6
颜料、填料	280~420	成膜助剂	8~12
分散剂	1~2	防霉剂、防锈剂	适量
消泡剂	2.5~3.5	水	320~360

1)制备工艺　在水中加入分散剂,高速搅拌下加入颜料、填料,经研磨分散制成白色料浆;低速搅拌下加入乳液、成膜助剂、增稠剂、消泡剂、防霉剂、防锈剂等,分散均匀即可。

2)各组分的选用　颜料可选用铁系和酞菁系颜料、钛白粉、锌钡白;填料用碳酸钙、硫酸钡、滑石粉等;分散剂用多聚磷酸盐、聚丙烯酸盐、OP-10;消泡剂常用硫酸二丁酯、乙二醇等,增稠剂用水溶性纤维素;防霉防锈剂用五氯酚钠、苯甲酸钠等。氨水调节 pH 值。

3)特点 具有良好的耐候性、耐水性和抗粉化性,由于乳液聚合物粒度小,可以制成有光乳胶漆。它是目前质量较好的内、外墙乳液涂料之一。

3.4.2 水溶性内墙涂料

内墙装饰用涂料选用水性涂料为宜。凡是用水做溶剂或者为分散介质的涂料都是水性涂料。它包括水溶性涂料、水稀释型涂料、水分散型涂料(乳胶漆)。

水溶性涂料是以水溶性树脂为成膜物质配制成的涂料;水稀释型涂料是使用后乳化乳液作为成膜物质而配制的涂料,在施工中可以用水稀释。后乳化乳液是指溶剂型树脂在有机溶剂中,在乳化剂作用下,靠强烈的机械搅拌使树脂分散在水中形成乳液;水分散型涂料主要是指以合成树脂乳液为成膜物质配制的涂料。

(1)聚乙烯醇水玻璃内墙涂料

聚乙烯醇水玻璃内墙涂料的主要原料是聚乙烯醇、水玻璃、颜料、填料及其他各种助剂。

1)聚乙烯醇 市售的聚乙烯醇(PVAL)有两种规格 1788 及 1799。聚合度为 1 700 左右,水解度为 88%,含乙酰基 12%,称为 1 788;聚合度 1 700 左右,水解度为 99%,含乙酰基 1%,称为 1799。其结构式如下:

$$\left(CH_2-\underset{\displaystyle OH}{\underset{|}{CH}}\right)_x\left(CH_2-\underset{\displaystyle OCOCH_3}{\underset{|}{CH}}\right)_y$$

2)水玻璃 水玻璃分为钾水玻璃和钠水玻璃两种。硅氧模数(简称模数)是表征水玻璃性质的主要指标之一,由式(3.32)表示。

$$\text{硅氧模数} = \frac{n(SiO_2)}{n(Na_2O\text{ 或 }K_2O)} \tag{3.32}$$

式中 $n(SiO_2)$和$n(Na_2O$ 或 $K_2O)$分别为 SiO_2 和 Na_2O(或 K_2O)的物质的量(mol)。

一般水玻璃的模数在 1.5~3.5 之间。模数≥3 属中性水玻璃,模数<3 时为碱性水玻璃。但是无论中性还是碱性水玻璃,水解后都呈碱性。适用于涂料的水玻璃模数在 2.6~2.8 之间。

采用固含量为 37%~38% 的水玻璃及聚乙烯醇水溶液作为主要成膜物质,加入适量的填料、颜料、乳化剂以及增塑剂等,经研磨至一定的细度,即配制成涂料。称为 106 涂料。

3)特点及应用 这种涂料安全无毒、价格低廉,有一定的装饰效果。但是涂层耐擦洗性差,易脱粉。该产品已淘汰。

(2)水玻璃内墙涂料

水玻璃俗称泡花碱,是一种能溶于水的硅酸盐,其外观呈无色、青绿色或棕色固体或粘稠类液体。其主要成分是碱金属硅酸盐和二氧化硅,水玻璃质量以无色透明为最好。液体水玻璃与水按任意比例配制成不同浓度的溶液。该涂料具有不燃性、无烟性、耐热性、耐候性、防霉性以及不容易受到机械损伤等优点。

(3)803 涂料

803 建筑涂料由 801 建筑胶添加其他助剂配制而成。参考配方如表 3.27 所示。这种涂料制备工艺是先溶解分散剂,然后加入部分 801 建筑胶和消泡剂,搅拌均匀后加入其余的 801

建筑胶,在不断搅拌下使之均化;再依次加入钛白粉、立德粉、轻质碳酸钙、滑石粉等,搅拌均匀后,经砂磨机研磨至细度合格,最后加入调色颜料浆,充分调匀,过滤即得803涂料。

表3.27 803内墙涂料参考配方

原料名称	用量(质量分数)/%	原料名称	用量(质量分数)/%
801建筑胶	63.5	滑石粉(300目)	18.0
钛白粉(300目)	2.0	轻质碳酸钙	9.0
立德粉(300目)	6.3	分散剂	0.2
调色颜料浆	适量	磷酸三丁酯	1.0

由于选用游离甲醛含量降为≤1%的801建筑胶为主要成膜物质,改善了施工和使用中的甲醛污染。并有一定的耐擦洗性、耐水性和装饰效果,价格低廉,其他性能类似于106涂料。

(4)内墙仿瓷涂料

仿瓷涂料又称瓷釉涂料,它是一种具有瓷质感的装饰效果建筑涂料。国外称之为薄抹饰面涂料。分为普通仿瓷涂料和耐擦洗性仿瓷涂料两种。普通仿瓷涂料由聚乙烯醇、羧甲基纤维素和彩色粒状填料组成。但是,它超出了水溶性范围,且涂膜软(低于铅笔硬度H)、不耐水,两年后涂层就有一定程度的脱粉现象。

耐擦洗性仿瓷涂料常被称为钢化涂料或塑化涂料或水晶涂料等。这是一种在普通仿瓷涂料中加入合成树脂乳液或加入白水泥的涂料。参考配方如表3.28所示。制备工艺同803涂料。这种涂料的性能优于普通型仿瓷涂料,具有涂膜表面光洁、不结露、防火、成本低等特点,属中高档建筑涂料。

表3.28 耐擦洗性仿瓷涂料的参考配方

原料名称	用量(质量比)	原料名称	用量(质量比)
聚乙烯醇溶液	2.0~2.8	滑石粉	15~20
丙烯酸系列乳液	15~20	轻质碳酸钙	20~28
钛白粉	2~3	分散剂、防霉剂、杀菌剂	适量
立德粉	3~5	水	补充余量

3.4.3 多彩及其他内墙涂料

(1)多彩内墙涂料

多彩涂料属非平面建筑涂料。在分散相中有两种或两种以上的着色颗粒,在保护胶的作用下均匀地分散,并悬浮在水乳介质中,呈稳定状态,通过一次喷涂即可形成每个粒子都独立的多彩花纹。涂膜干燥后,两相或多聚合物乳液凝结,形成坚硬、结实的多色花纹涂膜。

1)类型　多彩涂料由两相组成,一相是水相,另一相是油相。按照分散的状况不同分为以下四类:

①水包油(o/w)型　油相由硝化纤维素漆、马来酸酯及颜料等组成,水相由合成树脂、甲基纤维素和水等组成。为了获得稳定的悬浊体系,还要加一些水溶性合成聚合物、膨润土及水溶性纤维素衍生物等作稳定剂。最终状态是油相分散在水相中,相混而不相溶,外观呈不同颜

色的粒滴状。

②油包水(w/o)型 在连续的油相中,加入聚氯乙烯树脂漆、丙烯酸树脂漆,溶剂选用不破坏分散相粒子的物质。在分散的水相中,加入高粘度的各种合成树脂乳液而制成。这种涂料的优点是附着力强、耐碱性好、有较好的立体花纹饰面。缺点是价格高,溶剂有污染。

③油包油(o/o)型 两相均是互不相溶的油相。适用于金属的涂装。有溶剂型涂料的弱点。

④水包水(w/w)型 在水性乳液涂料中分散凝胶化的水溶性涂料,适用于墙面涂装。

真正有实际意义的多彩涂料是 w/w 型和 o/ w 型两类。而 w/w 型存在装饰效果差,实用性不强的弊端。在技术上成熟并进入实用阶段的只有 o/w 型多彩涂料。

2)多彩花纹形成原理 用人眼可见的滴状或粒状物质分散悬浮在另一相中,两相界面稳定互不相溶。利用分散介质的低粘度、低浓度,分散相的高粘度、高浓度;分散相由不同颜色组分组合,并能悬浮于分散介质中的特点。喷涂时分散相形成立体质感的花纹。所以,广泛地应用于大型建筑物及家庭的内壁上,花纹色彩协调、美丽自然。

(2)水包油型硝化棉类多彩花纹涂料

1)配方 水包油型硝化棉类多彩花纹涂料由清漆、色浆和分散介质三部分组成。生产 100 kg 清漆配方如表 3.29 所示。其中混合溶剂由乙二醇丁醚、醋酸辛酯、甲基异丁基甲醇、苯甲酸乙酯、苯甲醇丁酸异戊酯、乙二醇乙醚醋酸酯及二甲苯所组成。

表 3.29 硝化棉类多彩涂料用清漆的参考配方

原料名称	用量(质量分数)/%
硝化棉(粘度 120 s)	13
松香树脂(R422)	9
混合溶剂	78

色浆是由颜料、填料分散于邻苯二甲酸二丁酯和蓖麻油中而成,其配方如表 3.30 所示。由于蓖麻油具有很好的润湿性和展色性,色浆配方中不再使用分散剂,研磨达到细度要求即可。而分散介质配方如表 3.31 所示。

表 3.30 各色色浆参考配方

色 别	用量(质量分数)/%				
	邻苯二甲酸二丁酯	蓖麻油	轻质碳酸钙	沉淀硫酸钡	颜 料
铁红色浆	17.5	17.5	10.0		55.0(铁红)
钼铬红色浆	20.0	20.0	25.0		35.0(钼铬红)
中铬黄色浆	17.5	17.5	40.0		25.0(中铬黄)
铁黄色浆	17.5	17.5		30.0	35.0(铁黄)
炭黑色浆	20.0	20.0		45.0	15.0(炭黑)
酞菁蓝色浆	17.5	17.5		55.0	10.0(酞菁蓝)
酞菁绿色浆	16.5	16.5		56.0	11.0(酞菁绿)
钛白色浆	16.5	16.5			67.0(金红石钛白粉)

表 3.31 分散介质参考配方

原料名称	用量(质量比)
甲基纤维素	0.50
无水硫酸钠	0.25
正辛醇	0.001 7
去离子水	100

2)制备工艺　多彩涂料配制工艺较为复杂,包括清漆、色浆、分散介质和涂料的制备。

①清漆的制备　将混合溶剂投入溶解釜中,搅拌均匀,按表 3.29 配方加入经预处理的硝化棉,搅拌 1.5 ~ 2.0 h 至均匀溶解后,再加入 R422 松香树脂,搅拌至透明,分三次加入混合溶剂,并搅拌均匀后出料,备用;

②色浆的制备　按表 3.30 配方,将各组分材料投入搅拌机中,搅拌 30 min 至均匀。经研磨至规定的细度(通常小于 30 μm)后,配制成所需的色浆,备用;

③分散介质的制备　在夹套搅拌釜中,加入 1/5 去离子水,升温至 90 ℃,加入高粘度和低粘度甲基纤维素,搅拌均匀;自然降温至 50 ℃,加入无水硫酸钠;自然降温至常温,加入正辛醇搅拌均匀。加入 0 ~ 5 ℃的水,搅拌成均匀的溶液。隔夜后,取样测粘度为(14.2 ±0.3)s(涂 -4 杯,25 ℃)为合格,备用;

④多彩涂料的制备　在夹套搅拌釜中,加入分散介质并搅拌,加热升温至 38 ~ 39 ℃,停止搅拌;按配方加入色漆,开动搅拌,使速度控制在 100 r/min 左右,搅拌时间约 100 min。待漆料颗粒被粉碎成拇指大小时,加速至 250 r/min,搅拌 40 min,其间随时观察颗粒大小变化,一旦颗粒达到设计花纹大小,即停止搅拌,测粘度和固体含量,合格后包装。

3)涂装工序　使用专用喷枪进行涂装。在一定压力下(0.2 ~ 0.3 MPa)和一定的距离(30 ~ 40 cm)下喷射,有色的油相破裂,形成两种以上的多彩涂层。一般要涂三道:第一道先在基层上涂刷一层氯化橡胶底漆;第二道用有色涂料涂中间层;第三道则是喷涂多彩花纹涂料。各道涂料的涂布时间间隔为 6 h 以上。涂布量为底涂 0.1 kg/m^2,中涂料 0.2 kg/m^2,多彩涂料 0.3 ~ 0.4 kg/m^2。

4)特点及应用　多色花纹涂料被人们誉为“无缝壁纸”,是一种新型建筑用浮雕涂料,具有立体感强,光泽多彩,外观质感好的装饰效果。广泛应用于宾馆、商店、新剧院、办公室、餐厅、歌舞厅等的装饰。

(3)多彩花纹内墙涂料

多彩花纹内墙涂料的参考配方如表 3.32 所示。制备工艺类同于硝化棉类多彩花纹涂料。具有透气性好、美观豪华、色彩丰富、可以擦洗、使用期限长的特点。常用作较高档建筑内墙涂料,使用时不能掺兑水或溶剂。

表 3.32 多彩花纹内墙涂料的参考配方

原料名称	用量(质量分数)/%	原料名称	用量(质量分数)/%
10% 聚乙烯醇溶液	7	轻质碳酸钙	2
钛白粉	3	滑石粉	2
彩色颜料	8	硝酸纤维素(0.5 s)	5
有机硅树脂	1	乙酸乙酯	2
松香	2.5	丙酮	10
分散剂	0.2	蓖麻油	2
乙二醇乙醚	17	邻苯二甲酸二丁酯	12
10% 纤维素水溶液	12	氨水	0.3
去离子水	10	200 号溶剂汽油	4

(4) **绒面内墙涂料**

由直径40 μm左右的带色小粒子和丙烯酸酯乳液、助剂组成。参考配方如表3.33所示。虽然不含有纤维,但施工后在视觉和触觉上都具有绒面感,涂层手感柔软,色彩图案多,不含有毒溶剂,且耐碱、耐洗刷性好。

表3.33 绒面内墙涂料的参考配方

原料名称	用量(质量分数)/%	原料名称	用量(质量分数)/%
聚合物微球	35.0	邻苯二甲酸二辛酯	2.5
丙烯酸酯树脂	25.0	邻苯二甲酸二丁酯	2.4
30%醋酸丁酸纤维素溶液	23.0	润湿消泡剂	3.0
稀释剂	8.5	202S防沉剂	0.6

(5) **纤维质内墙涂料**

以纤维质材料为主要填料,添加胶粘剂、助剂等组成的一种纤维状质感的内墙涂料。其参考配方如表3.34所示。该涂料吸声和透气效果好,涂层的防霉性、阻燃性好。施工时,应注意干料和液料必须按比例混合均匀。

表3.34 纤维质内墙涂料的参考配方

原料名称	用量(质量分数)/%	原料名称	用量(质量分数)/%
苯-丙乳液和聚醋酸乙烯乳液	30.0	糊精	0.4
纤维材料	60.0	增稠剂	0.6
阻燃剂	0.9	乙二醇	0.8
防霉剂	0.2	水	7.1

(6) **其他**

除以上内墙涂料品种外,还有硅溶胶聚醋酸乙烯乳液复合涂料,改性硅溶胶涂料,荧光透明液状硅溶胶无机涂料,有光、无光和半光内墙涂料,白色彩砂粒状涂料,掺骨料花纹涂料,凹凸状复层花纹厚质涂料,氧化玉米淀粉胶液涂料,浮雕式多彩涂料,珠光云彩涂料,夜光多彩仿瓷涂料,丝绸花纹涂料,水性彩色花纹喷涂涂料,水性仿壁纸幻彩涂料,仿缎面柔和豪华涂料,仿瓷发光涂料,白色壁画涂料,负离子环保健康内墙涂料,等等。

3.5 外墙装饰涂料

外墙用涂料除了要具有良好的装饰性能外,还要具有较好的耐水、耐污染、抗冻融、自洁和耐气候性等功能。它的主要作用是对建筑物的装饰和保护。根据该涂料使用的基料不同、溶剂不同、成品的形态不同分为不同种类型,如图3.10所示。

- 外墙涂料
  - 乳液型
    - 合成乳液薄质涂料
      - 乙-顺乳胶漆
      - 乙-丙乳胶漆
      - 苯-丙乳胶漆
      - 氯-醋-丙乳胶涂料
    - 合成乳液厚质涂料
      - 乙-丙乳厚涂料
      - 氯-偏共聚乳液厚涂料
    - 彩色砂壁状涂料
    - 水乳型合成乳液涂料
  - 水溶性
    - 水玻璃涂料
    - 硅溶胶涂料
  - 溶剂型
    - 过氯乙烯、苯乙烯焦油、聚乙烯醇缩丁醛、氯化橡胶涂料
    - 丙烯酸酯树脂、丙烯酸酯复合型、聚氨酯系涂料
  - 其他类别
    - 砂壁状涂料
    - 复层涂料

图 3.10　外墙装饰涂料的分类

3.5.1　乳液型外墙涂料

以聚合物树脂乳液为主要成膜物质,加入耐候性好的助剂而制备的外墙涂料,称为乳液型外墙涂料,也称乳胶漆。具有水性涂料的特征。外墙涂料对耐老化性和耐水性的要求较高。

(1)聚丙烯酸酯乳液外墙涂料

聚丙烯酸酯乳胶漆是以纯丙乳液为主要成膜物质,涂膜光泽柔和、耐候性、保光性、保色性优异;白色颜料采用金红石型钛白粉,填料选用稳定性好的硅灰石和滑石粉,以满足外墙涂料对耐老化性和耐水性较高的要求;轻质碳酸钙在酸性条件下不稳定,不宜用于外墙涂料;增稠剂、流平剂的用量要尽可能少。其配方参见表 3.25。生产工艺同聚丙烯酸酯乳液内墙涂料。

表 3.35　乙-丙乳液外墙涂料参考配方

原料名称	用量(质量比)	原料名称	用量(质量比)
乙-丙共聚乳液	100～150	氨水	1～2
丙烯酸	1～2	六偏磷酸钠、聚丙烯酸钠	1.6～1.8
乙二醇	6～9	增稠剂(纤维素类)	5～12
钛白粉(金红石型)	24～30	磷酸三丁酯	0.12～0.25
滑石粉	10～15	碱溶性丙烯酸乳液	少量
硫酸钡	9～12	五氯苯酚：苯甲酸钠：亚硝酸钠	0.5：0.25：0.25
氧化锌	1～2	去离子水	10～15

(2)醋酸乙烯-丙烯酸乳液外墙涂料

醋酸乙烯-丙烯酸乳液涂料,简称乙-丙乳胶涂料或乙-丙乳胶漆,配方如表 3.35 所示。

1)制备工艺　分三个主要步骤。第一步将分散剂、水、填料、颜料等按加料顺序配料,经研磨按需制成色浆;第二步将钛白粉、分散剂及水快速分散;第三步将色浆、乙-丙共聚乳液、丙烯酸乳液、钛白浆及其他助剂混合均匀,经过滤即得乙-丙乳胶漆。

2)各组分作用　乙-丙乳液为主要成膜物质,乙二醇作防冻剂,加入少量的丙烯酸乳液提高涂膜的附着力和抗水性,六偏磷酸钠与聚丙烯酸钠复合使用作分散剂,用五氯苯酚、苯甲酸钠、亚硝酸钠混合作防腐剂,磷酸三丁酯作消泡剂。

3)特点及应用　该涂料具有较好的耐候性,综合性能优于聚醋酸乙烯乳胶涂料或乙-顺乳胶涂料,价格适宜,也可作内墙有光涂料用。

(3)乙-顺共聚乳液外墙涂料

乙-顺共聚乳液为基料,加入颜料和其他助剂配制成乳液型涂料,简称乙-顺乳胶漆。配方如表3.36所示。将分散剂、增稠剂溶解成水溶液,加入防霉剂乙酸汞苯、防冻剂乙二醇、各种粉料等,进行研磨分散后,加入乙-顺乳液,用氨水调节pH值至8以上。若配色漆,色浆调配至需用的颜色。在乙-顺乳液涂料的基料主链上引入丁基酯,起内增塑作用,使该涂料的耐老化性、耐碱性优于聚醋酸乙烯乳液涂料。具有较好的耐老化性、耐碱性,特别适合于水泥砂浆表面。

表3.36　乙-顺乳液外墙涂料参考配方

原料名称	用量(质量比)	原料名称	用量(质量比)
乙-顺共聚乳液	35.0	松油醇	0.1
乙二醇	3.0	氨水	适量
钛白粉(金红石型)	13.0	六偏磷酸钠、聚丙烯酸钠	0.2
滑石粉	5.0	增稠剂	0.1
硫酸钡	12.0	乙酸汞苯	0.3
磷酸三丁酯	0.5	消泡剂	0.6
去离子水	30.0		

(4)醋酸乙烯-丙烯酸共聚物乳液厚质涂料

醋酸乙烯-丙烯酸共聚乳液为基料,掺入一定量的粗集料组成的一种厚质外墙涂料,简称乙-丙乳胶厚质涂料。常见的配方如表3.37所示。

表3.37　乙-丙厚质外墙涂料参考配方

原料名称	用量(质量比)	原料名称	用量(质量比)
乙-丙共聚乳液	100~120	氨水	1~2
乙二醇	8~10	六偏磷酸钠、聚丙烯酸钠	0.2~0.5
钛白粉(金红石型)	25~28	增稠剂	3~10
滑石粉	10~13	消泡剂(磷酸三丁酯)	0.1~0.2
硫酸钡	10~12	云母粉	15~16
去离子水	适量	防霉剂	1~2
氧化锌	12~15	5%羧甲基纤维素溶液	7~9

1)制备工艺　先制色浆,再配涂料。

①白色厚浆料的制备　将水、填料(硫酸钡、滑石粉、钛白粉)、分散剂六偏磷酸钠及与聚丙烯酸钠、防霉剂等,混匀后经研磨制成白色厚浆料;

②涂料的制备　在防锈容器中,按配方比例加入乙-丙共聚乳液,边搅拌边滴加氨水调节pH至7.5~8.5,缓慢加入消泡剂磷酸三丁酯和防冻剂乙二醇,搅拌均匀;再依次加入成膜助剂、白色厚浆料、云母粉;最后加增稠剂调节粘度,充分混合均匀;用色浆调节至所需的颜色,即得乙-丙乳液厚质涂料成品。

2)特点及应用　掺入一定的粗集料,使涂膜厚实、质感强、装饰性好;该涂料的耐候、耐水性强,具有优良的冻融稳定性,对基层的附着力大,施工操作方便,可采用喷、滚、刷等施工方法。属于中档涂料之一。

(5)**弹性外墙乳液涂料**

建筑物的外墙面多数是以水泥砂浆抹面找平的。水泥基层的固有特性受到温度的变化、干湿交替、冻融循环等环境因素的影响,常常会产生裂缝,而导致涂层开裂,时间越长裂缝越加深。当建筑物受到水,空气中的二氧化碳、酸性气体、盐雾及其他腐蚀性气体侵蚀时,涂层及其内部的水泥砂浆、钢筋受到腐蚀,甚至影响建筑物的使用功能。针对建筑物这类病害,人们采用弹性外墙涂料进行表面涂装加以防止。这种涂料除了具有所要求的一般装饰效果外,还是一种预防建筑物表面裂缝和墙体渗漏的新型涂料。

1)配方　以弹性聚丙烯酸酯乳液为基料,再配用一些普通丙烯酸酯乳液或苯-丙乳液,既能改善涂膜的某些性能,也可以适当降低涂料成本,所用的颜、填料与普通乳胶漆的基本相同。常见的配方如表3.38所示。

表3.38　弹性外墙涂料参考配方

原料名称	用量(质量比)	原料名称	用量(质量比)
163M丙烯酸酯乳液	40.0	氨水	0.25
丙二醇	10.0	增稠剂(TR-115)	1.2
钛白粉(金红石型)	2.0	消泡剂(SN-345)	0.25
高岭土	9.0	防霉剂(LXE)	0.2
去离子水	18.1	重质碳酸钙	17.2
润湿剂(CF-10)	0.3	分散剂(H-30A)	0.5
Texanol酯醇	1.00		

2)制备工艺　将水、防霉剂置于搅拌釜中,搅拌均匀,随后加入分散剂、氨水、润湿剂、酯醇及部分消泡剂,搅拌均匀后,再加入颜料和填料再搅拌均匀,经研磨,细度达30 μm时,加入163M丙烯酸酯乳液并搅拌均匀,加入增稠剂;用水调整粘度,加消泡剂,低速搅拌,即得成品。

3)各组分的作用　弹性丙烯酸酯乳液为基料;丙二醇作防冻剂,提高涂层的耐候性;白色颜料选用金红石型钛白粉,其他颜料、填料也必须选用耐候性、耐光性好的材料,以保证涂膜的耐久性;氨水用作pH值调节剂,CF-10用于颜料的润湿,分散剂H-30A用于颜料的分散,SN-345做消泡剂,Texanol酯醇做成膜助剂,TR-115是增稠剂起增稠作用,LXE做防霉防腐剂。

4)特点及应用　这种功能性建筑涂料除具备所要求的装饰效果外,还兼具预防建筑物表面裂缝和墙体渗漏的功能。具有粘结强度高,耐候性、抗老化性、耐水性、耐污性、保色性能好等特点;涂膜自身具有很强的遮蔽裂缝的能力和很高的阻隔水、二氧化碳等向涂膜中渗透的能力。该产品对于建筑物墙面的裂纹,天花板开裂等起到极好的弥补和装饰作用,是一种前景宽广的实用性建筑涂料,特别适用于水泥砂浆墙面。

(6)**水乳型环氧树脂外墙涂料**

用市售低相对分子质量环氧树脂,配以适当的乳化剂、增稠剂、水,通过高速搅拌,分散而成的稳定乳状液为基料,加入颜料及其他助剂配制而成。是双组分涂料,配方如表3.39所示。

表3.39　水乳型环氧树脂外墙涂料参考配方

原料名称		用量(质量比)	原料名称		用量(质量比)
环氧树脂乳化	环氧树脂E-44 乳化剂 丙酮 增稠剂	10.0 2.0 20.0 20.0	环氧树脂乳化	氢氧化钠 乙醇 水 水性丙烯酸	0.2 40.0 90.0 少量
A组分(涂料)	环氧树脂乳液 钛白粉 填料	100.0 25.0 50.0	A组分(涂料)	分散剂 着色剂	0.5 20
B组分	固化剂(低分子量PA)	4	B组分		

1)制备工艺　先对环氧树脂进行乳化处理,后配制涂料。第一步,将环氧树脂E-44、乳化剂、丙酮、乙醇、增稠剂、水性丙烯酸及水等,在高速搅拌下制备成乳液。通常选用非离子型或非离子型/阴离子型的复合乳化剂,乳化时加入少量水性丙烯酸系聚合物作保护胶体;第二步是涂料的配制,将填料、颜料、分散剂等边搅拌边加入环氧树脂乳液中,混合均匀后,得水乳型环氧树脂外墙涂料,现场配以固化剂,即可施工。

2)各组分的作用　E-44环氧树脂乳液为主要成膜物质,配厚质涂料可使用方解石粉或硫酸钡粉,若增加涂层的硬度,用石英粉较好;因该涂料在户外使用,需要涂料增加保色性、耐久性、耐候性以及耐磨性,着色剂宜选用金红石型钛白粉、氧化铁颜料、群青、酞菁蓝等;为了增加涂膜的韧性,加入低分子聚酰胺(PA)作为固化剂;增稠剂宜用聚乙烯醇、水性丙烯酸、羟甲基纤维素以及聚丙烯酰胺等;分散剂可用三聚磷酸钠、六偏磷酸钠。

3)特点及性能　粘结能力强,耐老化、耐久性好,属于高档外墙涂料之一。缺点是双组分施工,价格较高。

(7)彩砂涂料

彩砂涂料又称砂壁状乳液涂料或真石漆,是以合成树脂乳液、着色骨料和普通骨料为主体,加入增稠剂及各种助剂配制而成的彩色砂壁状涂料,简称彩砂涂料。

1)组成　彩砂涂料组分由基料、骨料、增稠剂及类同于其他涂料的助剂组成。

①主要成膜物质　醋-丙共聚乳液、苯-丙共聚乳液和纯丙均聚乳液,均可做彩砂乳液涂料的主要成膜物质用。近年来开发的有机硅改性聚丙烯酸酯乳液、丙烯酸酯弹性乳液等,也用于制备砂壁状乳液涂料。

②骨料　骨料包括着色骨料和普通骨料两部分。着色骨料有人工烧结着色砂粒、人工烧结陶粒和天然带色石粒三种。前两种彩色骨料色彩鲜艳、纯度较高、装饰效果较好,但价格较贵;天然带色石粒由带色石材粉碎而成,色彩不够鲜艳,纯度较差。但色彩稳定,价格较便宜。在涂料中着色骨料起着色,并丰富质感的作用。

普通骨料一般为石英砂或白云石砂粒。在涂料中起调色、增加质感和降低涂料成本的作用。用一定量的普通骨料与着色骨料配合使用,不但可以调整涂料颜色的深浅梯度,使涂层色调有立体层次,取得类似天然石材的质感的效果,还可降低产品价格。

要求骨料有一定的粗细级配,粗粒子太多,涂层会产生较多针眼孔隙,以致强度降低,吸水性提高；若全部用细砂，则涂层质感不太好。因此，宜采用以细砂为主，适当加入粗粒的合理级配，既能耐污染又能增加装饰效果；骨料的质地不能太紧密，要有一定的吸水性，避免喷涂施工时骨料颗粒的飞溅。

③增稠剂　在彩砂乳液涂料中，增稠剂十分重要，其作用是提高涂料稠度，保证骨料在乳液中呈悬浮状态，减少沉底现象。主要品种有羟乙基纤维素、羧甲基纤维素或聚合物等。

2）配方　彩砂乳液涂料的组分，除骨料和增稠剂外，其他助剂类同于一般外墙涂料，配方如表3.40所示。骨料粒度的要求如表3.41所示。

表3.40　聚丙烯酸酯彩砂乳液涂料参考配方

原料名称	用量（质量比）		
	配方1	配方2	配方3
50%聚丙烯酸酯乳液	100	100	
聚丙烯酸酯弹性乳液			100
2%羟乙基纤维素水溶液	18~20	14~16	14~16
5%甲基聚丙烯酸钠水溶液		7~9	7~9
钛白粉		40~45	
彩色砂	200~220		200~220
石英砂	250~280	240~260	250~280
成膜助剂（丙二醇、苯甲醇）	3~5	2~4	1~3
防霉剂	0.2	0.2	0.2
增稠剂	适量	适量	适量
消泡剂	0.1	0.1	0.1

表3.41　骨料粒度要求

骨料名称	过筛/目	占比例（质量分数）/%
着色骨料	30以下	76
	20	11
	10	13
普通骨料	40~150	62
	150以下	33
	20~40	4.5
	20以下	0.5

3）制备工艺　制备彩砂涂料时，先将乳液加入搅拌釜中，缓慢加入各种助剂（增稠剂除外），充分搅匀；边搅拌边加入着色骨料和石英砂，搅拌约30 min，呈均匀状态后，加入适量增稠剂调节稠度，出料，包装。若按配方2制备涂料时，应先将钛白粉与部分羟乙基纤维素溶液轧制成白色浆料，然后加色浆，最后加骨料。由于彩砂涂料含有颗粒较大的骨料，配制后易沉淀，贮存不稳定。在实际应用中，有单组分和双组分之分，单组分彩砂涂料是全部料混合为单包装，交付工地使用；双组分彩砂涂料是骨料为一组分，其他为另一组分，以双组分交付工地使用，这种包装形式有利于贮存。

4)各组分作用　配方1为普通彩砂涂料,颜基比高达9左右。用羟乙基纤维素溶液作为增稠剂,涂料有较好的施工性能。若稠度尚不能达到防止骨料沉降的要求,可适当的加入缔合型增稠剂,但要注意用量,加入太多增稠剂会影响涂料的稳定性和施工性;配方2中加入部分钛白粉起着色、遮盖作用,石英砂用量相对较少,并且不加彩色砂,因此为单色涂料。这种涂料一般用于建筑(构)物的立柱、围墙、牌楼等;配方3为弹性彩砂乳液涂料,其乳液的最低成膜温度较低,故配方中成膜助剂用量较少。它克服了普通彩砂涂料的涂层容易随建筑物应力变形而开裂的缺点,具有较好的防水功能。

5)特点及应用　采用高温烧结的彩色砂粒、彩色陶粒或天然带色石屑作骨料,不易褪色,质感和装饰性强,耐候性、耐久性强。可以采用喷涂施工,工效高,施工周期短。适用于外用建筑的装饰与保护。

(8)**有机硅树脂改性丙烯酸外墙涂料**

为提高丙烯酸涂料的耐玷污性,常用有机硅树脂对丙烯酸涂料进行改性,经改性后的有机硅-丙烯酸酯复合型建筑涂料,具有优异的耐候性和耐污染、耐玷污性。改性的方法有两种,一种是将有机硅树脂与丙烯酸树脂混合进行物理改性,另一种则是将有机硅树脂接枝到丙烯酸树脂的分子主链上进行化学改性,经化学改性的有机硅丙烯酸树脂还赋予涂层一定的弹性。

1)配方　主要由丙烯酸酯乳液与有机硅树脂乳液组合而成,参考表3.42的配方,将各种原料混合均匀,即得一定细度的浆料,过滤即可。

表3.42　有机硅树脂改性丙烯酸外墙涂料参考配方

原料名称	用量(质量比)	原料名称	用量(质量比)
丙烯酸酯乳液	100	成膜助剂	10~60
有机硅树脂乳液	5~40	钛白粉	50~60

2)各组分的作用　丙烯酸酯乳液的主要作用除了粘结颜/填料颗粒而形成致密的涂膜以外,更重要是使涂料很好地铺展于基层上,并与基层产生良好的附着力和所需要的某些涂膜性能;有机硅树脂乳液的作用是,在涂料形成涂膜的过程中,迁移至涂层表面,形成有机硅膜层,对涂膜产生保护作用,发挥有机硅树脂所固有的耐热性和很低的表面能等作用,而表现出抗回粘性、抗大气及灰尘等污染的能力。

3)特点及应用　用有机硅乳液改性丙烯酸乳液,发挥二者特性互补的优势,制成具有极低表面能的耐玷污外墙涂料。该涂料具有良好的防粘性和防泛白性、耐水性、耐候性、耐污染性、耐化学药品性以及涂膜能长期保持美观、光泽。由于有机硅乳液价格较高,其涂料主要用于高层、超高层或有特殊要求的重点建筑物以及建筑的适合部位。

(9)**其他乳液涂料**

其他品种的乳液涂料还有有机硅-丙烯酸酯共聚乳液(硅-丙乳液)涂料、氯乙烯-醋酸乙烯-丙烯酸酯乳液涂料、超耐候性外墙涂料、高耐候性水性外墙涂料以及高耐久性外墙涂料等。

3.5.2　水溶性外墙涂料

水溶性外墙涂料是一类以无机物、有机物或无机/有机复合物为成膜物质,加入成膜助剂、增稠剂等,经搅拌、研磨、过滤等工序,调制而成的一种水性涂料。该涂料的特点是无毒无味,不污染环境；施工性能好，易于刷涂，既可以喷涂、辊涂、也可以弹涂，使用的工具可以用水清洗；遮盖力强，涂刷面积大；涂膜细腻，颜色均匀明快，装饰效果好；涂膜致密，坚硬，耐磨性好，可用水砂纸打磨抛光；涂膜不产生静电，不易吸附灰尘，耐污染性好；涂膜是以胶体二氧化硅形成的无机高分子涂层，其耐酸、耐碱、耐沸水、耐高温、耐久性好。

(1)**硅溶胶复层涂料**

硅溶胶是硅酸多分子聚合物的胶体溶液，外观呈乳白色，浓度高时呈胶状，亦称胶体二氧化硅。硅溶胶复层涂料分别由封闭层、主涂层、面层和罩光层复合而成。封闭层是由主要成膜物质、助剂、稀释剂和润湿剂组成。其作用是对涂饰基层起封闭和增强的作用，同时也增加与涂膜的结合能力；主涂层主要由主要成膜物质、辅助成膜物质、增稠剂、防裂剂和防霉剂等组成，它是形成涂料立体质感效果的涂层；面层主要由成膜物质及着色剂等其他助剂组成。其作用是增强涂层的装饰效果；罩光层可以使涂层具有一定的光泽和立体质感，并对涂层有一定的保护作用。

1)涂膜的形成与结构　硅溶胶复层涂料的主要成膜物质是硅溶胶失水使单体硅酸逐渐聚合形成多聚硅酸，最后形成稳定的大分子硅-氧结构的薄膜。

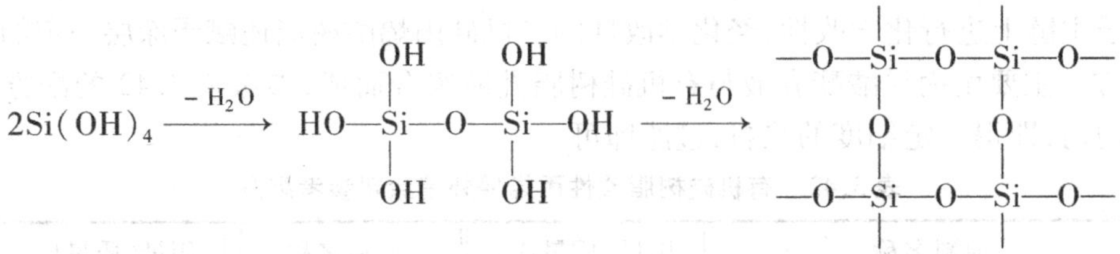

2)制备工艺　硅溶胶的制备过程主要是除去硅酸钠中的阳离子(Na^+)和阴离子(Cl^-)，形成稳定的胶液，即硅溶胶分别通过阳离子交换树脂和阴离子交换树脂柱，经浓缩而成。

3)特点及应用　涂膜的耐候性、耐沾污性及耐燃性非常好，是外墙涂料中重要的廉价成膜物质。但是，若使用不当，涂膜会发脆，需用有机类基料对其进行改性。

(2)**水玻璃外墙涂料**

水玻璃涂料是以硅酸钾、硅酸钠为主要成膜物质配以其他助剂经研磨、过滤而得的水性涂料。以硅酸钾为主要成膜物质(耐水性优于硅酸钠)的外墙涂料，其配方如表3.43所示。

1)各组分作用　硅酸钾(钠)是主要成膜物质，配以硅溶胶，或硅酸钠，或硅酸锂对其进行改性，添加滑石粉、石英粉、云母粉等填料，着色颜料主要使用耐碱性的氧化铁类、氧化铬类和金红石型钛白粉等，助剂是六偏磷酸钠及表面活性剂，偏磷酸铝是固化剂，羧甲基纤维素做增稠剂，消泡剂则使用磷酸酯类。

2)特点及应用　钾水玻璃具有较好的粘结性能，与偏磷酸铝物质固化成耐水、耐碱、耐热及耐刷洗等性能优良的硬膜，可以在低温下涂装。适用于一般建筑物的外墙装饰。

表3.43 硅酸钾无机外墙涂料参考配方

原料名称	用量(质量比)		
	配方1	配方2	配方3
硅溶胶	30		
硅酸钾	45	50	50
硅酸锂		50	
硅酸钠			50
4%聚乙烯醇溶液	1~2		
磷酸氢锌		10	
偏磷酸铝			40~45
钛白粉	15		
立德粉	40~45		
滑石粉	35~40		
碳酸钙	100		
蛭石粉		30~35	
普通硅酸盐水泥		50~60	
镁质水泥			10~15
水		20~25	30~35

(3)**硅溶胶/有机聚合物复合外墙涂料**

由于硅溶胶存在涂膜质脆、易收缩开裂、干燥过快等缺点,应与有机基料复合使用。参考配方如表3.44所示,按配比将全部物料混合分散均匀即成。

表3.44 硅溶胶/聚合物乳液外墙涂料的参考配方

原料名称	用量(质量比)	原料名称	用量(质量比)
硅溶胶	100	乙二醇	12
50%聚丙烯酸乳液	4~6	颜料	适量
有机硅	2~3	水	100~120
钛白粉、锌钡白	600~650		

1)各组分作用 配方中,聚丙烯酸乳液与硅溶胶两者复合作为主要成膜物质,并使用了大量的钛白粉。涂覆后,随着水分挥发,硅溶胶(SiO_2)逐渐交联,丙烯酸树脂被混杂其中,形成网状结构,丙烯酸大分子的柔顺性克服了硅溶胶涂膜性脆、易开裂的缺陷。

2)特点及应用 无毒、施工方便、牢固度高,有良好的耐水性和突出的耐久性,涂膜的各种物理性能均较优异,是一种较高级的外墙涂料。

3.5.3 溶剂型外墙涂料

聚合物树脂为主要成膜物质,有机溶剂作稀释剂,加入其他助剂,经混合、研磨后即得挥发性涂料。涂膜基本上没有刷痕,且致密,具有较好的光泽性和耐水性。组成较乳液涂料简单,通常稳定性较好。但是,溶剂型涂料存在溶剂挥发、污染环境及成本高等问题。

用于溶剂型外墙涂料的基料能常温成膜,并具有良好的耐碱性、耐候性和耐水性;在大部分溶剂中有很好的溶解性，并与其他树脂有良好的混溶性；相对分子质量适中，成膜性能与装饰性能良好；对颜料、填料的润湿性较好，贮存稳定性好；来源广泛，资源丰富，价格适中；对颜料/填料及其他助剂的要求同其他涂料；溶剂是涂料中的挥发部分，主要用来调节涂料的粘度和干燥速度，改善涂料的施工性，合理的选择和使用溶剂对涂料的性能有着极其重要的作用。

(1)过氯乙烯树脂外墙涂料

以过氯乙烯树脂(含氯量为61%～65%)为主要成膜物质，配用少量其他树脂及一定量的溶剂、增塑剂、稳定剂、颜料等物质，经捏合、混炼、塑化、切粒、溶解、过滤等工艺过程而制成的涂料，其参考配方如表3.45所示。过氯乙烯树脂涂料的制备工艺流程，如图3.11所示。

表3.45　过氯乙烯外墙涂料参考配方

原料名称	用量(质量比)	原料名称	用量(质量比)
过氯乙烯树脂(含氯量61%～65%)	100～140	溶剂(二甲苯)	130～165
松香改性酚醛树脂	30～50	滑石粉	10～15
二碱式亚磷酸铅	2～3	氧化锌	适量
色浆料	适量		

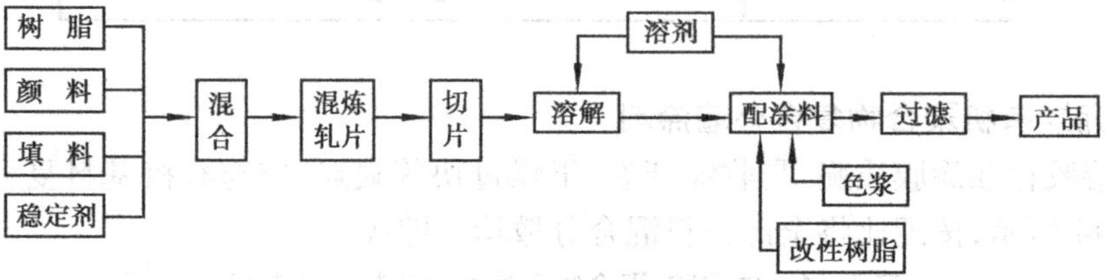

图3.11　过氯乙烯树脂涂料的制备工艺流程

这种涂料干燥快，施工方便，具有良好的耐候性和化学稳定性，耐水、防霉、防腐蚀、不延燃等。但是附着力较差，热分解温度低，固含量低，污染环境。其应用范围较广。

(2)丙烯酸酯树脂外墙涂料

以热塑性丙烯酸树脂为主要成膜物质，加入一定量的溶剂、颜料、填料及其他助剂，经研磨、过滤等工艺而制成涂料，其参考配方如表3.46所示。

表3.46　溶剂型聚丙烯酸酯涂料参考配方

原料名称	用量(质量比)	
	配方1	配方2
50%聚丙烯酸酯树脂	100	90
乙酸丁酯	29	28
钛白粉(金红石型)	40	22
轻质碳酸钙		18
消泡剂(XL-1)	0.2	
二甲苯、甲乙酮、乙酸乙酯	29	28
分散剂(F108)	0.8	0.8
防沉剂(F881-B)	1	1.4

1）制备工艺　按表3.46的配方，取大约1/2的聚丙烯酸酯树脂置于预混容器中，加入分散剂混合均匀；边搅拌边加入钛白粉和轻质碳酸钙，搅匀后，研磨，细度到规定值；重新投入到预混合容器中，继续搅拌，并加入余下的聚丙烯酸酯树脂以及混合溶剂、乙酸丁酯和助剂等，搅拌30 min。过滤，出料，装桶。

2）各组分作用　聚丙烯酸酯树脂为主要成膜物质，使涂膜坚硬、光亮，并具有优良的耐水性、耐碱性、保色性、耐候性等；分散剂F108和防沉剂F881-B复合使用，具有良好的协同作用，制备的涂料贮存稳定性良好；消泡剂XL-1兼有优良的流平性，使涂膜光亮平滑。

配方1树脂含量高，颜基比仅为0.8，属较高级产品，且金红石型钛白粉提高了涂膜的耐候性和光泽性；配方2为通用型产品，树脂含量较少，颜基比为1.11，并用部分轻质碳酸钙代替钛白粉，使涂膜的耐候性有所下降，不使用消泡剂，结果涂膜的表面状态和光泽不如配方1，但成本降低约30%。

3）特点及应用　涂装后，涂膜表面光滑坚韧，具有优良的光泽保持性，不褪色、不粉化，耐候性、耐沾污性、耐化学腐蚀性强，低毒；能够预防混凝土性能的降低，还具有很强的粘结性，可以在零度以下及潮湿的工作面上施工，适用于各种施工方法；不受使用环境的温度限制，在一定程度上能增强建筑物的防水功能。可直接做底漆、二道漆用。

（3）聚氨酯系涂料

以聚氨酯树脂或聚氨酯与其他树脂复合物为基料，添加颜料、填料和助剂等组成的优质外墙涂料。其参考配方如表3.47所示。

表3.47　HDI聚氨酯清漆参考配方

原料名称		用量（质量分数）/%	原料名称		用量（质量分数）/%
A	50%饱和聚酯树脂 乙酸溶纤剂 流平剂	80 5 2	A	无水二甲苯 无水环已酮	7 6
B	75% HDI缩二脲	100	B		

1）制备工艺　聚氨酯是双组分涂料。组分A：将全部物料投入混合容器中，充分搅拌均匀后再过滤包装；组分B是HDI缩二脲，为市售品。施工时，按m（A组分）：m（B组分）=2：1的质量比混合均匀即可。

2）特点及应用　用饱和聚酯树脂改性聚氨酯涂料，特点是涂膜保光保色性好、附着力强、耐化学腐蚀性好、耐水性能好、粘度较低，常温固化和耐低温。这种涂料在建筑物的防水、防腐、装饰中得到广泛应用，特别适合于户外的装饰性保护和耐腐蚀性表面的涂装罩光。

3）注意的问题　制备聚氨酯的原料均有一定的毒性，其中TDI（甲苯二异氰酸酯）的毒性最大。异氰酸酯单体蒸汽对人体的眼睛、皮肤和呼吸系统有严重的刺激，甚至可以致死。我国规定TDI在空气中的最高允许浓度为0.14 mg/m^3，MDI（二苯基甲烷二异氰酸酯）为0.2 mg/m^3。但是，只要预聚物或聚氨酯中游离单体含量达到规定值以下，对人体的毒害很小，可放心使用。在聚氨酯涂料生产和施工现场必须通风良好，排风顺畅，并定期检测空气中的异氰酸酯的含量，操作人员注意劳动保护。

3.5.4 其他外墙涂料

其他外墙涂料的主要品种有聚氨酯-丙烯酸酯树脂复合型建筑涂料、聚氨酯高弹性外墙防水涂料、稀土彩砂外墙涂料、白色氯化橡胶厚涂层外墙涂料、新型彩色玻璃外墙涂料、有机硅树脂改性丙烯酸酯乳液外墙涂料、氟树脂涂料、水性纳米氟碳涂料、双疏荷叶涂料、超耐候涂料、自洁外墙涂料等。

3.6 水性墙面腻子

腻子为水溶性涂料和水乳性涂料,是在涂装过程中使用的配套材料。主要功能是填补墙壁基层的孔隙,用于基层的满批或局部批刮,并能批刮较大的厚度。干燥时,腻子层不会出现裂缝(纹)。

3.6.1 概述

腻子主要由成膜物质(基料)、填料及其他助剂等组成。即通过适量成膜物质将大量的填料粘结在一起,而制得稠厚的膏状物,便于批刮与打磨。

(1)腻子的要求

要求腻子层有一定的厚度,厚度可达0.5~1 mm,它是靠使用大量的填料来加厚,一般颜/填料体积浓度(PVC)控制在70%~85%。填料应选用一定细度的产品(例如120目或200目),若填料的表面积较小,则胶粘剂的分配系数则高,既有利于提高腻子层的力学性能,也使腻子层的干缩减小。粒度较粗的填料成本低。

(2)原料及其作用

生产建筑涂料的各种基料都可以用于生产腻子,主要品种有聚乙烯醇、丙烯酸酯类乳液和聚醋酸乙烯酯乳液等。基料在腻子中起粘结剂的作用,能够把填料粘结在一起,组成细腻的膏状体。但是,还应该从涂料的配套性、批刮性、腻子膜的干燥时间和经济性等因素综合考虑。制备腻子的主要填料是重质碳酸钙和少量轻质碳酸钙、滑石粉以及适量的活性填料。轻质碳酸钙的作用使腻子层变硬、变脆,打磨起来爽快,提高腻子的批刮性和打磨性;细度较粗的滑石粉在腻子层内,受到批刮(剪切)力的作用时,其针状结构起拨棒的作用,随着刮刀的移动而在腻子层中拨出无数微孔,水分挥发出来,同时空气进入腻子层中,使其干燥均匀。此外,适量的活性填料,如灰硅钙能增加腻子的粘结性、耐水性及腻子层的其他物理性能。但对打磨性不利,用量要适当。

3.6.2 聚乙烯醇内墙腻子

以聚乙烯醇为成膜材料的腻子只能用于内墙,一般选用1799型聚乙烯醇提供腻子的粘结性、批刮性和干燥时间等。该原料易得、价廉,参考配方如表3.48所示。

表 3.48 聚乙烯醇内墙腻子参考配方

原料名称	用量(质量比)	原料名称	用量(质量比)
聚乙烯醇缩醛胶(聚乙烯醇用量 10%)	20.0~25.0	钙质膨润土	1.0~1.5
聚醋酸乙烯酯乳液(固体含量 >45%)	5.0~8.5	纯碱(Na_2CO_3)	0.05
高粘度羧甲基纤维素(CMC)	0.2~0.4	重质碳酸钙	40.0~45.0
六偏磷酸钠(10%水溶液)	2.5~3.5	轻质碳酸钙	10.0~15.0
滑石粉	10.0~15.0	水	补足余量

(1)制备工艺

制备工艺分为基料的合成和腻子的配制两道工序。

1)基料的合成　在反应釜中按常规溶解聚乙烯醇,再进行缩醛化及缩脲醛化处理。其工艺同聚乙烯醇缩醛胶;

2)腻子的配制　在搅拌罐中加入水,对钙质膨润土进行钠活化处理,其后补足配方水,并加入预先溶解六偏磷酸钠的10%水溶液,搅拌均匀;再加入羧甲基纤维素胶液和聚乙烯醇缩醛胶、聚醋酸乙烯酯乳液以及填料等,搅拌均匀,即得到成品聚乙烯醇类内墙腻子。

(2)各组分作用

聚乙烯醇水溶液贮存时,其粘度随时间的延长而增大,直至出现胶凝化。因此,这类腻子长期贮存会结块,甚至失去粘结性;又由于聚乙烯醇水溶液成膜后粘结强度低,耐水性差。因此,本配方使用聚乙烯醇缩醛胶替代聚乙烯醇作内墙腻子的基料,其作用是增强其耐水性和粘结强度。但是游离甲醛对环境有污染,应对游离甲醛进行脲醛化处理(801 胶),以满足环境要求,并使用适量的聚醋酸乙烯酯乳液提高其他性能;以碳酸钙为主要填料增加腻子的稠度和厚度;羧甲基纤维素和钙质膨润土做增稠剂,达到批刮需要的稠度,并能改善腻子的批、刮性和降低成本。同时,钙质膨润土触变性大,并兼具填料作用,价格便宜;滑石粉使腻子层干燥均匀。

3.6.3 白水泥粉状腻子

粉状腻子与膏状腻子相比,优势在于产品的包装费用低,运输和贮存方便。不足之处是,批刮前需要加水,搅拌一定时间,较为麻烦。如果操作人员不熟悉使用方法,批刮质量难以控制。白水泥粉状腻子配方,如表 3.49 所示。

表 3.49 白水泥粉状腻子参考配方

原料名称	用量(质量分数)/%	原料名称	用量(质量分数)/%
白水泥	8.0	白糖(预磨细)	1.5
灰钙粉	12.0	轻质碳酸钙	12.0
甲基纤维素(粉状)	5.0	重质碳酸钙	45.0
六偏磷酸钠	0.3	滑石粉	16.0
防霉剂	0.2		

(1)制备工艺

腻子生产技术很简单,主要是物理混合过程,将各种原料组分混合充分均匀即可。使用腻子时,一般加入以腻子质量计 40% ~50% 的水,搅拌至膏状后(约 40 min)进行批刮。

(2)各组分作用

粉状甲基纤维素极易溶于水,并迅速溶解成为胶体,做成膜基料用,提供批刮操作所需要的粘聚性和延长腻子膜的干燥时间;白糖则赋予腻子膜以湿粘结强度和腻子膜在表干后实干前的粘结强度,以便在腻子膜需要局部找平处理时,受到刮刀的批刮力而不起皱、不起层;灰钙粉可以提高腻子膜的早期粘结强度,即在腻子批刮成膜后,能很快与空气中的二氧化碳接触形成碳酸钙,在填料和基层之间产生粘结作用;白水泥则赋予腻子膜的后期粘结强度;灰钙粉和白水泥都能使腻子膜具有良好的耐水性和耐碱性。

3.6.4 苯-丙乳液外墙腻子

外墙腻子的性能要求,在粘结强度、耐水性等方面比内墙腻子要严格得多。为了保证外墙涂料涂装的质量,外用腻子通常采用苯-丙乳液为基料,且对颜料/基料比也有限制。表 3.50 为美国(Rhom & Hass 公司)使用的外墙用腻子配方实例。

表 3.50 苯-丙共聚乳液外墙腻子参考配方

原料名称	用量(质量分数)/%	原料名称	用量(质量分数)/%
苯-丙乳液(固体含量 >48%)	26.00	氨水	0.20
LXE 防霉剂	0.10	轻质碳酸钙	10.00
Orotan 1124 分散剂	0.50	重质碳酸钙	40.00
羧甲基纤维素(3% 水溶液)	7.00	滑石粉	10.00
六偏磷酸钠(10% 水溶液)	2.80	Texanol 酯醇	0.80
ASE-60 增稠剂	0.60	水	2.00

(1)制备工艺

按表 3.50 配方制备腻子的工艺流程,如图 3.12 所示。

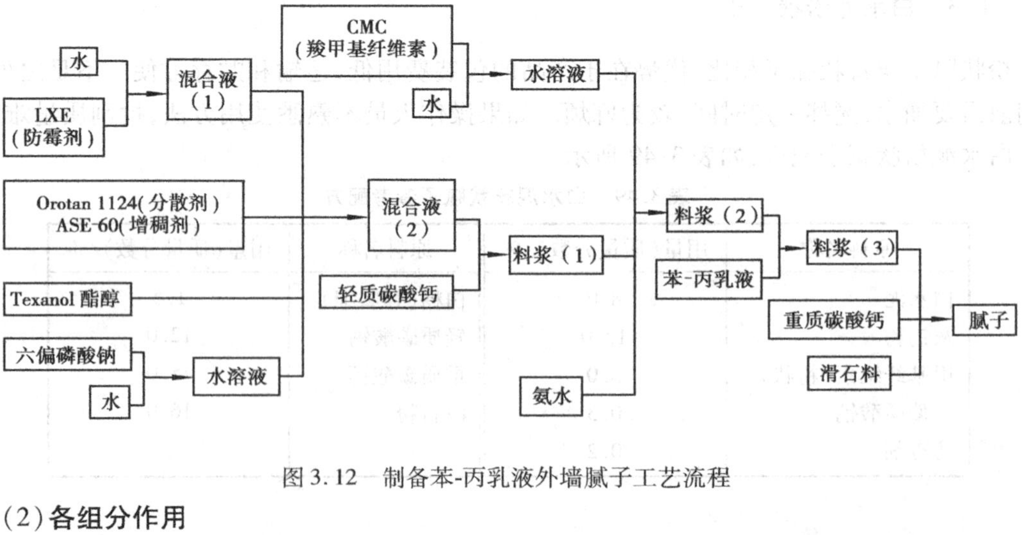

图 3.12 制备苯-丙乳液外墙腻子工艺流程

(2)各组分作用

苯-丙乳液作为腻子的基料,其作用是粘结各种填料;LXE 具有防霉、杀菌作用;Orotan 1124 与六偏磷酸钠共同分散填料;甲基纤维素及 ASE-60 作为腻子的增稠剂,减少填料的用量，便于批刮；碳酸钙和滑石粉为填料，不但能增加腻子的厚度，而且可提高腻子的批刮性和打磨性；滑石粉的作用是利于腻子层均匀干燥；氨水调节 pH 值，起缓冲作用；水是分散介质。

3.6.5 弹性腻子

外墙面的水泥沙浆层较厚时，常因温度变化出现裂缝，并使涂层开裂，影响装饰效果和防腐蚀性能。为此，常常采用弹性外墙腻子处理基层。其配方和配制程序与苯-丙乳液外墙腻子相近，主要差别是选用高弹性乳液作基料，如选用美国联合碳化（Carbide）公司的 UCAR-163M 乳液。

3.6.6 腻子的施工工序

（1）基层的处理

常见的墙体有砖墙、混凝土条板墙、灰板墙、大模板墙或其他材料建筑。在批腻子前，必须先处理好面层。要求基层必须平整、清洁、无油污、无浮灰、无明显的凹坑和裂缝。如果基层表面被模板隔离剂、油污、无机酸、有机酸等杂物污染，应先用弱酸（如 1% 的盐酸溶液）、弱稀碱溶液或清洗剂溶液清洗干净，再用清水清洗。待干燥后，才能进行局部填补工作。干燥后，再批刮首道腻子。

（2）腻子的批刮

1）腻子层尽量薄　批腻子的目的是使墙体涂膜饰面坚固、均匀、平整、光滑，以保证涂料的涂装质量。在满足表面质量的前提下，腻子层要尽量刮得少而薄。因为腻子膜的强度比涂料膜的强度低，若腻子膜太厚容易发生龟裂、剥落而削弱涂膜系统的强度，降低涂膜的质量。因此，批每道腻子前应采取打磨、局部填补等措施，使之平整，以降低下道腻子层的厚度。

2）基层的要求　基层要干燥。由于水泥砂浆抹灰的墙面，湿度和碱性都比较高，腻子批刮成膜后，基层中的水分蒸发、墙面的返碱等对成膜材料产生破坏作用，使腻子膜起泡，随着时间的延长，会出现裂缝和脱皮等现象。所以要基层干燥后才能批刮。

3）批刮腻子的要求　基层的质量符合要求后，腻子批刮的要少而薄，并作好两道之间的填补、打磨等处理工作。上道腻子干透再批下道腻子；否则，第一道腻子已有些干而收缩小，第二道腻子因潮湿而收缩大，在这两道腻子膜同时收缩时，由于厚度增加，总收缩量增大。收缩的总结果是两道腻子膜收缩率不同而呈现外面收缩大，里面收缩小，引起腻子膜开裂、翘皮和脱壳，甚至脱落。

4）批刮方法　刮涂腻子的工具有抹子、刮板或油灰刀。刮涂的要点是平、实、光。即腻子与基层接触紧密，粘结牢固，表面平整光滑以减少打磨的工作量。当基层吸收性强时，先用底涂封闭，以免腻子中的胶料被基层过多地吸收，影响腻子的附着力；刮涂时，掌握好工具的倾斜度，用力要均匀，以保证腻子饱满；为避免腻子收缩过大，出现开裂和脱落，一次涂刮的厚度以 0.5 ~ 1 mm 为宜；不要过多地往返刮涂，以免出现卷皮、脱落或将腻子中的胶料挤出，封住表面不易干燥；根据涂料的性能和基层状况，选择适当的腻子和刮涂工具。用油灰刀填补基层空洞和裂缝时，食指压紧刀片，用力将腻子压进缺陷内，要填满、填实，四周的腻子收刮干净，使腻子痕迹尽量减少。

3.7 地面涂料

地面涂料应用的部位在地面,主要作用是装饰与保护室内外的地面,使其清洁美观,与室内墙面或室外其他装饰相适应,让居住者和使用者处于优雅的室内外环境之中。

地面涂料主要涂覆在水泥砂浆基层上,水泥砂浆带有较重的碱性。为了获得良好的装饰和使用效果,要求所用的涂料对碱性具有优良的抵抗能力;必须具备与水泥砂浆基层有良好的粘结性能,在使用过程中不容易出现脱落和开裂等现象;地面不可避免地经常与大量的水接触,要求涂层有良好的耐水洗刷性能,还应具有优异的耐磨损性能,利于减少人们行走及拖移重物时所产生的摩擦而造成的损伤;抗冲击性好,使地面涂层受到重物冲击后,不易开裂或脱落。要求施工方便,损坏时容易修复,价格合理。市场上提供的地面涂料大致上有两大类,如图3.13所示。本节主要介绍水泥砂浆地面的溶剂型薄质地面涂料、溶剂型合成树脂厚质地面涂料及水性地面涂料。

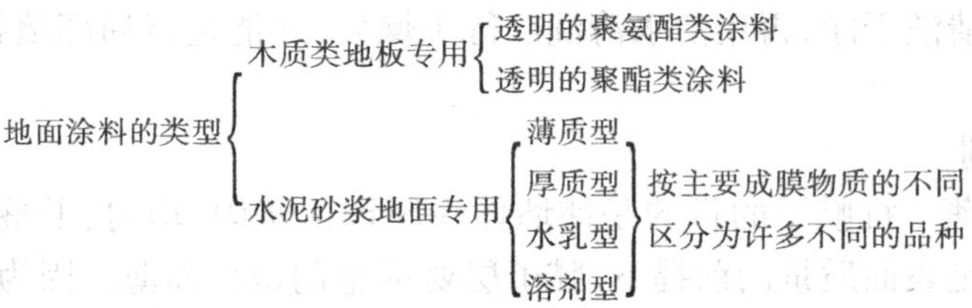

图3.13 地面涂料分类

3.7.1 溶剂型薄质地面涂料

(1)过氯乙烯地面涂料

在我国,过氯乙烯地面涂料是应用合成树脂做室内水泥地面装饰较早的品种之一。它是以过氯乙烯树脂(含氯量61%~65%)和其他少量树脂(如松香改性酚醛树脂)协同作为主要成膜物质,并加入一定量的增塑剂、颜料、填料及其他助剂,经捏合、混炼、塑化、切粒、溶解、过滤等一系列工艺过程,制备的溶剂型地面涂料。参考配方如表3.51所示。

表3.51 过氯乙烯地面涂料参考配方

原料名称	用量(质量比)	原料名称	用量(质量比)
过氯乙烯树脂	13.0~14.5	氧化锌	2.5~3.0
松香改性酚醛树脂	1.0~1.5	氧化铁红	5.0~6.0
蓖麻油改性醇酸树脂	2.0	炭黑	1.0
邻苯二甲酸二丁酯	3.0	湿润分散剂	适量
二盐基性亚磷酸铅	2.0	消泡剂	适量
滑石粉	3.0	二甲苯/乙酸丁酯/丙酮(50/36/12)	60.0~70.0
重质碳酸钙	5.0		

1)制备工艺 主要包括混炼、轧片、溶解和配制等工序。

①混炼与轧片 将过氯乙烯树脂与颜料、增塑剂及助剂置于密炼机中,在100 ℃以下,密

炼3～4 min，塑化均匀后，在双辊混炼机上轧炼，辊筒温度在105～130 ℃，轧炼时间为5～10 min，以防发生分解。混炼中，利用过氯乙烯树脂受热产生的粘结力和剪切力的共同作用，将颜料均匀地分散，制得各种颜色的色片，冷却后，切粒，备用；

②涂料的配制　先将色粒（片）料加入部分混合溶剂中，边搅拌边加热，升温至70～80 ℃之间，使其溶解，得组分A，备用；再将松香改性酚醛树脂与混合溶剂混合均匀，得组分B；将组分A与组分B混合，加热搅拌2～3 h，待物料全部溶解均匀，过滤即为产品。

2）各组分的作用　过氯乙烯地面涂料中，各组分的作用同外墙用过氯乙烯涂料。

①主要成膜物质　含氯量61%～65%的过氯乙烯树脂、松香改性酚醛树脂及蓖麻油改性醇酸树脂共同作为主要成膜物质，产生协同效果，以提高地面涂膜的硬度、耐磨性及光泽。

②增塑剂　过氯乙烯树脂本身为硬、脆性材料，为了提高涂膜的柔韧性，常需加入适量的增塑剂。由于其化学结构与聚氯乙烯十分相近，选用邻苯二甲酸二丁酯（DBP）为增塑剂，用量为过氯乙烯树脂的20%～30%。

③稳定剂　在光和热的作用下，过氯乙烯树脂容易引起分解。为防止树脂在混炼过程中的老化，常通过加入少量的稳定剂，选用二盐基性亚磷酸铅，用量为过氯乙烯树脂的2%左右。

④其他组分　选用氧化铁红和炭黑为颜料，填料是滑石粉、碳酸钙，其含量一般为10%～15%。若用作底涂料时，颜料、填料的用量可增至涂料总量的20%左右。混合溶剂占量较大。

3）特点及应用　涂膜的光泽、外观、附着力、耐候性、耐水性、耐磨性以及耐化学药品性较好，能牢固地与水泥地面结合；在破损的旧涂料表面，容易重涂施工；干燥速度快，施工方便，在常温下2 h可以完全干燥；涂刷用量为2～3 m^2/kg。

4）涂装工艺　包括基层处理、涂刷底涂料、批腻子及涂刷面涂料等工序。

①处理基层　对于新、旧地面的要求不同。新施工的水泥地面必须充分干燥，含水率应低于6%。用钢丝刷除去残留砂浆、积灰、油污等，然后用溶剂或烧碱、碳酸钠的水溶液擦洗，并要用大量水冲洗残留碱质；旧地面应清除杂质、浮灰、砂子和旧漆后，再进行涂料涂装。

②涂刷底涂料　待地面干燥后，先涂刷一道过氯乙烯底涂料，隔天用过氯乙烯地面涂料配成的混合料，将地面孔洞、凹凸不平处填嵌，待干燥。底涂料的质量配比为：m（面涂料）：m（石英粉）：m（水泥）=100：（80～100）：（10～20）。

③批刮腻子　经找平的地面干燥后打磨，满刮2～3遍腻子。其方法是：第一遍顺地面残留的印痕批刮，第二遍则与之垂直地批刮，每次都要在干燥后，以砂纸打磨，并清扫干净。腻子的质量比为m（面涂料）：m（石膏粉）=（80～100）：100。

④涂刷面涂料　待最后一遍腻子干燥后，用砂纸打磨，扫净浮尘，再涂刷过氯乙烯地面涂料2～3道。方法是先横刷一道，待干燥后再竖刷一道，养护一星期，打蜡后即可使用。

5）注意事项　在地面涂料的制备和施工中，有大量的易挥发、易燃、易爆的有机溶剂（如二甲苯），存在污染环境和燃烧的危险，整个施工过程都要注意防火，室内要通风。

（2）聚苯乙烯薄质地面涂料

目前利用废旧聚苯乙烯（如泡沫状物），经溶解加入适当的助剂，可以制成地面涂料，经济效益较好。

3.7.2　溶剂型合成树脂厚质地面涂料

这类涂料可以采用环氧树脂（EP）、聚氨酯（PUR）、不饱和聚酯树脂（UP）等合成树脂，加入适当的填料和助剂，制成厚质地面涂料。刮涂于地面，形成无缝塑料或塑料涂布地板。

(1)环氧树脂厚质耐磨地面涂料

它是以环氧树脂为主要成膜物质的双组分溶剂型室温固化涂料。甲组分以环氧树脂为主，添加颜料、填料、助剂等；乙组分则是胺类化合物为主体的固化剂。其参考配方如表3.52所示。

表3.52 环氧树脂厚质耐磨地面涂料参考配方

原料名称	用量(质量比)	原料名称	用量(质量比)
环氧树脂(E-44,E-42)	35~45	着色类颜料	3.0~6.0
固化剂(多烯多胺类、低分子量聚酰胺)	3~5	滑石粉、细骨料	5~10
邻苯二甲酸二丁酯	2~3	6号石英砂	40~45
正丁醇/二甲苯混合溶剂(30/70)	8~15	流平剂	适量
催干剂	0.5~1.5	分散剂	适量
有机膨润土	0.5~0.8		

1)制备工艺　主要包括清漆的制备和固化剂的选用。按配方称取环氧树脂、增塑剂及稀释剂，在搅拌桶中混合搅拌均匀，过滤后则得环氧树脂稀溶液，即为甲组分的清漆。这种清漆既可以直接与固化剂配合使用，也可以按上述配方称取环氧树脂稀释液、颜料、填料和各种助剂，搅拌均匀后，研磨至细度≤30 μm，过滤，作为涂料用；或者将所需量的固化剂及部分稀释剂于搅拌桶中，充分拌匀，即为成品。按比例称取甲组分和乙组分混合，搅拌均匀后即可使用。

2)各组分的作用　环氧树脂涂料地面厚质涂料，在一般涂料的基础上添加了大量的石英砂。选用低相对分子质量环氧树脂，其中以E-44最为常用，用量在40%左右。

- 固化剂　通常使用相对分子质量较大的多乙撑多胺作为固化剂，发生固化反应时，无烟雾产生。实际用量比理论值多10%左右；若采用低相对分子质量聚酰胺树脂作固化剂，可以增加涂膜的韧性。用量通常按 m(环氧树脂)：m(聚酰胺树脂)=2：1的质量配比。二者固化形成的涂膜具有良好的硬度、柔韧性、耐水性和耐化学品性。但固化速度较慢，价格较高。

- 增塑剂　邻苯二甲酸二丁酯(DBP)作为增塑剂，克服环氧树脂涂膜的脆性，以提高涂膜的柔韧性，其用量一般为树脂量的5%左右。液体丁腈橡胶也可以作为该树脂的增塑剂。

- 稀释剂　环氧树脂的粘度较大，不利于施工操作。为了降低其粘度，适量加入非活性稀释剂，例如用正丁醇/二甲苯混合溶剂来调节环氧树脂的粘度。一般加入量为树脂量的15%。加入量过少，涂料的施工性差，涂层表面易留下刮板的痕迹或有高低不平的现象；加入量过多会使涂层的质量下降。

- 颜料和填料　选用颜料的原则是，既经济实惠又能达到着色目的。氧化铁系颜料便宜，但色泽不够鲜艳，着色力弱；有机颜料着色力强，色泽好，但价格较贵，耐久性差。环氧树脂地面涂料按照需要，调配成各种颜色。常用的颜色有白色(钛白粉、氧化锌、锌钡白等)、红色(氧化铁红)、黄色(氧化铁黄)、蓝色(群青、钛菁蓝)和绿色(氧化铬绿、钛菁绿等)。着色颜料的一般用量为1%~3%，白色颜料的用量为5%左右。

填料既可以改善涂料性能，又可以降低成本。厚涂料中可以加入粗骨料及粉料，常用的粗骨料为6号石英砂，加入量与树脂相当；细骨料为滑石粉，加入量为树脂量的10%~20%。主要作用是减少涂层的收缩性，提高阻燃性等。

3)特点及应用　该涂料与基层的粘结力强,膜层坚硬、耐磨且兼有一定的韧性。涂层具有良好的耐化学腐蚀、耐油、耐水、耐久性及装饰性等,多用于碱性介质地面涂饰中。由于是双组分固化性涂料,施工操作较复杂。

4)涂装工序　按照基层处理→刷底漆→批嵌腻子→中层厚质涂料(2～3遍)→刷面涂料→罩光清漆等工序进行。

甲、乙两组分应按施工要求准确称量(允许误差±2%),充分搅拌均匀后,静置0.5～1 h再涂刷。两个组分一经配合,使用期一般为6～8 h,要求当天配制当天用完。

(2)聚氨酯弹性地面涂料

这是一种以聚氨酯为主要成膜物质的双组分溶剂型常温固化涂料,又称聚氨酯弹性涂料。有薄质罩面涂料与厚质弹性地面涂料两类,前者用于木/竹质地板或其他地面的罩光,而后者常用于水泥地面。

1)配方　含有端异氰酸酯基的预聚体和含有端羟基或胺类的固化剂、颜料、填料、助剂等混合物组成。参考配方如表3.53所示。

表3.53　聚氨酯弹性地面涂料参考配方

原料名称	用量(质量比)	原料名称	用量(质量比)
聚氨酯预聚物	100	填料	20～30
固化剂(MOCA)	10～15	醋酸丁酯/二甲苯(50/50)	20～30
钛白粉	10～20	醋酸丁酸纤维素	0.2～0.3
着色剂	5～10	消泡剂	0.05～0.2

2)制备工艺　包括聚氨酯预聚物的制备、色浆的制备和涂料的配制。

预聚物的制备　在反应釜中,按质量比m(TDI)∶m(聚丙二醇)=2∶1投料,反应后得弹性聚氨酯预聚物,即甲组分;将固化剂与混合溶剂加入溶解釜中,搅拌并溶解,加入颜料、填料,经搅拌均匀,研磨至规定细度,过滤,得含有固化剂的色浆,即乙组分;将甲、乙两组分分组包装。在施工现场可按说明书规定的甲、乙组分比例配制,混合均匀即可,使用时需要现配现用。若需制厚质涂料,再加入粗骨料即可。

3)各组分的作用　双组分聚氨酯地面涂料的组成作用类同于一般涂料。本配方用含有端异氰酸酯基的预聚物为主要成膜物质,要求颜料和填料不与聚氨酯反应。常用的颜料有钛白粉、立德粉、氧化铁红、氧化铁黄、氧化铁黑等;填料可用石英粉、滑石粉和硅灰石粉等;选用"氨酯级"醋酸丁酯/二甲苯混合溶剂,有协同作用,效果较好。否则,涂膜表面容易产生气泡、针孔、麻点等现象。

固化剂用摩卡(MOCA),商品名是3,3′-二氯-4,4′-二氨基二苯基甲烷,其结构式为:

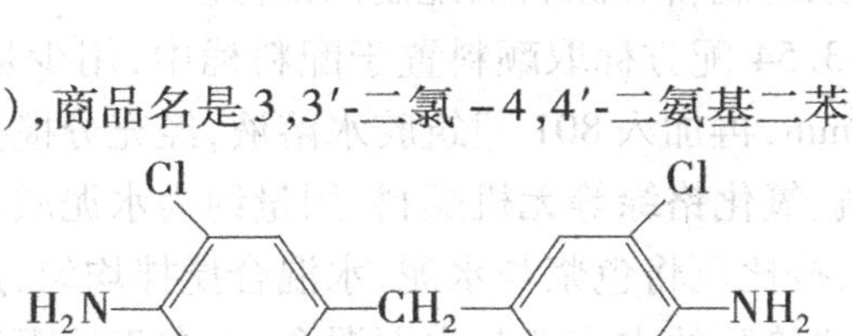

MOCA的用量m计算,如式(3.33)所示:

$$m=\frac{w\times \mathrm{NCO}(\%)\times 267}{42\times 2\times \omega}\times R \tag{3.33}$$

式中 m——MOCA 的用量(g);w——甲组分质量(g);ω——MOCA 质量分数(MOCA 通常溶于醋酸乙酯中)(%);R——经验系数,通常为 0.8 ~0.9。

MOCA 的反应活性较低,用它做固化剂时反应速度较慢。但是,所得涂层的机械强度较高。

4)特点及应用　涂膜呈交联结构而富有弹性,步感舒适,适用于高级住宅地面装修。这种涂料与水泥地面的粘结性好,形成的涂层整体性好,其弹性的作用不会因基层产生微裂纹而导致涂层开裂,便于清扫,装饰性好,耐磨性好,并且具有良好的耐油、耐水、耐酸、耐碱性能。适用于工业企业车间地面的耐磨、耐油、耐腐蚀保护,地下室、卫生间的防水装饰,民用建筑地面的装饰等。但是,价格较贵。

5)涂装工序　同其他地面涂料。即包括基层处理→刷底漆→基层修补→刮头道厚涂料→刮二道厚涂料→刷面涂料,施工结束后,静置固化 3 d,即可使用。

6)注意事项　在施工过程中有刺激性气味,游离 TDI 毒性大,挥发的溶剂有易燃、易爆的危险。因此,施工现场一定要保持通风,严禁烟火,落实好安全防火措施。操作人员间隔一定时间到户外呼吸新鲜空气。施工结束后,工具应及时用二甲苯洗净,用乙酸乙酯擦去手上沾污的涂料,然后再用清水和肥皂洗净,并最好是在洗净的手及皮肤表面涂上防护油脂。

3.7.3　水性地面涂料

由水溶性树脂(或聚合物乳液)与水泥组成的有机/无机复合的水性胶凝材料作为基料,加入适当的填料、颜料等助剂,经搅拌混匀,即成厚质水性地面涂料。属聚合物水泥地面涂料。

(1)聚乙烯醇缩甲醛水泥地面涂料

使用游离甲醛含量低于1%的 801 建筑胶为基料,加入一定量的普通硅酸盐水泥和氧化铁系颜料组成的一种厚质型涂料。亦称 777 水性地面涂料,或称 803 地面涂料。配方如表 3.54所示。

表 3.54　聚乙烯醇缩甲醛水泥地面涂料参考配方

原料名称	用量(质量比)	原料名称	用量(质量比)
水泥(425 号普通硅酸盐水泥)	100	六偏磷酸钠	0.6
801 建筑胶(固体含量 8% ~10%)	50	水	10
颜料	10		

1)制备工艺　分为色浆的制备和涂料的配制两部分。

①色浆的制备　按表 3.54 配方称取颜料置于配料桶中,用少量水将颜料润湿后,加入六偏磷酸钠水溶液,研磨 30 min,再加入 801 建筑胶水溶液,经充分搅拌,即成涂料色浆。常用的颜料有氧化铁红、氧化铁黄、氧化铬绿等无机颜料,用量约为水泥质量的 10%;

②配制涂料　施工时,按比例将色浆与水泥、水混合搅拌均匀,过滤,即成。

2)成膜机理　当801 建筑胶的水溶液与水泥混合,涂布于地面后,水泥吸收聚乙烯醇缩甲醛水溶液中的水分而发生水化反应,形成水泥硬化体;聚乙烯醇缩甲醛水溶液则由于失水而凝聚干燥,成为具有粘结性的连续聚合物膜。最终二者与颜料形成一个完整聚合物水泥涂层。

3)特点及应用　以水为溶剂,无毒、无臭、耐燃的水性地面涂料,可以在稍潮湿的水泥基层上直接施工，操作方便；粘结性良好，使之与水泥基层牢固结合；涂层的耐磨、耐水、耐久等性能良好，不开裂；装饰花样具有可设计性，经氯-偏乳液罩面处理后，具有良好的装饰效果；涂层厚1~2 mm，打蜡保养，使用年限达5年以上；原材料资源丰富，涂料的造价低廉、施工方便、装饰效果良好，应用广泛。

4）涂装工序　首先进行基层处理。清扫并用水冲水泥地面，刮涂，每次涂层厚度约0.5 mm，待稍干后再涂下一道，一般要涂4~5道；隔日后用砂纸打磨，全面磨光；其次是基层经磨光后，在涂层上进行划格、着色及印花等表面加工；最后做罩面处理，由于涂层打磨后，表面无光，颜色不均匀，时常出现发花现象，而且耐磨性较差。需要在涂层表面进行罩面处理，增加涂膜的耐磨性、耐久性，同时使涂层表面色泽均匀、光洁美观，提高其装饰效果。因此，最后用氯偏乳液罩面，涂2~3道面漆，2~3天后表面打蜡即可。

在溶剂型罩面涂料施工时，必须待水泥基层和地面涂料层完全干透后才可进行；否则，易出现起泡、脱皮等弊病。

（2）聚醋酸乙烯乳液水泥地面涂料

该涂料的制备工艺、成膜机理、特点及应用类同于聚乙烯醇缩甲醛水泥地面涂料。但是，弹性质感以及耐久性比较好，价格适中，应用广泛。参考配方如表3.55所示。

表3.55　聚醋酸乙烯水泥地面涂料参考配方

原料名称	用量（质量比）	原料名称	用量（质量比）
水泥（425号普通硅酸盐水泥）	40~60	颜料	4~6
聚醋酸乙烯乳液（固体含量50%）	15~20	填料（石英粉）	15~30
消泡剂	少量	水	适量

3.8　建筑防火涂料

建筑防火涂料属于一种功能性涂料，它是用于建筑构件防火安全的重要材料，涂覆于可燃性基材上时，除起到与普通装饰涂料相同的作用（装饰、防腐及延长被保护材料的使用寿命）外，当遇到火焰或热辐射时还能迅速发生物理、化学变化而隔绝热量，阻止火焰蔓延，起到阻燃、耐火或者降低构件表面温度的作用。

3.8.1　概述

防火涂料也称阻燃涂料，它是涂装在物体表面，能提高易燃材料的耐火能力，起到隔离火焰、推迟可燃基材燃烧，或减缓火焰在物体表面传播速度及推迟结构破坏的作用，为灭火提供时间的一类涂料。

（1）分类

防火涂料类型很多，分类方法尚不统一。通常，可以按受火后状态、成膜物质种类、分散介质的品种、涂层厚度、被保护对象的材质、涂层的装饰效果以及应用环境等进行分类。一般分为膨胀型和非膨胀型防火涂料；有机和无机防火涂料；溶剂型和水性防火涂料；厚质型、薄质型和超薄质型防火涂料;钢结构和木结构防火涂料以及透明和非透明防火涂料等。

(2)各类防火涂料的基本特征

膨胀型防火涂料遇火迅速膨胀,防火效果好,并有较好的装饰效果;非膨胀型防火涂料自身有良好的隔热、阻燃、遇火不膨胀、密度较小等基本特征。有机类防火涂料以合成树脂为基料,并容易形成膨胀发泡层,防火性能好;无机类防火涂料主要是磷酸盐或硅酸盐为基料,自身不燃烧,价格便宜。溶剂型防火涂料以有机溶剂为介质,施工条件受限制较少,涂层性能好,但对环境污染严重;水性防火涂料以水为介质,不环境污染,生产、施工、运输安全。厚质型(H)防火涂料其涂层厚 8 ~50 mm,耐火极限 0.5 ~3 h;薄型(B)的涂层厚 3 ~7 mm,耐火极限 0.5 ~1.5 h;超薄型(CB)防火涂料的涂层厚 <3 mm,耐火极限 0 ~3 h。适用于钢结构的防火涂料,装饰性不强;适用于木结构的防火涂料,有良好的装饰性。应用于室内环境的防火涂料,要求有良好的装饰性;应用于室外环境的防火涂料主要用在钢结构的防火,要求耐水、耐候等。本节主要介绍饰面型防火涂料和钢结构防火涂料。

3.8.2 防火涂料的组成

防火涂料与其他类型的涂料一样,也是由基料、颜料、填料和助剂等组成的。所不同的是在防火涂料中加入了大量的防火助剂,同时在基料和颜料、填料的选择上也有一定的特殊要求。

(1)基料

原则上讲,用于建筑涂料的基料同样也能用作防火涂料。但是,若选用本身具有阻燃性能的树脂作为基料,防火效果会更好,如引入卤族(一般为氯和溴)、磷、氮等元素的合成树脂;一些无机涂料的基料自身具有不燃性,如硅酸钠、硅溶胶。但是,涂膜性能差,装饰效果不好。用合成树脂基料对其进行改性,有事半功倍的效果。

1)基料选择的原则　防火涂料用基料应对人体无毒,无刺激性气味;施工方便,干燥速度快,能在稍潮湿的基材上涂装,涂装机具容易清洗;受热作用时,熔点与防火助剂的分解点应在同一条件下产生,以便形成良好的膨胀隔热层;具有较强的抗电解质性能,与防火助剂混合后不产生凝胶、增稠现象;具有良好的耐水、耐碱、耐油、柔韧性和附着力以及低温与常温稳定性;成膜后具有较高的物理化学稳定性;原料来源充足,价格便宜。

2)主要品种　卤化丙烯酸酯共聚乳液、氯-偏乳液、氨基树脂、三聚氰胺甲醛树脂、酚醛树脂、不饱和聚酯树脂、聚氯乙烯树脂及氯化橡胶等,均可以用作各类防火涂料的基料。

(2)防火助剂

建筑防火涂料分为非膨胀型与膨胀型两大类,对应使用的防火助剂有很大的区别。

1)非膨胀型防火涂料用防火助剂　主要是阻燃剂,如含磷、卤素的有机化合物(如氯化石蜡、十溴联苯醚、β-三氯乙烯磷酸酯和磷酸三甲苯酯等)、锑系、硼系和铝系等无机类阻燃剂。

2)膨胀型防火涂料用防火助剂　通常是组合体系,包括发泡剂、成炭催化剂、成炭剂三部分。其中发泡剂是在涂层受热时,能分解出不燃性气体(水蒸气、氨气、二氧化碳等),使涂层膨胀发泡的物质;成炭催化剂在高温或火焰的作用下,分解出酸类物质,促使成炭剂失水炭化;成炭剂是在涂层发泡时,在成炭催化剂作用下,使涂层形成炭化层的物质。这三种物质的合理组合才能有效起到防火作用。常用的发泡剂有双氰胺、三聚氰胺、氯化联苯、氯化石蜡等;成炭催化剂有聚磷酸铵、硫酸铵、磷酸铵、三聚氰胺、三氯乙基磷酸酯、磷酸二氢胺、磷酸氢二胺等;

成炭剂一般为含高碳的有机化合物,如淀粉、改性纤维素、季戊四醇。

(3)**颜/填料及其他助剂**

合理地选用填料,也能够有效提高防火涂料的防火性能。常用的填料有高岭土、粉状硅酸盐纤维、硅藻土、滑石粉、云母粉、海泡石粉等。在膨胀型防火涂料中,颜料、填料的用量较低,有利于发泡,提高防火性能;在非膨胀型防火涂料中,无机填料的用量很大,燃烧时能够减少可燃成分的分解,提高涂层的耐热性。防火涂料还可以选用其他助剂,如润湿剂、分散剂、增稠剂、增塑剂、消泡剂和防霉剂等,并尽可能的选用能够增加阻燃效果的原材料。

3.8.3 阻燃机理

(1)**非膨胀型防火涂料的防火机理**

非膨胀防火涂料是由不燃性或难燃性基料、阻燃剂和防火填料等配制而成。在火焰或高温作用下,对被涂覆的基材起到阻火隔热的保护作用。有机物的燃烧被认为是自由基引发的连锁反应。

1)防火的主要途径　涂层自身是难燃性或不燃性材料;在火焰或高温作用下,涂层分解,释放出不可燃性气体(如水蒸气、氨气、氯化氢、二氧化碳等),冲淡空气中的氧和可燃性气体,抑制燃烧的产生;在火焰或高温条件下,形成不可燃性的无机"釉膜层",其结构致密,能有效的隔绝氧气,并在一定时间内有一定的隔热作用。

2)无机填料防火作用　在非膨胀防火涂料中,无机填料占的比例很大,能够起到防火的作用。其途径是降低涂层中有机聚合物的体积浓度,使单位面积上的热分解物减少,提高涂层的耐热性和耐燃性;在高温下,有些填料可发生脱水、分解、熔融、蒸发等吸热反应或过程,抑制了热分解和燃烧的进程;同时,填料所分解出大量的气体,冲淡可燃性气体和氧的浓度,抑制有焰燃烧的进行;填料熔融体形成厚膜覆盖层覆盖在涂层表面,使基材与空气隔绝,从而阻止了无焰燃烧的发生;对于完全无机防火涂料,主要是通过涂层自身耐火且不燃,并在高温下可以形成釉质膜封闭基材,使基材与空气隔绝等途径,达到防火阻燃的目的。无机填料的这些作用与阻燃剂、难燃性树脂的作用,互相配合,实现了涂层良好的阻燃效果。

(2)**膨胀型防火涂料的防火机理**

膨胀型防火涂料成膜后,常温下与普通漆膜无异。在火焰或高温作用下,涂层可以剧烈发泡炭化,形成一种比原涂膜厚几十倍甚至几百倍的难燃的海绵状炭质层。它可以有效隔绝外界火源对基材的直接加热,从而起到阻燃的作用。

防火机理是涂层发泡后迅速增厚,使热导率大幅度降低。因此,通过泡沫炭化层传给基材的热量只有未膨胀涂膜的几十分之一至几百分之一,从而有效地阻止外部热源对基材的作用;在高温下,涂层发生的软化、熔融、蒸发、膨胀等物理变化,以及聚合物、填料等组分发生的分解、降解、化合等化学变化也能吸收大量的热能,抵消一部分外界作用于物体的热,从而对被保护基材的受热升温起到延滞作用;涂层在高温下,发生脱水成炭反应和熔融覆盖作用,能隔绝空气,使有机物转化为炭化层,避免氧化放热反应发生;同时分解出不燃性气体,稀释可燃性气体及氧气的浓度,抑制了燃烧的进行。

3.8.4 配方设计的原则

在防火涂料的配方设计中,关键的问题是合理选择基料和防火助剂的种类以及各组分比例的确定。

(1)原料的选择原则

在膨胀型防火涂料中，应遵循基料的熔融温度、发泡剂的分解温度和成炭剂的炭化温度相匹配的原则，即基料的熔融温度略低于发泡剂和成炭催化剂的分解温度。由于涂层受到火源袭击时，基料首先软化熔融，在其尚未达到滴淌温度时，体系已达到发泡剂的分解温度，发泡剂分解放出的气体使已经熔融发软的涂层发泡膨胀，同时成炭催化剂分解出具有催化作用的磷酸等物质，促使成炭剂失水炭化，形成发泡骨架层。在各种助剂的协调作用下，涂层受热时很快形成具有一定强度的炭化层。因此，基料的熔融温度要比发泡剂和成炭催化剂的分解温度略低。

(2)主要组分与作用

防火涂料中除含有一般建筑涂料的组分外，还含有发泡剂、酸源(成炭催化剂)和炭源(成炭剂)等。基料及其作用类同于普通的建筑涂料；发泡剂一般为含氮化合物，在火焰作用下会散发出氮气、氨气等惰性气体而发泡；高温下催化剂分解而放出无机酸，使含羟基的化合物脱水焦化，并对产生发泡层起到催化作用；在高温和酸作用下，成炭剂失水炭化成炭质骨架，形成疏松的泡层结构，这种以气孔为主的泡层有很强的隔热能力。这三个组分在高温或火焰作用下协同增效，缺一不可，共同发挥作用。

3.8.5 饰面型防火涂料

饰面型防火涂料是一种集装饰和防火功能为一体的新型涂料品种。当它涂覆于可燃基材上时，除起到装饰作用外，遇到火灾发生时，则可阻止火势蔓延，达到保护基材的目的。

(1)种类

目前，我国生产的饰面型防火涂料均为膨胀型防火涂料。品种有水性防火涂料、透明防火涂料和溶剂型防火涂料，所用的防火助剂基本相同。

1)水性防火涂料　水性防火涂料是以合成聚合物乳液或经聚合物乳液改性的无机胶粘剂为主要成膜物质，加入发泡剂、成炭剂和成炭催化剂等组成防火体系，这是一类以水为分散介质的防火涂料。该涂料遇到火灾时，形成均匀而致密的蜂窝状或海绵状的炭质泡沫层，对可燃性基材有良好的保护作用。主要成膜物质有聚丙烯酸酯乳液、氯-偏乳液、氯丁橡胶乳液、聚醋酸乙烯酯乳液、苯-丙乳液、水溶性氨基性树脂、水溶性酚醛树脂、水溶性三聚氰胺甲醛树脂以及硅溶胶和水玻璃等。

这类涂料的特点是以水为分散介质，安全无毒，不燃烧，无三废公害，属于环保型建材产品。在生产、贮存、运输和施工过程中都十分安全和方便；具有易干燥、施工速度快的优点。除防火性能外，其他性能与乳胶漆相似。但是，在耐水和防潮性能方面不如溶剂型防火涂料。一般宜用于室内，并尽量避免在较潮湿的部位使用。

2)透明防火涂料　一般由合成聚合物树脂为主体，基料本身可能带有一定量的阻燃基团和可发泡基团，再加入少量的发泡剂、成炭剂和成炭催化剂等组成防火体系，也称为防火清漆。主要用于高级木质材料的装饰和防火保护。

3)溶剂型饰面防火涂料　以合成聚合物树脂为主要成膜物质，加入发泡剂、成炭剂和成炭催化剂等组成防火体系，有机溶剂作分散介质的一类防火涂料。该涂料受火时形成均匀而致密的蜂窝状或海绵状的炭质泡沫层，对可燃基材有良好的保护作用。常用的主要成膜物质有酚醛树脂、过氯乙烯树脂、氯化橡胶、聚丙烯酸酯树脂、改性氨基树脂等；溶剂通常是200号溶剂汽油、二甲苯、醋酸丁酯等。这类涂料的特点是耐水和防潮性能比较优异，适合于较潮湿的地区和相应的部位使用；涂层的光泽较好，具有较好的装饰性。但是，在生产、贮存、运输和施工过程中，必须注意防火和环保。

(2)溶剂型不饱和聚酯饰面膨胀防火涂料

1)配方　溶剂型不饱和聚酯饰面膨胀防火涂料是双组分配方，如表3.56所示。

表3.56　不饱和聚酯饰面膨胀防火涂料参考配方

	原料名称	用量(质量分数)/%
A组分	不饱和聚酯树脂	48
	5%苯乙烯石蜡溶液	3
	磷酸二氢胺	18
	双氰胺	12
	季戊四醇	8
	淀粉	8
	白炭黑	3
B组分	过氧化环己酮二丁酯糊(50%)	4
	环烷酸钴苯乙烯溶液(6%)	4

2)制备工艺　取部分不饱和聚酯树脂，先与苯乙烯石蜡溶液、磷酸二氢胺和双氰胺混合，研磨至规定细度，加入余下部分不饱和聚酯树脂、季戊四醇、淀粉和白炭黑，搅拌均匀，即得膨胀型防火涂料A组分；在使用时，加入B组分中的两种物质，搅拌均匀即可。

3)各组分的作用　A组分中白炭黑有助于提高涂料的防沉降性；B组分中环烷酸钴苯乙烯溶液调节涂料的胶凝时间，必要时加入10%的二甲基苯胺苯乙烯溶液(1~2质量份)加速胶凝时间。

4)特点及应用　涂膜坚硬丰满，装饰效果较好。凝胶时间为6~8 h，现配现用。

3.8.6　钢结构防火涂料

它是用于建筑物或构筑物的钢结构表面防火的一种涂料，除了起装饰作用外，火灾时能形成耐火隔热保护层，提高钢结构的耐火极限，满足建筑设计防火规范的要求。

钢材的机械强度是温度的函数，其值随着温度的升高而降低。当钢材的温度升高到临界温度值时，将失去承载能力。常用建筑钢材的临界温度一般为540 ℃左右。而建筑火场温度大多在800~1 200 ℃之间，在火灾发生10 min内，火场温度即可高达700 ℃以上，裸露的钢构件只要几分钟的时间，材料内部温度就上升到临界值，进而丧失承载能力，导致建筑物垮塌。实际上，钢结构建筑耐火性能远比砖石结构和钢筋混凝土结构要差。因此，对钢结构建筑必须做防火处理。

(1)分类

依据涂层厚度分为厚质型(8~50 mm)钢结构防火涂料，又称为钢结构防火隔热涂料，其涂膜呈表面粒状粗糙态，密度较小，热导率低，耐火极限可达0.5~3.0 h；薄型(3~7 mm)钢结构防火涂料，又称钢结构膨胀防火涂料，具有一定装饰效果的同时，遇火会膨胀，形成发泡隔热层，耐火极限可达0.5～1.5 h；超薄型钢结构防火涂料具有良好的装饰效果，高温时，膨胀形成发泡隔热层，一般应用在耐火极限要求0.5～1.5 h的钢结构表面。

还可以按室内用和室外用进行分类。室内钢结构防火涂料应用于工业厂房与民用建筑中的室内钢结构部件；室外钢结构防火涂料则应用于海上、医药、石油、化工等企业的露天钢结构建筑，具有良好的耐久性，以满足室外使用的要求。

(2)水性膨胀型钢结构防火涂料

聚合物乳液为主要成膜物质，加入阻燃剂等其他助剂配制而成，配方如表3.57所示。

表3.57 水性膨胀型钢结构防火涂料参考配方

原料名称	投料量(质量分数)/%		
	配方1	配方2	配方3
聚醋酸乙烯酯乳液(49%)		25.0	10.0
聚丙烯酸酯乳液(48%)	30.0		
氯-偏共聚乳液(75：25,40%)		5.0	20.0
三聚氰胺	4.2		4.5
聚磷酸铵	22.4	20.0	23.0
双氰胺		15.0	
季戊四醇	8.4	12.0	10.0
钛白粉(金红石型)	5.0	2.6	3.6
氯化石蜡(含氯量42%)	2.0		3.0
OP-10(乳化剂)	0.5		0.55
六偏磷酸钠	0.35	0.3	0.35
P-19(增稠剂)	1.0		1.0
羟乙基纤维素	0.15	0.1	
水	26.0	20.0	25.0

1)制备工艺　将部分水倒入搅拌桶，边搅拌边加入六偏磷酸钠和羟乙基纤维素，配成水溶液；另取部分水，加入OP-10和氯化石蜡，搅拌成均匀的乳液；将二者混合均匀；然后逐步加入钛白粉和防火助剂，搅拌均匀；送入研磨设备研磨至细度60 μm以下。在上述系统中，加入配方选定的三种基料乳液，混合均匀，即得成品。

2)各组分的作用　配方1全部采用聚丙烯酸酯乳液为基料，涂料成膜性好，但软化温度较低；加入较多量钛白粉有利于提高涂膜的软化温度；用适量的氯化石蜡，提高聚丙烯酸酯的阻燃性。配方2主要采用聚醋酸乙烯酯乳液为成膜物质，软化温度比聚丙烯酸酯乳液更低，用少量氯乙烯-偏二氯乙烯共聚乳液，提高涂膜的软化温度；双氰胺用作发泡剂，发泡温度较低，可与聚醋酸乙烯酯有较好的匹配；防火助剂聚磷酸铵与双氰胺有较好的协同性。配方3采用聚醋酸乙烯酯乳液与氯乙烯-偏二氯乙烯共聚乳液复合基料，特点是涂膜的软化温度较高，可与三聚氰胺、聚磷酸铵等防火助剂良好匹配，发泡层结构致密，泡孔的大小均匀。适量加入氯化石蜡既有利于提高涂膜的阻燃能力，又对乳液有一定的增塑作用，使成膜性得到改善。

三配方中的六偏磷酸钠作为颜料的分散剂，P-19、羟乙基纤维素作为涂料的增稠剂。

3)特点及应用　以水为分散介质，无毒、无味、施工方便，近年来得到普遍推广。

3.8.7 防火涂料质量检定

防火涂料的外观与普通涂料十分相近,很难区分某种产品是普通涂料还是防火涂料。在现场也很难检查质量的好坏。质量检定的主要途径是看合格证、现场初步检查和技术指标鉴定。

• 检验合格证 选用防火涂料产品时,应查看该产品是否有由国家防火建材质量监督检验中心出具的检验报告;

• 初步的检查 在现场对产品的质量做初步的检查:在已施工好的基材上,切取 2~3 块小样或取少量样品涂在 2~3 块 150 mm×150 mm 胶合板上,模拟实际施工的情况涂刷。待涂膜干燥后,用酒精灯的火焰烧涂层。方法是在火焰距待测涂层的高度 40 mm 左右,施加火焰的时间一般为 20 min,检查涂层发泡情况。正常情况下,按规定用量(一般为 500 g/m^2)施工,一级防火涂料发泡层的厚度为 20 mm 以上,二级防火涂料发泡层的厚度为 10 mm 以上,发泡层应均匀致密;

• 技术质量指标 我国饰面型防火涂料的技术质量指标应符合国标《GB 12441—1998 饰面型防火涂料通用技术条件》;钢结构防火涂料的技术指标应符合 GB 14907—2002《钢结构防火涂料通用技术条件》的要求。

3.9 建筑防腐涂料

腐蚀是材料在环境的作用下引起的破坏或变质。根据材料在腐蚀过程中所受到的环境作用的不同,腐蚀分为化学腐蚀和电化学腐蚀两大类。混凝土材料的腐蚀主要是化学腐蚀,金属和合金的腐蚀主要是化学或电化学作用引起的破坏,有时还伴有机械、物理或生物作用。建(构)筑物主要材料是混凝土和钢筋,所以建筑腐蚀主要有化学腐蚀和电化学腐蚀。

3.9.1 腐蚀机理

(1)化学腐蚀基本原理

1)金属的化学腐蚀 金属的化学腐蚀是指金属在干燥气体或非电解质溶液中发生的腐蚀。这种腐蚀所生成的产物是在金属表面形成不同厚度的表面氧化膜。表面氧化膜对金属继续腐蚀的速度影响很大。对某些金属而言,氧化膜的形成使得金属不再与空气进一步接触,实际上对金属起到了保护作用。但并不是所有金属在任何场合下都会形成这层保护膜,有些金属形成的氧化物十分疏松,或者氧化物与金属本体的热膨胀系数相差较大,二者不能很好地结合,因此不能对金属起到有效保护的作用。例如,钢铁在受到空气中氧和潮气的作用时,很快形成三氧化二铁。三氧化二铁与钢铁本身的结合力很差,膨胀系数也相差很大,形成大量缝隙使得水分和氧气更易留在金属表面而使腐蚀加速。因此,钢铁一旦生锈后,很快会向纵深发展。

2)混凝土材料的化学腐蚀 混凝土是一种耐久性材料,但也不可避免受到外来因素的影响而腐蚀。

①渗滤和盐霜 当水分能从混凝土表面渗出时,不论是连续的还是间歇的,混凝土表面总

会出现盐霜。实际上,盐霜是由沉积的盐类组成,这些盐类由混凝土渗析出的盐,经蒸发水分后结晶,或是与大气中二氧化碳相互作用的结晶。典型的盐类有钠、钾或钙的硫酸盐或碳酸盐,并以碳酸钙为主;盐霜本身是一个美观问题,而不是耐久性问题,但它表明混凝土内部发生了明显的渗滤,严重的渗滤导致孔隙率增加,从而降低了混凝土层强度和增加了受侵蚀性化合物作用。一般来说,氢氧化钙含量高的水泥混凝土,渗滤和起霜的可能性较大。

②硫酸盐腐蚀　在混凝土材料的使用中,化学腐蚀中最广泛和最普通的形式是硫酸盐腐蚀。硫酸盐对混凝土腐蚀的机理较为复杂,其中包含许多次生过程。其主要原因是硫酸盐与水泥中的钙钒石发生反应,生成硫铝酸盐,并伴有体积增大,因此导致了混凝土材料开裂。这种开裂进一步加速了硫酸盐腐蚀。硫酸盐是海水的主要成分,通常也存在于地下水及粘土比例较高的土壤中。

③酸碱腐蚀　混凝土材料是一种碱性材料,一般不会遭受碱性物质的腐蚀。但在化工企业中,长时间接触高浓度碱性物质也会使混凝土材料破坏。

混凝土材料对酸的抵抗能力较弱。首先,氢离子可以加速氢氧化钙的渗滤,增加腐蚀的可能性,能与氢氧化钙形成可溶性钙盐的任何酸,都会使混凝土腐蚀。例如,碳酸可与氢氧化钙反应形成可溶性碳酸氢钙,因此碳酸对混凝土有较大的腐蚀性。这就是空气中的二氧化碳对混凝土材料产生腐蚀的原因。

④盐类的结晶　当混凝土与含有大量可溶性盐类化合物的水接触时,这些盐类化合物会渗入混凝土中,经过水分的蒸发,盐类在混凝土中不断浓缩,最后形成结晶,而结晶过程还往往伴随体积的增大,由此造成混凝土材料的开裂破坏。

(2)电化学腐蚀基本原理

电化学腐蚀是金属表面形成局部电池而引起的电化学反应。当金属和电解质溶液接触时,组成金属晶格的离子由于受到极性分子的作用,在金属表面会出现两个不同的反应区:一是金属变成金属离子而溶解,并释放出电子的反应区;二是由于氢离子还原和氢氧根离子生成而消耗电子的反应区,结果会在金属和溶剂的界面处形成带有正负电荷的双电层,当金属带负电时,金属就被溶解而腐蚀。

3.9.2　防腐蚀涂料特点和作用

(1)基本特点

防腐蚀涂料不受材料形状、大小和材质的限制,适应性较强;施工简单方便,不需要复杂的施工设备;涂层的修补和重涂容易;涂层的颜色可任意选择,便于标志和识别;在较复杂的腐蚀环境下,可与其他防腐蚀措施配合使用;成本费和施工费较低;施工周期短,可直接在现场施工,对生产影响小;品种较多,选择范围广,可以根据不同的防腐蚀要求选择不同的涂料品种。同时也存在涂层较薄、机械强度较差、使用中易损坏,在强腐蚀介质的环境下,使用寿命较短等缺点。但只要正确选择涂料品种,精心施工,使用涂料防腐蚀仍能获得满意的结果。

(2)作用

防腐蚀涂料除具有一般涂料的共性外,还应有对腐蚀介质的良好稳定性、良好的抗渗性、优良的电绝缘性等。所以,它不仅仅是机械地把腐蚀介质和金属表面隔离分开起到保护作用,而且还由于成膜物质的性质,以及所使用的颜料、填料,各种助剂等多方面的因素,使防腐涂料具有物理和电化学的保护作用。

1)屏蔽作用　防腐涂料是一种高分子溶液或分散液,通过一定的涂装方法,涂布在物体表面,经过干燥或固化形成涂膜,从而防止外界的腐蚀性介质接触涂膜下的金属表面,避免了金属的腐蚀。从电化学的角度考虑,屏蔽性良好、渗透性差的涂膜,使腐蚀电池难以形成,电极反应困难,起到了保护作用。

2)缓蚀/钝化作用　防腐涂料中除含有成膜物质之外,还根据需要加入各种颜料,如加入碱性颜料。当水分或酸性物质通过涂膜进行渗透时,碱性颜料便将这些物质中和,涂膜和金属界面保持微碱性,使金属钝化,从而显示缓蚀作用;有的颜料还能与成膜物质中的脂肪酸反应生成金属皂,起到缓蚀剂作用,如加入可溶性颜料(铬酸锌等铬酸盐类颜料),这些颜料与水分接触,就有铬酸根离子溶解出来,以它的强氧化作用使金属表面钝化,从而起到防腐蚀作用。

3)电化学作用　在防腐蚀涂料中若含有大量金属锌粉时,则形成一个锌粉/底材钢板组成的微电池,在电化学中锌的电极电位低于钢铁,锌不断离子化,电子不断从锌流向钢铁,锌涂层成为负极,钢铁成为正极,从而保护了钢铁不受腐蚀。

3.9.3　酚醛树脂防腐蚀涂料

溶剂型酚醛树脂防腐蚀涂料是由酚醛树脂与溶剂、颜料、填料和助剂等配合加工而成。其特点是原料易得、价格低廉、制造工艺简单、防腐蚀效果较好,用量较大。有两种类型,一种是以油改性酚醛树脂为基料的酚醛树脂防腐蚀涂料,通常称为酚醛耐酸涂料,另一种是以醇溶性热固性酚醛树脂为基料的防腐蚀涂料。

(1)酚醛耐酸涂料

酚醛耐酸基料为主要成膜物质,加入其他助剂而配制成的涂料。酚醛耐酸基料是以松香改性酚醛树脂30 kg、桐油30 kg、松香铅皂2 kg,在高温下熬炼,然后用38 kg 200号汽油稀释所得。酚醛耐酸涂料的常用配方如表3.58所示。

表3.58　酚醛耐酸涂料常用参考配方

原料名称	用量(质量分数)/%		
	黑色涂料	白色涂料	红色涂料
酚醛耐酸基料	54.95	53.98	56.80
沉淀硫酸钡	33.00	24.29	31.24
甲胺苯红			5.11
钛白粉		13.52	
炭黑	2.75		
催干剂(环烷酸钡)	1.10	0.11	1.17
200号溶剂汽油	8.20	8.10	5.68

1)制备工艺　首先用约1/3的酚醛耐酸基料与沉淀硫酸钡和颜料混合,在三辊研磨机上研磨两道,备用;然后将200号溶剂汽油加入余下的2/3酚醛耐酸基料中,搅拌均匀;最后加入研磨好的色浆,继续搅拌至均匀,即得成品。

2)特点及应用　涂膜坚硬耐磨,综合机械性能较好,耐水性优于一般的醇酸涂料。在室温下,酚醛耐酸涂料能耐浓度较低的硫酸、磷酸及各种酸性盐溶液的腐蚀,可自干。但不耐碱和氧化性酸。适合于木材和金属表面的一般性防腐。若用于混凝土表面,要先用环氧树脂底漆打底。

(2)醇溶性酚醛防腐蚀涂料

醇溶性酚醛防腐蚀涂料是以醇溶性酚醛树脂的乙醇溶液为基料,加入各种助剂配制而成。配方如表3.59所示。

表3.59 醇溶性酚醛防腐蚀涂料的参考配方

原料名称	用量(质量分数)/%	
	配方1	配方2
热固型酚醛清漆(50%)	70.43	70.43
甲苯	10.57	10.57
萘	6.33	6.33
石墨粉(200目)	12.67	
瓷粉		12.67

1)制备工艺 先将甲苯加入反应釜中,加温至50 ℃左右投入萘,搅拌至全部溶解;降至室温,再加入酚醛清漆;在室温下边搅拌边加入填料,混合均匀,经研磨,即得成品。

2)特点及应用 这类涂料对100 ℃的60%硫酸,30%盐酸,沸腾的苯,乙醇和多数有机溶剂都有良好的抵抗能力;涂膜硬而脆,耐碱性较差。一般需在100~150 ℃温度下固化。对金属的附着力不好,并且酚醛树脂漆的固化剂呈酸性,因此用于金属时需用其他类型的涂料做底漆,或与其他树脂混合使用。用作建筑防腐蚀涂料时,有较好的附着力,耐水性良好,在常温下固化,一般使用对甲苯磺酸、苯磺酰氯或硫酸乙酯做固化剂较好。由于酸对混凝土和金属表面都有腐蚀作用,所以须采用环氧树脂涂料或聚氨酯涂料做底漆。该涂料常用作石油、化工、医药等企业建筑的内外墙、地面和地下建筑的防腐蚀。一般不宜制备浅色涂料。

3.9.4 环氧树脂防腐蚀涂料

环氧树脂防腐蚀涂料是以环氧树脂为成膜物质,加入一定量的颜料、填料、助剂、溶剂等配制而成。由于环氧树脂分子结构中含有极性高而不易水解的羟基和醚键,故涂膜的耐化学性好。又因其结构含有刚性的苯环和柔性的烃链交替排列,故涂膜的物理机械性能也相当好。但极性基团的存在使涂膜会有一定的亲水性,如果配方选择得当,也能得到耐水性良好的涂膜。环氧树脂防腐蚀涂料的品种很多,应用最广泛的是胺类或其衍生物固化环氧涂料和沥青环氧防腐涂料。近年来,无溶剂环氧树脂防腐蚀涂料已有应用。水乳型环氧树脂防腐蚀涂料是很有发展前途的品种。

(1)胺固化环氧树脂防腐蚀涂料

胺固化环氧树脂防腐蚀涂料是利用氨基和环氧基反应,发生交联固化的双组分涂料。使用时将两个组分混合,施工使用时间按所用胺的不同有所区别,一般应控制在6~8 h。

1)配方 乙二胺固化环氧树脂防腐蚀涂料的配方如表3.60所示。

表3.60　乙二胺固化环氧树脂防腐蚀涂料参考配方

组分	原料名称	用　量(质量分数)/%	
		面层涂料	底层涂料
甲组分	环氧树脂(E-20,50%)	60.0	56.0
	铁红		25.0
	铁黄		5.0
	滑石粉	5.0	5.0
	三氧化二铬	20.0	
	二甲苯/丁醇溶液(7∶3)	12.0	6.2
乙组分	乙二胺(50%乙醇溶液)	3.0	2.8
	颜料/树脂(质量比)	5/6	5/4
	环氧基/[H](当量比)	1	1

2)胺及胺用量　常用的胺是脂肪族多元胺,如乙二胺、二乙撑三胺、三乙撑四胺、多乙撑多胺、己二胺等。乙二胺挥发性大,在使用时考虑到挥发损失,应适当增加乙二胺用量。一般,1当量环氧树脂配用1.2~1.5活性氢原子当量的乙二胺。其他胺类挥发性较小,用量不宜过多,按当量计一般过量0~20%。

3)特点及应用　胺固化环氧树脂防腐蚀涂料的附着力好,耐化学品性能优异,尤其耐碱性十分突出,并耐醇类和烃类溶剂,应用于各类碱性环境。在施工中,乙二胺会产生较多的有害气体和气味。但由于价格低廉,目前还仍有采用。

(2)聚酰胺固化环氧树脂防腐蚀涂料

这种涂料是用低相对分子质量聚酰胺做固化剂,与环氧树脂共热交联固化而成的双组分涂料。使用时,二者以1∶1混合,固化温度控制在160 ℃左右。配方如表3.61所示。

表3.61　聚酰胺固化环氧树脂防腐蚀涂料参考配方

组分	原料名称	用　量(质量分数)/%	
		面层涂料	底层涂料
甲组分	环氧树脂(E-20,50%)	48.0	46.6
	云母氧化铁	25.0	26.7
	铝粉浆(65%)	5.0	4.0
	锌铬黄		3.3
	二甲苯/丁醇溶液(7/3)	12.0	9.6
乙组分	低分子量聚酰胺	10.0	9.8

该涂料的聚酰胺的相对分子质量比脂肪胺大,挥发性小,对人体的刺激和毒害较小。这类防腐蚀涂料的涂膜柔软,抗冲击性、耐水性均较好,在金属、混凝土、木材等表面均有良好的附着力,可用于表面潮湿的混凝土和带锈的金属表面的涂装。具备环氧树脂防腐涂料的防腐性质,但耐酸和耐碱性较胺固化的环氧树脂稍差。

(3)**沥青环氧树脂防腐蚀涂料**

沥青环氧树脂防腐蚀涂料是由环氧树脂和煤焦油沥青混合制备而成。配方如表3.62所示。该涂料也可用脂肪胺或聚酰胺作为固化剂。既保留了环氧树脂优良的附着力、机械强度、耐溶剂性,又具有煤焦油沥青较好的耐酸、耐碱、耐水性和抗渗透性,它是一种优良的防腐蚀涂料品种。只因颜色为黑色,装饰性较差,主要用于石油化工企业的建筑、地面、水利工程设施和各种金属的防腐蚀保护。

表3.62 聚酰胺固化沥青环氧树脂防腐蚀涂料参考配方

组分	原料名称	用量(质量分数)/%	
		面层涂料	底层涂料
甲组分	环氧树脂(E-20,50%)	35.6	26.6
	轻质碳酸钙	15.0	25.5
	钛白粉	10.0	
	铁红		6.0
	锌铬黄		3.4
	煤焦油沥青	24.4	23.4
	二甲苯/丁醇/环己酮溶液(6/3/1)	15.0	15.1
乙组分	低分子量聚酰胺	5.0	4.8

(4)**无溶剂环氧树脂防腐蚀涂料**

无溶剂环氧树脂防腐蚀涂料也是双组分涂料。聚酰胺固化无溶剂环氧树脂防腐蚀涂料的配方如表3.63所示。这种涂料具有成本低、不易燃烧、毒性小、污染性小、施工效率高等优点。主要用于水下建筑物及潮湿表面涂装,不仅有防腐蚀作用,还具有防渗、堵漏等功效。这种涂料为厚质膏状体,涂刷性较差,常用批刮法施工。涂料的附着力、涂膜的抗冲击和抗震性良好。

表3.63 PA/EP无溶剂防腐蚀涂料参考配方

组分	原料名称	用量(质量分数)/%
甲组分	环氧树脂(E-51)	35.0
	滑石粉	23.3
	中铬绿	2.0
	亚磷酸三苯酯	0.2
乙组分	聚酰胺	25.0
	滑石粉	8.5
	重晶石粉	5.0
	中铬绿	1.0
	颜料/树脂(质量比)	4/6
	环氧基/胺基(当量比)	0.7

3.9.5　呋喃树脂防腐蚀涂料

呋喃树脂防腐蚀涂料是以呋喃树脂为主要成膜物质，加入溶剂、填料、颜料配制而成。呋喃树脂本身是线型分子，以它做涂料的成膜物质其分子结构中有呋喃环，故该涂料的成膜机理是在高温或固化剂的作用下，由呋喃环的不饱和双键彼此互相交联成膜。以糠醇树脂涂料为例，一般认为是呋喃环的双键先打开，然后分子相互连接形成网状结构，如下式所示：

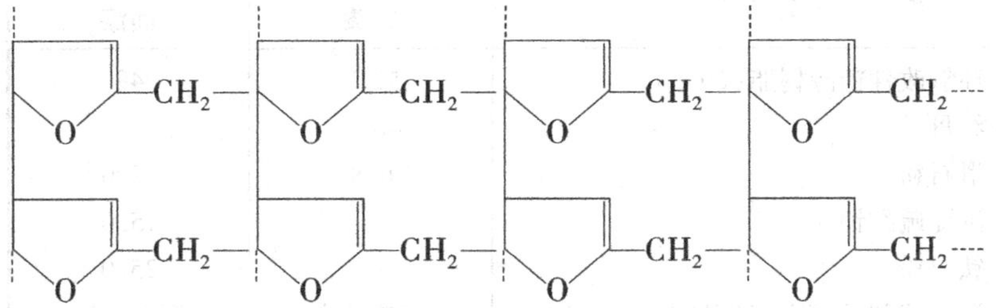

(1)糠醛丙酮甲醛树脂防腐蚀涂料

该涂料具有在高温下耐强酸和强碱的特点，防腐蚀效果良好。常用的配方如表3.64所示。

表3.64　糠酮醛树脂防腐蚀涂料参考配方

原料名称	用量(质量分数)/%	原料名称	用量(质量分数)/%
糠酮醛树脂	62	重晶石粉	12
丙酮	10	对甲苯磺酰氯	6
邻苯二甲酸二丁酯	10		

(2)糠醇树脂防腐蚀涂料

该涂料有较好的防腐蚀性，但涂层较脆，附着力也欠佳。因此，常用环氧树脂涂料做底漆。在有条件的场合，采用热固化的方式，其耐蚀性比常温酸固化时好。常用的配方如表3.65所示。

表3.65　糠醇树脂防腐蚀涂料参考配方

原料名称	用量(质量分数)/%	
	清漆	磁漆
糠醇树脂(60%溶液)	91.7	70.8
邻苯二甲酸二丁酯	5.6	4.5
硫酸氢乙酯	2.7	
苯磺酰氯		2.5
重晶石粉		21.2
丙酮	稀释至适当粘度	

(3)改性呋喃树脂防腐蚀涂料

呋喃树脂的呋喃环交联点密度大，而脆性较高、粘附能力和施工工艺性较差，限制了它在防腐领域的应用。针对其弱点而提出改性。

1)环氧树脂改性呋喃树脂防腐蚀涂料　将环氧树脂和糠醇树脂按6∶4质量比,于120～170 ℃下熬炼,得到环氧树脂改性糠醇树脂。这种改性树脂不但保持了糠醇涂料优良的耐腐蚀性能,而且机械强度、柔韧性和附着力均有较大幅度提高。典型配方如表3.66所示。

表3.66　环氧改性糠醇树脂防腐蚀涂料参考配方

原料名称	用量(质量分数)/%	
	底漆	面漆
环氧改性糠醇树脂(60%)	52.7	48
红丹	40.5	
滑石粉	6.8	12.0
沉淀硫酸钡		15.0
钛白粉		25.0
混合溶剂(丙酮∶环己酮 ＝ 1∶2)	调整粘度	调整粘度

该涂料在有硫酸、硼酸、硫酸钠等化学品腐蚀的化工车间钢结构操作平台上涂刷后,环境温度长期保持40～100 ℃,连续使用一年以上,无腐蚀现象出现。

2)聚乙烯醇缩丁醛改性呋喃树脂防腐蚀涂料　在糠醇酚醛树脂与聚乙烯醇缩丁醛树脂中加适当溶剂,在50～60 ℃下反应而成。不加填料即为清漆,加入填料即为磁漆。

该涂料在酸性条件下室温固化成膜。涂层的机械强度良好,柔韧性比单纯的糠醇树脂涂料有较大提高,对金属和混凝土的附着力均较好。耐酸、碱、水及多种有机溶剂,耐腐蚀性优于过氯乙烯树脂涂料和环氧树脂涂料。

(4)特点及应用

呋喃树脂是由—CH_2—连接起来的紧密网状结构,涂层具有硬度大、屏蔽性好、透气性小和耐化学性好等特点。所以,该类涂料具有十分优良的耐腐蚀性,实验结果表明,大部分呋喃树脂防腐蚀涂料的涂层在20% H_2SO_4,18% HCl,40% NaOH及70号汽油中,常温下浸泡8个月均无变化。但因呋喃环上含有双键,其在高温和氧气存在下有开环的倾向,所以呋喃树脂涂料虽耐高温,但抗氧化性较差。另外,由于呋喃树脂的外观均呈棕褐色,不能制成装饰性材料。主要用于各种金属、混凝土和木材等的防腐蚀。

3.9.6　乙烯树脂防腐蚀涂料

由乙烯基单体合成的树脂为主要成膜物,添加溶剂、颜料、填料等加工而成的涂料。由于碳碳单键的主链具有较高的稳定性和耐蚀性,广泛应用于各种场合下的防腐蚀。主要有过氯乙烯树脂、氯-醋共聚树脂和高氯化聚乙烯树脂等制备的防腐蚀涂料。这类涂料往往具有良好的阻隔作用,因而对建筑物的混凝土、金属表面有良好的保护作用。常用作防腐蚀地面涂料、化工企业建(构)筑物防腐蚀涂料,也用于污水池、水塔内部防护层的防腐。

(1)过氯乙烯树脂防腐蚀涂料

过氯乙烯树脂是由聚氯乙烯经再度氯化而成的高氯产品,含氯量可达61%～68%(普通聚氯乙烯的含氯量为57%)。由于过量的氯原子在分子链中无规分布,使溶解性高于聚氯乙烯。

1)配方　过氯乙烯树脂防腐蚀涂料在混凝土表面的附着力较好,配方如表3.67所示。

表3.67　过氯乙烯树脂防腐蚀涂料参考配方

原料名称	用量(质量分数)/%		
	清漆	白色面漆	铁红底漆
过氯乙烯树脂	12.0	10.84	9.3
邻苯二甲酸二丁酯	1.25	2.49	2.9
中油度亚麻油醇酸树脂		4.25	5.0
五氯联苯	1.25		
磷酸三甲酚酯	1.0		
环氧氯丙烷	0.4		
蓖麻油酸钡		0.19	
钛白粉		10.93	
铁红			23.0
滑石粉			1.5
氧化锌			13.3
醋酸丁酯：丙酮：甲苯(10：15：75)	84.1	71.30	45.0

2)特点及应用　过氯乙烯树脂为白色或淡黄色粉末,能溶于芳烃、酮和酯类溶剂,耐浓酸、浓碱和矿物油等,有良好的耐大气老化性,但对光、热的稳定性较差,不易燃烧。用过氯乙烯树脂制成的涂料被广泛用于石油、化工、制药等企业的建筑物防腐蚀。

(2)高氯化聚乙烯防腐蚀涂料

高氯化聚乙烯(HCPE)是一种含氯量超过65%的氯化聚乙烯产品,平均每两个重复单元上有3个氯原子,为氯原子呈无规分布的脆性白色粉末。配方如表3.68所示。

表3.68　高氯化聚乙烯防腐蚀涂料的参考配方

原料名称	用量(质量比)	
	铁红底漆	白色面漆
HCPE树脂	270.4	270.4
醇酸树脂	210.0	
丙烯酸酯树脂		205.0
氯化石蜡	60.0	60.0
催干剂	6.0	
流平剂		9.0
铁红	198.0	
滑石粉	330.9	
防沉剂	25.6	
钛白粉		185.5
二甲苯	821.6	408.1
醋酸丁酯		184.3
磷酸锌	98.7	

HCPE树脂的成膜性良好。该涂料具有良好的耐候性、耐臭氧性、耐燃性、耐化学品性和耐油性，制成的防腐蚀涂料在防腐蚀、防锈、阻燃以及附着力等方面均优于氯磺化聚乙烯涂料和氯化橡胶涂料，目前在化工、油田、海洋设施、盐业渔场、冶金矿山、三废处理等行业的建筑与设备的防腐蚀方面均有大量的应用。

(3)**氯-醋共聚树脂防腐蚀涂料**

聚氯乙烯树脂的化学稳定性好，结构致密，但溶解性差，附着力低，不宜单独作为防腐蚀涂料的成膜物质，用氯乙烯、醋酸乙烯酯和少量顺丁烯二酸酐共聚而成的三元共聚物可制成性能良好的防腐蚀涂料。氯-醋共聚树脂防腐蚀涂料的防腐蚀性能接近过氯乙烯树脂涂料，柔软性和耐候性优于过氯乙烯树脂涂料。主要用于大型建筑物的钢结构防腐蚀。

3.9.7 聚氨酯防腐蚀涂料

聚氨酯也是一类重要的防腐蚀涂料品种。用作防腐蚀涂料的聚氨酯一般为双组分体系，其中一个组分含有异氰酸酯，另一个组分含有羟基。使用时将两个组分混合均匀即可施工，但是须在规定时间内用完。这种涂料的特点是能在室温下交联固化，涂膜能耐油、耐酸碱、耐盐溶液及化学药品和工业废气等，具有优良的防腐蚀性能；可制成无溶剂涂料或高固体分涂料，一次施工即可获得厚膜；可与煤焦油沥青混合，制得价格便宜而耐腐蚀性良好的防腐蚀涂料，但色黑，缺乏装饰性；聚氨酯涂料在0 ℃甚至更低也能交联固化。因此，在寒冷低温时宜采用聚氨酯涂料，而夏暑高温季节宜用环氧树脂防腐蚀涂料；聚氨酯涂料的柔软性可比较容易的通过配方调节，既可制成刚性涂料，也可制成弹性涂料。

由于其中的多异氰酸酯组分的贮存稳定性较差，必须密闭隔绝潮气，否则易凝；遇潮湿会产生二氧化碳，使涂膜起泡或产生小针孔，降低了漆膜耐腐蚀性。

3.9.8 氟树脂防腐蚀涂料

在分子链结构中含有氟元素的树脂统称为氟树脂，如聚氟乙烯、聚偏二氟乙烯、聚三氟氯乙烯等。这类树脂结构中含有稳定的F-C键，键能高达485.0 kJ/mol，而一般的C-H键仅为413.4 kJ/mol。在碳-碳链的骨架上连接的F原子，其体积恰好充满分子链间隙，可以屏蔽碳链不受其他外来因素的影响；又因F原子的极性很大，故在整个分子链外围构成一静电保护层，排斥其他极性分子的接近。因此，氟树脂具有较高的化学惰性，能耐强酸、强碱、盐类等大多数的物质的侵蚀，而且耐候性、耐温性均良好，在 $-40\sim200$ ℃范围内可长期使用。应用于工农业生产设备、建(构)筑物、交通桥梁、飞机船舶等的防腐蚀防护方面，效果良好。由于氟树脂涂料具有上述优异的性能，因而是一类很有发展前途的防腐蚀涂料。

3.9.9 橡胶类防腐蚀涂料

橡胶类防腐蚀涂料是由经化学处理或机械加工的天然橡胶或合成橡胶为成膜物质，添加溶剂、填料、颜料、催化剂等加工而成。具有优良的机械强度、柔韧性、耐热、耐碱、耐溶剂性，是较为理想的防腐蚀材料。主要品种有氯化橡胶防腐蚀涂料、氯丁橡胶防腐蚀涂料、氯磺化聚乙烯防腐蚀涂料等等。

3.9.10 其他类型防腐蚀涂料

(1)氯化聚醚防腐蚀涂料

氯化聚醚又称聚氯醚,它是以季戊四醇、醋酸和氯化氢为原料,先合成制得3,3′-二氯甲基环氧丙烷,再经开环聚合得到的聚合物。该树脂含氯量为45.5%左右,氯原子是以比较稳定的氯甲基的形式与主链的碳原子连接,而该碳原子上无氢原子,因此在受热时不会像聚氯乙烯那样释放出氯化氢。故氯化聚醚的耐热性和耐腐蚀性十分优良,能抵抗多种酸、碱、盐和大部分溶剂的侵蚀,在120 ℃下可长期使用。

(2)玻璃鳞片防腐蚀涂料

玻璃鳞片防腐蚀涂料由不同类型的树脂,加上玻璃鳞片、耐腐蚀颜料、固化剂、助剂、溶剂等加工而成。它是一种长效防腐蚀涂料,于20世纪60年代由美国欧文斯—康宁玻璃纤维公司和西里壳里公司开始研制,70年代正式推向市场。目前,该涂料已在我国、欧美、日本等国广泛使用。

1)涂膜的结构与防腐机理　玻璃鳞片在涂层中以平铺和定向排列的形式存在,鳞片与鳞片之间互相搭接,重叠覆盖,因此对所保护的基材有良好的屏蔽作用。有试验结果表明,若将涂料涂成2 mm厚的涂膜,切片后用电子显微镜观察,发现层间竟有数百层相互重叠的平行玻璃片,这足以使它具有防止电解质腐蚀、抵抗潮气和有害气体渗透的能力。

2)特点　玻璃鳞片涂料具有优异的耐腐蚀性和抗渗透性、屏蔽性和缓蚀性、耐磨性和耐冲击性、耐热性、抗温差骤变性、抗龟裂性以及良好的层间粘接性、附着力强和固体含量高,一次成膜厚,能减少施工次数,施工方便等特点。

3)主要品种与应用　在国内外研制和生产的玻璃鳞片防腐蚀涂料中,最主要的品种是以环氧树脂和氯磺化聚乙烯树脂为成膜物质的两大类,若加入乙烯基酯树脂更适合于重腐蚀场合下使用。

环氧玻璃鳞片防腐蚀涂料适用强碱介质,可广泛用于钢铁和水泥构件表面,作长效防腐蚀之用,特别适用于严重腐蚀环境下的海港设施、海洋石油钻井平台、水下闸门、地下管道、化工设备等方面,亦可用于工矿企业的车间、仓库做防腐耐磨地面。氯磺化聚乙烯玻璃鳞片防腐蚀涂料,综合了氯磺化聚乙烯树脂和玻璃鳞片两者的优点,因而具有更全面、更优异的性能。具有优良的耐酸、耐碱、耐盐类腐蚀性能,可以广泛地应用于各个防腐蚀领域,如海洋构筑物等。

(3)高固体分防腐蚀涂料

所谓高固体分防腐蚀涂料是指涂料中的固体分比普通涂料高,涂料固体含量一般在70%以上。它具有节省资源、节省有机溶剂、减少污染、减少施工次数、节约工时等优点,适应了涂料工业的发展趋势。

(4)水性防腐蚀涂料

水性防腐蚀涂料以水代替传统的溶剂,作为分散介质,具有节约资源、节约溶剂、减少污染、改善操作条件等优点,符合涂料产品的发展趋势。目前,用于水性防腐蚀涂料的成膜物质主要有水性氯磺化聚乙烯、水性环氧树脂乳液、水性丙烯酸改性环氧树脂、水性聚氨酯树脂等。应用于海港设施、石油管道、化工建筑与设备等方面的防腐蚀涂装,特别适用于在通风不良、密闭条件下的涂装施工。

3.9.11 防腐涂料的检测项目

涂料产品质量检测结果的可靠性、准确性与取样方法有很大关系，因此，所取样品在该批产品中应具有足够代表性，取样工具、器皿应清洗干净；所取样品的数量应足以能进行规定的全部试验项目，并有足够余量贮存试验，以后需要时，可对某些性能作重复试验；样品应存放于清洁干燥的容器内，贴上标签，注明取样日期，并贮存在温度没有较大变动的场所。

由于涂料产品本身的特点，涂料质量检测一般包括：产品本身性能检测、涂布前的质量检测、施工性能检测、涂膜性能检测等。防腐蚀涂料的通用性能检测方法同于一般建筑涂料。

(1)耐化学腐蚀性

耐化学腐蚀性是衡量防腐蚀涂料质量的重要内容，它是检查涂膜在酸、碱、盐等腐蚀性介质作用下的抵抗能力，具体测试方法参见 GB/T 1763—1989。

(2)耐盐雾性

对于在海洋或近海地区使用的防腐蚀涂料必须进行耐盐雾试验，测定耐盐雾性的试验仪器型号较多，一般常用为喷嘴式盐雾试验箱，具体测定方法参见 GB/T 1771—1991。

(3)防霉性

防霉性是检测涂膜对霉菌的抵抗能力。防霉试验方法常用的有悬挂法和培养皿法，具体测定方法参见 GB/T 1741—1989。

(4)耐油性

耐油性是检查涂膜抵抗汽油腐蚀、溶蚀作用的能力。其测试方法是将涂覆涂料的样板浸泡在汽油中，放置规定时间后取出观察涂膜的变化情况，具体测定法参见 GB/T 1734—1993。

3.9.12 防腐涂料的施工

涂料在被涂装物表面形成涂膜，才能发挥预期的防蚀保护作用，使涂料形成涂膜的过程即为施工。工艺包括基材的表面处理与涂装工艺。

(1)基材的表面处理

基材的表面处理的质量，对防蚀涂装的效果及耐久性影响至关重要，而且越是性能优良的涂料，大多数对表面处理的好坏程度也越敏感。未处理好的表面，既使涂装高级涂料，也达不到预期防蚀效果。对于不同的基材，其表面有不同的处理方法。

1)水泥混凝土表面处理

①新水泥混凝土表面处理　水泥表面为多孔性表面，而且含有水分和盐分，一般新水泥表面不宜立刻涂装，需经过规定时间的干燥，使水分含量小于 10% 方能涂装。如工程急需涂装，可采用 15% ~20% 硫酸锌或氯化锌溶液，涂刷水泥混凝土表面数次，待干后除去析出的粉质和浮粒；也可用 5% ~10% 稀盐酸清洗，再用清水洗涤，干燥。

②旧水泥混凝土表面　旧水泥混凝土表面可先用钢丝刷除去浮粒、浮灰，如果水泥表面有较多缝隙或凹凸不平之处，可先用极稀的氢氧化钠溶液清洗油垢，然后用清水冲洗，干燥后再用环氧、过氯乙烯、氯化橡胶等腻子填平，最后再涂装。

③新灰泥表面　对新抹的灰泥表面，要把纸筋、石灰屑等突出物用刀削平，然后将表面浮灰擦去，最好用稀氟硅酸镁溶液处理数次，再涂装。

2)钢铁材料的表面处理　钢铁材料在涂装前的表面处理包括：脱脂、除浊、除锈、化学处理等方面。除油脱脂的方法很多，可用溶剂擦洗、浸渍，也可用碱性脱脂清洗剂或乳液清洗剂清洗等方法处理。涂装前彻底除锈是防蚀涂装过程中很重要的一步。常有喷射除锈、动力工具和手工工具除锈、酸洗除锈和电火花除锈等方法。钢铁表面在除油除锈之后，为防止重新生锈，通常经过一定的化学处理，使钢铁表面形成一层保护性薄膜。常用有磷化、氧化、钝化等方法。

(2)涂装工艺

基层处理完毕，就可以进行涂装。第一步考察施工的环境是否符合要求，包括湿度、温度、风雨对施工质量的影响；第二步进行涂料的调配；第三步是选择涂装方法，包括刷涂、浸涂、滚涂、淋涂、喷涂等工艺；第四步考虑涂层的结构，防腐蚀涂层一般是由起防蚀作用的底漆、具有耐候性及对外界起屏蔽作用的面漆及增加两者间附着力的中间层等功能各异的涂层所组成，并综合考虑各层的厚度。

3.10 建筑涂料的质量检测与施工

3.10.1 涂料性能检测项目

(1)容器中状态

涂料在容器中状态指涂料在容器中的液态性能。如涂料是否存在分层、沉淀、结块、凝胶等现象，以及经搅拌后是否能混合成均匀状态。检测方法是打开储存涂料的容器盖，用搅拌棒轻轻搅拌容器内试样，观察涂料试样是否均匀，有无硬块，具体方法参见 GB/T 9755—2001 标准。

(2)粘度

涂料的粘度是涂料产品的重要指标之一，直接影响着涂料的贮存稳定性和施工性能。要求粘度适宜，粘度过高则会使施工困难，涂膜流平性差；过低会造成流挂及涂膜较薄等缺陷。测试方法参见 GB/T 1723—1993 标准。常用的粘度计有毛细管粘度计、落球粘度计、旋转式粘度计、锥形平板粘度计等。

(3)细度

细度又称研磨细度，指检查色漆中颜料、填料颗粒大小或分散程度。细度是涂膜外观质量的决定性因素，同时对涂料的施工性、贮存稳定性、涂膜附着力等也均有直接的影响。测试方法按 GB/T 1724—1989 标准规定的涂料细度测定法进行。常用刮板细度计测定，以微米数表示。

(4)固体含量

涂料的固体含量是指除去溶剂、稀释剂(或水)之外的不挥发物(包括基料、颜料、填料等)占涂料总质量的百分比。测试方法参见 GB/T 1725—1989 标准。通常采用烘箱法，也可采用红外线法。

(5)贮存稳定性

涂料的贮存稳定性是指在规定的条件下，涂料在存放期间内，对可能发生的变稠、结皮、返粗、沉底、结块、干性减退、酸值增高、胶凝、异味等变质现象的抵抗能力。达到不发生上述变化的时间称为贮存期或质量保证期(年或月)。一般采用常温贮存稳定法、升温贮存法、冷热交替法和机械分离法等进行测定。水性涂料检测贮存稳定性更为重要。测试方法参见GB/T 6753.3—1986标准规定的涂料贮存稳定性试验方法。

3.10.2 施工性能检测项目

(1)遮盖力和对比率

遮盖力是指色漆遮盖基材上的颜色或颜色差异的能力,也叫不透明度。分为干遮盖力和湿遮盖力两种,一般所称的遮盖力指湿遮盖力。优良的涂料,必须具有良好的遮盖力,遮盖力越大,涂料的单位面积使用量就越小。测定方法采用刷涂法,即把涂料均匀地涂刷在黑白格的底板上,能遮盖黑白格的最小用量(g/m^2),或遮盖底面所需的最小漆膜厚度(μm)。测定方法参见GB/T 13452.3—1992标准。

对比率是指在规定反射率黑白底材上,涂膜反射率之比(%)。反射率采用反射率测定仪测定。这是一种测定涂料的遮盖力较为精确的仪器方法,有别于遮盖力的目视评定方法,测定结果可以排除人为主观因素,执行GB/T 9265—1988标准。

(2)使用量

涂料的使用量测定,通常采用喷涂或刷涂法,然后按式(3.34)计算。

$$R = \frac{A - C}{10\,000B} \tag{3.34}$$

式中 R——涂料的使用量(g/m^2);A——涂漆后试板重量(g);C——涂漆前试板重量(g);B——涂漆面积(cm^2)。

(3)涂刷性

涂刷性指涂料在使用时涂刷是否便利的性能,测定方法参见GB/T 1757—1989标准。

(4)干燥时间

涂料从流体状到全部形成固体涂膜的时间称为干燥时间,即涂料从粘稠态转化为固态涂膜所需的时间。分为表面干燥时间和实际干燥时间,涂膜表面干燥时间简称为表干时间,全部形成固体涂膜的干燥时间为实际干燥时间(h或min)。具体测定方法参见GB/T 1728—1989标准。

(5)最低成膜温度

将乳液涂料涂布在底板上,水分蒸发后,在适宜的温度下,聚合物乳液粒子相互作用会形成连续的透明涂膜。乳液形成连续均匀的透明涂膜的极限温度称为最低成膜温度。最低成膜温度采用最低成膜温度仪测定,执行GB/T 9267—1988标准。

(6)初期干燥抗裂性

指复层涂料等厚质涂料从施工后的湿膜状态转化成干膜过程中的抗开裂性,参见GB 9779—1988复层建筑涂料标准。

(7)打磨性

底漆和腻子干燥之后,须用浮石、砂纸或其他研磨材料进行打磨,使之成为平整而无光泽的表面,才能进行涂装。打磨的难易程度称为打磨性,直接影响施工的质量和进度。测定方法可参见GB/T 1770—1989标准。

(8)流平性

涂料的流平性是指涂料涂覆后,在干燥过程中自行铺展,并消除表面各种不同规则形状的能力，它是衡量涂料装饰性能的重要标志之一。通常采用刷涂或喷涂工艺，将涂料施涂于表面平整的底板上，测定刷纹消失和形成平滑涂膜所需要的时间(min)。测定方法参见 GB/T 1750—1989 标准。

3.10.3 涂膜性能检测项目

(1)外观

观察涂膜表面是否光滑、平整，有无皱纹、针孔、麻点、发白等弊病。检查方法参见 GB/T 1722—1992 标准。

(2)光泽

光泽是指涂膜表面将投射来的光线向一个方向反射出去的能力。通常使用光电光泽计测定，具体测定方法参见 GB/T 1743—1989 标准。

(3)厚度

在涂料检测和使用过程中，涂膜厚度是一项很重要的控制指标。涂膜厚薄不匀或涂刷不合理均会对膜性能产生很大影响。测定涂膜厚度的仪器有湿膜厚度计和干膜厚度计两种，测定方法参见 GB/T 1764—1989 标准。

(4)硬度和白度

硬度是表示涂膜机械强度的重要性能之一。其物理意义是涂膜表面对作用于其上的另一个硬度较大的物体所表现的抵抗变形能力。具体测定方法参见 GB/T 1730—1993 标准。主要测试仪器有摆杆硬度测定仪、克利曼硬度测定仪、斯华特硬度测定仪、铅笔硬度测定仪等；涂膜的白度采用光谱测色仪测定。

(5)耐水性

耐水性指涂膜对水作用的抵抗能力，即涂膜不吸水、不渗水的性能。干透的涂膜遇水后不泛白、不起泡、不膨胀、不脱落，而离水后，由于水分的蒸发，涂膜能恢复原来的外观，这就说明涂膜具有一定的耐水性。其中外墙涂料对耐水性指标要求较高。测定方法有浸水试验法和浸沸水试验法两种。建筑涂料产品的标准规定用浸水试验法。根据不同要求有耐热水、耐冷水、耐蒸馏水、耐海水等不同检查方法，具体测试方法参见 GB/T 1733—1993 标准。

(6)耐碱性

建筑涂料适用的基材(如水泥砂浆、水泥石棉板、石膏水泥板等)大多为碱性，所以要求涂膜具有一定的耐碱性。耐碱性是指涂膜对碱侵蚀的抵抗能力，即在规定的条件下，将涂料试板浸泡在一定浓度的碱液中，观察试板上涂膜有无发白、失光、起泡、脱落等现象，执行标准为 GB/T 9755—2001。

(7)耐洗刷性

耐洗刷性是指涂膜经受皂液、合成洗涤液的清洗，除去表面的尘埃、油烟等污物而保持原性能的能力。在洗刷试验机上测定涂层的耐洗刷性。具体测试方法参见 GB 9266—1988 标准中有关建筑涂料涂层耐洗刷性的测定。

(8)耐玷污性

耐玷污性是指涂膜受灰尘、大气悬浮物等污染物玷污后，清除其表面上污染物的难易程度。试验方法是采用粉煤灰作污染源，将其涂刷在涂层样板上，然后再用容积为 15 L、高度为 2 m 的箱水，冲洗涂层样板，要求在 1 min 内流完。再用白度测定仪测定其反射系数，计算耐玷污性。此外，还包括耐日用化学品沾污性，主要指汽油、缝纫机油、食用植物油、酱油、墨水、低浓度盐酸等污物的测定，具体测定执行 GB/T 9780—1988 标准规定的建筑涂料涂层耐沾污性试验方法。

（9）**耐冻融循环性**

涂料的耐冻融循环性又称涂层耐温变性，是指涂层在规定的冻结—融化状态下的抵抗能力。涂膜的耐高温、低温循环性能是衡量涂膜耐久性的重要指标之一。测定方法是将被测样板放入规定温度的冰箱内，放置一定时间，取出后，于室温放置 2 ~ 3 h，再放入规定温度的高温烘箱内，放置一定时间。按规定次数循环操作，测试结束后观察涂膜色泽外观有无变色、粉化、起泡、开裂、脱落等现象，执行标准 GB 9154—1988 的建筑涂料涂层耐冻融循环性测定法。

（10）**耐湿热性**

涂膜对环境湿度和温度的适应性和抵抗能力称为涂膜耐湿热性。采用调温调湿箱来控制一定的温度、湿度和时间，观察涂膜试板外观的破坏程度，最后做出等级评定，测定方法参见 GB/T 1740—1989 标准。

（11）**耐候性**

涂料的耐候性是指涂膜抵抗阳光、雨露、风、霜等气候条件的破坏作用，如失光、变色、粉化、龟裂、长霉、脱落及基材腐蚀等的能力，即保持原有性能的能力。可用天然老化、人工老化等技术性能指标来衡量。涂膜的人工老化试验按照标准 GB/T 1865—1997《色漆和清漆人工气候老化和人工辐射暴露》进行。

（12）**耐磨性**

耐磨性实际上是涂膜的硬度、附着力和内聚力等综合效应的体现。测定方法是采用漆膜磨耗仪，在一定的荷载下经规定的磨转次数后，称量涂膜的失重量（g）。常用落砂法、喷射法、砂轮法等，具体测定方法参见 GB/T 1768—1989 标准。

（13）**耐热性**

耐热性是检查涂膜对热的稳定性，一般以温度和时间表示。将被测样板放入规定温度的烘箱内，于规定的时间后取出，观察涂层颜色、光泽有无变化，涂膜是否有发粘、发软、开裂、起泡等现象，具体测定方法参见 GB 1740—1989 标准的漆膜耐湿热测定法。

（14）**耐寒性**

涂膜受冷冻作用后的稳定性称为耐寒性。涂膜的耐寒性受多种因素影响，如原料、颜料、多层涂膜之间配合以及涂膜厚度等。一般的测试方法是将被测样板放入规定温度的冰箱内，经一定时间后取出。观察涂膜有无开裂、变脆等现象。

（15）**柔韧性**

柔韧性是测定涂膜样板在不同直径轴棒上弯曲，而不引起涂膜破坏的最小轴棒直径（mm）。测定方法参见 GB/T 1731—1993 标准。测定仪器主要使用柔韧性测定器。

（16）**抗冲击性**

抗冲击性是指涂层耐冲击的性能。地面极容易受到重物的撞击，故要求地面涂层受到重物冲击后，不产生开裂或脱落，但允许有少量的凹痕。冲击强度是测定涂膜受高速的负荷作用下的变形程度，表明被测试涂膜的柔韧性和对底材的附着能力。常用的测试仪器是冲击式试验器，测试方法参见 GB/T 1732—1993 标准。

(17)**附着力**

附着力是指涂膜与被涂物件表面,通过物理和化学力的作用结合在一起的坚固程度。表明涂料对基材的粘结程度,对涂层的耐久性有较大影响。测定涂膜附着力的方法有两种,一种是按照标准 GB/T 1720—1989《漆膜附着力测定方法》的规定;另一种方法执行标准GB/T 9286—1998《色漆和清漆　漆膜的划格试验》的规定。

(18)**粘结强度**

粘结强度反映涂层与基层表面粘结好坏的一项重要性能指标。对于厚质涂层有标准状态下的粘结强度测定和浸水后粘结强度测定两项内容,具体测定方法和技术指标要求符合GB/T 9779—2005标准。外墙无机建筑涂料涂层粘结强度测定方法参见 GB 10222—1988标准。

3.10.4　施工工艺

(1)**基材处理**

1)清除　指各类基层在涂饰前进行处理的技术。清除的操作技术主要有手工清除、机械清除、化学清除和热清除等。手工清除主要包括手工铲除、刷除;机械清除主要有动力钢丝刷清除、除锈枪清除、蒸汽清除、喷水及喷砂清除等,其中喷砂清除的特点是效率高、清除能力强,特别适用于粘附牢固的锈蚀和氧化铁皮等的清除,清除后表面产生深度适宜的糙面,增加涂料的附着力;化学清除一般适用于基层状况比较完好而坚实的情况,其施工简单、见效快,对基层损伤少;热清除主要用来清除金属面上的锈蚀、氧化皮和木质面上的漆膜。

2)嵌、批腻子　基层进行清除后,对涂饰基层表面的局部缺陷和较大的洞眼、裂缝、坑凹不平处填实。要求腻子批(刮)全面,不能遗漏。嵌、批腻子的要点是实、平、光,并与基层或后续涂层接触紧密,粘结牢固,表面平整光滑。

3)打磨　打磨有手工打磨和机械打磨两种方法,而其中又包括干磨和湿磨。干磨是用木砂纸、铁砂布、浮石等对表面进行研磨;湿磨是将水砂纸或浮石蘸上水或润滑剂进行打磨。打磨过程分为三个阶段,即基层打磨、层间打磨和面层打磨。打磨时必须在基层或涂膜干实之后进行,以免磨料粘入基层或涂膜内,达不到打磨的效果;水性腻子、较为亲水的基层或水溶性涂料涂层不能采用湿磨;遇到涂膜坚硬不平或软硬相差较大时,必须选用磨料锋利并且坚硬的磨具,避免越磨越不平;打磨后应清除表面的浮粉和灰尘,以方便下道工序。

(2)**施涂方法及使用工具**

1)刷漆　涂饰工程中,刷漆是应用最早、最普遍的施工方法。刷涂前,将涂料搅拌均匀,调好粘度,用漆刷或排笔蘸少许涂料,按自上而下、从左到右、先里后外、先斜后直、先难后易的顺序纵横涂刷,最后用排笔轻轻抹边缘棱角,使墙面上形成一层均匀、平整光亮的涂膜。具体操作方法是起刷要轻、运刷要重、收刷要轻、刷子要走平。对于垂直表面,最后一次涂刷要自上而下,对于水平表面,最后一次涂刷应按光线照射方向进行。

这种刷漆方法的特点是节约涂料,工具简单且易掌握,施工灵活性强,对涂料品种适应性强。广泛地应用于各种内外墙用的乳胶漆、溶剂性涂料等刷涂。使用的工具为油漆刷和排笔。但是,施工人员劳动强度大、生产效率低、对快干性涂料不适应。如果操作不熟练,涂膜就会出现刷痕、流挂、涂层不均匀等现象。

2)滚涂　利用蘸有涂料的羊毛或化纤等吸附性材料制成的滚具,轻微用力滚压在基材上而形成涂膜的一种涂装方法。滚具分为一般滚具和艺术滚具两种。一般滚具适用于薄质涂料,或工程中的低档涂料及中高档涂料施工中的第一道涂饰;艺术滚具有不同形式,可以在墙面印上各种艺术图案花纹,或形成立体质感的凹凸花纹。这种刷漆的方法适宜大面积涂漆,省时、省力、操作容易、在平面上效率高,是一种应用较为广泛的涂装方法。适用于内墙滚花涂料、内外墙厚质涂料,如合成树脂乳胶厚质涂料、无机厚质涂料、聚合物水泥厚质涂料等。

3)刮涂　采用刮刀对粘稠涂料进行厚膜涂装的一种施工方法。一般用于刮涂腻子、填孔,涂装油性油漆、硝基清漆等。常用工具有刮刀、腻子盘、托腻子板等。

4)抹涂　将纤维涂料抹涂(或薄层涂料)成饰面,使之形成硬度很高,并类似于汉白玉、大理石等天然石料饰面的装饰效果的一种涂装工艺。一般包括涂饰底层涂料和抹涂饰面涂料两个工艺过程。底层涂料的涂饰方法是用排笔(或笔辊)将搅拌好的底层涂料,在处理后的基层面上刷涂或滚涂。一般需要均匀涂饰两遍,不得漏涂,而饰面涂料的抹涂方法是当底层涂料涂饰完毕后,要间隔2 h左右,再进行抹涂施工。一般只涂抹一遍,涂抹厚度内墙为1.5~2 mm,外墙为2~3 mm。要求抹涂平整,无抹痕,颜色均匀一致。用不锈钢抹灰工具。

如果基层平整度较差或对装饰涂层的外观质量要求较高时,可增加一遍刮涂涂层,即在已涂饰底层涂料的面上,先满刮一遍涂料,厚度越薄越好,晾置约1 h左右,再用不锈钢抹子拍抹饰面并压光,使涂料中的粘结剂在表面形成一层光亮膜,且颜色一致、平整光滑。

5)喷涂　利用压缩空气或其他方式为动力,将涂料从喷枪的喷嘴中喷出,成雾状分散沉积,形成均匀涂膜的一种涂装方法。喷涂的施工效率较刷涂高几倍至十几倍,尤其是大面积涂装更显示其优越性。喷涂对缝隙、小孔、倾斜、曲线、凹凸等各种形状的物面都能适应,并可获得美观、平整、光滑的高质量涂膜。绝大部分涂料均可采用喷涂施工。

6)无气喷涂　无气喷涂的原理是通过一增压泵,使涂料增压高达21 MPa或更高,获得高压的涂料通过高压管到特殊的高压枪,并从特殊的喷嘴释放压力达到分散雾化的目的,高速地涂在被涂物上。由于涂料雾化不需要压缩空气,所以称之为无气喷涂。这种方法涂装的质量和效率均高,涂层平顺、致密、厚度均匀、绝无刷痕、附着力高、寿命长,并且基材的拐角和间隙也能很好的涂漆。

7)弹涂　采用手动或电动弹涂机,将彩色涂料均匀地弹射到墙上,形成1~3 mm的圆状色点的一种施工方法。所形成的各种色点相互交错、相互衬托,达到干粘石、水刷石的装饰效果。这种方法适用于内外墙的厚质涂料。外墙装饰色点宜大,而室内装饰时色点宜小。

3.11　建筑涂料的化学毒性

科学技术迅速发展,工业现代化和城市人口集中,带来了日益严重的环境污染,尤其是化学物质污染引起的环境和生态危机,已成为影响国民经济和社会发展的重要因素。生产环保型绿色化学建材是当代可持续发展的迫切需要。

3.11.1　常见的有毒物质及危害

建筑涂料产品及在制造中使用的原料绝大部分都是有毒的,对人体的毒害作用也是多方面的,其中对人体毒害比较大的物质有如下几类。

(1)**游离甲醛**

甲醛是某些涂料或粘合剂用树脂的重要原料。甲醛是一种有毒物质,刺激人的眼、鼻和上呼吸道,引发哮喘、呼吸道炎症或支气管炎;皮肤直接接触甲醛,会引起皮炎、指甲角化和脆弱、指端疼痛;全身症状有头痛、乏力、心悸、失眠、体重减轻以及植物神经紊乱等。而且,甲醛还会对人体内免疫水平产生影响。

(2)**甲苯二异氰酸酯(TDI)**

聚氨酯树脂涂料中,存在游离的TDI,毒性很大,会损害人类健康。吸入后会引起呼吸不适、眼角发干、发疼,严重时引起头痛、气短、支气管炎、哮喘等呼吸系统疾病;视力下降,皮肤接触到这些单体后,引起皮肤干燥、发痒,严重时会引起皮肤开裂、溃烂等病症。

(3)**苯及苯系物**

苯及苯系物(二甲苯等)是涂料常用的溶剂,用于溶解基体树脂并控制涂料的粘度,对涂料的成膜非常重要。在涂料施工后,苯及苯系物溶剂挥发,对环境和人类健康都有极大危害。苯属于中等毒类,其健康效应表现在血液毒性、遗传毒性和致癌毒性三个方面。人吸入高浓度苯会引起头晕、倦睡、头痛、恶心;低浓度反复吸入也会影响神经系统,表现为全血细胞减少症、贫血症、骨髓发育异常综合症和白血球减少等;苯系物中的二甲苯是目前涂料工业应用面最广,使用量最大的一种溶剂。挥发在环境中,引起人的眼睛、鼻腔、咽喉等粘膜组织及皮肤的强烈刺激和损伤,并引起呼吸系统炎症。

(4)**重金属**

涂料中的重金属,一般是指可溶性铅、镉、铬和汞等,来源于涂料生产时加入的各种助剂,如催干剂、防污剂、消光剂、颜料和各种填料中所含杂质。重金属对人体有极大的影响,某些重金属在一定浓度内是人体必需的微量元素,但超过人体所能耐受的限度量后,即可造成严重的生理损害,引发多种疾病。例如,铅的摄入干扰了亚铁血红素的合成;影响中枢神经系统、消化系统和肾等;造成人疲劳、头痛、脑麻痹、失明、智力迟钝等,甚至造成肾功能受损。

(5)**苯乙烯**

苯乙烯具有刺激性臭味,1996年世界卫生组织(WHO)的国际癌症研究小组对苯乙烯进行深入的研究后得出结论,苯乙烯有致癌作用。吸入苯乙烯气体会使人产生淋巴瘤、造血系统瘤和非瘤疾病,尤其是中枢神经系统的疾病并具有潜伏性。随着呼吸苯乙烯气体时间的持续和剂量的积累,致使危险性更大。苯乙烯挥发,造成了对环境的污染和健康的危害。

(6)**胺**

环氧树脂使用的固化剂中的有害物质是芳香胺、乙二胺、二甲基丙胺、顺丁烯二酸酐等,芳香胺类物质,如间苯二胺、二氨基二苯甲烷等能诱发泌尿系统的癌症,如膀胱癌等。乙二胺刺激眼睛、皮肤和粘膜,并被皮肤吸收,引起中毒,且影响女性生育。空气中最高容许浓度为25 $mg \cdot m^{-3}$。

(7)**总挥发性有机物(TVOC)**

总挥发性有机物(TVOC)是衡量挥发性有机物的指标,定义为在一定的压力下,沸点(或初馏点)低于或等于250 ℃的任何有机化合物。涂料干结成膜后,涂料中的溶剂、稀释剂及其他易挥发物都要挥发掉,而且有些干涂膜也会随着时间、温度的变化逐渐释放出有机物。这些挥发性有机物在阳光作用下与大气中氮氧化物、硫化物发生光化学反应,生成毒性更大的二次污染物,形成光化学烟雾,对环境造成危害。

3.11.2 常见的有毒物质的测定

(1)游离甲醛的测定

涂料中游离甲醛的测定方法有滴定分析法、分光光度法、气相色谱法、电化学分析法。滴定分析法常用作高浓度游离甲醛的定量分析，而微量甲醛的分析则采用分光光度法。

1)滴定分析法　包括盐酸羟胺法、碘量法、亚硫酸钠法、亚硫酸氢钠法和氯化铵法等。

①盐酸羟胺法　盐酸羟胺与甲醛反应能生成肟和游离酸，用标准碱溶液滴定游离酸。

②碘量法　在氢氧化钠溶液中，碘将游离甲醛氧化成甲酸钠，过量的碘生成次碘酸钠和碘化钠，它们在酸性溶液中又还原成碘，再用硫代硫酸钠溶液滴定剩余的碘，来测得游离甲醛含量。

③亚硫酸钠法　甲醛与过量亚硫酸钠反应，生成加成化合物和游离碱(氢氧化钠)，用标准酸溶液滴定游离碱，反应条件保持在0 ℃。

④亚硫酸氢钠法　过量亚硫酸氢钠与甲醛反应，生成羟甲基磺酸钠，剩余的亚硫酸氢钠用碘滴定，并同时作空白试验。

⑤氯化铵法　氯化铵和一定量的氢氧化钠溶液中，甲醛和生成的氢氧化铵反应生成六次甲基四铵，用盐酸滴定剩余的氢氧化钠。

2)分光光度法　分光光度法测定微含量游离甲醛的方法有以下三种：

①乙酰丙酮法　在乙酸铵存在下，甲醛与乙酰丙酮发生反应，生成浅黄色的2,6-二甲醛-3,5二乙酰基吡啶，其最大吸收波长在412~415 nm。

②铬变酸法　在硫酸介质中，利用甲醛的铬变酸作用，生成紫色化合物，其最大吸收波长568~570 nm，该法灵敏度高，显色液稳定性好。

③亚硫酸品红法　在亚硫酸品红的硫酸或盐溶液中，甲醛生成玫瑰红色的盐，最大吸收波长552~554 nm。该法操作简便，测定范围广，适合于甲醛含量较高的测定。

3)测定实例

①配制甲醛标准溶液　取2 g甲醛(浓度约37%)，用水稀释至1 000 mL，碘量法测定甲醛的精确浓度，用于制备标准稀释液；移取约10 mL甲醛溶液，稀释至1 000 mL，制成10 $\mu g \cdot mL^{-1}$的标准稀释液。

②绘制标准工作曲线　按照下列规定，量取10 $\mu g \cdot mL^{-1}$的标准稀释液，稀释至100 mL，即可制备一组甲醛标准溶液，如表3.69所示。备用于绘制标准工作曲线。

表3.69　甲醛标准溶液的配制

取样量/mL(10 μg/mL的标准稀释液)	稀释后甲醛浓度/($\mu g \cdot mL^{-1}$)
1	0.1
5	0.5
10	1.0
15	1.5
20	2.0
25	2.5

分别吸取 5 mL 甲醛标准溶液,各加 1 mL 乙酰丙酮溶液,在 100 ℃沸水浴中加热,保持 3 min,冷却至室温后,用分光光度计的 10 mm 吸收池(水为参比),在 412 nm 波长处测定吸光度。

以 5 mL 甲醛标准溶液中甲醛含量为横坐标,吸光度为纵坐标,即可绘制出标准工作曲线。计算回归曲线的斜率,斜率的倒数作为样品测定的计算因子 B_s。

③涂料样品的处理　称取搅拌均匀后的涂料试样 2 g,置于预先加入 50 mL 水的蒸馏瓶中,轻轻摇匀,再加 200 mL 水,加热蒸馏。在馏分接收器皿中,预先加入适量的水浸没馏分出口,外部加冰冷却,收集 200 mL 馏分,取下馏分接收器皿,将馏分定容至 250 mL。6 h 内测定馏分的吸光度。涂料中游离甲醛含量可按式(3.35)计算:

$$W = 0.05 \times B_s(A - A_0)/m \tag{3.35}$$

式中　W——游离甲醛含量(g/kg);A——样品溶液的吸光度;A_0——空白溶液的吸光度;B_s——计算因子;m——样品质量(g);0.05——换算系数。

(2)**苯及苯系物的测定**

苯和苯系物的测定多采用气相色谱法,也可采用气—质联用仪。用溶剂(二硫化碳或乙酸乙酯)将涂料中的苯和苯系物溶解后再进样测定。

首先将滤纸条放入顶空瓶后密封,用微量注射器吸取苯量为 0、0.28、0.60、1.10、2.30 μL 注射在瓶内的滤纸条上,苯含量分别为 0、0.246、0.527、0.967、1.757 mg。

将装有滤纸条的顶空瓶称量,精确到 0.1 mg;再将 0.2 g 涂料样品涂在滤纸条上,密封后称量,精确到 0.1 mg。两次称量的差值即为涂料样品的质量。

将上述样品放在 40 ℃恒温箱中保温 4 h,取 0.20 mL 顶空气做气相色谱分析,记录峰的面积。以峰面积为纵坐标,苯的质量为横坐标,绘制出标准曲线图,再从标准曲线图上查出涂料样品中苯的质量。得到苯的质量后,按式(3.36)计算出苯的含量。

$$C = m/W \tag{3.36}$$

式中　C——样品中苯的含量(g/kg);m——被测样品中苯的质量(g);W——样品的质量(g)。

(3)**甲苯二异氰酸酯的测定**

测定游离甲苯二异氰酸酯(TDI)含量的方法有分光光度法和气相色谱法。分光光度法的工作原理是:TDI 在盐酸溶液中水解产生甲苯二胺芳香胺,该芳香胺与亚硝酸钠重氮化后,再与盐酸萘乙二胺耦合生成紫红色化合物,在 560 nm 处比色。但是,该方法灵敏度不高,而且操作费时,所用试剂毒性大,气味难闻。所以,此法不是测定游离 TDI 的最佳方法。目前,测定涂料中 TDI 的最好方法是气相色谱法。

(4)**重金属的测定**

涂料中重金属的测定采用分光光度法和原子光谱法。分光光度法测定重金属元素的步骤是:首先是溶解样品,将样品中有机物完全消除;然后加入各种不同的显色剂,使之与待测元素作用,形成金属络合物(或生成其他有色产物);最后在分光光度计上测定显色液吸光度。在一定的测量条件及浓度范围内,吸光度与待测元素的浓度呈线性相关。

原子光谱法已成为涂料产品中重金属分析的首选技术,主要包括原子发射光谱分析法(主要用于定性半定量)、原子吸收光谱分析法(主要用作定量)和等离子体原子发射光谱。

(5)**总挥发性有机物(TVOC)的测定**

总挥发性有机物(TVOC)的测定采用顶空法或吸附—解吸法与气相色谱或气相色谱—质谱相结合的方法。顶空气相色谱法是通过气相色谱法,分析在密闭系统中与样品(液体/固体)处于热力学平衡状态的气相成分,来测定这些组分样品中的含量,它是一种间接分析方法。

3.12 建筑涂料的发展

3.12.1 建筑涂料现状

我国从20世纪70年代初就开发了乙-丙乳液涂料。随着化工行业合成技术的开发和引进,尤其是以丙烯酸酯及其乙酸乙烯酯共聚物为代表的合成树脂的技术发展,促进了以其为基料的各类涂料产品的开发和应用。建筑涂料完成了由平薄型向厚质型、单一型向复合型及高装饰型涂料的转化过程,形成了水溶性乳液涂料、合成树脂涂料、无机硅酸盐涂料、有机-无机复合涂料,以及防火、防水、防霉、防潮等功能性涂料,兼具高、中、低档多层次产品结构的局面。

我国建筑涂料品种从106内墙涂料(现已淘汰)开始起步,如今已经作为一个产业得到蓬勃发展,并且品种门类较为齐全。主要品种有:聚乙烯醇系列内墙涂料、聚醋酸乙烯内墙乳液涂料;苯乙烯-丙烯酸共聚内外墙乳液涂料、丙烯酸外墙乳液涂料以及溶剂型丙烯酸酯类、丙烯酸-聚氨酯和有机硅接枝丙烯酸类等外墙涂料;还有各种彩色砂壁状、复层型等厚质涂料及少量的无机硅酸盐外墙涂料等;地面涂料一般以聚氨酯和环氧树脂类涂料为主;功能涂料有防火、防潮、防结露、防霉、防虫、防腐蚀、防炭化等品种。

3.12.2 建筑涂料的发展方向

当今世界能源短缺,环境日益恶化。建筑涂料发展的总趋势趋向于低有机挥发分(VOC)、多功能化和高性能化发展。工业涂料将向着水性涂料、粉末涂料、高固体分涂料和辐射固化涂料等绿色涂料方向发展。

(1)**向水性化发展**

当今世界,人类赖以生存的环境越来越多地受到人们的关注,涂料的品种结构应本着减少VOC含量,向绿色产品、环保化方向发展。国家环保总局修订并发布了水性涂料环境标志产品技术要求HJBZ 4—1999,为涂料行业维护和营造健康,发展水性涂料奠定了基础。向水性化发展是建筑涂料发展的大趋势。传统的溶剂型涂料所占比例应逐步下降,提高水性涂料的质量和技术水平、开发新品种是巩固和发展水性涂料的重要环节。在研究和开发以丙烯酸系列为基料的乳胶涂料的基础上,对于水性环氧树脂、水性聚氨酯等水性基料应继续研究,使水性涂料高性能化,以满足多种特殊要求。

(2)**向高性能化、高档次发展**

理想的涂料,不仅要保护和美化基材,而且还给予基材某些特殊的功能。研究和使用新的基料可以使涂料达到高性能化、高增值化。如高耐候性的氟树脂涂料,与其他合成树脂相比具有优异的耐候性、耐久性、耐化学品性,用于建筑方面可取得良好的效果。但是,氟树脂较为昂贵,用于建筑外墙饰面受到了极大的限制。重视研究氟树脂在水性化方面的发展,尤其是氟乙烯烃为主体的氟树脂改性的共聚物乳液,使其成为性能好、档次高、价格又能为人们接受的高品质基料,为研究高性能、高档次的涂料奠定了基础。采用有机硅和有机氟改性丙烯酸树脂是国际先进的树脂合成技术,其优异的抗老化、耐玷污性能将使其配制的外墙涂料(含钢结构防护涂料)耐久性达10~15年。提高普通聚合物合成乳液的档次,用一般的原料开发新型高弹性、交联型、互穿网络型乳液新产品。

由于粉末涂料无毒、安全性能好,也将是高档建筑涂料的发展方向之一。固态丙烯酸树脂是国际上涂料用树脂发展的新产品,如Goodyear公司和ICI公司已有产品销售,国内同类产品已研制成功并通过技术鉴定。这种树脂不仅可溶解在不含或少含芳烃溶剂的脂肪族溶剂中,制备环保型溶剂涂料,而且所配制的高固体分平光涂料,具有优异的耐老化性能。

(3)**向功能化发展**

在功能化涂料中以防碳化、防火、防水、防腐系列和保温涂料最为重要。当前防火涂料发展的重点是既有装饰效果,又能达到一级防火要求的钢结构防火涂料;防腐涂料中重点是钢结构的防锈、防腐和高耐久性防护面层,以及污水工程中混凝土及钢结构防腐材料的发展;对钢筋混凝土构筑物则重点发展防碳化涂料,防止混凝土表层碳化,保护钢筋免遭锈蚀,以确保桥梁等构筑物的安全。此外,还有建筑物墙面防水、防渗、防漏和防虫(白蚁、蚊、蝇等)涂料的研究开发。而发展弹性腻子、弹性建筑涂料是建筑物防水、防渗、防漏的主要途径之一。

1)功能的复合化　弹性功能与呼吸功能复合是将那些优良的弹性乳液的亲水官能团表面修饰的微壳(超微粒子)复合化,使弹性能力与透湿性并存;弹性功能与低污染功能的复合是将常温反应型乳液与涂膜亲水性技术复合,通过使用交联分子量大的反应性乳液,提高伸长率和膜密度,增加硬度,实现弹性功能与低污染性相结合。

2)兼具保温和防水的功能　现代建筑对内外墙体的要求越来越高,不仅要求其装饰功能,而且在绝热保温、吸声以及防水的功能方面也有了更迫切的要求。因此,未来建筑涂料功能化的发展,更加注重保温和防水等综合性能的提高。

3)基料的改性功能复合化　对于已有的基料进行某种特殊性能的改性,或者将特殊功能相复合。如有机硅改性丙烯酸的耐候性与潮气固化聚氨酯透湿性相结合,达到双重的特殊功能作用。

4)纳米材料的应用　由于纳米材料的特殊尺寸以及表面原子数相对优势等原因,通常具有小尺度效应、表面效应、界面效应及宏观量子隧道效应等。纳米材料应用于建筑材料中,是纳米材料应用的又一拓展。在涂料中,适当地添加某些纳米级无机氧化物材料,改善涂膜的耐光性、保色性和稳定性;有些纳米材料对改善树脂乳液的性能非常有益;也有些纳米材料本身就是极好的光催化剂,可作为新型杀菌剂的载体(如纳米二氧化钛),适当的工艺就可以使涂膜表面具有长效的杀菌功能;还有一些纳米材料对紫外光和可见光具有不同的效应,与某些颜料共混可以作为效应颜料,呈现"随角异色性"。总之,纳米材料在涂料中充分展示出各种特殊的性能,从而为建筑涂料的发展带来新的前景。

5)配套产品与施工应用技术研究　涂料是半成品,只有涂装到被涂物表面,形成涂膜后才真正成为成品。涂膜能否充分发挥预期效果,与形成涂膜的配套产品和施工技术有很大关系。我国在涂装技术、施工技术等方面与发达国家差距很远,施工技术包括施工方法、程序、规范和标准,以及与之相关的配套产品、机具等,在这方面的研究工作十分薄弱。当前,家庭装修已成为建筑装饰材料的主战场,针对家庭装修的市场,研究、开发适于自己动手的产品和施工机具,并能对建筑施工队进行施工技术的培训和指导,这是涂料行业不可忽视的一项工作。目前,建筑涂料在如何正确使用工具、如何正确施工等方面,存在的问题较多。因此,加强宣传与培训,重视施工技术的研究是当前建筑涂料占有市场,保证质量,上水平,上档次的重要工作。

第4章 建筑胶粘剂

凡是能把各种块状、散粒状、粉状材料紧密粘合在一起而共同发挥作用的物质称为胶粘剂,简称胶。现代建筑的发展方向是设计标准化、施工机械化、构件预制化、建筑材料的轻质高强化以及多功能化。因此,胶粘剂在建筑上的广泛应用,对于提高建(构)筑物施工速度,美化建筑物,改进建筑质量及降低能耗等诸多方面起到很重要的作用。随着胶接技术的发展,胶粘剂作为一种新型材料,在化学建材中应用越来越广泛。

4.1 概　述

胶粘剂是多组分的材料,它是由基料、固化剂、溶剂、增塑剂、填料及其他助剂组成。在胶粘材料领域主要包含两方面的研究内容,一是基料的合成与胶粘剂的配制,二是材料的胶接。

4.1.1 发展简史

我国用糯米浆糊制成的棺木密封剂,再配用防腐剂及其他措施,使得经历2 000多年的棺木出土时,尸体不腐、肌肉及关节仍有弹性,从而轰动了世界。

随着现代合成材料工业的迅速发展,胶粘剂有着丰富的原材料来源。1909年,比利时裔的美国科学家Backeland用苯酚与甲醛合成了酚醛树脂制成电木塑料,并实现了酚醛树脂工业化。此后德国、英国、法国及日本等国家相继也开始了酚醛树脂的工业生产,并用于胶合板的制造;1930年脲醛树脂的工业化,使许多国家又开发了耐水性好的高档胶合板;1937年,德国试制成功聚氨酯,并最早开发了双组分聚氨酯胶粘剂,主要用于轮胎、潜艇和其他军工器械的粘接;20世纪50年代以后,Bayer公司研制了异氰酸酯/聚酯系列胶粘剂,美国Du Pont公司开发了聚醚型聚氨酯;1968年,美国又开发了单组分湿气固化聚氨酯胶粘剂;上世纪80年代,出现了水溶性聚氨酯胶粘剂和反应型热熔胶等。

1945年瑞士Ciba公司推出了双酚A环氧树脂胶粘剂,商品牌号为Araldite,1950年正式用作结构胶,粘接金属。之后,航天、航空工业对胶粘剂提出了能耐高温、耐低温、耐高低温交变、耐老化、抗剥离和综合性能良好的要求,促进了环氧树脂胶粘剂的进一步发展,如1958年首先在美国研制成功环氧—酚醛胶粘剂之后，环氧-丁腈、环氧-尼龙、环氧-聚硫等复合胶粘剂相继开发，并应用于航空航天、建筑、电子器件等各个领域。环氧树脂胶粘剂具有强度高、种类多、适应性强的特点，成为主要的结构胶粘剂，被誉为“万能胶”。

4.1.2 在建筑上的应用

胶粘剂在建筑上的应用，除了用于免烧砖、免烧陶瓷、人造大理石、聚合物混凝土等建筑材料的生产外，更广泛地应用是建筑装饰装修、防水堵漏等材料的生产及其施工。

(1)装饰装修用胶粘剂

在建筑(构)物装饰装修施工中，各种内外墙体、楼板、地面装饰、吊顶、屋面和地下防水、金属构件和管道的安装等工程，都需要使用相应功能的胶粘剂。例如，在18层北京饭店主体建筑中所用的合成胶粘剂就有十多种，其中环氧树脂的用量多达10 t。

(2)墙纸用胶粘剂

内墙装修用胶粘剂主要用于裱糊墙纸，理想的胶粘剂应具有涂刷性好、初粘性好、无毒、无刺激性、pH值接近中性等特点，使被粘壁纸平整，不被沾污；胶层有一定的弹性，能适应冷热、干湿的变化，不脱落，不翘边；另外，还要求具有防霉及长期使用不变质变色等性能。

(3)瓷砖用胶粘剂

瓷砖用胶粘剂是指用来粘贴瓷砖、地砖、马赛克、大理石等装修材料的胶粘剂，这种胶粘剂除具备一般性能外，还要求其具有抗冻性。适用于外墙使用瓷砖、地砖、马赛克、大理石等装饰装修材料与混凝土、水泥砂浆、石膏板等基材的粘贴。此外，还可以应用于无机轻型墙板、天花板，如石膏板、加气混凝土板、矿棉吸音板的粘接。

(4)桥梁、道路等工程用胶粘剂

1)桥梁工程　桥梁是承受应力很大的土木工程，大量的预应力钢筋混凝土用于桥梁的制造。为了防止桥基下相邻的预应力钢筋混凝土间由于长期的振动而产生间隙，往往采用压缩强度较高的胶粘剂进行粘接，使其成为整体，一般要使用较高初粘度的环氧树脂胶施工。在桥面与桥墩的混凝土连接处产生裂缝时，也可以用低粘度的环氧树脂修补。

2)飞机跑道修造　飞机跑道要求耐磨、耐冲击，一般可将环氧树脂与适量增塑剂拌入水泥砂浆中铺筑路面，这样的跑道具有高度的耐磨和抗冲击性。

3)道路修造　道路尤其是快速路、高速公路的耐磨要求也很高。聚硫橡胶密封胶成功的用于道路接缝处的嵌填，以及损坏路面的修补，环氧树脂胶粘剂与表面较硬的粗骨料配合制成防滑粘接层，涂敷在车辆急转弯的重要位置上，有效地防止汽车在急转弯处或雨天的路面打滑。

4)道路交通标志线　道路交通标志线涂层用量很大，普通涂层一年甚至半年就需要重刷一次，如果用高耐磨胶粘剂和填料配制的涂层涂敷在地面，可成倍地延长使用期限。

(5)锚固剂

建筑锚固胶主要用于铁路、桥梁、护栏、公路隧道、电站、矿山井巷、人防、混凝土洞室及各种地下工程；也用于抢险工程、喷锚支护、基础加固；还用于塔吊工程中钢筋、螺栓、金属型材与混凝土、岩石等基材的锚固生根等各类工程中。为了加快这些工程施工速度，保证作业安全，提高工程质量，常采用锚喷支护法。即在新开挖围岩上，安装锚杆并喷射混凝土，在施工中，需要把锚杆同打好孔洞的岩石面粘接起来，使用一种特殊的胶粘剂——锚固剂。目前，使用的树脂型锚固剂主要品种有不饱和聚酯、环氧树脂、聚氨酯树脂等。

(6)水利工程用胶粘剂

水利工程用胶粘剂的主要目的是提高混凝土的抗渗、抗冲刷、耐磨损、耐腐蚀、抗冻融等能力,从而延长建筑(构)物的寿命。主要使用环氧树脂类砂浆、环氧树脂混凝土及其涂层。

(7)木材加工用胶粘剂

木材应用时要进行多次加工,在加工过程中需要使用胶粘剂,胶粘剂已成为木材加工的重要材料。常用的有三聚氰胺甲醛树脂、环氧树脂、橡胶胶粘剂、不饱和聚酯树脂胶粘剂、聚醋酸乙烯酯乳液胶粘剂(白乳胶)及热熔胶等。

4.2　分类和组成

4.2.1　分类

胶粘剂种类繁多,组成各异。目前,国外已有了两千多个牌号,国内根据 GB/T 13553—1996 标准,按照胶粘剂的化学成分、物理形态、固化形式和被粘物质的材质等进行分类。

(1)按照化学成分分类

按照胶粘剂主要成分的化学性质分类,大体有动物胶粘剂、植物胶粘剂、无机物及矿物胶粘剂、有机物及矿物胶粘剂、合成橡胶类胶粘剂、合成树脂类胶粘剂等种类。

1)动物胶　主要用骨胶、皮胶及鱼胶等制备胶粘剂。

2)植物胶　主要包括纤维素衍生物、多糖及其衍生物、天然树脂等,主要品种如图 4.1 所示。

- 植物胶
  - 纤维素衍生物
    - 羧甲基纤维素
    - 硝基纤维素
    - 乙酸纤维素
    - 甲基或乙基纤维素
  - 多糖及其衍生物
    - 淀粉及改性淀粉
    - 糊精
    - 海藻酸钠
    - 树胶
  - 天然树脂
    - 木质素及其衍生物
    - 单宁及其衍生物
    - 松香及其衍生物
    - 萜烯树脂

图4.1　植物胶的主要品种

3)无机物及矿物胶粘剂　主要包括硅酸盐、磷酸盐、硼酸盐及其他无机物。

4)有机物及矿物胶粘剂　石油沥青、焦油沥青等。

5)热塑性树脂类　主要包含乙烯树脂类、聚苯乙烯类、聚丙烯酸酯类、聚酯类、聚酰胺类、聚醚类等聚合物为基料的胶粘剂。

6)热固性树脂类　主要有不饱和聚酯、环氧树脂类、氨基树脂类、有机硅树脂类、聚氨酯类、酚醛树脂类、呋喃树脂类及其他杂环聚合物等为基料的胶粘剂。

7)合成橡胶类　主要包括聚丁二烯类、聚烯烃类、卤化烃类、硅和氟橡胶类、聚硫橡胶类及其他合成弹性体等为基料的胶粘剂。

8)复合胶粘剂　主要有酚醛复合型结构胶粘剂,如酚醛-丁腈型、酚醛-环氧型及酚醛-氯丁型胶粘剂等;环氧复合型结构胶粘剂,如环氧-丁腈型、环氧-聚砜型、环氧-聚氨酯型及环氧-聚酰胺型等胶粘剂。

(2)**按照物理形态分类**

按照物理形态,胶粘剂可以分为溶剂液体、水基液体;膏状、糊状;粉状、块状、粒状;丝状、条状、棒状;片状、膜状、网状及带状等各种形态的胶粘剂。

(3)**按照固化方式分类**

按照胶粘剂的固化方式有低温固化、常温固化、加温固化及适合于多种温度区域固化,与水反应固化或湿气固化,厌氧冷固化、辐射固化、热熔冷固化、压敏粘结及其他固化形式。

(4)**按照被粘物质的材质分类**

有木材、纸、纤维、金属及合金、橡胶、塑料及其他材料用胶粘剂。

4.2.2 组成

胶粘剂一般由基料、固化剂、增塑剂、增粘剂、填料及其他助剂组成。

(1)**基料**

基料又称粘料或胶料,它是胶粘剂的主要成分,起粘合作用,要求有良好的粘附性和润湿性。适合做粘合剂基料的主要有以下四类:

1)天然高分子　适合做胶粘剂的天然高分子主要包括淀粉、蛋白质、动物胶、骨胶、天然橡胶及改性天然高分子材料等。

2)合成树脂　用作粘合剂的合成树脂有热塑性树脂,如聚醋酸乙烯酯树脂、丙烯酸酯类树脂、聚乙烯醇缩醛类树脂及聚苯乙烯树脂等;热固性树脂,如酚醛树脂、脲醛树脂、环氧树脂、呋喃树脂、有机硅树脂等。

3)合成橡胶及热塑性弹性体　常用的品种主要有氯丁橡胶、丁腈橡胶、丁苯橡胶、聚硫橡胶、氯磺化聚乙烯、硅橡胶、氟硅橡胶等,其中以氯丁橡胶最为重要。

4)无机化合物　某些磷酸盐、硅酸盐等。

(2)**固化剂**

固化剂又称为硬化剂或熟化剂、交联剂、硫化剂。它是一种可以使单体或低聚物变为线型高聚物或网状、体型高聚物的物质。按照固化机理的不同,分为物理固化和化学固化。物理固化主要是依靠溶剂的挥发,或乳液的凝聚,或熔融体的凝固等过程而固化;化学固化是指低分子化合物与固化剂发生化学反应而转变为大分子,或线型分子与固化剂反应变成网状大分子。固化剂的主要品种常为含有活性官能团的物质,如二元酸、二元胺、多元醇、多异氰酸酯等;能放出自由基引发交联的有机过氧化物,如过氧化苯甲酰、过氧化二异丙苯;金属化合物及金属氧化物,它们更适用于聚硫橡胶、氯磺化聚乙烯;某些含有活泼酸性基团的聚合物,常用的品种有 ZnO,MgO,PbO 及 Pb_3O_4等。此外,还有树脂类、胺类交联剂。

固化剂对胶粘剂的性能影响很重要,经固化的胶粘剂可以提高粘接强度、耐热性、耐水性、耐化学药品性、抗蠕变性、耐老化性等。

(3)**增粘剂**

为了增加胶粘剂的初粘性、压敏胶粘性、持粘性而加入某种树脂、橡胶、有机化合物等。常用的增粘剂有萜烯树脂、萜烯-酚醛树脂、松香、氢化松香、聚异丁烯、羊毛脂等。

(4)**增塑剂**

增塑剂是一种能降低聚合物玻璃化温度,改善胶层脆性,提高胶膜柔韧性的高沸点、难挥发的液体或低熔点固体物质。要求增塑剂与胶粘剂的组分必须有良好的相容性,以保证胶粘剂性能的稳定性和耐久性。主要品种有聚硫橡胶、液体丁腈橡胶、不饱和聚酯树脂、聚酰胺树脂、邻苯二甲酸酯类、磷酸酯类、己二酸酯和癸二酸酯等。

(5)填料

在胶粘剂组分中,填料是不与主体材料起化学反应,但可以改变其性能,降低成本的固体材料。其作用是增加胶粘剂的稠度,降低线膨胀系数,减少固化收缩率,提高胶层的冲击韧性和其他机械性能;还可以提高粘结材料的使用温度、耐磨性能、粘接强度、介电性能以及改善耐水、耐介质性能。同时也有副作用,填料能增加胶粘剂粘度,不利于涂布施工,并丧失透明度,造成气孔等缺陷。适合于塑料和建筑涂料的填料大多可用于粘合剂中。

(6)其他助剂

除以上成分外,组成粘合剂的组分还有溶剂、催化剂、促进剂、偶联剂、引发剂、增韧剂、增稠剂、防老剂、阻燃剂、防腐剂、光敏剂、稳定剂、防霉剂、消泡剂、络合剂等。但是,并非每种胶粘剂都要含有上述各个组分,除了粘料是必不可少的组分外,其他组分视性能和工艺的要求决定取舍。

4.2.3　一般制备工艺

制备胶粘剂的一般工艺通常包括粘料的制备和配胶两个工序。

(1)基料的制备

除无机胶粘剂外,粘料基本上是聚合物。胶粘剂用聚合物既可购买商品也可直接合成。

(2)胶粘剂的配制

直接使用基料作胶粘剂的场合不多,为满足使用性能与要求,需要添加有关助剂。其工艺流程如图4.2所示。

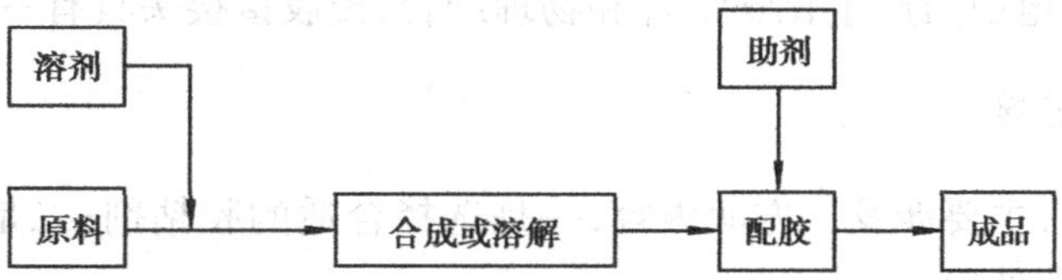

图4.2　胶粘剂的制备工艺流程

4.3　材料的胶接

粘接过程是一个复杂的物理、化学过程。粘接力的产生既与胶粘剂和被粘物表面的结构状态有关,也与粘接过程的工艺条件有关。要达到良好的胶接,必须具备两个条件:一是胶粘剂能很好地润湿被粘物表面;二是胶粘剂与被粘物之间有较强的相互结合力,这种结合力的来源和本质就是胶接机理。

4.3.1　粘接机理

两种材料能够被胶粘剂胶接的过程,可以分为两个阶段。第一个阶段是液态胶粘剂向被粘物表面扩散,逐渐润湿被粘物表面并向其微孔中渗入,取代并解吸被粘物表面吸附的气体,使被粘物表面间的点接触变为与胶粘剂的面接触;第二阶段,产生吸附作用形成次价键或主价键,胶粘剂本身产生物理、化学变化由液体变为固体,使胶接作用固定下来。二者是不能截然分开的,并通过机械作用,达到一定强度,满足使用要求。

(1)粘合润湿

粘合润湿是指被粘材料表面的空气被胶粘剂所取代的过程,其润湿的程度与一般固体表面一样,用润湿角来表征。根据表面张力小的物质容易润湿表面张力大的物质的原理,胶接过程首先胶粘剂能润湿被粘物表面是胶接的重要条件之一。

(2)胶粘剂的分子扩散

胶粘剂分子按照布朗运动的规律向被粘物表面有选择性的运动。胶粘剂的极性部分向被粘物的极性部分靠拢,当二者之间的距离小于0.5 mm时,则产生物理化学结合力。

(3)胶粘剂的渗透

在被粘材料的表面,有许多微细孔隙和缺陷,胶粘剂通过分子扩散、渗透和流动等方式,渗入到孔隙中,增大了接触面积,并产生嵌锲作用及机械结合力。因此,被粘物表面的粗糙化处理,有利于胶粘剂的渗透。

(4)机械作用力

从物理化学的观点看,机械作用不是产生粘接力的因素,而是增加粘接效果的一种方法。胶粘剂充满被粘物表面的缝隙或凹凸之处,固化后在界面区产生了啮合力,这些情况类似于木箱边角的嵌接,钉子与木材的连接或树根植入泥土的作用。形成"胶钉"或"钉键"、"根键"等起连接作用,增加了胶接强度。

(5)物理化学结合

胶粘剂通过上述过程,达到分子间作用的距离要求,胶粘剂与被粘物之间借助于主价键力、次价键力、界面静电引力产生化学结合和物理结合,使胶接接头具有一定的强度。

4.3.2 材料的胶接

实现材料的胶接,主要涉及三方面内容,一是选择合适的胶粘剂;二是设计合理的胶接接头;三是良好的胶接面处理。

(1)胶粘剂选择

主要考虑被粘材料的种类、组成、结构、形状、性能、表面能,胶接部位的受力情况、使用环境和某些特殊要求,还要熟悉胶粘剂的技术性能和经济指标,综合分析,合理选用。

(2)胶接接头的设计

材料胶接时,首先考虑的是胶接接头的设计。接头设计的原则是尽量避免过多应力集中,合理的增大胶接面积,力求接头加工简单,便于涂胶;尽量采用搭接接头,避免不均匀撕裂和剥离接头。在实际应用中,可以根据被粘材料的现状,采用多种形式,力求接头受力合理,充分发挥胶粘剂的粘结能力。

(3)被粘材料的表面处理

胶接连接主要借助于表面粘附,要获得很高的粘接强度,除合理地选择胶粘剂和适当的接头设计外,被粘材料的表面处理也是决定胶接头的强度和耐久性的主要因素。

1)表面处理的作用　表面处理的主要作用是除去妨碍胶接的表面污物及疏松层、提高表面能、增加表面积,以利于胶粘剂的湿润和粘合力的形成,从而获得良好的粘接效果。

2)胶接强度的影响因素　胶接强度受到多种因素的影响。

①清洁度　被粘材料的界面常常会吸附水、油污、灰尘及氧化膜等,这些污染层的内聚强度低于胶层的内聚强度,使胶体容易从基层脱落。所以,被粘材料表面必须保证清洁。

②粗糙度　适当地将表面糙化,去除原先存在的表面层,形成了新的表面层,相当于增加机械作用和粘结面积,从而提高胶接强度。但是,粗糙度要有一定的限度,若表面过于粗糙则不能被胶粘剂完全湿润,使得凹处残留的空气等对胶接更为不利,胶接强度反而会降低。

③表面化学结构　被粘材料的表面化学结构、表面自由能大小对被粘材料的胶接性能、耐久性能、热老化性能等都有重要影响。用物理或化学的方法使表面活化,改变被粘物表面的化学结构,以利于胶粘剂的湿润和粘合力的形成,从而获得良好的粘接效果。

④表面温度　温度对胶粘剂的润湿、流动、扩散等有着直接的影响,对不同胶种应选定适宜的粘结温度。

3)表面处理方法　被粘材料的表面处理方法,一般分为物理机械方法和化学方法两大类。常用的物理机械方法有砂纸打磨、喷砂、机械加工等;而常用的化学方法有酸、碱腐蚀,溶剂、洗涤剂等清洗。这些方法可以单独使用,也经常联合使用,以达到更好的效果。

①表面清理　被粘物表面首先要进行清理,可用水、毛刷、棉纱、干布、压缩空气等初步清除表面的泥土、灰尘、砂、油等污物;含有旧漆的表面可用机械方法、喷灯火焰法、碱液清洗法及溶剂法除掉。

②脱脂除油　脱脂就是去掉被粘物表面的油污,通常用碱液、有机溶剂等化学药品处理。脱脂最好在除锈粗化之前进行,以免打磨时油污进入粗化沟纹内,难以清除干净,而严重地影响粘接效果。

③常用表面处理剂　有甲苯、丙酮、氢氧化钠溶液、无水乙醇、甲乙酮溶剂等。

④特殊表面处理剂　对于比较惰性的材质表面经除油污处理后,还要使用氧化液处理。氧化液由重铬酸钾、浓硫酸、水组成。使用时按照被处理材质表面能不同,对氧化液的浓度、浸泡时间、温度等进行合理地选择,以不使制品出现裂纹现象为度。

若粘接摩擦系数小、耐温、绝缘、吸水率低、抗化学药品性好,临界表面张力低于胶粘剂的材质,如氟塑料的表面要使用钠萘处理液浸泡处理,才能胶接。钠萘处理液的配方为m(四氢呋喃):m(金属钠):m(萘) = 1 000:(23 ~ 30):118。方法是将四氢呋喃加氢氧化钾,回流脱水,取65 ℃的馏分,惰性气体保护下,先加入萘,再加入钠,搅拌30 min,呈紫蓝色后,继续搅拌2 h,即可。

(4)常用胶接方法

经表面处理后的胶接面,可以用溶剂胶接法、热熔法或胶粘剂胶接法进行胶接。

1)溶剂法　这种胶接法基于溶剂溶解塑料,选择溶剂是关键,要求溶剂除了能溶解塑料外,还能有合适的挥发速度。若挥发速度过快,胶接处会出现裂纹,对透明材料还有“白化”现象。常用的溶剂有单体、单纯溶剂和用溶剂溶解的塑料胶泥。

2)热熔法　适宜热塑性塑料。在熔融状态下进行胶接,要综合考虑被粘材质的熔点、粘流温度及分解温度的影响。熔融加热方式有三种,即:火焰熔接,它是用热焊枪的火焰,通过加热胶接件周围的气体使其熔接,主要适用于聚丙烯、聚乙烯、聚氯乙烯材质的塑料熔接;无火焰熔接是通过热具(如电热板、电烙铁、电热片等)进行熔接,主要用于熔接热塑性塑料薄膜;还有摩擦熔接,即利用两个高速旋转的表面产生的摩擦热进行熔接。主要用于聚苯乙烯、聚丙烯等塑料的管材、棒材等粘接。

3)胶粘剂胶接法　通过胶粘剂将被粘材料粘接起来。根据胶粘剂的性质可以有常温常压、加温常压、常温加压及加温加压等胶接固化。

4.4 建筑常用树脂类胶粘剂

4.4.1 环氧树脂胶粘剂

环氧树脂胶粘剂主要由环氧树脂做粘料,配以增塑剂、固化剂、改性剂、填料、适量的稀释剂等组分。环氧树脂与固化剂进行交联反应,生成不同性能的固化物。这种胶粘剂按照包装形式分成单组分胶和双组分胶两类。单组分胶有无溶剂液体、溶剂溶液、液体树脂糊、可熔胶粉、胶棒、胶片、膏载体或无载体胶膜,以及制成适宜特殊粘接的形状;双组分胶粘剂一般由环氧树脂和固化剂组成,使用前混合均匀即可。

(1)双酚A型环氧树脂

生产双酚A型环氧树脂原料主要是双酚A和环氧氯丙烷,二者的摩尔比影响合成环氧树脂的分子质量。E-44型树脂配方如表4.1所示。在碱催化下,双酚A与环氧氯丙烷进行亲核加成(开环)反应和脱氢的环化(闭环)等反应。得到环氧值0.41~0.47当量/100 g,有机氯≤0.020当量/100 g,无机氯≤0.001当量/100 g,软化点为12~20 ℃的浅黄色透明液体。制备工艺参考第3章。

表4.1　E-44环氧树脂胶参考配方

原料名称	用量	
	物质的量比	质量/kg
环氧氯丙烷	1	660
双酚A	2.73	728
NaOH溶液(30%)(1)	1.35	520
NaOH溶液(30%)(2)	0.73	282
苯	适量	

(2)环氧树脂固化

环氧树脂本身是分子质量不大的线型低聚物,应用时必须加入固化剂,进行交联,形成网状结构。固化剂类似于不饱和聚酯中的苯乙烯,既是固化剂又是胶粘剂的一个组成部分。常用的固化剂有胺类固化剂、酸酐固化剂等。详细内容见第3章。

(3)特点及应用

由于环氧胶的主链结构中含有羟基、醚基和极为活泼的环氧基。羟基和醚基的极性很高,使得环氧树脂分子能与相邻界面产生静电引力;环氧基团能与多种被粘物表面的游离键起反应,形成化学键,二者的综合结果,环氧胶不但内聚强度高,而且胶合力也特别强;固化时,无副产物析出,也不会产生气泡,体积收缩率较低,热膨胀系数受温度的影响很小。

固化后的环氧树脂,具有优良的耐化学腐蚀性能,特别是耐碱性强、电绝缘性好、加工操作的工艺简单,在各行业都得到广泛地应用,俗有"万能胶"之称。缺点是:未改性环氧树脂固化物性脆,其中的活性稀释剂、固化剂及少数环氧树脂对人体有一定的伤害性;配制后的环氧胶一般使用期较短,有的体系虽用的是潜伏性固化剂,仍需要在低温下贮藏。

(4)**环氧树脂胶粘剂改性**

未经改性的环氧树脂,配胶后初粘度不高,材质性脆,剥离强度和抗冲击强度、耐低温性等都不理想。因此,要根据实际需求,有目的的对其进行改性。

1)提高胶接强度　针对环氧树脂的脆性,常用适当分子质量的聚合物为增韧剂。主要有聚硫橡胶、丁腈橡胶、聚酰胺、聚砜、有机硅树脂等。这些聚合物的线型分子链,赋予环氧树脂柔韧性的同时,还提供—SH,—OH,—NH_2等反应性基团,与环氧基发生化学反应,更好地提高胶接强度。例如,液体聚硫橡胶末端的巯基(—SH)与环氧基反应,进入交联结构中,生成含硫醚的嵌段共聚物,增加了环氧树脂胶粘剂的韧性。但是,该反应在室温下反应很慢,必须与胺类固化剂一起使用。

2)改善耐温性能　在环氧树脂分子主链引入耐温树脂链,提高其耐温性。例如,利用两端带有羟基的线型聚有机硅氧烷的优良耐高低温性,改善环氧树脂胶粘剂性能。但是,环氧树脂的溶解度参数 $\delta=10.9$,聚有机硅氧烷的 $\delta=7.4\sim7.8$,二者相差较大,不能混溶。在二者的混合物中加入氨基硅烷偶联剂,如 KH-550,南大-42 等,偶联剂的氨基及烷氧基与环氧树脂的环氧基和聚有机硅氧烷的羟基反应生成嵌段共聚物,提高了二者的相容性。经有机硅改性的环氧树脂胶粘剂,具有很高的耐热性、耐水性和耐老化性,并保留了原来优良的电绝缘性。

4.4.2　聚氨酯胶粘剂

在主链上含有氨基甲酸酯基和异氰酸酯基为基料的胶粘剂,简称聚氨酯胶粘剂。主要由多异氰酸酯、多元醇、含羟基的聚醚、聚酯、环氧树脂、填料、催化剂及溶剂混合而成。由于聚氨酯类胶粘剂具有软/硬度性能的可调节性,以及耐低温、柔韧性好、粘接强度大等优点,用途越来越广,已受到人们的重视。

(1)**预聚体异氰酸酯胶粘剂**

异氰酸酯预聚体类胶粘剂分为单组分和双组分两类。单组分系由异氰酸酯和两端含羟基的聚酯或聚醚反应,得到端—NCO 基的弹性体胶粘剂,再加入适量的催化剂、填料等制成,遇到空气中的潮气(水分)固化;双组分胶粘剂由含—NCO 基预聚体和聚酯(或聚醚)树脂组成,其中—NCO 组分为硬链段,通过调节—NCO/—OH 含量,制得不同分子量和不同—NCO含量预聚体;—OH 组分为软链段,主要由聚醚、聚酯、交联剂(如 MOCA)、催化剂(如乙酸苯汞)提供。固化反应机理主要是—NCO 基与—OH 基在催化剂作用下,发生反应固化,形成良好的粘接接头。

(2)**多异氰酸酯胶粘剂**

多异氰酸酯胶粘剂主要成分为多异氰酸酯单体,属于反应型胶粘剂,这种胶粘剂具有较高的反应活性,其活泼的—NCO 基与许多被粘材料表面的极性基团反应,能与橡胶、金属、皮革、塑料等产生共价键,固化后的氨基甲酸酯、脲键以及极性较强的键和基团,容易和基材之间产生次价键,这些化学粘合力和物理粘合力协同作用结果,使胶粘剂与被粘基材之间产生较高的粘接强度，耐热、耐溶剂性能好。该类胶粘剂既可以常温固化，也可以加热固化。

常用的多异氰酸酯品种有三苯基甲烷三异氰酸酯(TTI)(JQ-1胶)、硫代磷酸三(4-苯基异氰酸酯)(TPTI)、甲苯二异氰酸酯(TDI)二聚体、甲苯二异氰酸酯三聚体、4,4′-二苯基甲烷-二异氰酸酯(MDI)及多亚甲基苯多异氰酸酯(PAPI)。但是，多异氰酸酯胶粘剂中含有较多的游离异氰酸酯基团，有毒性，对潮气敏感，贮存时要注意防水防潮。通常含有机溶剂，操作时须注意通风。大多数品种不宜用作结构胶。

(3)**水基聚氨酯胶粘剂**

水基聚氨酯胶粘剂是指聚氨酯溶于水或分散于水中而形成的胶粘剂，也称水系聚氨酯或水性聚氨酯。

1)主要特性　以水为介质，具有不燃、气味小、不污染环境、节能、操作方便、残胶易清理等优点。

• 大多数水性聚氨酯胶粘剂中不含—NCO基团，主要靠分子内极性基团产生内聚力和粘附力而固化。而在其结构中所含有的羧基、羟基极性基团，在适宜条件下参与胶粘剂的交联反应。这类胶粘剂还可以与多种水基树脂混合，以改进其性能或降低成本。

• 相同的固体含量，水性胶粘剂的粘度比溶剂型胶粘剂的粘度小。一般水性聚氨酯的粘度通过水溶性增稠剂或水来调整，而溶剂型胶粘剂则通过提高固含量、分子量、支化度、胶的浓度等或选择适宜溶剂来调整。

• 由于水的挥发性比有机溶剂差，故水性聚氨酯胶粘剂干燥较慢，且水的表面张力大，对表面疏水性基材的润湿能力差；若大部分水分还未从粘接层、涂层挥发到空气中，或被多孔性基材吸收，加热干燥则不容易得到连续相的胶层。

• 多数水性聚氨酯胶除有亲水性外，还含水溶性高分子增稠剂，胶膜干燥后若不形成一定程度的交联，则耐水性不佳。

2)制备原理　首先需要制备稳定的水性聚氨酯。由于二异氰酸酯或多异氰酸酯及其预聚体中，含有活泼的—NCO基，它对水具有比羟基更高的反应活性，遇水立刻发生反应，生成脲类化合物及二氧化碳。为了避免这种反应发生，通常是将二元醇(或多元醇)与二异氰酸酯预先反应，制成一定分子量的预聚体或高分子量聚氨酯树脂，之后采用相转移方法将之溶解(或乳化)于水中。总之，阻止TDI优先与水反应，多元醇必须在水性化之前连接到聚氨酯分子结构中。而水相当于扩链剂参与预聚体的反应，使预聚体进行链增长，形成高分子量水性聚氨酯。

或者对部分—NCO基团进行封闭，先制成封闭型聚氨酯乳液，当乳液成膜后经加热处理，NCO脱封，并与聚氨酯本身及基材上的活性氢反应，产生交联。常用的封闭剂有酮肟、己内酰胺、亚硫酸氢钠等。

3)阴离子型聚氨酯乳液制备　由低聚物二元醇、二异氰酸酯和含羧基的二羟基化合物合成聚氨酯预聚体，并在水中乳化，这是最常见的水性聚氨酯乳液。

①合成方法　用二羟甲基丙酸(DMPA)做扩链剂引入羧基，合成聚氨酯预聚体，有两种方法。方法一是先由低聚物二醇与过量二异氰酸酯反应生成预聚体，而后用DMPA扩链，生成含有羧基的预聚体；方法二是二异氰酸酯、低聚物多元醇和DMPA一起加热反应，制备含羧基预聚体。其工艺过程是：在预聚体中加入成盐剂如三乙胺，使其与羧基发生中和反应而生成羧

酸铵盐，中和后的预聚体为高粘度粘稠液，一般需要加入少量溶剂稀释，便于剪切乳化；或者将成盐剂如三乙胺、氢氧化钠、氨水配成稀碱水溶液，预聚体倒入该水溶液中进行乳化。

②配方　对于水性聚氨酯胶粘剂，首先制备预聚体 NCO 乳液，其次是配胶。水性聚氨酯乳液配方如表 4.2 所示。胶粘剂配制成分如表 4.3 所示。

表 4.2　预聚体 NCO 乳液参考配方

聚氨酯	原料名称	用量/g
预聚体	聚氧化丙烯二醇(M_w = 2 000)	285
	二羟甲基丙酸(DMPA)	20
	甲苯二异氰酸酯二聚体(TDI)	96
乳液	预聚体 NCO	100
	三乙胺(Et_3N)	3.6
	水	168

表 4.3　水性聚氨酯胶粘剂参考配方

原料名称	用量/g	原料名称	用量/g
聚氨酯乳液(37%)	75	氨水(28%)	0.5 mL
Acrysol ASE-60	4.7	水	12.5

③合成工艺　按表 4.2 配方，将 285 g 聚氧化丙烯二醇及 20 g 二羟甲基丙酸(DMPA)的混合物加热至 130 ℃，使二羟甲基丙酸溶解，然后冷却至 60 ℃，分批加入 96 g TDI，在 70 ℃时搅拌反应数小时，得 NCO 含量 5.5%(质量)的预聚体。

将 3.6 g 三乙胺溶解在 168 g 冰水中，用涡轮式搅拌机搅拌。加 100 g 自制的预聚体 NCO 使之分散，得到固含量 37%(质量)的聚氨酯乳液。

按表 4.3 配方，称取 75 g 上述乳液加入 0.5 mL 浓度为 28% 的氨水、12.5 g 水及 4.7 g 聚丙烯酸类增稠剂(Acrysol ASE-60)，搅拌均匀，得到固含量 31.5%(质量)、粘度 38.5 Pa · S 的水性聚氨酯胶粘剂。这种水性聚氨酯胶粘剂可应用于织物粘接，特别是层压织物和植绒。

(4)特点及应用

由于聚氨酯胶粘剂分子结构中含有极性基团—NCO，与被粘接材料之间产生的氢键作用，提高了对各种材料的粘接性，使粘接接头更牢固，如泡沫塑料、木材、皮革、织物、纸张、陶瓷等多孔材料，并且与金属、玻璃、橡胶、塑料等表面光洁的材料，也有着很强的化学粘接力。此外，还具有韧性可调节性、粘接工艺简单、耐低温性能以及优良的稳定性等优点。

缺点是配胶过程中要避免与水、醇、酸接触，防止这些物质与氰酸酯反应，使胶层产生气泡，影响粘接效果。

4.4.3　丙烯酸酯类胶粘剂

丙烯酸酯类胶粘剂是以各种类型的丙烯酸酯为基料，经化学反应制得的胶粘剂。主要有两种类型：一类是热塑性聚丙烯酸酯，或丙烯酸酯与其他单体的共聚物类胶粘剂，称为非反应性的胶粘剂，大量应用于压敏型、热熔型和水乳型接触胶粘剂的制造；另一类是反应性丙烯酸酯类胶粘剂，主要用于瞬干胶、厌氧胶、光敏胶、丙烯酸酯结构胶和微胶囊型等，胶接时经化学反应而固化。

（1）**α-氰基丙烯酸酯胶粘剂**

α-氰基丙烯酸酯胶粘剂（cyanoacrylate adhesive）是一类性能独特的单组分快固型胶粘剂，又称“瞬干胶”、“瞬干强力胶”等，众所周知的502胶和501胶均属于此胶型。

1）α-氰基丙烯酸酯单体的合成　α-氰基丙烯酸酯是一种阴离子聚合能力极高的丙烯酸酯衍生物。工业上有两种制备方法，一种是以氰基乙炔为原料的合成，不需裂解，反应时间短，成本低；另一种是氰乙酸酯与甲醛为原料在碱性介质中加成缩合，再经裂解而获得。

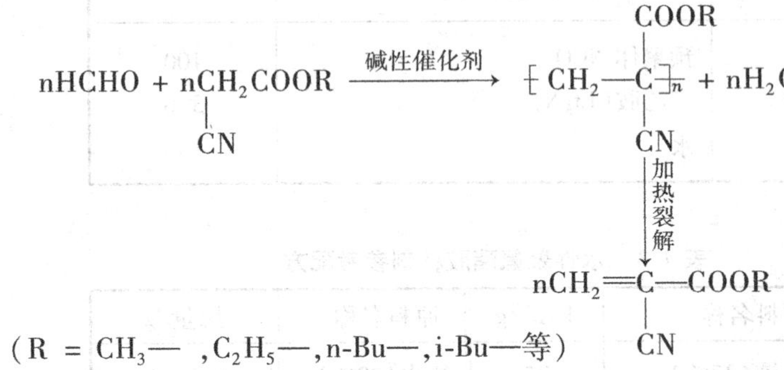

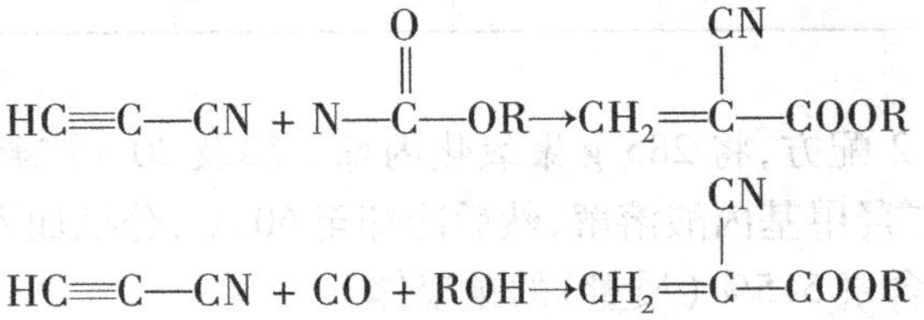

2）α-氰基丙烯酸酯胶粘剂的制备　α-氰基丙烯酸酯胶粘剂（502胶）配方如表4.4所示。

表4.4　α-氰基丙烯酸酯胶粘剂（502胶）参考配方

原料名称	用量/mL	原料名称	用量/mL
α-氰乙酸乙酯/g	126	邻苯二甲酸二丁酯	40
二氯乙烷	80～100	对甲基苯磺酸/g	1
甲醛水溶液	82	五氧化二磷/g	5 + 2
六氢吡啶	0.4～0.5	对苯二酚/g	2 + 0.5

制备工艺是在装有搅拌器、分水器和滴液漏斗的三口瓶中，按配方计量，加入α-氰乙酸乙酯、二氯乙烷，加热升温至70 ℃时，暂停加热；边搅拌边通过滴液漏斗，缓慢滴加甲醛水溶液与六氢吡啶混合物，约15 min内加完；继续加热至剧烈回流，用分水器除水约1 h，分馏出70～72 mL水；加入邻苯二甲酸二丁酯、对甲基苯磺酸，再继续回流，直至蒸汽温度超过83 ℃时，蒸去二氯乙烷；冷却内温至60～70 ℃，加入5 g五氧化二磷、2 g对苯二酚搅拌均匀；然后在二氧化硫气体中，1.33 kPa下减压裂解，收集沸点为90～180 ℃的粗产物，约110～120 g。在接收瓶中装有2 g五氧化二磷、0.5 g对苯二酚，将粗产物在二氧化硫中再一

次减压蒸馏，于2.66 kPa真空度下，收集80~90 ℃馏分，得到87~95 g精单体，总产率为70%~75%（按甲醛计）。

3）固化机理　由于α-氰基丙烯酸酯含有两个强极性基团（氰基和酯基），双键的π电子极大地偏向于α-碳原子，使β-碳原子具有较强的正电性，在碱存在下，容易产生比较稳定的阴离子，从而引发阴离子聚合形成线形聚合物而固化。

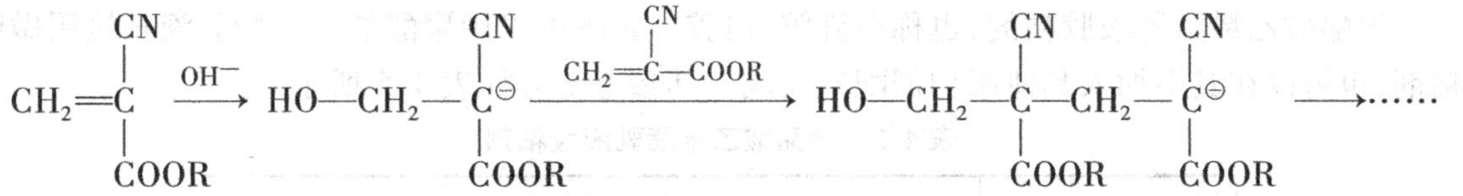

4）特点及应用　这种胶的特点是单组分，使用方便，室温固化速度很快，胶层强度高。适用于除聚乙烯、聚丙烯、聚四氟乙烯外的几乎所有的材料粘接，特别适合于橡胶、油面材质界面的粘接。具有耐热、耐冲击、低臭、导电、阻燃的性能，耐老化性能很好。粘接强度与环氧树脂相近，冲击强度、剥离强度比环氧胶低。由于在合成中使用二氧化硫做阻聚剂，它具有刺激性臭味，对眼睛和呼吸道有强烈的刺激作用，大量的吸入会引起肺水肿、喉水肿及声带痉挛而窒息。同时会造成大气污染。

（2）**压敏胶**

压敏胶的组成应能满足高弹性和粘性的要求。具有高弹性的一般是分子量较大的柔性线型聚合物，主要包括橡胶类和合成树脂类。橡胶类压敏胶的弹性体组分主要有天然橡胶、丁苯橡胶、氯丁橡胶及丁腈橡胶等，用量通常在15%~50%范围；增粘剂常选用松香、松香酯、萜烯树脂和萜烯树脂，以及软化点25~125 ℃的石油树脂、酚醛树脂、醇酸树脂等，其用量在28%~50%；抗氧剂、增塑剂、硫化剂、填料等组成与橡胶胶粘剂类似。

丙烯酸酯压敏胶一般由三种组分组成。一是起粘附作用的组分，一般采用碳原子数为4~12的长侧链丙烯酸烷基酯，它可以提供足够的润湿和粘附作用，用量一般大于50%，使用其均聚物T_g在−5~−75 ℃的单体。常用的单体有丙烯酸丁酯、异丁酯、已酯、2-乙基已酯及甲基丙烯酸的十二烷基酯和已基酯；二是起内聚作用的成分，通过提高胶粘剂的内聚能，改善粘附性、耐水性和工艺性，用量一般为20%~40%。常用的有甲基丙烯酸甲酯，丙烯酸甲酯、丙烯酸乙酯、甲基丙烯酸乙酯、丁酯、异丁酯、醋酸乙烯酯、苯乙烯、丙烯腈等；三是起功能性作用的单体，其作用是改善胶粘剂的粘附性能和内聚强度，起交联作用和促进聚合反应。一般用量为5%~20%。常用的单体有丙烯酸、甲基丙烯酸、丙烯酰胺、N-羟甲基丙烯酰胺、丙烯酸羟乙酯等。

压敏胶三组分的配合，一般要求T_g不高于−30 ℃，否则室温下无压敏作用，常用压敏胶的T_g在−40~−50 ℃之间。

压敏胶的特点是长期处于粘弹性状态，没有严格的固化过程，又称为不干胶。粘结能力很强，对压力敏感。主要用于医疗、电器绝缘、粘贴、密封包装等。

（3）**厌氧胶粘剂**

由含有丙烯酰基或甲基丙烯酰基的游离基聚合性单体（如聚酯型丙烯酸酯、环氧型丙烯酸酯及其他结构的丙烯酸酯）、引发剂、稳定剂、填料、颜料、增塑剂等组成。厌氧胶的特点是在空气中不固化，若隔绝空气几分钟即可固化。主要品种有结构厌氧胶、管道密封用厌氧胶、螺纹紧锁用厌氧胶以及特殊厌氧胶等。

4.4.4 聚醋酸乙烯酯胶粘剂

以醋酸乙烯酯为单体,过氧化物或偶氮类化合物或过硫酸盐为引发剂,聚合而成的高分子化合物。根据聚合方法的不同,分为聚醋酸乙烯酯乳液和聚醋酸乙烯酯溶液两类胶粘剂。

(1)聚醋酸乙烯乳液胶粘剂

聚醋酸乙烯酯乳液胶粘剂,也称白乳胶、白胶。它既可以用聚醋酸乙烯酯乳液直接用做胶粘剂,也可以在其中加入其他添加剂配制而成。其参考配方如表4.5所示。

表4.5 聚醋酸乙烯酯乳液胶粘剂

原料名称	用量(质量比)			
	配方1	配方2	配方3	配方4
醋酸乙烯酯	100	100	160	435
聚乙烯醇	8.8	9~11		30~40
107胶			180	
OP-10	1.2		2	
DBP	11	10	20	50
$(NH_4)_2S_2O_8$	0.2	0.2	0.4	2.1
辛醇		0.5		适量
$NaHCO_3$			0.6	
去离子水	95	125	30	500

1)特点及应用　这是一种水性胶粘剂,无污染,不燃烧,使用方便。具有较高粘接强度、固化速度较快、价格低廉、耐稀酸、耐稀碱、耐油及贮存期较长等特点。主要适用于混凝土及某些建筑材料的粘接,水泥混凝土的改性剂;对多孔材料有很强的粘合力,初始粘接强度较高,因而被广泛应用于木材加工、家具制造、碎木屑层压板、建筑装修、瓷砖粘贴、乳胶漆等领域。

但是,这种胶粘剂的耐水性差,尤其是不耐沸水、易吸湿、潮湿环境易开胶、不耐久,耐热性差,固化后的胶层呈热塑性、软化点低(40~80 ℃);随着温度升高,强度急剧下降,不能用于使用温度较高的场合;也容易出现蠕变现象;耐冻融性差,当温度低于 -5 ℃时,会产生破乳现象,在冬季贮存、运输中需特别注意保温。

2)改性　针对白乳胶耐水性差、耐温性差的弱点,用内交联或外交联的方法,使之由热塑性向热固性材质转变,提高其耐水、耐热性能。内交联是通过具有交联作用的单体(称内交联剂)与聚醋酸乙烯酯共聚,在胶接过程中,该共聚物交联成热固性聚合物,从而提高胶接强度,改善耐水、耐热、抗蠕变性能;外交联的作用本质与内交联一样,是将热固性树脂(如EP,UF等作为外交联剂)混于线型白乳胶均聚物中,体系中增加了热固性成分,固化反应后形成复合结构,使其耐热、耐水性能显著提高。

(2)聚醋酸乙烯酯溶液胶粘剂

该胶粘剂可以由醋酸乙烯单体在溶剂中进行溶液聚合直接制得也称CR802,参考配方如表4.6所示。

表4.6　聚醋酸乙烯酯溶液胶粘剂

原料名称	用量(质量比)
醋酸乙烯酯	288
甲醇	180
引发剂	1.7

1)制备工艺　按表4.6的配方投料,于50~65 ℃温度下回流,反应约3~4 h,降温至40~30 ℃,放料。

2)特点及应用　CR802为粘料,加入无机矿物填料所组成的单组分建筑胶粘剂对极性材料有较好的粘接性,胶层透明,价格低廉。适用于多种非金属微孔建筑材料的粘接。如木材、陶瓷、水泥砂浆、水泥刨花板、纸面石膏板、钙塑板、地砖、泡沫塑料及织物等材料。缺点是耐热性较差,当温度低时形成的胶膜较脆;含有大量的溶剂,易燃且污染环境。

3)改性　针对CR802胶粘剂胶膜脆和耐水性差等问题,可以采用顺式或反式丁烯二酸酐及其酯共聚改性的方法,提高其耐水性和柔韧性。

在甲醇介质中加入20%左右的反丁烯二酸异丁酯共聚,粘结强度和耐水性显著提高。为了提高其初始粘接力和降低成本,可加入陶土、云母粉、石棉粉等配成不透明膏糊。添加5%~20%(树脂量质量)的邻苯二甲酸二丁酯类增塑剂,在很大程度上改善胶的柔顺性。

(3)聚醋酸乙烯热熔胶粘剂

热熔胶粘剂是由热塑性树脂或橡胶为主体材料,配以其他添加剂配制而成的一种固态胶。聚醋酸乙烯热熔胶粘剂是以聚醋酸乙烯树脂为主剂,加入增粘剂、蜡、抗氧剂、填料、增塑剂等,通过一定的生产工艺配制而成。

4.4.5　不饱和聚酯胶粘剂

不饱和聚酯树脂胶粘剂是由不饱和聚酯树脂、交联剂、引发剂、促进剂、填料和偶联剂等配制而成。其参考配方如表4.7所示。

表4.7　不饱和聚酯胶粘剂参考配方

原料名称	用量(质量比)	原料名称	用量(质量比)
不饱和聚酯树脂	83	2,6-二叔丁基对甲酚	0.06
二丙酮丙烯酰胺	17	丁酮	36
50%过氧化苯甲酰糊精	2.0	丙酮	18
气相白炭黑	2.0		

其中不饱和聚酯树脂是该胶粘剂的粘料,对基材起粘接作用;二丙酮丙烯酰胺作交联剂,使粘料固化,为粘接件提供强度;过氧化苯甲酰糊精是引发剂,提高固化速度;2,6-二叔丁基对甲酚是抑制剂,防止树脂过早反应,获得较长的活动期;气相白炭黑为填料,提高树脂的热熔粘度;溶剂选用丁酮、丙酮,用来调节粘度。若生产不饱和聚酯树脂制品还需要加入适量的脱模剂,如正磷酸酯。

(1)固化机理

不饱和聚酯树脂可以在常温常压下固化,并发生不可逆的化学反应,转变为不溶不熔的固体。固化过程分为凝胶、定型与熟化三个阶段,凝胶阶段是指树脂从粘流态到失去流动性而形成半固体凝胶;定型阶段是指从凝胶到具有一定硬度和固定形状,至可以从模具中取下为止;熟化阶段则是指从宏观上已变硬和具有一定的力学性能,经后处理达到具有稳定的可供使用的化学及物理性能。不饱和聚酯树脂的固化反应具有连锁反应的特性,这3个阶段的界限表现得不明显,特别是从凝胶到定型往往在很短的时间内完成。

(2)特点及应用

不饱和聚酯胶粘剂的优点是粘度低,浸润性好;粘接强度较高,胶层硬度大;颜色较浅,透明性好;电绝缘性好,耐磨性,耐热性较好;工艺性好,操作方便,室温或加温均能固化;配制容易,价格低廉;固化时不产生副产物,因而只需接触压力即可。主要适用于金属、硬质塑料、增强塑料、有机玻璃、聚碳酸酯、玻璃、陶瓷、混凝土、水泥制品等各种材料的粘接,也可用于配制多种新型的高强、多功能建筑材料,如玻璃钢波形瓦及平板、墙壁材料、装饰板、桌面板、人造大理石、浴缸、水槽、容器、管子、家具等的粘结,在建筑上具有广泛用途。

缺点是胶层脆性大,抗冲击性差;固化时收缩率大,容易开裂;耐湿热老化性差。还值得注意的是,这种胶在配制和使用过程中,引发剂(过氧化物)不能直接与促进剂混合,否则会发生强烈反应,甚至引起爆炸。由于空气中的含硫、铜、铅、汞等物质能抑制大多数乙烯基聚合反应,所以在固化时要避免与这些物质接触,有效的方法是在配好的胶液中,加入液体石蜡浮在树脂表面上,隔绝空气,杜绝这种现象发生,使固化反应正常进行。

4.4.6 改性聚乙烯醇缩甲醛胶粘剂

(1)尿素改性——801 建筑胶

801 建筑胶由聚乙烯醇缩甲醛胶粘剂(107 胶)经尿素改性而得。由于107 胶中游离甲醛含量超过2.5%,甲醛的刺激性气味很大,对人身体健康和环境会造成危害。特别是生产和施工时,对操作人员的眼睛和气管有刺激作用,引起流泪和喉部不适,更重要的是还有致癌促癌作用。因此,我国禁止生产和使用107 胶。针对这个问题,采用尿素与甲醛进行氨基化反应,降低游离甲醛的含量,并保持107 胶原有性能。其参考配方如表4.8 所示。

表4.8 801 建筑胶粘剂参考配方

原料名称	纯度/%	用量(质量比)
聚乙烯醇(PVAL1799)	100	100
甲醛	37	40~45
水		800+100
盐酸	30	适量(调节 pH 值)
氢氧化钠	40	适量(调节 pH 值)
尿素		20%甲醛用量

1)合成原理　在酸催化下,聚乙烯醇的羟基与甲醛的羰基发生亲核加成反应,然后缩水,完成缩醛化过程。再加适量的尿素对游离甲醛进行氨基化处理,得改性107 胶,称之为801 胶。

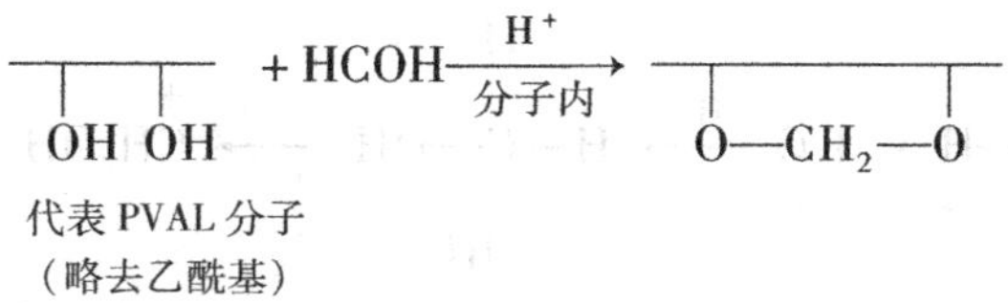

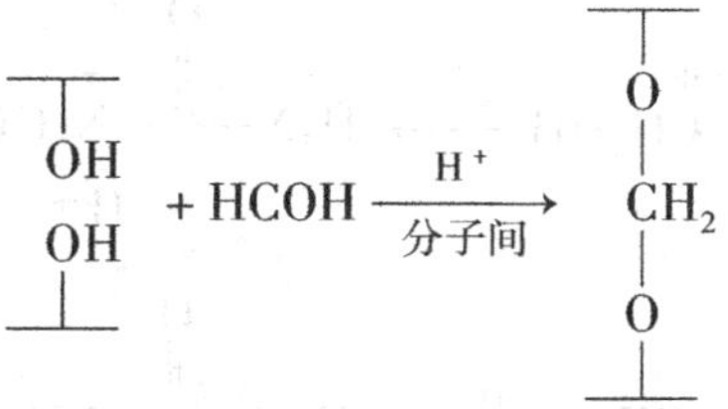

2）制备工艺　按表4.8配方，在反应釜中一次注入800份水，升温至约60 ℃，投入聚乙烯醇并搅拌，在30 min内升温至85～92 ℃，使其充分溶解；降温至50～60 ℃，用盐酸调整反应釜内水溶液的pH＝2～3，加入甲醛，升温至78～80 ℃，反应50～60 min，降温至50～60 ℃；为了使分子间有更多交联，可再升温至(90±2) ℃（注意严格控制），在不断搅拌下，降温至60 ℃左右，立即加入100份二次水稀释，然后用氢氧化钠中和至pH＝7～8（即得107胶）；加入适量（约20%甲醛的量）的尿素进行氨基化处理，冷却至室温，放料即得801建筑胶。

3）特点及应用　产品外观为透明或半透明胶液，固含量（115 ℃恒温4 h）8%～12%，游离甲醛含量≤1，pH＝6.5～7.5，粘度（涂-4杯，25 ℃）30～40 S。适用于粘贴玻璃纤维布、涂塑壁纸、聚苯乙烯泡沫塑料板；镶贴瓷砖、马赛克、水泥砂浆或在混凝土基层上粘贴钙塑板、石膏制品；配制内墙打底用腻子、调水泥腻子、粘接吊顶材料；配制外墙和地面涂料及加气混凝土砌块砌筑，抹灰砂浆、砌膨胀珍珠岩保温砖及珍珠岩芯材胶粘剂、防水防渗隔潮层等，提高粘接强度。原料易得，价格低廉，生产设备简单，操作容易，使用方便，耐水性能较107胶好。

（2）糠脲及其他改性

在碱性条件下，甲醛与尿素进行脲醛反应而得到羟甲基脲，加入糠醇进行缩合反应可以得到糠脲树脂。在酸性条件下，甲醛、糠脲与聚乙烯醇三者共缩聚反应，可以制得含有呋喃环的胶粘剂。此外，还有苯酚改性、糊精改性、聚丙烯酰胺改性、通过工艺条件（高温交联）聚合方法改性等。改性后的107胶游离甲醛含量降低，胶剪切强度以及等条件下改性水泥砂浆的抗压强度、抗折强度、粘结强度均得到提高。

4.4.7 脲醛树脂胶粘剂

脲醛树脂（UF）是由尿素和甲醛，在催化剂作用下，经逐步缩聚反应而得的低分子量树脂。

（1）化学反应机理

1）羟甲基脲的形成　在酸或碱的存在下，甲醛的羰基与尿素的氨基进行亲核加成（A_{dN}）反应，形成羟甲基化合物。

①酸催化反应

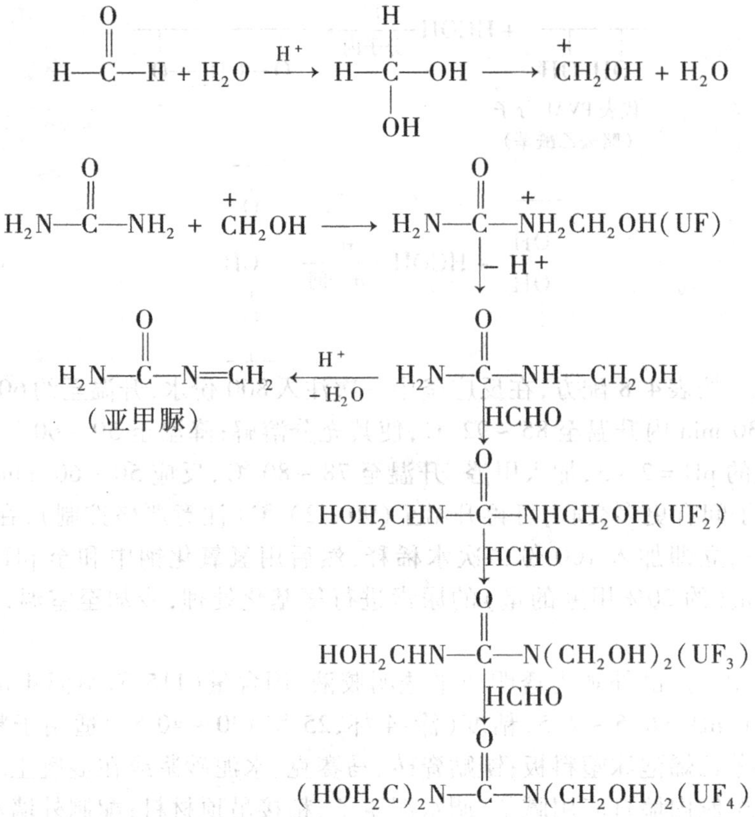

②碱催化反应

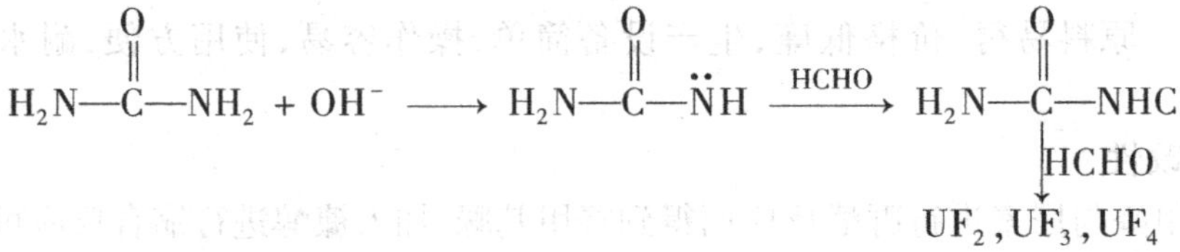

2)初级缩聚物的形成　在酸性或加热的条件下,可以产生亚甲基化反应,形成初级缩聚物。

3)体型缩聚物的形成　含有活性基团的初级缩聚物(活性低聚物),在固化剂或加热的条件下,进一步发生缩聚反应,使活性基团逐步减少,当达到完全固化时,分子结构中没有—CH_2OH,—NH_2,—NH 和—CH_2—O—CH_2—,而形成高度交联的体型结构物质。

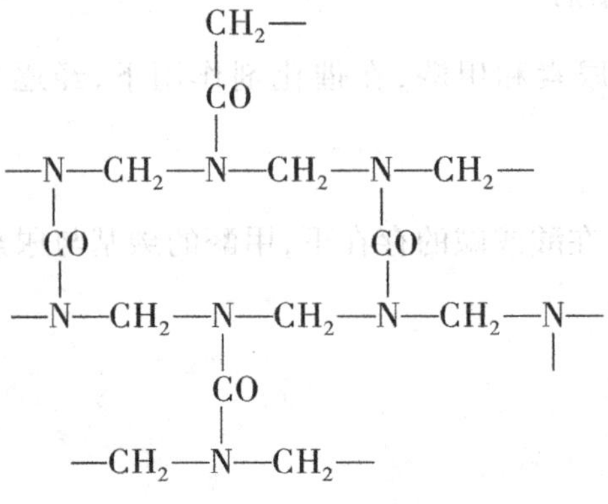

(2)配方

1)配方选择的原则 根据产品的性能要求和用途,确定配方中主要原料的物质的量的比,并结合实际经验做出投料计算和物料平衡。通常,胶合板的n(U):n(F)多采用1:(1.4～1.8),细木工板或冷压成型及一般粘合剂多在1:(1.6～2.0),模压塑料或刨花板用胶在1:(1.2～1.7)。

2)配料计算举例 计算每釜生产1 000 kg不脱水脲醛树脂胶的投料量。

由于采用不脱水工艺,可以粗略地认为,投料量就是产品量,若把少量的辅助原料略去,则产量就以主要原料计(尿素和甲醛)。

已知原料的物质的量的比n(F):n(U)=1.6:1,甲醛(F)和尿素(U)的纯度为37%,98%,分子质量则分别为30,60,其投料的计算如下:

将物质的量的比换算为实际纯度的质量比:(30×1.6÷0.37):(60×1÷0.98)=129.73:61.22

每釜中F与U的投料量:设F为x_1,U为x_2,则(129.73+61.22):129.73=1 000:x_1,故x_1=679.2(kg),x_2=1 000－679.2=320.8(kg)。

按质量比计:U为100,F即为211.7。

若n(F)/n(U)=1.55,则U为100,F即为205。

(3)合成工艺

1)工艺路线的选择 主要确定先碱后酸,还是一直弱酸到底;是一次投入尿素,还是分次投入;是浓缩产品(反应到达终点后减压脱水,可以获得高固含量、低游离醛、高稳定性的产品),还是半浓缩或不浓缩产品(固含量低、粘度小、游离醛高、稳定性差,但能耗低、生产周期短、成本低);是低温反应(80 ℃),还是高温反应(90～95 ℃)等。根据结合实际情况,分析利弊,综合考虑,然后确定实施的生产工艺路线。

2)工艺流程 按配方将甲醛投入反应釜中,用氢氧化钠调节pH值为8.5～9.0;加入第一批尿素(80%),在1 h内升温至(94±2) ℃,搅拌0.5 h(pH值不应低于6);再加入剩余的尿素(20%),在(94±2) ℃下保温0.5 h(pH值不应低于5.5);加入适量的氯化铵或甲酸,pH值调至4.8～5,每隔10 min测一次粘度,达到要求后立即用碱中和pH值至7.0～7.5,通冷水冷却。若需脱水,可在80 ℃时进行,脱水达到要求后冷却至40 ℃,调节pH值至7.5～8后,放料。

(4)特点及应用

脲醛树脂具有原料成本低、树脂无粘接污染、热压温度低、固化时间短及一定的耐热、耐湿性能等优点。但存在耐水性、耐久性及稳定性差,胶层脆、有甲醛污染等缺点,为此应对其改性。

(5)糠醇改性脲醛树脂胶

当合成脲醛树脂的反应进行到加入浓硫酸(取少量反应液检验)出现凝胶现象时,再加入25份糠醇,搅匀,使温度再回升至95～97 ℃,缓慢用甲酸调节pH值至4～5,继续加热,直到反应液表面的气泡变为不易消失的小泡为止。检验合格后,用40%氢氧化钠调节pH值到8～9,继续加热5 min,冷却后出料。配胶时,取糠醇改性树脂100份(质量)加入4～6份氯化铵,搅拌均匀后使用。该胶的耐水性、耐酸、耐碱性和胶接强度都有显著提高。

4.4.8 三聚氰胺甲醛树脂胶粘剂

三聚氰胺甲醛树脂(MF)是由三聚氰胺、甲醛及尿素形成的二元或三元缩聚物。

(1)化学反应与条件

三聚氰胺甲醛树脂合成反应类似于脲醛树脂,但是由于三聚氰胺的反应活性比尿素高,反应速度较快,在酸性条件下容易形成亚甲基三聚氰胺,不能继续制胶,只有在弱碱性条件下才能生成稳定的羟甲基三聚氰胺。通常是反应开始时,将甲醛的 pH 调至 8.5 ~9,保证反应过程中 pH 控制在 7.0 ~7.5;用反应终点时间来控制反应程度。若反应终点时间拖长,反应程度增加,则树脂的粘度增大,稳定性变差。三聚氰胺与甲醛的物质的量比,直接影响着反应速度、树脂结构及性能,一般控制在 1∶(2.5 ~ 3) 为宜。

(2)配方

三聚氰胺-甲醛树脂配方如表 4.9 所示。

表 4.9 三聚氰胺-甲醛树脂参考配方

原料名称	物质的量比	纯度/%	用量(质量比)
三聚氰胺	1	100	100
甲醛	3	37	193
对甲苯磺酸酰胺	0.1		13.7
水			44
乙醇		95	15.3

(3)合成工艺

三聚氰胺-甲醛树脂的合成工艺:按照表 4.9 的配方将甲醛投入反应釜中,用 NaOH 水溶液调节 pH 为 8.5 ~9,加入三聚氰胺,于 0.5 h 内将温度升温至 85 ℃(温度高于 65 ℃时,反应物开始透明),pH 值不得低于 8.5;在 85 ℃保温 0.5 h 测浑浊度,合格后,当温度降到29 ~32 ℃时,立即加入乙醇和对甲苯磺酸酰胺,并迅速升温至65 ℃,再保温 0.5 h,冷却至40 ℃,再用 NaOH 调节 pH 为 8.5 ~9,放料。

(4)特点及应用

该树脂用于贴面板的表层纸盒装饰纸的浸渍。主要缺点是胶层脆,易开裂,稳定性差和成本高,必须对其进行改性。

4.4.9 酚醛树脂胶粘剂

酚醛树脂(PF)根据酚与醛的物质的量比和催化剂的不同,有热固性和热塑性两类树脂。产品的性能主要受甲醛与苯酚的物质的量比、反应体系的酸碱度、反应温度、反应时间及缩聚反应进行的次数等因素的影响。通用酚醛树脂胶粘剂有三类,如水溶性 PF 胶粘剂、醇溶性胶粘剂及酚钡 PF 胶粘剂。此外,还有改性 PF 胶粘剂,如三聚氰胺改性 PF 胶粘剂、聚乙烯醇缩醛胶(107 胶)改性 PF 胶粘剂等。在此主要介绍通用型水溶性 PF 胶粘剂。

(1)配方计算

以不脱水(即原料的投料量为胶粘剂的量)生产工艺为例,计算每釜 1 000 kg 投料量。

已知：参考配方的物质的量的比为 n(苯酚)：n(甲醛)：n(氢氧化钠)：n(水) = 1：1.5：0.25：7.5，苯酚的纯度98%、甲醛37%、氢氧化钠40%。

1)计算实际纯度的质量比　设苯酚用量为100，其物质的量(mol)为 $100 \times 0.98 \div 94 = 98/94$，则甲醛的用量为 $30 \times 1.5 \times 98/94 \times 100/37 = 126.8$。

氢氧化钠用量为 $40 \times 0.25 \times 98/94 \times 100/40 = 26.0$；

水的用量为 $18 \times 7.5 \times 98/94 \times 100 = 140.7$；

实际加水量 = 计算理论水量 − 原料带入水量：$140.7 - (126.8 \times 0.63 + 26 \times 0.6 + 100 \times 0.02) = 43.2$。

原料的总质量为 $100 + 126.8 + 26.0 + 42.2 = 296$。

2)计算投料量　各种原料的加入量计算式如式(4.1)所示：

$$\text{某种原料的投入量} = \frac{\text{投料量} \times \text{某种原料用量比}}{\text{原料总质量}} \tag{4.1}$$

投料量为1 000 kg时，各种原料的投入量(kg)为苯酚337.8、甲醛428.4、氢氧化钠87.8、水146.0。

(2)合成工艺

在反应釜中，加入苯酚后再加入氢氧化钠水溶液使之溶解中和，加入第一批甲醛于60～70 ℃保温30 min；控制升温速度为0.5 ℃/min使之升温至87 ℃，再以平均0.3 ℃/min的升温速度升至95 ℃，于95～96 ℃下保温20 min，然后在30 min内降温至82 ℃，再加第二批甲醛，保温15 min；在30 min内升温至92 ℃，并在92～96 ℃下继续反应1 h，当粘度达到要求时立即冷却至40 ℃，放料。产品的固含量为45%～50%，游离苯酚低于2.5%，粘度0.5～0.1 Pa·S(20 ℃)。

(3)特点及应用

酚醛树脂胶粘剂具有较高的胶结强度和良好的耐水、耐热、耐腐蚀等性能，广泛地应用于木材、木质层压板、耐水胶合板、纤维板、泡沫塑料及其他多孔性保温、隔热材料，也可用于胶接金属、陶瓷。缺点是脆性较大、剥离强度差，在某些场合耐热、耐腐蚀性不够理想。因此，目前广泛使用的该品种的胶粘剂通过其他树脂或助剂改性。

4.5 建筑常用橡胶类胶粘剂

橡胶类胶粘剂是以橡胶为粘料，加入适当的配合剂配制而成，这是胶粘剂中的一个大类别，几乎所有的天然或合成橡胶都可用于配制胶粘剂。橡胶类胶粘剂具有优异的柔韧性、耐挠曲及耐冲击震动等特性。适用于不同线膨胀系数材料之间，及动态状态下使用的部件或制品的粘接。缺点是粘接强度及耐热性较差，耐久性也不理想。经过改性才能在建筑工程中获得广泛地应用。

4.5.1 氯丁橡胶胶粘剂

(1)氯丁橡胶及性质

氯丁橡胶主要是2-氯-1,3-丁二烯1,4均聚物，分子链的结构规整。由于分子链中有极性较大的氯原子存在，故结晶性较强，在 −35 ~ 32 ℃之间放置均能结晶。在室温下既使不硫化，也具有较高的内聚强度和较好的粘附性，非常适合作胶粘剂用。

(2)配方组成及作用

氯丁橡胶胶粘剂的参考配方如表4.10所示。其中氯丁橡胶是起粘结的作用，赋予粘接制件强度；对叔丁基酚醛树脂与氧化锌、氧化镁协同作为交联剂使用，共同与氯丁橡胶发生交联反应，形成交联结构，增加粘接接头的强度，提高综合性能；对叔丁基酚醛树脂兼有增粘作用。

表4.10 氯丁橡胶胶粘剂参考配方

原料名称	用量(质量比)	原料名称	用量(质量比)
氯丁橡胶 LDJ-240	100	甲苯	225
防老剂 D	1	120号溶剂汽油	150
氧化锌 ZnO	4	乙酸乙酯	125
氧化镁 MgO	5 + 3	乙二醇	0 ~ 50
对叔丁基酚醛树脂(2402树脂)	30		

(3)制备工艺

氯丁橡胶胶粘剂的制备工艺主要包括氯丁橡胶的塑炼、混炼、破碎、配胶等工序。

1)塑炼　将氯丁橡胶生胶烘干、切胶和破胶后，置于炼胶机上进行塑炼，辊距0.5 ~ 1 mm，辊温不超过40 ℃，塑炼30次后，加大辊距至8 ~ 10 mm，再塑炼5 min。经过剪切、挤压、轧扁、伸长和撕裂等过程，氯丁橡胶受到热和氧的作用，使大分子链断裂，降低分子量增加塑性，提高其溶解能力。塑炼的程度要以保持橡胶有较高的内聚强度和粘附能力为度。

2)混炼　在塑炼后的氯丁橡胶中，依次加入 MgO(5质量份)、防老剂 D，ZnO 等进行混炼，待全部配合剂加完后(ZnO 和硫化促进剂应在其他配合剂与橡胶混炼一段时间后再加入)，薄通10次，切片。为了防止在混炼过程中发生焦烧和粘辊现象，在确保混均匀的前提下，混炼的时间应尽可能短，且混炼温度要低于40 ℃。

3)预反应　将混炼胶切成小块，放入带有搅拌器的封闭式容器中，加入甲苯/120号汽油混合溶剂。在适量催化剂存在下，加入对叔丁基酚醛树脂、MgO(3质量份)，室温下不断搅拌6 ~ 10 h，使之溶解进行预反应，当物料中无 MgO 沉淀时视为反应终点。

4)配胶　用溶剂、防冻剂(乙二醇)调配上述预反应胶液，不断搅拌均匀至适宜的粘度，即制得产品。提请注意的是，投料后3 h内必须连续搅拌，否则胶料容易发生沉降现象，使得搅拌困难，影响生产的正常进行。

(4)特点及应用

这是一种通用性很强、很重要的非结构的胶粘剂。具有良好的耐燃、耐臭氧和耐大气老化性能，并兼有耐油、耐溶剂和化学试剂等性能，广泛用于极性及非极性材料的粘接。适用于金属、玻璃、陶瓷、橡胶、皮革、人造革、织物、石棉和木材等不同材料粘接。

(5)使用注意事项

氯丁橡胶胶粘剂的产量大，用途广，粘接效果良好，使用时应注意以下事项：

- 贮存温度不能低于5 ℃，否则会凝胶。但是，在湿热(30 ~ 40 ℃)条件下可逐渐解凝，恢复原来状态而性能不变；若胶液太稠，可用甲苯、醋酸乙酯混合溶剂稀释。

• 在该胶中加入 5% ~10% 的列克纳(JQ-1)，粘接 1 h 后即可达到最大粘接强度的 90%，而且耐热性有所提高；若用聚三异氰酸酯粉末代替列克纳，可使氯丁橡胶胶粘剂在室温下快速固化，同时胶层无色，粘接强度提高。

• 涂胶应涂 2 ~3 遍，每遍不宜太厚，且要均匀。涂下遍胶，必须在上遍胶层基本干燥后才能进行，切勿操之过急；合拢时要一次对准位置，不得错动。合拢的最佳时刻以手感确定，用手指轻触胶层，感到有粘性又不粘起胶液时合拢，过早过晚都不好。按压平整之后，用圆辊碾压或木锤敲打，直到压实无气泡为止，室温固化 24 h 后，制件方可使用。

4.5.2 丁腈橡胶胶粘剂

丁腈橡胶胶粘剂是近年来广泛应用的一种非结构型胶粘剂，有单组分和双组分、溶剂型和乳液型、室温固化和高温固化等多个品种。

(1) 丁腈橡胶及性质

丁腈橡胶是由丁二烯与丙烯腈经乳液共聚而得，其结构式如下：

$$\left[\!-CH_2-\underset{\displaystyle CN}{\underset{|}{CH}}-\right]_n \left[\!-CH_2-CH{=}CH-CH_2-\right]_m$$

按照投料比不同，可以制得不同牌号的丁腈橡胶。我国生产的丁腈橡胶，根据丙烯腈含量不同，分为丁腈-18、丁腈-26 和丁腈-40。随着丙烯腈的增加，极性基团—CN 的含量增多，耐油性、耐热性及粘附性均会提高，粘接强度增加。所以，用作胶粘剂多为丁腈-40。若加入少量的丙烯酸、甲基丙烯酸与之共聚，则可以得到含羧基的丁腈胶，改善了与其他树脂的相容性，使粘附性更好。

(2) 配方组成及作用

丁腈橡胶胶粘剂是以丁腈橡胶为粘料，加入增粘剂、增塑剂、防老剂等成分配制而成。其参考配方如表 4.11 所示。其中，丁腈橡胶是粘料；氧化锌为缓慢的硫化剂，促使橡胶交联；醋酸乙酯是溶剂，用来溶解丁腈橡胶，调整胶液粘度；硫磺为硫化剂，使胶料硫化，提高胶粘剂耐温性和强度；促进剂 M 或 DM 可以加速硫化交联；没食子酸丙酯是防老剂，防止胶粘剂的热、氧老化；炭黑为填料，起耐磨、增强、降低成本及染色的作用。

表 4.11 丁腈橡胶胶粘剂参考配方

原料名称	用量(质量比)	原料名称	用量(质量比)
丁腈橡胶	100	促进剂 M 或 DM	1
氧化锌	5	没食子酸丙酯	1
醋酸乙酯	20	炭黑	50
硫磺	2		

(3) 制备工艺

丁腈橡胶胶粘剂一般为溶剂型，有单组分和双组分两类。基本的制备工艺与氯丁胶胶粘剂相似。即先将丁腈橡胶小辊距塑炼，然后依次加入配合剂进行混炼，待混合均匀，轧片并切碎，放入按配比称量的溶剂中，搅拌使其溶解，配制成固含量为 15% ~30% 的胶液。

(4)**特点及应用**

这种胶粘剂具有耐油性、耐水性、耐热性、耐磨性、耐化学介质、耐老化的性能良好及粘接强度高等特点。适用于合成橡胶、塑料、皮革、织物、木材的粘接;也适用于橡胶/金属、橡胶/皮革的粘接;还适用于聚氯乙烯板、薄膜及其他软质材料的粘接。

(5)**使用注意事项**

丁腈橡胶胶粘剂的初粘度不高,单组分胶需要加温加压才能固化;耐寒性、耐臭氧性和电绝缘性较差;在光和热的作用下易变色;胶液膜结晶速度慢,硫化时间较长。

4.5.3 丁苯橡胶胶粘剂

(1)**丁苯橡胶及性质**

丁苯橡胶是苯乙烯与1,3-丁二烯的共聚物,其结构式如下:

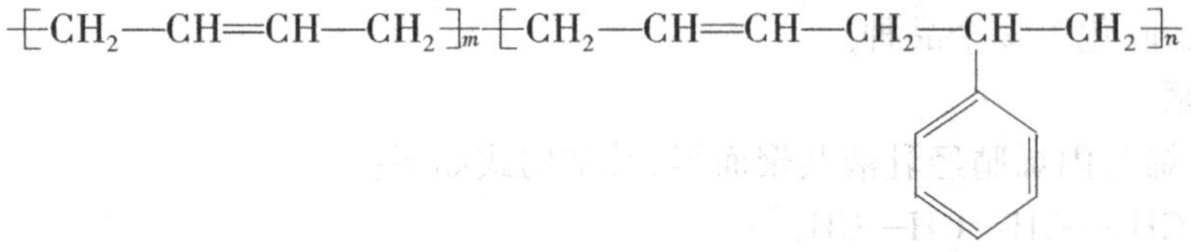

按照投料比不同,可以制得不同牌号的丁苯橡胶。我国生产的丁苯橡胶中,苯乙烯的含量分别为10%,30%和50%三种,相应的牌号为丁苯橡胶-10、丁苯橡胶-30和丁苯橡胶-50。若苯乙烯的含量高,则可获得较高的初粘度。但其含量过高又会降低胶层强度。制备胶粘剂时常用丁苯橡胶-30用做粘料,并对胶粘剂进行适当的改性。

(2)**配方**

以丁苯橡胶为基料,加入其他助剂配制而成通用型和胶乳型两类。通用型丁苯橡胶胶粘剂的参考配方如表4.12,炭黑的添加量视不同的使用条件而定,通常为100份时,制件可获得最高强度;胶乳型丁苯橡胶胶粘剂的参考配方,如表4.13所示。

表4.12 通用型丁苯橡胶粘剂参考配方

原料名称	用量(质量比)	原料名称	用量(质量比)
丁苯橡胶	100	防老剂D	3.2
氧化锌	3.2	炭黑	适量
硫磺	8	邻苯二甲酸二丁酯	32
促进剂DM	3.2	二甲苯	1 000

表4.13 胶乳型丁苯橡胶胶粘剂参考配方

原料名称	用量(质量比)	原料名称	用量(质量比)
丁苯胶乳(23%~25%)	100	甲基溶纤剂	0.7
沥青	295	炭黑	40
松香油	93	水	220

(3)**制备工艺**

制备工艺较为简单,在丁苯橡胶中加入配合剂,使其被溶剂溶解,即为丁苯橡胶胶粘剂。

硫化条件是温度在148 ℃下,保温30 min。

(4)**特点及应用**

丁苯胶的使用温度为5~71 ℃,耐热、耐磨和耐老化性能比天然橡胶优,价格低廉。由于该橡胶的分子极性较小,致使其胶粘剂的粘接性、耐油性、耐寒性和抗撕裂性能稍差。通用型丁苯胶的应用类同天然橡胶胶粘剂。胶乳型丁苯胶主要用于织物之间,织物或橡胶与金属间的粘接。

4.5.4　丁基橡胶胶粘剂

(1)**丁基橡胶及性质**

丁基橡胶是异丁烯与少量异戊二烯或丁二烯的共聚体,具有优良的化学稳定性、电性能和耐老化性能,并有一定的耐酸、耐碱和耐臭氧性,密封性极为优异。为了进一步改善基料的粘接性能,可将丁基橡胶氯化或溴化。

(2)**配方组成及作用**

该胶粘剂由粘料、溶剂、填料、增粘剂及其他辅料组成,参考配方如表4.14所示。

表4.14　丁基橡胶胶粘剂参考配方

原料名称		用量(质量比)	
		配方1	配方2
丁基橡胶		100	100
对苯醌二肟		4	
氧化锌		5	5
硬脂酸		3	3
炭黑			80
松香脂		40	
硫化体系	氧化铅		8
	硫磺	1.5	1.5
	汽油	750	715
溶剂	异丙醇	7.4	7.4

其中丁基橡胶是粘料,起粘结基材并赋予粘接接头强度的作用;对苯醌二肟是硫化剂,在胶料中易分散,硫化速度快,使胶粘剂胶料的拉伸强度提高,耐热、耐候、耐臭氧及电绝缘性能特好,特别适用于丁基橡胶的硫化;氧化锌是活化剂,促进硫化剂充分发挥作用,提高交联度;硬脂酸作为软化剂,提高胶粘剂的柔性,便于涂胶;炭黑作为填料,起增强着色的作用;松香脂是增粘剂,增加胶的初粘性,便于粘合。

(3)**制备工艺**

按照表4.14的配方,将丁基橡胶及各种配合剂用异丙醇溶解,得到丁基橡胶胶粘剂主剂A;再将硫化体系的组分溶解,并充分混合均匀,得B组分(固化剂)。使用时将组分A、组分B按比例混合均匀,即可进行涂胶粘结。

(4) **特点及应用**

这种粘合剂具备其橡胶的特性,有良好的耐腐蚀性。主要用于粘接各种织物、硫化或未硫化的丁基橡胶及其他橡胶或热塑性塑料。不固化型丁基腻子胶多用于船舶甲板和建筑物密封,具有良好的气密性和动态扭变的适应性。

4.5.5 聚硫橡胶胶粘剂

(1) **聚硫橡胶**

聚硫橡胶是一种类似橡胶的多硫乙烯树脂,实际上,它是处于合成橡胶与热塑性塑料之间的物质。当聚硫橡胶和环氧树脂混合后,其中的末端硫醇基和环氧基发生化学作用,从而将聚硫橡胶引入到固化后的环氧树脂结构之中,赋予交联后的环氧树脂较好的柔韧性。

(2) **配方组成及作用**

聚硫橡胶胶粘剂由粘料、溶剂、填料、增粘剂及其他辅料组成。其参考配方如表4.15所示。

聚硫橡胶中加入配合剂后,用溶剂溶解,调制成适宜的粘度,即为聚硫橡胶胶粘剂。若加入二异氰酸酯或其他橡胶以及合成树脂等,可以改善其粘附力。

表4.15 聚硫橡胶胶粘剂参考配方

原料名称	用量(质量比)	原料名称	用量(质量比)
聚硫橡胶	100	粘土	200
氯丁橡胶	43	三氯乙烯	295
间苯二酚-甲醛树脂	143		

配方中,聚硫橡胶是粘料,起粘附和提供强度的作用;氯丁橡胶作为改性剂,提高胶粘剂韧性、粘附性;间苯二酚-甲醛树脂是耐热改性剂,提高胶粘剂的耐温性;粘土作为填料,既可降低成本又能提高初粘力;三氯乙烯的作用是溶解橡胶,调整粘度,方便涂胶。

(3) **特点及应用**

聚硫橡胶具有良好的耐油、耐溶剂、耐水、气密性以及较好的粘接性能,但粘附力一般。聚硫橡胶本身硫化后,具有很高的弹性和一定的粘附性,是一种通用的密封胶粘材料。主要作为织物与金属、橡胶、皮革等材料的粘接,也常用来制造胶粘带。

4.5.6 改性天然橡胶胶粘剂

(1) **天然橡胶**

天然橡胶含有各种不同分子量的聚异戊二烯。是一种不饱和的非极性橡胶,具有良好的粘着性。原料有天然乳胶、烟片胶、皱片胶、风干胶等。其线型分子结构如下所示:

$$\left[CH_2-\underset{\displaystyle CH_3}{\underset{|}{C}}=CH-CH_2 \right]_n$$

(2) **改性天然橡胶**

通过化学方法改性,增加天然橡胶分子的极性来改善其性能。在天然橡胶的四氯化碳溶液中通入氯气,使其发生双键的加成作用,以及部分碳氢链取代反应,制得白色粉末状氯化橡胶。

(3)配方组成及作用

改性天然橡胶胶粘剂主要指氯化橡胶胶粘剂。由氯化橡胶、硫化剂、促进剂、防老剂和溶剂组成,其参考配方如表4.16所示。

表4.16 改性天然橡胶胶粘剂参考配方

原料名称	用量(质量比)	原料名称	用量(质量比)
氯化橡胶	100	2,5-二亚硝基对甲基异丙苯	10
聚2,3-二氯-1,3丁二烯	30	甲苯	300

其中,氯化橡胶作为粘料,起粘附作用;聚2,3-二氯-1,3丁二烯和2,5-二亚硝基对甲基异丙苯是改性剂,有提高胶粘剂粘附性和提供胶接接头强度的作用;甲苯溶解粘料,调整粘度。

(4)特点及应用

氯化橡胶胶粘剂性能优于天然橡胶胶粘剂。适用于金属与纸张、木材、皮革、织物、橡胶之间的粘接;也适用于玻璃或陶瓷与纸张、织物、木材、橡胶之间的粘结;还适用于橡胶与纸张,橡胶之间,皮革等材质的粘结。

4.5.7 硅橡胶胶粘剂

(1)硅橡胶及性质

硅橡胶是一种高分子量的聚硅氧烷,一般分子量在15万以上,它的结构形式与硅油类似。根据硅原子上所链接的有机基团不同,硅橡胶有二甲基硅橡胶、甲基乙烯基硅橡胶、苯基硅橡胶、甲基苯基硅橡胶、苯醚硅橡胶、氟硅橡胶及腈硅橡胶等多个品种。

构成硅橡胶主链的硅氧键,组成Si-O螺旋状分子链,其结构特征决定了硅橡胶具备了其他橡胶所不具备的优点,如工作温度范围较宽(-100~350 ℃),耐高低温性能优异。此外,还具有优良的热稳定性、电绝缘性、耐臭氧性、耐候性、透气性、散热性以及很高的透明度和撕裂强度;兼有优异的粘接性、流动性和脱模性;有些特殊的硅橡胶还具有优异的耐油、耐溶剂、耐辐射及在超高低温下使用等特性。在使用温度范围内,硅橡胶不仅能保持一定的柔软性、回弹性和表面硬度,机械性能也无明显变化外,而且还能抵抗长时间的热老化。

(2)硅橡胶胶粘剂的类型

室温硫化硅橡胶是以较低分子量的活性聚有机硅氧烷为粘料,添加交联剂、催化剂等助剂,在常温下交联成三维网状结构。室温硫化硅橡胶的种类很多,根据商品包装形式的不同,有单组分和双组分之分。单组分胶是将粘料、填料、交联剂或催化剂在无水条件下混合均匀,密封包装。涂胶后,遇大气中湿气即可进行交联反应;而双组分胶是将粘料和交联剂或催化剂分开包装,使用时按一定配比混合就能发生化学交联,固化与环境湿气无关。根据使用的交联剂不同,可以分为脱酸型、脱肟型、脱醇型、胺型、酮型及酰胺型等多种类型。根据硫化机理不同,还可分为缩合型和加成型室温硫化硅橡胶两大类。

(3)组成与作用

硅橡胶胶粘剂主要以硅橡胶为粘料,加入适量的填料、交联剂、硫化促进剂、增粘剂等助剂配制而组成。粘料的作用是提供耐热性、耐寒性、弹性以及粘附性;填料经表面处理后,用物理方法添加到硅橡胶胶粘剂中,以提高机械强度、耐热性能和粘接性,常用的品种有气相白炭黑、沉淀白炭黑、硅藻土、二氧化钛、金属氧化物等;为使胶料获得较好的初粘性,常常添加增粘剂,主要品种有有机硅氧烷、硅树脂、硅酸酯、钛酸酯、硼酸或含硼化合物等;交联剂是使硅橡胶胶粘剂交联不可缺少的组分,如甲基二乙酰氧基硅烷、甲基三丙酮肟基硅烷、甲基三甲氧基硅烷等;促进剂能促使硅橡胶交联,缩短表干时间,主要品种有二丁基锡、辛酸锡、异丙基钛酸酯等。根据使用的固化剂不同,可以配制不同类型的室温硫化硅橡胶胶粘剂。

(4)配方及其组分的作用

1)脱酸型　脱酸型室温硫化硅橡胶胶粘剂的参考配方,如表4.17所示。

表4.17　半透明脱酸型室温硫化硅橡胶胶粘剂参考配方

原料名称	用量(质量比)	原料名称	用量(质量比)
端羟基聚二甲基硅氧烷	100	二月桂酸二丁基锡	0.01～0.1
气相白炭黑	10～25	甲基三乙酰氧基硅烷	3～9
201硅油(粘度0.5 Pa·S)	20～50		

表4.17所示配方组分中,端羟基聚二甲基硅氧烷是该粘合剂的粘料;气相白炭黑为触变剂,并通过对交联网络的填充,起增强的作用;201硅油通过对气相白炭黑表面羟基结合,消除气相白炭黑与粘料表面的“结构化效应”,起稀释和增塑作用;二月桂酸二丁基锡是硫化催化剂,加速硫化进程;甲基三乙酰氧基硅烷是脱酸交联剂,具有较宽的稠度范围以及有效的硫化性能,增加胶的强度及综合性能,在-32～38 ℃温度范围内,具有优异的贮存稳定性。当甲基三乙酰氧基硅烷与硅橡胶固化后,对各种涂有底漆或不涂底漆的基材均有优良的粘接性。但是,由于二者固化过程中会放出乙酸,对金属或某些电子设备有腐蚀作用,尤其当建筑工程上用量较大时,所产生的乙酸与混凝土中的碳酸盐作用,在橡胶与混凝土之间生成一层白垩土层而失去粘接力,对新鲜混凝土的粘接能力尤为差,使得这种胶粘剂的应用范围受到限制。

2)脱肟型　脱肟型室温硫化硅橡胶胶粘剂的参考配方,如表4.18所示。

表4.18　脱肟型室温硫化硅橡胶胶粘剂参考配方

原料名称	用量(质量比)	原料名称	用量(质量比)
端羟基聚二甲基硅氧烷	100	超细碳酸钙	30～50
201硅油	20～50	KH-550	1～5
甲基三丁酮肟基硅烷	5～10	二月桂酸二丁基锡	0.01～0.1
气相白炭黑	5～10	染料	适量

其中甲基三丁酮肟基硅烷是中性交联剂,属酮肟型固化剂,它具有很好的贮存稳定性,其特点是表面固化较快,但完全硫化的时间比较长。因此,这种产品可以分散在溶剂中,用于喷、刷和滴涂的方式涂胶。交联固化反应中生成的丙酮肟对基材不产生腐蚀性,但只有在某些情况下对黄铜和钢发生腐蚀作用。KH-550是偶联剂,起增粘作用;超细碳酸钙是填料,有增强并降低成本的作用。其他组分的作用同脱酸性固化硅橡胶胶粘剂。这种胶粘剂的粘接力较差,必须对基层进行底涂处理。

3)脱醇型　脱醇型室温硫化硅橡胶胶粘剂的参考配方,如表4.19所示。其中,甲基三甲氧基硅烷为脱醇型交联剂,与主剂发生交联反应时,放出的副产物相应为甲醇或乙醇。醇型体系的交联反应速度比其他单组分产品慢,表面固化时间一般在45 min以上。在高湿度和较高温度的环境下,由于硫化时的固化反应放出甲醇的速度比甲醇蒸发的速度快,而容易形成甲醇微滴,这种不溶于甲基硅氧烷聚合物的液滴,在胶粘剂硫化后继续蒸发,使弹性体内可能形成微小空隙;双(二酰丙酮基)二异丙氧基钛、二月桂酸二丁基锡、辛酸亚锡均为硫化催化剂。

表4.19　脱醇型室温硫化硅橡胶胶粘剂配方

原料名称	用量(质量比)	原料名称	用量(质量比)
端羟基聚二甲基硅氧烷	100	双(二酰丙酮基)二异丙氧基钛	0.01~0.1
201硅油	20~50	二月桂酸二丁基锡	0.01~0.5
甲基三甲氧基硅烷	5~10	辛酸亚锡	0.1~1
气相白炭黑	5~10	KH-550	1~5
超细碳酸钙	50~100		

这种胶粘剂对于不涂底漆的各种基材的粘接性尚可,而对涂底漆的基材则具有良好的粘接性。它几乎对所有金属和其他材料都不会产生腐蚀。因此,近年来发展较快。但是,存放条件要比其他单组分体系苛刻,环境温度超过21 ℃就比较敏感。所以,需要干燥冷藏。

(5)**固化**

室温硫化硅橡胶胶粘剂不需要专门的加热加压设备,利用空气中的湿气和加入催化剂,就可进行室温固化。除以上脱酸型、酮肟型和脱醇型固化方式外,还有脱胺型、脱酰胺型、脱酮型固化及其他等形式。

(6)**应用**

有机硅建筑胶兼作密封胶用,广泛用于建筑物室内外玻璃槽缝隙的密封粘接、外墙装饰构件的嵌缝、室内卫生洁具和墙地饰面的粘接密封及公路、桥梁、机场等混凝土路面伸缩缝的密封。结构用有机硅建筑密封材料现已普遍用于高层建筑玻璃幕墙的粘接密封等。

4.6　胶粘剂的性能测试

在科学研究和生产中,胶粘剂的性能测试具有重要的意义。通过这项工作,为科研提供数据,对评定胶粘剂产品的性能和质量,正确地使用胶粘剂起重要的作用。

胶粘剂的性能测试的方法很多,可以分为化学结构性能、物理机械性能以及工艺性能。胶粘剂的化学结构性能是指化学组分、结构、分子量分布等;物理机械性能是指外观状态、粘度、有效贮存期、胶接强度、耐介质性能、耐老化性能等;工艺性能是指胶粘剂的涂布性、流动性与使用寿命等。此外,对胶接质量控制与检验有破坏性方法或非破坏性方法。测试手段除一般的拉力试验机外,还有红外光谱、核磁共振、裂解色谱、电镜扫描、粘弹谱仪等现代科学仪器。

4.6.1　物理状态

(1)**外观**

将20~50 mL液体胶粘剂倒入100 mL烧杯中,用干燥洁净的玻璃棒放入胶粘剂中,然后将玻璃棒提起,其高度距烧杯口约 20 cm,观察流动的胶液是否均匀及是否含其他杂质或凝结物。

(2)**相对密度**

根据胶粘剂的类型及所要求的精确度,选择不同相对密度的测定方法。

1)比重瓶法　这个方法既可以用于液体胶粘剂,也可以用于固体胶粘剂相对密度的测定。对于液体胶粘剂相对密度的测定较为精确,其测定方法是:将 25 mL 的比重瓶装满蒸馏水,放入 25 ℃恒温槽中恒温 0.5 h,在高精确度光电天平上称量;然后将比重瓶装满待测的液体胶粘剂,放入 25 ℃的恒温槽中恒温 0.5 h,再称量,求得液体胶粘剂的相对密度。其计算公式如式(4.2)。

$$d = \frac{W}{W_{水}} \times d_{水} \tag{4.2}$$

式中　$W, W_{水}$——分别为液体胶粘剂和水的质量;$d_{水}$——25 ℃时蒸馏水的密度。

用比重瓶法测定固体胶粘剂的密度,所不同的是在比重瓶中所装入的固体胶粘剂量约 1/2 ~2/3,然后加满蒸馏水,相对密度用式(4.3)计算。

$$d = \frac{W}{W_1 + W + W_2} \times d_{水} \tag{4.3}$$

式中　W——25 ℃蒸馏水的质量再加上瓶的质量;W_1——固体胶粘剂的质量;W_2——固体胶粘剂的质量加上 25 ℃蒸馏水和瓶的质量。

2)比重计法　这个方法测定液体胶粘剂的相对密度较为简便迅速。测定方法为:将液体胶粘剂沿玻璃棒小心注入玻璃量筒内,试样温度与周围环境温度相差不得超过 ±5 ℃,将比重计缓慢地放入试样中,当比重计在试样中停止摇动后,记下液面上边缘的读数。但是,含有沉淀物的胶粘剂不适用于此法。

(3)**粘度**

粘度是物体抵抗流动变形能力的一种量度,它是评价胶粘剂质量的重要指标之一。粘度过大不但制造加工困难,涂胶也不均匀,对被胶接件表面润湿性差,导致胶接强度也差;粘度太小,流胶现象严重,要达到一定的胶层厚度,必须增加涂胶次数,否则会影响强度,特别是用于多孔性材料的胶接时(如木材),容易造成渗胶,使用时应更加注意。胶粘剂的粘度数据,随所用仪器的不同而不同。

1)旋转粘度计　旋转粘度计用于测定胶粘剂的绝对粘度。在温度为(25 ±0.5) ℃下,测试试样和转子温度均为(25 ±0.5) ℃,读出转子旋转(60 ±2)S 时的数值,即可得知粘度值;测高粘度试样时,读出旋转(120 ±2)S 时的读数。所用旋转粘计的测量误差应小于 1.5%。

2)涂-4 粘度计(涂-4 杯)　涂-4 粘度计有塑料材质和金属材质两种,一般采用金属质的粘度计。粘度计(杯)容量是 100 mL。测定时,调节粘度计呈水平状态,在粘度计的下方,放一个 150 mL 的烧杯,用球形阀或手指堵住漏嘴孔,将胶液倒满粘度计,然后使胶液流出,同时按动秒表,当胶液流丝中断时停表,该时间即为胶液的条件粘度,测定粘度范围为 0 ~150 s。

3)落球式粘度计　它是由玻璃管和钢球组成,钢球直径(8 ±0.05)mm,质量为 2.091 g。测定时,用水浴调节胶液温度为(25 ±1) ℃,将胶液倒入玻璃管中,高于刻度线 4 cm 处,放入钢球,塞上带铁钉的软木塞,上置永久磁铁,将玻璃管倒置使铁钉吸住铁球;再翻转过来,固定在架上,用铅锤调节使其垂直,拿走永久磁铁,任钢球自由落下,用秒表记录钢球通过上下刻度线的时间。重复测定值之差应不大于平均值的3%。适用于高粘度透明胶粘剂粘度的测定。

4)运动粘度的测定　在0 ℃以上测定时,采用一组奥氏细管粘度计共11支,各支毛细管的内径分别为0.4、0.6、0.8、1.0、1.2、1.5、2.0、2.5、3.0、3.5、4.0 mm;在0 ℃以下测定时,采用一组乌氏毛细管粘度计,使用的毛细管内径除0.4 mm,0.6 mm以外的上述各管,共9支。每支粘度计都有粘度计常数,测定胶粘剂的运动粘度时,应根据实验时的温度选用适当的粘度计,使胶粘剂的流动时间在120~180 S范围内。

①奥氏粘度计的测定方法　选定符合标准的干燥毛细管,将橡皮管套在支管上,用手指堵住管口,同时倒置粘度计,然后将管身插入装有胶粘剂溶液的容器中,利用橡皮球将胶液吸到标线b,从容器中提起粘度计并恢复正常状态,并从支管取下橡皮套管套在管身上,放入恒温器并成垂直状态,利用橡皮套管将胶液吸入,胶液面稍高于a(a高于b),观察流动情况,测定胶液流经标线a,b液面的时间,重复测定至少3次。

②乌氏粘度计的测定方法　将橡皮管套在直管之后,用手指堵住管口,同时倒置粘度计,然后将管身插入装着胶粘剂的容器中,利用橡皮球将胶液吸至标线c,提起粘度计恢复正常状态,接着在管身上套上一条带有玻璃塞的橡皮管,胶液流入后,将玻璃栓关住,逐渐冷却到实验温度,转动玻璃塞使管身与大气相通,以后操作同奥氏粘度计。

③胶液的粘度计算　在温度T时的运动粘度V_t,按式(4.4)计算。

$$V_t = C\tau_t \tag{4.4}$$

式中　V_t——运动粘度(Pa·S);τ_t——胶粘剂试样从a至b的流动平均时间(s);C——粘度计常数(Pa·S/S)。

粘度计常数C可以用已知粘度的校标液体(如油类)来测定,按式(4.5)计算。

$$C = \frac{V_t^0}{\tau_t^0} \tag{4.5}$$

式中　V_t^0——校标液体在20 ℃时的粘度(Pa·S);τ_t^0——校标液体从a流过b所需时间(S)。

④粘度与密度单位的换算　粘度的单位常用Pa·S表示,将其与相对密度换算可用式(4.6)。

$$V = K \times \tau_t \times d \tag{4.6}$$

式中　V——粘度(Pa·S);d——胶粘剂在25 ℃时的相对密度(与4 ℃的水相比);K——粘度计常数。

K值可用校准液确定,即通常用25 ℃时纯甘油的粘度为6.5m Pa·S,或60%的糖水的粘度为56.5m Pa·S,用式(4.7)计算。

$$K = \frac{\eta_c}{d_c\tau_c} \tag{4.7}$$

式中　η_c——校准液体的粘度(Pa·S);d_c——校准液的相对密度;τ_c——校准液的流出时间(S)。

(4)固含量

为了便于确定涂胶量和设计胶粘剂的合理配方,含有溶剂的胶粘剂必须测定固体含量。方法是称取1~1.5 g试样(对于浓度较小的可适当增加称量)置于干燥洁净的容器中,将试样容器放在通风橱中,用红外灯加热干燥试样,不流动后,放入经预热的鼓风恒温干燥箱内加热

1.5 h。以丙酮、乙酸乙酯、乙醇等作溶剂者加热温度为(80 ±2) ℃,以甲苯、汽油等溶剂者加热温度为(110 ±2) ℃,取出放入干燥器中,冷却至室温,称量;然后再次将试样放入鼓风恒温干燥箱内,加热 1.5 h 后取出,置于干燥器中冷却至室温,再称量。实验两次称量的质量差不大于 0.01 g(全部称量准确至 ±0.001 g)。将实验结果取两次平行实验数值的平均值,两次平行实验数值相差应小于1%。不挥发含量 X (%)按式(4.8)计算。

$$X = \frac{G_1}{G} \times 100\% \tag{4.8}$$

式中 G_1——干燥后试样的质量(g);G——干燥前试样的质量(g)。

(5)**固化速度**

固化速度是研究各种胶粘剂固化条件的重要数据,它可作为检验胶粘剂成品性能、鉴定配方是否准确的一项简单易行的方法。测定方法是称取 0.55 ~2 g 胶粘剂试样,放在加热板上,加热板温度保持于 150 ℃恒温状态(环氧-脂肪胺体系胶粘剂及类似室温快速固化的胶粘剂温度要更低一些,如 80 ℃或 120 ℃),并用玻璃棒不断搅拌,观察胶粘剂加热固化的情况。胶粘剂变为不熔状态所需的时间则为固化速度。固化速度还可以用差示扫描量热法(DSC)测定。

(6)**灰分**

测定胶粘剂组分中的灰分含量以及分析灰分成分,目的是确定无机填料的含量及其化学性质。方法是称取一定质量的胶粘剂,放在坩埚中小心地灼烧,开始用喷灯,然后放入高温炉中,为了加速灼烧并灼烧完全,可滴加少量硝酸或 30% 过氧化氢作为氧化剂。但是,氧化剂的加入应在主要成分燃尽、坩埚冷却之后。灼烧后,称量并计算灰分的百分含量。

4.6.2 胶粘剂的老化试验

胶接件在使用过程中,胶接接头会受到太阳光、空气中的氧、臭氧、冷、热、水分、腐蚀性气体、盐雾、霉菌以及其他介质的长期作用,使得胶粘剂及胶接接头产生各种性能破坏,这种现象称为胶粘剂的老化。

胶粘剂老化的根本原因是粘料受介质作用后,分子链发生交联与降解、有些卤代高分子物受热氧化会放出卤化氢、某些增塑剂的迁出等。一般说来,在碳碳链中靠近叔碳原子或手碳原子的键易断;不饱和碳链聚合物较饱和碳链聚合物更容易老化;湿热对胶粘剂老化的综合作用更强。由于对胶粘剂老化作用的介质种类繁多,胶粘剂老化试验方法也有多种,主要有大气老化、大气加速老化、人工老化试验。人工老化主要包括模拟自然老化、湿热老化和盐雾老化。老化实验的目的是胶粘剂在耐受各种介质的情况下,确定其适应各种介质的能力和使用寿命。

(1)**大气老化试验**

这种老化试验是在每种气候类别区域里选择一代表点,使胶接试件充分受到日光及大气中各种介质的综合作用。测定其在不同的曝露时间、不同地方,胶接试件外观和物理性能及机械性能的变化,用来评定胶粘剂耐气候性能。这种在自然条件下大气老化试验虽然可靠而且实际,但需要很长时间才能取得结果,而且我国幅源辽阔,气候变化大,不可能有固定的实验条件,因而试验结果的重现性不好,实际使用受到限制。因此,常采用大气加速老化和人工模拟大气条件加速老化两种试验方法。

(2)**大气加速老化试验**

该试验在大气加速老化试验机上进行。试验机是一种户外使用,整天跟踪太阳的自动曝露架,当太阳光线偏转时,其光电探头发出信号,通过光继电装置,带动可逆电动机,通过变速机构使旋转轴转动,使反射镜始终对准太阳。用反射镜将阳光聚焦反射到试样架的试样上,使试样始终受到比自然曝露时强得多的光照。实验机的光能量的增加倍数通常为:紫外光能量增加 2.5 倍,可见光能量和红外光能量均能增加 3.5 倍,并且反射光与太阳光在光谱分布上极为相似,从而加速了老化过程。而其他环境要素(如风、雨、雪、霜、空气成分等)与天然环境很接近。因此,模拟性优良。在该机上还装有自动控制鼓风冷却装置和喷水装置,为模拟典型气候和加速试验创造了条件。自动记录试验时间,用来计算加速老化倍数和推算老化寿命。实践证明,这种试验机模拟性好,比普通大气老化缩短很多时间,不足之处是对外界依赖性较大。

(3)**人工模拟气候加速老化试验**

人工模拟气候加速老化试验是根据胶粘剂使用条件,尽量合理地制定试验条件和试验方法,探索各种人工气候加速老化与大气老化的规律,以及它们之间的换算关系。阳光是自然界中最重要的因素,它对胶粘剂影响也较大。因此,人工气候加速老化试验的关键是合理选择光源。

1)光源的选择　太阳光谱能量在地面的分布范围很广,在紫外线的 290 nm 附近所占能量最大,300 ~ 400 nm 紫外区次之。但是一般认为 300 ~ 400 nm 左右的紫外光能使大部分高分子材料,特别是塑料老化。因此,大多数胶粘剂的人工老化光源的选择,主要考虑紫外光的能量,另外其他可见光、红外光也不能忽视。

2)试验的环境条件　只在高湿或高温条件下,许多胶粘剂老化一定时间后胶接强度的影响不大,而在高温、高湿同时存在时老化则较快。因此,模拟实验环境现场的保湿、调温装置是保证老化试验的技术关键。

3)试验及注意事项　试件无应力地安装在试样架上,保持空气流通。要求试样状态及调节处理与大气老化相同。试件应每日变换位置,尽量使其受到的光照、湿度、温度和喷水(软水)等作用的条件相同;光源的灯罩长期使用后会变色,透光率也发生变化,所以最好是几只灯罩同时轮换使用,保证长期受光照均匀。当灯罩发生明显变色时,不能再用;更换碳棒时,顺便用去污粉及水洗净灯罩。若碳棒点燃寿命明显低于 20 h,有可能是灯罩密封不良造成的,应将灯罩密封面修整,使之恢复原始的良好密封性,防止碳棒氧化。

(4)**湿热老化**

多数合成胶粘剂老化作用主要有三种,一是在高温和高湿作用下,湿气渗进胶粘剂层内部,破坏胶粘剂的易水解化学键,使其分子链降解,胶接性能降低;二是水分子渗入胶与被粘物界面层,二者分离,致使胶接性能变坏;三是湿气进入胶粘剂内部,使胶粘剂的分子链柔顺性关系发生变化,水分起着一种物理增塑剂的作用,使胶粘剂某些性能变差。因此,胶粘剂的老化与被粘物表面的处理状态、胶粘剂的化学结构有关。胶粘剂的湿热老化试验是在调温调湿箱中,恒温恒湿下进行,用这种试验推导某种胶粘剂在各种温度、湿度下能经受多少时间而老化。

(5)**热老化试验**

在实际使用过程中,胶接件要长期受热的作用,故需要作热老化试验。这个试验可以在普通的热老化箱中进行,短时的也可以在电热鼓风干燥箱中进行。老化温度一般选为 80、100、120、150、200、250、300、350 ℃等。老化时间一般 100 ~ 3 000 h。对于使用中的胶接件有可能接触到臭氧、水、各种油类、化学介质及其他杂质的环境，应根据设计及使用的要求，选择相应的测试条件做老化试验，观察胶接件性能的变化。还有的胶接件，在使用时有可能在某个较高温度突然降至某个较低温度，且反复进行（如航空工业采用的胶接结构），这就需要设置为高温、低温交变老化试验，观察胶接性能的变化。通过热老化试验，为设计耐热或耐其他介质的胶粘剂提供参考数据。

（6）**盐雾腐蚀试验**

胶粘剂使用的环境可能接触到盐类物质、海水及其蒸汽。所以，盐雾腐蚀试验是必要的，其设备可采用各种盐雾腐蚀试验箱。盐水的配方是 $m(\text{NaCl}):m(\text{无水 CaCl}_2):m(\text{H}_2\text{O}) = 27:\frac{1}{6}:67$ 或 $m(\text{KCl}):m(\text{无水 MgCl}_2):m(\text{H}_2\text{O}) = :27:\frac{1}{6}:67$。pH 值为 6.5 ~7.2，试剂纯度为分析纯，水为蒸馏水。试验以后，用蘸少量水的脱脂棉去除试片上的盐粒，观察外观变化，存放 24 h 以后测定各种性能。同时做一空白试验，判断其耐盐雾腐蚀的性能。

（7）**霉老化试验**

胶粘剂多数为有机化合物，在一定条件下可能长霉。所以，有必要对胶接件进行防霉试验，这种试验在各类霉菌试验箱中进行。上述老化试验所用标准试片均可使用。针对各种具体使用情况，模拟相应使用环境做胶粘剂耐霉菌的老化试验，无论对设计胶粘剂还是指导生产都具有重要意义。

4.6.3 胶接强度的测定

胶接接头强度是由胶粘剂与被胶接件的粘附强度和胶粘剂自身的内聚强度构成的。以上各类老化试验，建议使用金属试片，其标准试片的尺寸：长 × 宽 × 厚为 60 mm × 20 mm × 2 mm，采用单搭接拉伸剪切。具体测定方法参见 GB/T 2943—1994 标准。

胶接接头的破坏强度主要取决于胶粘剂的内聚强度。由于胶粘剂是粘弹性体，被粘物的材质有不同类别，在受外力作用时，应力分布非常复杂，使得胶接接头受剪切力的破坏形式有以下四种类型：

- 被粘物破坏　由于应力在胶接接头处集中，一般破坏在该处发生，称为材料破坏。此时，胶接接头的破坏强度和原被粘物材料本身的强度不一定相同。
- 内聚破坏　这是指胶接接头的胶粘剂层被破坏，即胶粘剂本身的破坏。胶粘剂强度和胶粘剂本体浇铸料的破坏强度不完全相同。
- 界面破坏　它是指发生在胶粘剂与被粘基材的界面处的破坏，胶层与被粘物分离。又称为粘附破坏。破坏强度与胶粘剂和被粘物表面层强度有关，也与胶粘剂和被粘物之间的“粘附强度”以及界面处理的水平有关。
- 混合破坏　这种破坏形式是在接头各部分强度相近时发生，兼有任何两种情况的破坏。若比较胶接接头的破坏情况，必须在接头的形式、尺寸、测试条件相同的情况下进行。

一般而言，当被粘物强度较大而胶接又较好时，内聚破坏或混合破坏为主要破坏形式。可见，胶粘剂本身的内聚力及粘附力的大小是决定胶接强度的关键因素。

根据胶接接头的受力情况不同，胶接强度分为剪切强度、抗张强度、扯裂强度及剥离强度。通常抗张强度约为剪切强度的 2 ~3 倍，扯裂强度的 4 ~5 倍，而比剥离强度要大数十倍。

4.6.4　胶接质量的非破坏性检验

在实际生产和使用中,胶粘剂使用前虽然进行了必要的物理、化学性能的鉴定以及标准试件胶接强度的测定,尽管使用的胶粘剂相同,由于胶接接头的几何形状不同,或者操作者的疏忽大意,胶接强度也会有所不同。因此,它不能完全代替实际使用中胶接件所能承受的强度。无损检验方法就成为实际生产使用中的一个基本方法,这个方法是以粘附强度大于内聚强度为先决条件,不能直接反映胶接强度。现在我国研制的胶接质量检验仪,能间接提供胶接强度的数值。无损检验方法主要有全息摄影法、红外线法、声学检验、X射线透视检验以及其他检验方法等。

第5章 建筑防水材料

5.1 概　述

建筑防水材料是建筑材料的重要组成部分，属于功能性材料。建(构)筑物采用防水材料的主要目的是为了防漏、防潮、防渗，尤其是防漏。

建筑防水材料应具有抗水渗透，耐酸碱性能及耐候性，对光、热、臭氧的作用的良好承受能力；对外界温度变化和外力具有一定的适应性，即材料的拉伸强度要高，断裂伸长率要大，能承受温差变化以及各种外力与基层伸缩、开裂所引起的变形；整体性好，既能保持自身的粘结性，又能与基层牢固粘接，同时还要有较高的剥离强度，形成稳定的不透水整体层。

5.1.1　分类

从性能上，建筑防水材料可以分为柔性防水材料和刚性防水材料两大类。柔性防水材料主要有防水卷材、防水涂料和防水密封材料等，刚性防水材料主要包括防水砂浆和防水混凝土，主要品种如图5.1所示。

- 防水材料
  - 柔性防水材料
    - 防水卷材
      - 沥青防水卷材
      - 聚合物改性沥青防水卷材
      - 高分子防水卷材
    - 防水涂料
      - 沥青防水涂料
      - 聚合物改性沥青防水涂料
      - 高分子防水涂料
    - 防水密封材料
      - 非定型密封材料
      - 定型密封材料
  - 刚性防水材料
    - 防水混凝土
    - 防水砂浆

图5.1　建筑防水材料分类

5.1.2 原材料

(1)沥青和改性沥青

1)沥青 沥青材料是由多种复杂的高分子烃类及非烃衍生物组成的混合物,它具有良好的胶结性能,常温下呈固体、半固体或粘性液体状态,颜色为黑色或黑褐色,能溶于二硫化碳、氯仿、苯及其他有机溶剂。具有不透水、不导电、耐酸、耐碱、耐腐蚀及热软冷硬等性能。

沥青按照来源分为地沥青和焦油沥青两大类。地沥青是由石油系统得到的沥青类物质,可分为天然沥青和石油沥青;焦油沥青是由各种有机物质干馏得到的焦油,经加工后得到的沥青类物质,它包括煤沥青、木沥青和页岩沥青等。

①石油沥青 石油沥青是石油原油经蒸馏工序,提炼出各种轻质油(如汽油、柴油)及润滑油以后的残留物,再经加工处理而成。石油沥青按照原油的成分及石蜡含量不同,分为石蜡基沥青、沥青基沥青和混合基沥青三类;按照加工方法分为直馏沥青、蒸馏沥青、裂化沥青、酸洗沥青、溶剂沥青、调配沥青及氧化沥青七大类;按照用途又可以分为建筑石油沥青、道路石油沥青和普通石油沥青三种。建筑石油沥青的粘性较高,主要用于房屋建筑;道路石油沥青的粘性稍低,用于道路路面工程,其中较粘稠的也用于房屋建筑;普通石油沥青含蜡量较高,粘性较低,塑性差,在建筑工程上已很少应用。

②煤沥青 煤沥青俗称柏油,是炼焦或制造煤气的副产品。煤焦油经分馏加工提炼出各种油质后的残物,即为煤沥青。根据蒸馏温度的不同,分为低温沥青、中温沥青、高温沥青。技术指标如表5.1所示。

表5.1 煤沥青的技术指标

指标名称	低温沥青		中温沥青		高温沥青
	一类	二类	电极用	一般用	
软化点(环球法)/℃	30~45	>45~75	>75~90	>75~95	>95~120
甲苯不溶物含量/%			15~25	<25	
灰分,不大于/%			0.3	0.5	
水分,不大于/%			5.0	5.0	5.0
挥发分/%			60~70	55~75	

2)聚合物改性沥青 用于沥青改性的聚合物必须与沥青的相容性好,在高温或室温下贮存时,聚合物不应有任何离析现象,加入少量聚合物后对熔融沥青的粘度影响不大,能有效地改善沥青的感温性差、低温易脆裂、高温易流淌等不足。

用于沥青改性的聚合物品种很多,主要有以SBS(苯乙烯-丁二烯-苯乙烯嵌段共聚物)为代表的弹性体聚合物和以APP(无规聚丙烯)为代表的塑性体聚合物两大类。二者可以提高沥青的软化点和耐热性,并增加弹性,使沥青的可逆变形能力大幅度提高,耐老化性得到改善。表5.2为聚合物改性沥青与低软化点石油沥青(氧化沥青)的性能比较。

表5.2　聚合物改性沥青与氧化沥青的性能比较

指标名称	氧化沥青	SBS改性沥青	APP改性沥青
软化点/℃	95	100~120	140~150
针入度(25℃)/10^{-1}mm	10~25	40~50	30~40
延伸度(25℃)/cm	1.5~5	>30	>3
脆性温度/℃		-20~-40	-15~-20
延伸率/%		2 000	400

3)评价沥青性能的技术指标　通常用稠度、塑性和温度稳定性来评价沥青性能。稠度(粘稠性)是划分沥青牌号的主要性能依据,表示石油沥青的软、硬和粘稠程度,可以用粘度计测其粘滞度来度量。半固态或固态沥青可用针入度(25 ℃时100 g标准针,经5 s沉入沥青中的深度,以1/10 mm为1度计)来度量,针入度值通常在5~200之内,针入度数值愈小,表明沥青愈硬;塑性是指沥青材料在外力作用下,产生变形而不破坏,除去外力后仍能保持变形状态的性质,它是沥青的重要性能之一。塑性可用延伸度(cm)表征,其值通常在1~100 cm之间,延伸度愈大,表明塑性愈好,柔性和抗断裂性愈好;温度稳定性是指沥青抵抗温度变化而保持原有性能的性质,常用软化点(℃)表示,软化点是指沥青由固体状态转变为具有一定的流动性的膏体状态时的温度,其数值越高,表示沥青耐热性越好,软化点温度范围在25~100 ℃之间。

(2)**胎体材料**

胎体是各种油毡的骨架,它使卷材具有一定的形状、强度和韧性,从而保证在施工中的铺设性和防水层的抗裂性,对建筑(构)物起防水作用。沥青和改性沥青防水卷材中使用的各种胎体材料,主要包括传统的纸胎、麻布胎等胎体材料和新型胎体,如玻璃布、玻纤毡、聚酯毡、塑料薄膜以及金属箔胎体等材料。其中发展速度最快的是玻纤毡胎体和聚酯毡胎体。

1)油毡原纸　油毡原纸是一种以破布、旧棉、毛、麻和废纸等原料制成的纸板,它是生产油毡的专用胎体材料。

2)玻璃纤维胎体　有玻璃布和玻纤毡两种胎体。我国生产的玻璃布是以中碱玻璃纤维为原料,通过经纬向编织而成的一种无机材料胎体;玻纤毡也是以玻璃纤维为原料,用胶粘剂将玻璃纤维无规则地粘结成规定厚度和重量的毡片。玻璃布和玻纤毡胎体的特点是对沥青的浸渍性、涂布性较好,强度、弹性、延伸性、耐腐蚀性等均高于纸胎,且价格适中。主要技术性能如表5.3所示。

表5.3　玻璃纤维胎体的物理性能

指标名称	玻璃布	玻纤毡
单位面积质量/g·m^{-2}	48~54	60
含胶量/%	≤30	≤30
纵向拉伸强度/N·$(5cm)^{-1}$	150	180
横向拉伸强度/N·$(5cm)^{-1}$	100	120

3)聚酯毡　聚酯毡又称合成纤维无纺布,由聚酯纤维单丝交织成网状的无纺织物,然后

用树脂粘结剂粘结并固化而成。突出优点是弹性、延伸性好，用作聚合物改性沥青防水卷材的胎体时，能充分发挥改性沥青的优势，并且强度大、纵横向拉力均匀，综合性能优于玻璃布和玻纤毡胎体，属于档次最高的胎体。主要技术性能如表5.4所示。

表5.4　聚酯毡的物理性能

指标名称	进口聚酯毡	国产聚酯毡
单位面积质量/g·m^{-2}	100～200 240～250	100～200 240～250
聚酯纤维含量/%	≥75	≥75
纵向拉力/N	≥700	≥550
横向拉力/N	≥700	≥550
对角拉力/N	≥700	≥550
最大拉力时的延伸率/%	30	30

4）其他胎体材料　铝箔胎体是由软质纯铝加工而成，具有一定厚度、可卷曲的箔片；塑料膜胎体则是厚度较小的聚乙烯薄膜。由于这两种胎体对沥青不具有浸涂性，因而多采用浇注法将沥青铺粘在其上、下表面，然后再用其他材料覆面。它们不属于主要胎体材料。

（3）合成橡胶与合成树脂材料

合成橡胶是弹性体防水材料的基础原料，品种较多，如三元乙丙橡胶、丁基橡胶、丁苯橡胶、氯化聚乙烯橡胶、氯磺化聚乙烯橡胶等，这些材料除直接用于合成高分子防水卷材及涂料的生产外，还可用于沥青的改性。除三元乙丙橡胶靠进口外，大多数品种产量能满足供应。

合成树脂的种类很多，用于建筑防水方面的有近十种，如聚氯乙烯树脂、聚乙烯树脂、无规聚丙烯树脂等，国产的这些合成树脂均可满足供应，并且品种牌号较多，有较大的选择余地，其中应用最为广泛，且用量最大的是聚氯乙烯树脂。

5.1.3　典型的应用领域

（1）屋面

屋面防水是建筑防水材料的主要应用领域。纸胎油毡、聚合物改性沥青防水卷材、合成高分子防水卷材、防水涂料、防水混凝土等均可用于屋面。如今，随着屋面形式和材质的不断变化，屋面防水对材料的要求也越来越高。防水材料的结构层除了有木板、现浇混凝土、预制混凝土板等传统材料外，又新增了金属及各类保温材料等，使结构层的范围变得庞杂，从而增加了防水材料对结构层适应性的难度。依据生态城市设计理念，农业居民实现屋顶插秧、耕种庄稼，城镇居民建设屋顶花园，对防水材料的要求也会越来越高。从发展的角度来看，屋面作为建筑防水最重要的一部分，今后仍将处在不断的变化之中。

（2）厕浴间

厕浴间的防水并没有专门的材料，由于厕浴间的面积较小，上下管道较多，卷材难以铺贴得十分完好，多使用涂料防水。从原则上讲，所有的防水涂料，均可用于厕浴间防水。从经济因素考虑，人们大多采用价格与性能均较适中的防水涂料。

（3）地下建筑

地下建筑的范围包括地下室、地铁、隧道等工程，其防水工程包括防水、防潮和排水，国内外多采用刚柔结合的形式。多年的实践经验证明，刚柔结合是保证地下防水工程质量的有效方法。采用单纯防水混凝土或防水砂浆的地下建(构)筑物防水施工，是不可靠的。

地下建筑由于长期处在潮湿环境或水下，防水材料的首要指标是耐水性和耐久性。由于屋面用 APP 和 SBS 改性沥青油毡，胎体是用玻纤毡或聚酯毡增强的，在外露边处可能像灯芯吸油那样，把水吸进油毡，使其分层或缩短使用寿命，而导致防水失败。因此，地下防水宜用改性沥青无胎自粘油毡、丁基橡胶片材等防水材料。

5.2 建筑防水卷材

以原纸、纤维毡、金属箔、塑料膜等材料作为胎体，浸涂石油沥青、聚合物改性沥青，或者以聚合物为基料加入助剂、填充剂，经加工而成的起防水作用的卷材称为防水卷材。

常用的建筑防水卷材，按照材料的组成不同一般分为沥青防水卷材、聚合物改性沥青防水卷材和合成高分子防水卷材三大系列，如图 5.2 所示。

- 防水卷料
  - 沥青防水卷材
    - 石油沥青纸胎油毡
    - 石油沥青玻纤油毡
  - 聚合物改性沥青防水卷材
    - 弹性体改性沥青防水卷材(SBS 改性沥青防水卷材)
    - 塑性体改性沥青防水卷材(APP 改性沥青防水卷材)
    - 橡塑共混体改性沥青防水卷材
  - 合成高分子防水卷材
    - 橡胶型防水卷材
    - 树脂型防水卷材
    - 橡塑型防水卷材

图 5.2 建筑防水卷材分类

5.2.1 沥青防水卷材

沥青防水卷材俗称沥青油毡，是以原纸、纤维织物、纤维毡等材料为胎体，以石油沥青、煤沥青等为基料，配以滑石粉、碳酸钙等填充料，浸涂或辊压，并在其表面撒布矿质材料制成的可卷曲片状类防水材料。我国从 20 世纪 50 年代开始使用石油沥青纸胎油毡。由于这种油毡的抗拉能力低，易腐烂，耐久性很差，极易造成建筑物防水层渗漏，降低使用年限，增加维修成本，并且在制造和施工中有沥青污染，因此近几年已经限止使用。

(1)分类

根据沥青防水卷材的浸涂材料不同，分为石油沥青防水卷材、煤沥青防水卷材、页岩沥青防水卷材；根据卷材选用的胎体不同，分为沥青纸胎防水卷材、沥青玻璃布胎防水卷材、沥青玻纤胎防水卷材、沥青玻纤胎铝箔面防水卷材、沥青石棉布胎防水卷材等；根据卷材的隔离材料的不同，又可以分为矿质材料覆面沥青防水卷材、聚合物薄膜覆面沥青防水卷材、金属膜覆面沥青防水卷材；还可以根据沥青防水卷材的施工工艺的不同，有热铺沥青防水卷材、热熔沥青防水卷材和冷贴沥青防水卷材等之分。

(2)主要品种

1)纸胎石油沥青油毡　它是采用低软化点的石油沥青(即氧化沥青)浸渍原纸，然后用高软化点的石油沥青涂盖油纸的两面，再撒以隔离材料，制成的一种纸胎防水卷材。石油沥青纸胎油毡的物理性能指标应符合 GB 326—2005 标准。

2)玻纤胎沥青防水卷材　玻纤胎沥青防水卷材是以玻璃布或玻纤毡为胎体材料生产防水卷材的总称。石油沥青玻璃布油毡是采用玻璃纤维经纺织而成的玻璃纤维布为胎体,石油沥青涂布胎体的两面,并撒布隔离材料而制得的。物理性能指标应符合 JC/T 84—1996《石油沥青玻璃布油毡》标准。石油沥青玻璃布油毡的低温柔度为 0 ℃,明显地优于纸胎油毡,纵向拉力也有所提高,特别是增加了耐霉菌性的要求。石油沥青玻璃布油毡比纸胎油毡柔软,易于在节点构造部位铺设。因此,在防水工程中,多采用玻璃布油毡做增强层或突出部位的防水层。

玻纤毡的纵横向拉力比玻璃布要均匀得多,沥青玻纤毡防水卷材用于屋面或地下防水的一些部位。主要技术指标有可溶物含量、耐热度、不透水性、纵向/横向拉力、耐霉菌、柔度、人工加速气候老化等,这些指标需符合 GB/T 14686—1993《石油沥青玻璃纤维胎油毡》标准。

(3)沥青防水卷材生产工艺

沥青防水卷材的生产工艺,主要包括沥青浸涂材料制备和沥青卷材生产两大部分。沥青浸涂材料的制备包括沥青的贮存、加热、搅拌、计量、调配、氧化和沥青的浸涂等工序;沥青卷材生产包括胎体材料的预处理、搭接、贮存、烘干,胎体材料的浸渍、晾干、涂盖、冷却,隔离材料的撒布及覆盖、压花、冷却;成品贮存、计量、自动卷毡、成卷包装、入库等工序。

5.2.2　聚合物改性沥青防水卷材

聚合物改性沥青防水卷材是指用弹性体或塑性体高聚物对沥青进行改性,并用玻璃纤维或合成纤维胎体材料生产出的一类新型建筑防水材料。最有代表性的聚合物改性沥青防水卷材是由法国开发的 SBS 弹性体改性沥青防水卷材和意大利开发的 APP 塑性体改性沥青防水卷材。另外,世界各国用于改性沥青的聚合物材料还有很多,如丁基橡胶、氯化聚乙烯、氯丁橡胶、弹性体与塑性体材料的混合物、再生橡胶及废塑料等。

我国的改性沥青防水卷材,绝大多数为 SBS,APP 改性沥青防水卷材,其中 SBS 改性沥青防水卷材所占比例较大,APP 改性沥青防水卷材因原料需要进口,用量增长不大。胎体多为聚酯胎和玻纤胎,其中聚酯胎产品增长很快,在 SBS,APP 改性沥青防水卷材中占 80% 以上。

(1)分类

聚合物改性沥青防水卷材一般分为弹性体聚合物改性沥青防水卷材、塑性体聚合物改性沥青防水卷材、橡塑共混体系聚合物改性沥青防水卷材三大类。弹性体聚合物改性沥青防水卷材包括 SBS 改性沥青防水卷材、SBR 改性沥青防水卷材和再生胶改性沥青防水卷材等;塑性体聚合物改性沥青防水卷材主要品种是 APP 改性沥青防水卷材。另外,根据卷材有无胎体材料又可分为有胎防水卷材和无胎防水卷材两大类。

(2)原材料

聚合物改性沥青防水卷材是由胎体材料、浸涂材料、覆面隔离材料三大部分组成。胎体材料是防水卷材的骨架材料,防水卷材依靠各种不同材质的胎体作用,在其上浸涂改性沥青,赋予卷材薄片一定的形状和厚度以及机械性能。主要品种有玻纤胎、聚酯胎、复合胎(如聚酯毡/网格布、玻纤毡/网格布、无纺布/网格布、玻纤毡/聚乙烯膜)、聚乙烯胎等,最常用的是聚酯胎。

经聚合物改性的沥青作浸涂材料,比原沥青浸涂材料制作的防水卷材,其强度、塑性、耐热性、粘结性和抗老化性能都有所提高。沥青的聚合物改性剂主要有苯乙烯-丁二烯-苯乙烯(SBS)、无规聚丙烯(APP)、丁苯橡胶(SBR)、再生橡胶等。

覆面隔离材料又称撒布材料,是指覆盖在卷材上表面和下表面的材料,其作用是防止卷材在生产和贮存时发生粘连,并提高卷材的抗老化性能。常见的覆面隔离材料主要有矿物粒、粉状材料、聚乙烯膜、金属箔等。

(3)**生产工艺**

有胎防水卷材的生产工艺大同小异,现以SBS改性沥青防水卷材为例来介绍其生产工艺。

1)改性沥青的制备　将沥青用泵送到搅拌罐中,温度升至185 ℃左右,加入SBS,搅拌均匀后,用胶体磨研磨。待SBS与沥青充分混合后,加入一定量的填充料,再充分搅拌即制得合格的改性沥青。

2)卷材生产　SBS改性沥青卷材生产工艺流程如图5.3所示。生产设备如图5.4所示。

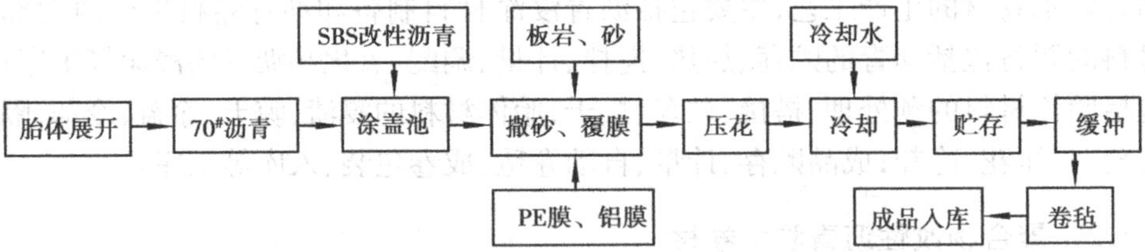

图5.3　改性沥青卷材生产工艺流程

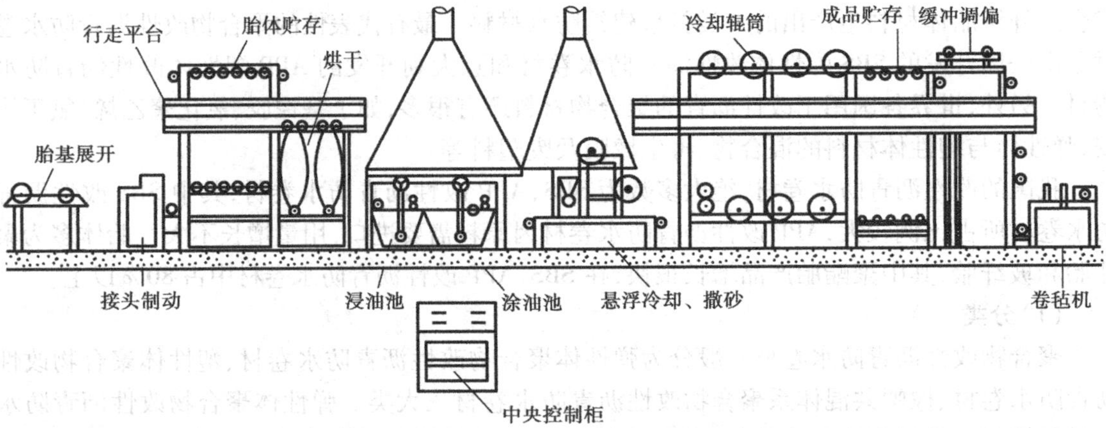

图5.4　"耐博"多功能改性沥青防水卷材生产线配置图

其中胎体展开设备主要由机架与辊筒组成,供胎体定位和展开用;浸油设备由浸油槽、浸油对辊、二套升降辊、传动装置等组成。浸油槽体采用导热油进行保温,在浸油用的对辊中通入导热油,胎体经过浸油升降辊。在浸油中,边排除胎体中的水分,边使胎体充分地浸渍,在经过浸油对辊时,再把胎体所吸收的多余浸油挤压出来;涂油装置由涂油槽、涂油对辊、升降辊、传动装置等组成。涂油槽体也采用导热油保温,在涂油对辊中通入导热油,胎体经过涂油升降辊后,直接进入一对涂油辊,使胎体两面均匀地涂上改性沥青;撒砂覆膜装置使涂油的毡体的两面覆上PE膜,或两面均匀适量地撒上砂粒料,并自动回收多余砂料;压花装置由一个光辊、一个花辊组成,带传动机构,PE膜压花纹;冷却装置包括9只封闭式冷缸、传动装置和操作平台;贮存缓冲装置由机架固定托辊与浮动托辊及平衡机构组成,卷材冷却后送入该装置,一面继续在空气中冷却,另一面保持一定的贮存量,以便卷毡机快速送毡,浮动架靠平衡机构保持自动浮动;卷材送入卷毡装置,自动计长、卷取、切割,自动脱毡,送入下一工序。该装置用一台小型空压机,并用微机自动控制。

(4)SBS 改性沥青防水卷材

SBS 改性沥青防水卷材是指以玻纤毡、聚酯毡等高强材料为胎体,用 SBS 改性的沥青材料浸渍并涂布,并在其两表面撒布细砂或覆盖可熔性聚乙烯膜的防水卷材。

1)性能指标　我国 SBS 改性沥青防水卷材的各项性能指标,均符合 GB 18242—2000《弹性体 SBS 改性沥青防水卷材》标准的规定。主要技术指标有可溶物含量、耐热度、不透水性、纵向/横向拉力、柔度、纵向/横向断裂延伸率及人工加速老化实验等。

2)特点及应用　用 SBS 改性沥青浸涂基层,提高了卷材的弹性和耐疲劳性,延长了卷材的使用寿命,增强了卷材的综合性能。其最大特点是低温柔性好,具有优异的耐高、低温性能,在严寒地区和高温地区都可使用。而且拉伸强度高、伸长率大、自重轻、耐老化、施工方法简便,既可以用热熔施工,又可用冷粘结施工,并在一定程度上避免结构层由于伸缩开裂对防水层构成的危害,从而使防水层的质量得到改善。

(5)APP 改性沥青防水卷材

APP 改性沥青防水卷材是指以纤维毡或纤维织物为胎体,浸涂 APP 改性沥青,上表面撒布矿物粒、片粒或覆盖聚乙烯膜,下表面撒布细砂或覆盖聚乙烯膜,加工制成的一种可卷曲片状的中高档改性沥青防水卷材。

1)性能指标　我国 APP 改性沥青防水卷材产品的物理性能指标执行 GB 18243—2000《塑性体改性沥青防水卷材》标准,主要技术指标体系同 SBS 改性沥青防水卷材。

2)特点及应用　APP 改性沥青防水卷材具有良好的耐热性,拉伸强度高,伸长率大,施工简单,无污染。适用于一般工业与民用建筑的屋面工程防水,尤其适用于地下工程防水、防潮,以及冷库、游泳池、地铁、隧道、饮水池、污水池等构筑物的防水防腐,高温或有强烈太阳辐射地区的建筑防水工程。

(6)其他改性沥青防水卷材

1)SBR 改性沥青防水卷材　它是采用玻纤毡或聚酯无纺布为胎体,浸涂 SBR 改性沥青,上表面撒布矿物粒、片粒或覆盖聚乙烯膜,下表面撒布细砂或覆盖聚乙烯膜而制成的可卷曲片状防水卷材。适用于高层建筑的屋面和地下工程的防水防潮,以及桥梁、停车场、游泳池、隧道、蓄水池等建筑工程的防水。

2)再生橡胶改性沥青防水卷材　采用聚酯无纺布为胎体,浸涂再生橡胶改性沥青,表面涂撒矿物粒或覆盖聚乙烯膜,制成的可卷曲片状防水卷材。适用于工业和民用建筑工程防水。

3)聚合物改性沥青聚乙烯胎防水卷材　以高密度聚乙烯膜为胎体,SBS 或 APP 等聚合物改性沥青为涂盖材料,聚乙烯膜或铝箔为上表面覆盖材料,采用挤压成型工艺加工制成的可卷曲的片状防水材料。

4)铝箔塑胶改性沥青防水卷材　以聚酯无纺布为胎体,高分子聚合物改性沥青为浸渍涂盖层,用 PE 薄膜为底面防粘隔离层、软质铝箔为表面反光保护层,经加工制成的新型防水材料。用于工业和民用建筑的外露式屋面防水层。用作屋面防水层时,因为铝箔隔离了紫外线和臭氧,对阳光的反射率达 87%,所以,卷材的抗老化能力强,防水年限长。

5.2.3 沥青油毡瓦

沥青油毡瓦是由沥青油毡演变而来的一种形状似瓦的沥青基防水材料。它是以玻璃纤维毡或其他材料为胎基,氧化沥青为浸涂材料,上撒彩色矿物粒料、下铺石英砂或滑石粉等材料而制成的瓦状防水片材,适用于坡屋面,特别是高坡屋面建筑。

沥青油毡瓦在北美地区应用的历史已有近百年,美国、加拿大以及墨西哥北部有70%以上的人居住在沥青油毡瓦屋面的建筑内。我国从1986年开始引进沥青油毡瓦技术和装备。天津油毡厂在引进的多功能改性沥青油毡生产线上连接了一套辊切、码放和包装装置,首次有了自己生产的油毡瓦。目前,沥青油毡瓦的应用主要集中在"平改坡"工程。

(1)原材料及生产

沥青油毡瓦的原材料主要包括涂盖材料、胎体材料和覆面材料。涂盖材料主要由石油沥青(一般不采用天然沥青和煤沥青)和填充材料组成。石油沥青是生产沥青油毡瓦的传统粘结材料,它具有粘结性、不透水性、塑性、大气稳定性好等特点,而且材料的来源广泛,价格相对便宜。常用的填料为碳酸钙,既可以提高沥青油毡瓦的防水、耐火性能,也能够改善其尺寸稳定性、耐候性和降低产品的成本;胎体材料材质的优劣是影响沥青油毡瓦质量的主要因素。其作用是使沥青油毡瓦在陡坡屋面上呈现出美观持久的几何形状。常用聚酯毡和玻纤毡;覆面材料一般采用矿物粒料,俗称彩砂,主要功能是防护涂盖层,使其免受紫外线的直接照射,同时使瓦面呈现鲜丽多变的色彩(称彩色沥青瓦)。目前常用的有天然彩砂、高温陶化彩砂、粘结剂着色彩砂等。

沥青油毡瓦的生产工艺是先按照沥青防水卷材的生产方式生产成卷材后再将其裁割成一定形状的片状材料。

(2)特点及应用

沥青油毡瓦具有结构轻、防水性能好、施工维修方便等特点,并具有良好的可塑性、脱水性,无论是在温和,还是潮湿的气候环境下,都具有很好的气候适应性和很长的使用寿命。

沥青油毡瓦色彩丰富鲜丽,可以与任意建筑外墙颜色搭配,组成最佳的外观视觉效果,给人以美的享受;瓦的拼接图案多种多样,线条优雅明快,为建筑师提供了广泛的选择,并为现代建筑提供了优美的造型;创造了方便的施工条件。特别适合坡面的屋顶,大大降低了屋顶的工程造价;使建筑物屋顶的整体载荷减轻了20%~30%,节约了大量的建筑材料;使用年限长,施工和维修方便,无污染;油毡瓦的生产原料不用粘土,节约土地资源。

5.2.4 合成高分子防水卷材

合成高分子防水卷材亦称片材,是指以合成橡胶、合成树脂,或两者的共混体为基料,加入适量化学助剂和填充剂等,经过塑炼、混炼、压延或挤出等工序加工制成的防水卷材。

高分子防水卷材的物理性能优异,拉伸强度高,断裂伸长率大,抗撕裂强度好,耐热性能、低温柔性和耐腐蚀性能均好,对酸、碱、盐的作用性能稳定,耐老化性能好,具有较好的耐臭氧、耐紫外线、耐气候老化等性能,且施工工艺简便。

我国合成高分子防水卷材的开发应用工作比发达国家迟二十年左右。近年来,合成高分子防水卷材无论是产品种类、规格型号、产品质量,还是在应用技术与配套材料方面都取得了较大进展。如三元乙丙橡胶防水卷材、PVC防水卷材优等品的性能指标,已与发达国家同类产品基本相同，并且开发了配套的胶粘剂和热焊机等，为合成高分子防水卷材推广应用起到了很好的促进作用。但是仍处于发展、上升阶段，其生产工艺、产品种类、生产技术装备和应用技术正在不断提高和完善。

(1)**分类**

高分子防水卷材种类很多，分类的方法也各不相同。按基料可以分为橡胶类、树脂类和橡塑共混类；橡胶类防水卷材分为硫化型和非硫化型；按照高分子防水卷材是否增强和复合，分为均质型和复合型，其中以压延法或挤出法生产的卷材叫均质片，以高分子材料复合的称为复合片；按有无胎基材料还可分为有胎和无胎两大类。

(2)**原材料**

1)基料　生产高分子防水卷材的基料，主要有乙丙橡胶、氯丁橡胶、氯磺化聚乙烯橡胶、氯化聚乙烯橡胶、丁基橡胶、再生橡胶、聚乙烯树脂及聚氯乙烯树脂等，其作用类同于建筑涂料或粘合剂、塑料制品的同类基料。

2)硫化剂　硫化剂的作用是将橡胶分子进行交联，使分子链由线型结构转变为体型结构，从而使橡胶具有良好的弹性和优异的综合性能。硫化剂按化学结构可分为硫磺类、金属氧化物类、有机过氧化物类、胺类、有机硫化物类、醌类及树脂类等。

3)促进剂　促进剂是一种硫化助剂，可以提高胶料的硫化速度，缩短硫化时间，降低硫化温度，减少硫化剂的用量，还可以改善硫化胶的物理机械性能。目前应用最多的促进剂有噻唑类、二硫代氨基甲酸盐类、秋兰姆类、次磺酰胺类、醛胺类、胍类、硫脲类等，其中产耗量最大的是噻唑类。

4)活性剂　活性剂可以增加促进剂的活性，减少促进剂的用量，缩短硫化时间。活性剂有无机和有机两大类，无机活性剂包括氧化锌、氧化镁、氧化钙、氧化铅，其中最重要的是氧化锌；有机活性剂主要有硬脂酸、软脂酸、油酸、乙醇胺等，其中最重要的是硬脂酸。

5)防焦剂　防焦剂可用来防止胶料焦烧。常用的主要是有机酸类、亚硝基化合物和硫代酰亚胺化合物三大类。

6)防老剂　防老剂的作用是防止高聚物在受热、光照和氧化时，发生降解和交联，主要有抗氧化剂、光稳定剂和热稳定剂三类。抗氧化剂又可分为主抗氧化剂(胺类和酚类)和辅助抗氧化剂(硫代酯和亚磷酸酯类)；光稳定剂主要有紫外线吸收剂(水杨酸苯酯、邻羟基二苯甲酮、苯并三唑、三嗪)和光屏蔽剂(炭黑、氧化锌)等；热稳定剂主要有碱式铅盐、脂肪酸皂、有机锡化合物、有机辅助热稳定剂和复合热稳定剂等。

7)填充剂　填充剂的加入可以明显提高硫化胶的耐磨性、撕裂强度、拉伸强度、定伸强度及硬度等，还可以降低成本，节约原材料。填充剂的材料很多，有纤维或织物类、有机类、无机类，其中炭黑是最常用的填充剂。

8)其他　除以上助剂外，增塑剂、阻燃剂、着色剂、偶联剂和增粘剂等也是制备高分子防水卷材的主要原料。

(3)**三元乙丙橡胶防水卷材**

三元乙丙橡胶是由乙烯、丙烯和少量的双环戊二烯共聚合而成。三元乙丙防水卷材有两类。一类是纯三元乙丙防水卷材，它是以三元乙丙橡胶为主要原料，加入适量的丁基橡胶、硫化剂、硫化促进剂、补强剂、软化剂和填料等，经塑炼、拉片、过滤、挤出(或压延)、硫化、检验、分卷、包装等工序加工而成，是可以卷曲的高弹性防水卷材；另一类是复合型三元乙丙防水卷材。

1)配方 主要成分有三元乙丙橡胶、硫化剂、炭黑补强剂、填料及其他助剂,纯三元乙丙防水卷材的参考配方,如表5.5所示。而复合型三元乙丙防水卷材,由面层片材和底层片材组成,面层材料的配方是,用30质量份的氯化聚乙烯取代三元乙丙橡胶,二者共同用做粘料,加入12质量份DOP,起增塑作用;底层材料用再生橡胶。

表5.5 三元乙丙防水卷材参考配方

原料名称	用量(质量比)	原料名称	用量(质量比)
三元乙丙橡胶522	100	硬脂酸	1
快压出炉黑	60	重质碳酸钙	60
石蜡油	30	脂肪烃树脂	5
促进剂TMTD	0.4	促进剂CZ	2
硫磺	1	氧化锌	5

2)制备工艺 纯三元乙丙防水卷材的生产工艺同一般橡胶类防水卷材的生产。对于复合型三元乙丙防水卷材,面层片材的制备是将三元乙丙橡胶、DOP及氯化聚乙烯,在60~70 ℃下塑炼后,加入硫化剂、硫化促进剂、软化剂及填料等,于55 ℃下混炼,将混炼物进行热炼(粗、精炼)后,在70 ℃下压延成片材;底层片材的制备是将再生胶在40~50 ℃下塑炼,加入上述助剂,再在45 ℃下混炼,再经热炼后,50 ℃下压延成片;将面、底层片材通过压延复合而成卷材片,于硫化罐中硫化2 h,即成复合型三元乙丙防水卷材。

3)主要性能指标 我国三元乙丙防水卷材的主要性能指标有拉伸强度、扯断伸长率、直角型撕裂强度、热空气老化、耐碱性、脆性温度、臭氧老化、不透水性、加热伸缩量、高/低温拉伸强度及直角型撕裂强度,低温弯折性等,物理性能指标符合GB 18173.1—2000标准。

4)特点及应用 三元乙丙橡胶分子结构中的主链上无双键,当受到臭氧、紫外线、湿热的作用时,主链键不容易发生断裂,耐老化性能好,使用寿命长。因此,以三元乙丙橡胶为主体制成的卷材做防水层,耐久性好,且电绝缘性优良,综合性能优于丁基橡胶;其冷脆温度在-45 ℃以下,耐温性可达160 ℃以上,施工可以在较低的气温条件下进行,耐高低温性能很好,可保证严寒或酷热的气候中长期使用;三元乙丙防水卷材的拉伸强度≥8 MPa,扯断伸长率≥450%,回弹性能好,抗裂性极佳,能较好地适应基层伸缩或开裂变形的需要,确保建筑防水工程的质量。

由于硫化型三元乙丙防水卷材综合使用性能非常优异,所以广泛地适用于各种建筑物屋面、楼房地下室、地下铁道、地下停车站的防水或水工建筑混凝土表面防渗漏,桥梁、桥墩、码头桩、隧道工程防水、排灌渠道、水库、蓄水池、污水处理池等方面的防水。

(4)氯丁橡胶防水卷材

氯丁橡胶为基料,加入硫化剂、防老剂、抗氧剂、填充料等组分,经塑炼、混炼、压延而制成的一类防水材料。配方如表5.6所示。具有较好的耐候性、耐油性。但是拉伸强度、断裂伸长率和耐低温性不如三元乙丙防水卷材。这种卷材适用于建筑物屋面、化工厂耐酸墙体、炼钢厂厂房、桥梁、公路、人行道的防水工程。

表5.6　氯丁橡胶防水卷材参考配方

原料名称	用量(质量比)	原料名称	用量(质量比)
氯丁橡胶	100	炭黑	50
氧化锌	5.0	陶土	20
氧化镁	4.0	石蜡	2.0
硬脂酸	0.5	操作油	10
防老剂	2.0	促进剂 NA-22	0.5

(5)氯化聚乙烯防水卷材

氯化聚乙烯为主要原料,掺入适量的助剂和填料,经过捏合、塑炼、压延等工序,制成弹塑性防水卷材,配方如表5.7所示。主要性能指标符合GB 12953—2003《氯化聚乙烯防水卷材》标准。适用于各种工业和民用建筑物屋面,各种地下室、浴室、卫生间、蓄水池、排水沟、堤坝等防水工程。

表5.7　氯化聚乙烯防水卷材参考配方

原料名称	用量(质量比)	原料名称	用量(质量比)
氯化聚乙烯	50	促进剂 NA-22	1.5
丁苯橡胶	50	促进剂 CZ	1.0
硫磺	2.0	石蜡	1.0
ZnO	3.0	MgO	5.0
硬脂酸	0.5	邻苯二甲酸二丁酯	20
防老剂	2.0	SRF 炉黑	40

(6)聚氯乙烯防水卷材

聚氯乙烯树脂为主要原料,掺入适量的抗氧剂、紫外线吸收剂、热稳定剂、增塑剂等,经捏合、塑化、挤出压延、整形、冷却、检验、分卷、包装等工序制成的可卷曲的片状防水材料。参考配方如表5.8所示。

表5.8　聚氯乙烯防水卷材参考配方

原料名称	用量(质量比)	原料名称	用量(质量比)
聚氯乙烯(SG-2或SG-3)	100	二盐基亚磷酸铅	3
氯化聚乙烯(含氯20%～40%)	40～50	邻苯二甲酸二辛酯或磷酸酯	10～30
硬脂酸钡	1～1.5	碳酸钙或陶土	10～20

1)主要性能指标　我国聚氯乙烯防水卷材的主要性能指标有拉伸强度、扯断伸长率、热处理尺寸变化率、抗渗透性、抗穿孔性、剪切状态下的粘合性,以及热老化处理、人工候化处理及水溶液处理后的外观质量、拉伸强度相对变化率、断裂伸长率相对变化率以及低温弯折性等物理性能指标,符合GB 12952—2003《聚氯乙烯防水卷材》标准。

2)特点及应用　具有拉伸强度高、伸长率大、耐高低温性能较好的特点,并且热熔性能很好。既可以采用冷粘法施工,也可以采用热风焊接法施工。这种卷材适用于大型屋面板、空心板做防水层,也可以用做刚性层下的防水层及旧建筑物混凝土构件屋面的修缮、地下室或地下工程的防水、防潮,水池、贮水槽及污水处理池的防渗及有一定耐腐蚀要求的地面工程的防水、防渗。

5.2.5 一般生产工艺

高分子防水卷材的一般生产工艺,包括胶料的制备(塑炼、混炼等)、胶片的成型(压延成型或挤出成型)、硫化等工序,树脂类卷材不包括硫化工艺。

(1)塑炼

橡胶经过塑炼,提高生胶的可塑性,降低橡胶的粘度,有利于配合剂的加入和橡胶的加工。常用设备主要有开炼机、密炼机和螺杆塑炼机等。

(2)混炼

在塑炼的橡胶中,加入各种配合剂,在炼胶机上靠剪切作用将各种配合剂分散、混合均匀,这个过程称为混炼。混炼包括预处理、混入、混合、塑化等步骤。在混炼前,配合剂必须进行预处理,如固体配合剂的粉碎、干燥、筛选、表面活化或钝化等。混炼设备采用开炼机和密炼机。从提高卷材质量方面考虑,采用密炼机混炼较普遍,具有操作安全、低粉尘、机械化程度高、混炼时间短、生产效率高、劳动强度低,不污染环境等优点。

(3)压延

经混炼塑化的胶料,通过压延机两辊筒间隙,靠剪切力挤压,使胶料产生延展变形,制成胶片或胶布半成品,这个过程称为压延。压延的主要工序是压片和贴合,压片可采用三辊压延机或四辊压延机进行,如图2.6所示。贴合是将两层或两层以上的同种或异种未硫化的胶片重合成为一层胶片的过程,贴合设备采用两辊压延机、三辊压延机或四辊压延机,其中四辊压延机的贴合效率最高,质量最好,规格最精确。

(4)挤出

挤出是利用挤出机,使胶料在螺杆或柱塞的推动下,连续不断地向前运动、出片成型的过程。挤出机分为热喂料挤出机、冷喂料挤出机和排气冷喂料挤出机等。挤出工艺分为热喂料挤出工艺、冷喂料挤出工艺等。

(5)硫化

生胶与硫化剂发生化学反应,由线型结构交联成三维结构大分子的过程称为硫化。这个过程分为焦烧、热硫化、平坦硫化、过硫化四个阶段。高分子防水卷材的硫化方法包括直接蒸汽硫化法、二次硫化法、多鼓硫化机硫化法和连续硫化罐硫化法等。

5.2.6 防水卷材的施工

卷材防水施工方法包括热施工、冷施工和机械固定工艺等。热施工工艺主要是热熔法和热风焊接法。热熔法是采用火焰加热器熔化热熔型防水卷材底部的热熔胶进行粘结,主要适用于有底层热熔胶的聚合物改性沥青防水卷材;热风焊接法采用热空气焊枪加热防水卷材搭接缝进行粘结,主要适用于热塑性合成高分子防水卷材搭接缝焊接。

冷施工工艺主要包括冷粘法和自粘法。冷粘法采用胶粘剂进行卷材与基层、卷材与卷材的粘结,不需要加热,适用于合成高分子卷材、聚合物改性沥青防水卷材;自粘法是采用带有自粘胶的防水卷材直接进行粘结。机械固定工艺包括机械钉压法和压埋法,机械钉压法是采用镀锌钢钉或铜钉等固定卷材防水层,多用于木基层上铺设聚合物改性沥青卷材;压埋法是指卷材和基层大部分不粘结,上面采用卵石等压埋,搭接缝和周边需要全粘。

5.3 建筑防水涂料

防水涂料是指无固定形状的粘稠状液态合成高分子材料,涂布在基材表面,通过溶剂的挥发、水分的蒸发或反应固化,在基层表面形成坚韧的防水膜的材料。根据成膜物质的不同,建筑防水涂料分类如图5.5所示。

- 防水涂料
  - 沥青防水涂料
    - 溶剂型
    - 水乳型
  - 聚合物改性沥青防水涂料
    - 溶剂型
    - 水乳型
  - 高分子防水涂料
    - 合成树脂类
    - 合成橡胶类
  - 聚合物水泥基防水涂料

图5.5 建筑防水涂料分类

5.3.1 沥青防水涂料

沥青防水涂料是以沥青为基料配制的溶剂型或水乳型防水涂料。溶剂型沥青防水涂料是指将未改性的石油沥青直接溶解于汽油等溶剂中配制而成,它实质上是一种沥青溶液,常用于防水层的底层,又称为冷底子油;水乳型沥青防水涂料是将石油沥青在化学乳化剂或矿物乳化剂的作用下,分散于水中,形成稳定的水分散体构成的涂料。根据水分散体系中沥青颗粒的大小,又分为乳胶体(沥青乳液)和悬乳体(冷沥青悬乳液)。

(1)溶剂型沥青防水涂料

1)冷底子油制备　快挥发性冷底子油的成分是石油沥青和汽油。质量配方比为m(10号石油沥青):m(汽油)=30:70。将沥青加热到100 ℃左右熔化,使其脱水,不再起泡为止,将熔化好的沥青倒入桶内冷却,达到一定温度后,慢慢成细流注入100 ℃左右汽油中,不断搅拌,直至溶解均匀为止。

2)施工　采用喷涂或刷涂的施工方法。冷底子油的涂刷,一般要在基面完全干燥之后再施工,涂层要求薄而均匀,不留空白。若找平层表面过于粗糙,则应先涂刷一道快挥发性冷底子油,待干燥后再刷第二层冷底子油,两道冷底子油的间隔时间一般为4~6 h左右,用手指轻按第一遍冷底子油表面不留痕迹即可。

(2)水乳型沥青防水涂料

1)石灰乳化沥青防水涂料　沥青为基料,配以石灰膏为分散剂,石棉绒为填充料加工而成的一种冷沥青悬乳液。质量配比是m(60号石油沥青):m(石灰膏):m(石棉绒):m(水)=(30~35):(14~18):(3~5):(45~50)。它属于水性涂料,可以在潮湿基层施工,冷作业,工地配制,工艺简单方便。

2)制备工艺　沥青加热熔化到160~180 ℃保温备用,将开水灌入搅拌机的保温水套内,预热搅拌筒,将熟化完全并通过0.5 mm筛的石灰膏与所需用水量的一半混合成石灰乳液,按配方比例加入搅拌筒中，要求水温高于80 ℃，搅拌2~3 min，再把称量好的沥青液慢慢加入搅拌筒中，继续搅拌3~5 min，将称量好的石棉绒等填料加入到余下的水中，充分分散后，倒入搅拌筒中，再继续搅拌成均匀的黑褐色膏状乳化沥青即为成品。

3）施工　先处理基层，要求基层面应坚实、清洁，若有板缝则需用嵌缝材料嵌填严密；随后涂刷冷底子油，当气温高于30 ℃时，应该先将屋面用水冲洗干净，然后涂刷稀释的石灰乳化沥青冷底子油一道；若在春、秋季时，宜在洁净的屋面上，刷涂汽油沥青冷底子油一道。待冷底子油干燥后，铺抹石灰乳化沥青涂料，铺抹厚度为5~7 mm。待涂层表面收水后，用铁抹子压实抹光，抹压时应用力均匀，要求涂层厚薄均匀，表面平整。

4）特点及应用　用石灰乳化沥青铺抹在基层以后，由于水分蒸发，悬浮体的内部结构重新分布，分散极细的沥青颗粒、石灰和石棉绒互相挤靠包裹，沥青凝结成膜，石灰在沥青中形成均匀的蜂窝状骨架，成为一种耐热性高，抗老化性好的防水层。这类涂料具有耐候、耐温性能好，能在潮湿基面上施工，与基层粘结性能好，无毒、无污染，施工简单方便等优点，被广泛使用于地下室、卫生间、厨房、屋面工程，特别是近几年来被广泛应用于公路、桥梁等防水工程。

5.3.2　聚合物改性沥青防水涂料

聚合物改性沥青防水涂料，一般是用再生橡胶、合成橡胶或SBS对沥青进行改性而制成的水乳型或溶剂型涂膜防水材料，亦称橡胶沥青类防水涂料。用再生橡胶可以改善沥青低温的冷脆性、抗裂性，增加涂料的弹性；合成橡胶（如氯丁橡胶、丁基橡胶等）可以改善沥青的气密性、耐化学腐蚀性、耐燃性、耐光性、耐气候性等；SBS可以改善沥青的弹塑性、延伸性、耐老化、耐高低温性能等。

（1）溶剂型聚合物改性沥青防水涂料

它是以橡胶改性沥青为基料，经溶剂溶解而配制的防水涂料，通常为一种黑色粘稠状的均匀的胶状液体。具有良好的粘结性、抗裂性、柔韧性和耐高、低温性能。主要品种有氯丁橡胶改性沥青防水涂料、再生橡胶改性沥青防水涂料、SBS改性沥青防水涂料、丁苯橡胶改性沥青防水涂料、顺丁橡胶改性沥青防水涂料、丁基橡胶改性沥青防水涂料等。

1）溶剂型氯丁橡胶改性沥青防水涂料　它是以氯丁橡胶和沥青为主要成膜物质，加入溶剂、填料及其他助剂制备而成，参考配方如表5.9所示。

表5.9　氯丁橡胶改性沥青防水涂料参考配方

原料名称	用量（质量比）	原料名称	用量（质量比）
氯丁橡胶	50	云母粉	10
沥青	250	滑石粉	10
二甲苯	740	邻苯二甲酸二辛酯	1

①制备工艺　按配方将氯丁橡胶置于溶解釜中，加入部分二甲苯，在95 ℃下搅拌2 h，使橡胶全部溶解，在沥青中加入部分二甲苯，于75 ℃下搅拌1.5 h，使沥青溶解完全，将溶解的橡胶倒入沥青中，然后加入云母粉、滑石粉，室温搅拌0.5 h，均匀后再加入邻苯二甲酸二辛酯搅拌0.5 h，即制得氯丁橡胶改性沥青防水涂料。

②特点及应用　氯丁橡胶改性沥青防水涂料延伸性能好，耐候性和耐腐蚀性优良，能在复杂基层形成无接缝、完整的防水层，而且适应基层的变形能力强，形成涂膜的速度较快且致密

完整，能在较低温度下进行冷施工。适用于工业与民用建筑混凝土屋面防水层，水池、地下室等的抗渗防潮，防腐蚀地坪的隔离层和旧油毡屋面的维修等防水工程。

③施工　首先进行基层处理。要求基层平整、密实、干燥、清洁，不得有疏松、起砂和剥落、不平等现象，不能有裂缝，不平处应用高标号砂浆填平补齐，阴阳角应成圆弧形，裂缝处要进行修补处理；然后，在处理好的基层上进行涂刷，先用较稀的氯丁橡胶沥青防水涂料涂刷一遍，待底层涂料干燥后，再在底层涂料上，边刷涂料边铺贴玻璃纤维布，搭接长度不小于100 mm。若采用二布三涂施工，可在第一层玻璃纤维布干燥后，刷涂第二道涂料、铺贴第二层玻璃纤维布；最后涂刷面层涂料，厚度不小于1.5 mm并抛撒细砂或云母粉等保护层。

2）溶剂型再生橡胶改性沥青防水涂料　它是以石油沥青、再生橡胶为主要成膜物质，配以溶剂、颜/填料及其他助剂配制而成的涂料，参考配方如表5.10所示。

表5.10　溶剂型再生橡胶改性沥青防水涂料参考配方

原料名称	用量(质量比)	原料名称	用量(质量比)
石油沥青	100	氧化铁黄	30
再生橡胶	20	铝银粉	10
双戊烯	40～45	氧化钙	2
滑石粉	70～80	汽油	100
云母粉	70～80	煤油	30～50

①制备工艺　再生橡胶在炼胶机上进行塑炼，当可塑度达到0.5后，切成小块，置于双戊烯中溶胀溶解，放置一昼夜，搅拌使之成为均匀的胶体，制成再生胶浆备用；另，将沥青加热到240～260 ℃脱水，直至无气泡产生，加入氧化钙，搅拌使其冷却至150 ℃，再加入再生胶料浆，搅拌30 min，加滑石粉、云母粉和煤油，搅拌15 min，温度降至约80 ℃；再加入氧化铁黄、铝银粉和汽油，搅拌30～40 min，混合均匀即成。

②特点及应用　该防水涂料能在各种复杂基面上形成无接缝的涂膜防水层，具有一定的柔韧性和耐久性，但是延伸性能比溶剂型氯丁橡胶沥青防水涂料低。可在常温或低温下施工，原材料来源广泛，成本较低。适用于工业和民用建筑混凝土屋面、厕浴间、厨房间的防水，旧油毡屋面维修和翻修，以及地下室、水池、冷库等的抗渗、防潮等工程。

③施工　基层处理同溶剂型氯丁橡胶改性沥青防水涂料。若是纯涂层施工，应先刷底层涂料，干燥24 h，再涂防水层，施工顺序是自上而下，第一遍涂料的用量以1 kg/m^2为宜，第二遍涂料用量为1 kg/m^2以上，最后是保护层施工。

有胎体增强的涂层施工较复杂，第一道先涂刷厚度为0.3～0.5 mm的涂料，再铺贴第一层玻璃纤维布，待二者干燥并粘附后，涂刷第二道防水涂料和铺贴第二层玻璃纤维布，根据防水层构造设计要求，重复第二遍操作；然后再涂刷一道厚度不小于1.5 mm的防水涂料；最后是面层保护层施工，选用涂刷浅色涂料或铺撒材料做保护层。

3）溶剂型SBS改性沥青防水涂料　它是以石油沥青和SBS为主要成膜物质，加入增塑剂、颜/填料及其他助剂配制而成的防水涂料，参考配方如表5.11所示。

表5.11 溶剂型SBS改性沥青防水涂料参考配方

原料名称	用量(质量分数)/%	原料名称	用量(质量分数)/%
SBS(YH792)	3.84	二氯丙烷	9.60
10号建筑石油沥青	24.10	邻苯二甲酸二丁酯	2.40
65号石油沥青	14.40	200号溶剂油	9.60
平平加	1.00	超细滑石粉	4.80
丙酮	14.40	炭黑	1.21
甲苯	14.40	抗氧剂1010	0.24

①制备工艺　SBS切割成细条状,投入预先装有丙酮和甲苯的溶解釜中,搅拌至全部溶解;在另一个加热溶解釜中,加入石油沥青,加热到130~150 ℃,脱去水分,降温到100 ℃以下,投入其他溶剂,搅拌至均匀;在混合釜中将上述沥青液和橡胶液混合,并加入乳化剂平平加和抗氧剂1010,充分搅拌,溶解均匀,再加入超细滑石粉和炭黑,高速搅拌使之分散均匀,过滤后即可制成SBS改性沥青防水涂料。

②特点及应用　该防水涂料具有优良的防水性、粘结性、高弹性和低温柔性。广泛应用于工业和民用建筑的屋面、水箱、水塔、水闸及各种地下、海底设施等的防水工程,并且对渗漏的旧沥青油毡屋面和刚性防水屋面,以及石棉瓦屋面修补,防水效果特别显著。

(2)水乳型聚合物改性沥青防水涂料

它是以沥青乳液为基料、合成胶乳为改性剂、水为溶剂配制的一类防水涂料。主要品种有氯丁橡胶改性沥青防水涂料、再生橡胶改性沥青防水涂料、SBS改性沥青防水涂料、丁苯橡胶改性沥青防水涂料等。

1)水乳型氯丁橡胶改性沥青防水涂料　以阳离子型氯丁胶乳和阳离子型沥青乳液混合物为基料配制而成的防水涂料,配方如表5.12所示。

表5.12 水乳型氯丁橡胶改性沥青防水涂料参考配方

原料名称		用量(质量分数)/%	原料名称		用量(质量分数)/%
沥青乳化	10号石油沥青	10	沥青乳化	有机膨润土	1
	65号石油沥青	35		聚乙烯醇(PVA-1788)	2
	阳离子乳化剂	1		邻苯二甲酸二丁酯	3
	水	48			
石油沥青乳液		70	氯丁橡胶乳液		30

①制备工艺　水乳型氯丁橡胶改性沥青防水涂料的制备工艺包括沥青乳化和涂料的配制。

A. 沥青乳化　取部分水溶解阳离子乳化剂,加入有机膨润土搅拌均匀,得乳化剂溶液;在余下的水中加入聚乙烯醇,加热到80 ℃以上,充分溶解以后,加入前步预制的乳化剂溶液,搅拌均匀,并保持在80 ℃左右,得水相组分;将10号、65号石油沥青全部加入溶解釜中,升温到150 ℃以上,充分脱水,加入邻苯二甲酸二丁酯搅匀,得熔融的沥青组分;在乳化机中,先加入部分上述配制好的并已经预热到80 ℃的水相组分,开动搅拌,将熔融的沥青组分呈细流状加入，强力搅拌成乳化状态，交替加入水相组分和沥青组分，最终制成稳定的沥青乳化液。

B. 配制　按照配方表5.12的要求，严格称量石油沥青乳液70质量份、氯丁橡胶乳液30质量份，二者投入混合釜搅拌混合均匀，过滤得水乳型氯丁橡胶改性沥青防水涂料。

②特点及应用　该水性防水涂料的性能与同类溶剂型防水涂料相似。最大的优点是以水代替有机溶剂，无毒、无燃爆，施工中不污染环境，而且成本低。

③施工　首先进行基层处理，基层应牢固、平整、无裂缝，对于旧防水层翻修，要彻底铲除已失效的防水层，并清理干净；对于特殊部位，例如穿过地面、屋面的管道和各种结构缝、伸缩缝等应预先处理，之后进行防水层涂膜，即先在基层的找平层涂刷2～3遍稀释后的防水涂料，然后铺贴玻璃纤维布，最后涂刷面层防水涂料和面层保护层，面层保护层施工可以采用抛撒材料保护层、涂刷浅色防水涂料保护层或面砖保护层。

2）水乳型再生橡胶改性沥青防水涂料　乳化石油沥青和再生橡胶乳液为该防水涂料的主要基料，加入其他助剂配制而成，其参考配方如表5.13所示。

表5.13　水乳型再生橡胶改性沥青防水涂料参考配方

原料名称		用量(质量分数)/%	原料名称		用量(质量分数)/%
再生橡胶乳化	再生橡胶	47.4	沥青乳化	石油沥青	60
	工业皂	4.5		乳化剂	5
	防老剂	1.0		水	35
	水	47.1			
再生胶乳液		60～100	沥青乳化液		100

①制备工艺　首先要将沥青乳化，其次是再生胶的制备和乳化，最后是涂料的配制。

A. 沥青的乳化　包括乳化前的准备、松香皂的制备、沥青的乳化和乳化质量检验等工序。

a. 乳化前的准备　常用的乳化剂有松香、洗衣粉、亚甲基二萘磺酸钠等。若选用松香则需将其制成松香皂，松香皂的制备是按m(松香)：m(KOH)：m(蒸馏水)＝39：12：49的质量比进行合成。其工艺过程是将松香碾成粉末，加入氢氧化钾水溶液(100 ℃)中，熬制约90 min至呈淡黄色的膏状浓松香皂(pH值在11～12之间)，使用时以m(浓松香皂水)：m(工业软化水)＝8：28质量比调配。

b. 沥青的乳化　若用10号和60号沥青乳化时，可按m(10号沥青)：m(60号沥青)＝30：70质量比调配，然后在140～160 ℃下脱水，备用。按m(稀释的松香皂水)：m(脱水沥青)：$m(H_2O)$＝36：100：100质量比，将已加热到65～90 ℃的乳化剂加入乳化机中，缓慢注入脱水沥青，以150～200 r/min的速度进行搅拌，直至达到乳化要求。

c. 乳化质量检验　用玻璃棒挑出一点乳化沥青，放入清水盆中，如果能均匀分散在水中，说明乳化良好；若有结块、成团等现象，说明乳化不良，还需调温(不超过200 ℃)或延长搅拌时间，直至达到要求。

B. 再生胶的制备　包括胶粉的制备、胶粉的再生和再生胶的乳化。

a. 胶粉的制备　以废旧橡胶制品或边角料为原料，经切胶、洗涤和粉碎等过程制成胶粉。

b. 橡胶的脱硫再生　将胶粉加入软化剂(如石油沥青、松香等)及活化剂中，其质量比为m(废胶粉)：m(松香油)：m(活化剂)＝100：13：1，搅拌均匀后，在卧式蒸汽脱硫罐中加热，

蒸汽压力为 6×10^{-3} MPa,脱硫时间为 10 h,使硫键在热解中断裂(称脱硫再生),从而使橡胶由网状结构转为含结合硫量不同的小聚合体,脱硫后经冷却、捏炼、滤胶和回炼,最后切片即为再生胶片。

c. 再生胶的乳化　一般采用塑炼法,用亲水亲油平衡值(H. L. B)较高(8 ~ 18 之间)的表面活性剂做分散剂,以降低液—固界面的自由能,利于橡胶分散和乳液的稳定。其工艺过程是:将再生胶在双辊炼胶机中塑炼,使其软化,混炼均匀后加入分散剂,在 35 ~ 45 ℃下反复塑炼,即成为细粒的膏状再生胶乳浆。在这个过程中缓慢加水,直到加入的水分总量达到橡胶的 20% ~ 30%,即成为 O/W 型的具有一定粘度的水乳胶。

C. 涂料的配制　根据实际需要,按乳化沥青与再生橡胶乳的一定比例调配成涂料。一般为 m(再生乳胶):m(乳化沥青)= (60 ~ 100):100。

②特点及应用　这种防水涂料能够在复杂基面形成无接缝防水膜,涂膜具有一定的柔韧性和耐久性,而且它是以水作为分散介质,具有无毒、无味、不燃的优点,安全可靠,可以冷施工,在稍潮湿或有积水的基面施工,并且原料来源广泛,价格较低。适用于各类工业与民用建筑混凝土基层屋面,地下混凝土建筑防潮以及旧油毡屋面翻修和刚性自防水屋面的维修。

5.3.3　高分子防水涂料

合成高分子防水涂料是以合成橡胶或合成树脂为主要成膜物质,加入其他辅助材料配制成的单组分或多组分的防水涂膜材料。

(1)聚氨酯防水涂料

聚氨酯防水涂料是以含有聚氨酯预聚体和多羟基或胺基的固化剂,以及其他助剂的混合物,按一定比例混合所制成的一种反应型涂膜防水涂料。该涂料分为无焦油聚氨酯防水涂料和焦油聚氨酯防水涂料两类。无焦油聚氨酯防水涂料大多为彩色,具有橡胶状弹性,延伸性好,对基层伸缩和开裂的适应性强,拉伸强度和抗撕裂强度高,耐油、耐磨、耐碱、耐海水浸蚀性能好,使用温度范围宽,涂膜固化反应速度易于调整,是一种较为理想的防水涂料,由于价格较高,给推广应用带来一定的困难。

焦油聚氨酯防水涂料为黑色,有较大臭味,耐久性不如无焦油聚氨酯防水涂料,反应速度不容易调整,而且焦油是一种对人体极为有害的物质,这些缺点限制了它的应用。

1)分类　按照多元醇的品种不同,聚氨酯防水涂料分为聚酯型、聚醚型和蓖麻油型;按固化方式可以分为双组分反应固化型、单组分潮湿固化型及单组分空气氧化固化型聚氨酯防水涂料;按照使用溶剂的种类,分为溶剂型、无溶剂型和水乳型聚氨酯防水涂料;按照包装形式不同,可以分为单组分(又分焦油型和非焦油型)、双组分(又分焦油型和非焦油型)和多组分聚氨酯防水涂料,其中习惯采用以包装形式进行分类。单组分聚氨酯防水涂料在施工现场涂覆后,经过与水或潮气的化学反应而形成的高弹性涂膜,实际上它是聚氨酯预聚体;双组分聚氨酯防水涂料是由甲组分主剂(预聚体)和乙组分固化剂组成。

2)组成　该防水涂料主要原料与一般同类建筑装饰涂料相同,其他助剂如表 5.14 所示。

表 5.14　聚氨酯防水涂料主要助剂

助剂名称	主要品种
催化剂	2-乙基己酸铅、乙酸苯汞、丙酸苯汞、二月桂酸二丁基锡、辛酸亚锡、苯甲酰氯等
扩链剂交联剂	甘油、蓖麻油、间苯二胺、3,3′-二氯-4,4′-二胺二苯基甲烷(MOCA)、氢醌-二(β-羟乙基)醚(HQEE)、三羟甲基丙烷(TMP)、N-甲基二乙醇胺、2,4-二氨基甲苯等
防老剂	酚类、胺类、亚磷酸酯类、硫酸类
紫外线吸收剂	二苯甲酮化合物、水杨酸酯类化合物、杂环类化合物、取代丙烯腈类化合物、金属络合物
填充剂	炭黑、滑石粉、二氧化硅、植物油、石油树脂、焦油树脂、硅酸镁、碳酸钙
消泡剂	氧化钙、氢氧化钙

3)聚醚型双组分聚氨酯防水涂料　这是一种应用较广的防水涂料,配方如表5.15所示。

表 5.15　聚醚型双组分聚氨酯防水涂料参考配方

原料名称		用量(质量比)	原料名称		用量(质量比)
主剂	聚氧化丙烯三醇(分子量4 000)	480	主剂	聚氧化丙烯二醇(分子量2 000)	326
	聚氧化丙烯二醇(分子量1 000)	84		双酚A-氧化丙烯加成物	34
	TDI或PAPI	174			
固化剂	软树脂	25	固化剂	MOCA	125
	水	10		普通硅酸盐水泥	15
	熟石灰	5		钛白粉	10
	滑石粉	10		0.2	炭黑
	分散剂	0.2			

4)制备工艺　以应用较广的双组分聚氨酯防水涂料为例,介绍制备方法。

①主剂的制备　按配方将聚醚多元醇投入反应釜中加热,在100~150 ℃时抽真空脱水1~4 h,自然冷却后,滴加所需量的TDI或PAPI,温度控制在40~70 ℃,搅拌约2~3 h,包装、密闭,得异氰酸酯基封端预聚体主剂,即A组分,备用;生产工艺流程如图5.6所示。

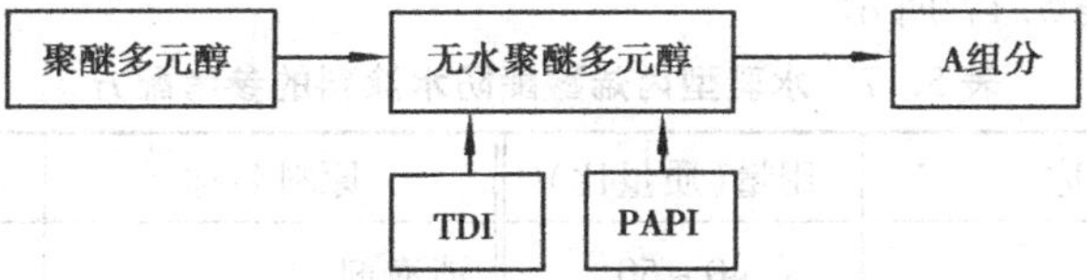

图5.6　双组分聚氨酯防水涂料A组分的制备工艺流程

②固化剂的制备　将填料投入到反应釜中,进行真空脱水,冷却至35~50 ℃下加入MOCA,在60~80 ℃下用脱水的稀释剂使其溶解,得固化剂,即B组分,生产工艺流程如图5.7所示。施工时,将组分A和组分B按一定比例混合均匀即可使用,宜现场现配现用。

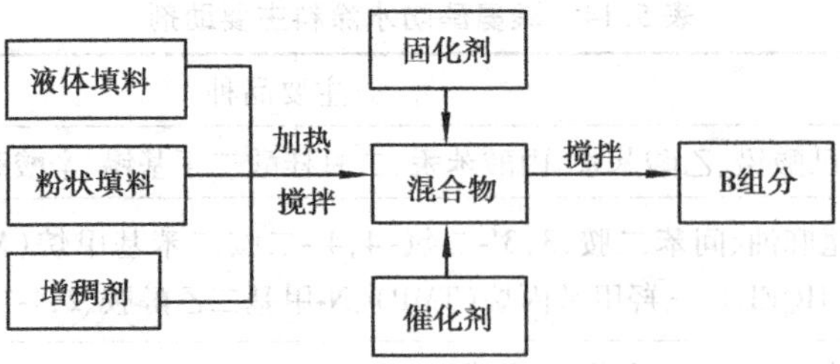

图5.7　双组分聚氨酯防水涂料B组分的生产工艺流程

5)特点及应用　性能指标应符合GB/T 19250—2003《聚氨酯防水涂料》标准,适合于各种建筑物和地下工程的防水,地铁、路基、桥墩和码头桩的防水,地下或水工建筑混凝土表面防渗漏,各种化工管道防腐工程,特别是适合在形状复杂的异型部位施工,而且施工简便,空气中固化成膜,粘结性能好,有弹性、易维修。

(2)**丙烯酸酯防水涂料**

以丙烯酸酯、甲基丙烯酸酯等为主要单体,与其他含有乙烯基的单体共聚合反应,生成的丙烯酸共聚树脂,加入适量的颜/填料、助剂等配制而成的一种防水涂料。具有优良的耐候性、耐热性和耐紫外线性,在 -30 ~ 80 ℃范围内性能稳定;延伸性可达250%,适应于有一定幅度的开裂变形的基材防水。一般为白色,但通过着色使之具有各种色彩,防水层兼有装饰和隔热效果,按照其聚合物的形态和性质可分为溶剂型、水乳型两类。

1)溶剂型丙烯酸酯防水涂料　由苯乙烯、丙烯酸丁酯、丙烯酸等单体,加入引发剂过氧化苯甲酰、溶剂二甲苯及醋酸丁酯等,通过溶液聚合反应而制得的聚丙烯酸酯树脂溶液,用作主要成膜物质,金红石型钛白粉和耐晒黄为颜料,再配以其他助剂而成的防水涂料,参考配方如表5.16所示。制备工艺同一般建筑涂料。

表5.16　溶剂型丙烯酸酯防水涂料的参考配方

原料名称	用量(质量比)	原料名称	用量(质量比)
聚丙烯酸酯树脂溶液	48.5	耐晒黄	适量
钛白粉(金红石型)	25.0	10%硅油二甲苯溶液或	消泡量
邻苯二甲酸二丁酯	1.0	溶剂型涂料用消泡剂	

2)水乳型丙烯酸酯防水涂料　丙烯酸乳液为主要成膜物质,配以改性乳液增加涂层的塑性和强度,氧化铁为颜料,重晶石、滑石粉等为填料,加入适量的邻苯二甲酸二丁酯增塑剂配制而成。其参考配方如表5.17所示。

表5.17　水乳型丙烯酸酯防水涂料的参考配方

原料名称	用量(质量比)	原料名称	用量(质量比)
丙烯酸酯乳液	40 ~ 50	消泡剂	0.5 ~ 1
改性乳液	10	颜/填料	20 ~ 30
邻苯二甲酸二丁酯	5 ~ 10	pH值调节剂(氨水)	适量
成膜助剂	1 ~ 3		

由表5.17配方可知,乳液和颜料的用量比例较大,配制涂料的关键是两者均匀混合。丙烯酸酯单组分防水涂料宜采用色浆法工艺。

(3)其他高分子防水涂料

1)有机硅类防水涂料　主要包括有机硅树脂防水涂料、硅橡胶防水涂料、有机硅改性丙烯酸酯外墙防水涂料和有机硅防水剂等。有机硅类防水涂料具有优良的耐高低温、耐水、耐候、耐臭氧和耐紫外线降解等性能,用于涂刷墙面,既可保持墙壁的正常透气,又能抵挡雨水的浸蚀,使墙面防潮、防腐、耐冻融并保持光泽,只要施工得当,其防水层的寿命可达10~15年,是一类理想的建筑防水材料。

2)VAE防水涂料　以乙烯-醋酸乙烯共聚乳液为基料,加入一定量的改性剂,并配以颜/填料、助剂而制成的一类水乳型防水涂料。VAE防水涂料无毒,不污染环境,施工方便。

3)水乳型三元乙丙防水涂料　由三元乙丙橡胶为基料,配合其他辅助材料制成混炼胶,以水为溶剂制成的水乳型防水涂料。它具有橡胶的高弹性,高强度和高延展性,还具有无机物的耐老化性,使用寿命长,耐高低温性能好,成本较低,冷施工,施工方便,可制成各种彩色以满足防水装饰效果。主要用于工业及民用建筑物屋面和地面的防水。

5.3.4　聚合物水泥防水涂料

聚合物水泥防水涂料,又称JS复合防水涂料。由聚合物乳液与各种添加剂组成的有机液料,添加由水泥、无机填料组成的无机粉料复合而成的一种双组分水性建筑防水涂料。

根据二者的不同比例,聚合物水泥防水涂料可分为Ⅰ型(高伸长率、高聚灰比)和Ⅱ型(低伸长率、低聚灰比)两类产品,Ⅰ型产品适用于较干燥、基层位移量较大的部位,Ⅱ型产品更适用于长期接触水或潮气、基层位移量较小的部位。

(1)组成及配方

聚合物水泥防水涂料是由液相物和干粉混合物两部分组成的。液相物主要是指聚合物乳液如聚丙烯酸酯乳液、乙烯-醋酸乙烯酯共聚乳液等,它是主要成膜物质,是影响涂料性能的首要因素;干粉混合物主要由水泥、碳酸钙、石英砂、颜料等组成,它是次要成膜物质,粉剂对涂料的光泽、耐碱性、耐候性、分散性有一定的影响。其典型的配方如表5.18。

表5.18　双组分聚合物水泥防水涂料参考配方

原料名称		用量(质量比)	原料名称		用量(质量比)
液料组分	MK-118弹性丙烯酸酯乳液 MK-D水泥分散减水剂	98~100 0~1.5	液料组分	MK-F消泡剂 防腐防霉剂	0~0.3 0~0.2
粉料组分	水泥(≥32.5R) 硅砂(80目)	50~70 0~50	粉料组分	重质碳酸钙(700目) 其他粉料	0~40 适量

(2)特点及应用

聚合物水泥防水涂料是水性涂料,无毒、无害、无污染,属于环保型产品;施工简便,能在潮湿(无明水)或干燥的多种材质基面上直接施工,也能在立面、斜面和顶面上直接施工,不流淌,便于操作,工期短;涂层坚韧强度高,耐水性、耐候性、耐久性优异;对各类建筑材料均有很好的附着性,能形成整体无缝、致密、稳定的弹性防水层。主要应用于厕浴间、厨房间防水,坡瓦屋面、屋面天沟、压顶的防水，外墙防水，地下工程和储液池等工程防水等。

5.4 建筑防水密封材料

密封材料主要指使建筑上的各种接缝或裂缝、变形缝(沉降缝、伸缩缝、抗震缝)保持水密、气密性能，并具有一定强度、能连接构件的填充材料。防水密封材料就是具备防止液体、气体、固体侵入的功能，起到水密、气密作用的密封材料。

5.4.1 概述

美国是世界上最早生产弹性密封材料，并将其用于建筑物防水的国家。1943 年，Thiokol 公司成功地合成了弹性聚硫橡胶，并于 1945 年首次用于建筑物作为填缝防水材料。1958 年日本从美国进口聚硫类密封材料后，相继开始生产硅酮类密封材料、丙烯酸类乳液型密封材料和聚氨酯类密封材料。在国外，高性能的硅酮、聚硫、聚氨酯密封膏的市场占有率达到 50% 以上，丙烯酸、聚氯乙烯和丁基橡胶密封产品市场占有率亦在 30% 以上，性能较为一般的接缝密封材料的市场占有率只有 10% 左右。

近年来，随着我国建筑技术的不断进步，建筑接缝密封日显重要。新型密封材料的品种不断增多，如硅酮类、聚氨酯类、聚硫类及丙烯酸类等性能优良的高分子密封材料相继出现。其中，硅酮类产品应用面最广、产量最大；聚氨酯密封材料市场前景较好，由于它粘结稳定，弹性优良，同硅酮密封胶相比在抗撕裂、耐磨、对基材不污染、耐酸碱及有机溶剂的腐蚀、对石材及混凝土无腐蚀性等方面，具有明显的优势，在建筑上有广泛用途；聚硫密封剂主要用于中空玻璃产品的密封。

(1)分类

防水密封材料按材料外观形状可分为定型密封材料与非定型密封材料。定形密封材料是具有一定形状和尺寸的密封材料，它是根据工程要求而制成的各种带、条、垫状的密封衬垫材料，应用于建筑领域。主要产品有止水带、建筑密封垫、遇水自膨胀橡胶等；非定形密封材料即密封胶(又称密封膏)、密封剂，包括溶剂型、乳液型、化学反应型等密封材料。多数非定形密封材料是以橡胶、树脂等高分子合成材料为基料制成的，它包括弹性和非弹性密封膏、密封腻子和液体密封垫料等产品。无定形密封材料又可分为双组分型和单组分型。按材质分类还可以分为改性沥青密封材料和合成高分子密封材料两大类。另外，从性能上还有高模量、中模量及低模量的密封材料之分；从产品用途上，有混凝土接缝密封材料、卷材搭接密封材料等。

在建筑密封材料低、中、高三个档次中，低档产品主要是以沥青为主的石油沥青、煤焦油沥青和油性嵌缝油膏；中档产品是以氯丁橡胶、丁基橡胶、丙烯酸酯树脂、氯磺化聚乙烯为主要原料的密封材料；高档产品是以高弹性的聚氨酯、硅酮类产品、聚硫、环氧树脂等为主要原料的密封材料。

(2)性能及检验指标

建筑密封材料应具有良好的弹塑性、粘结性、挤注性、施工性、耐候性、延伸性、水密性、气密性、贮存及耐化学稳定性，并能长期经受拉伸、膨胀、压缩、收缩和振动疲劳等作用。建筑密封材料需要检验的性能有挤出速度、挤出性等指标。如：

• 挤出速度　密封材料用挤注枪(手动或气动)施工时,在规定压力、温度下,单位时间内由规定口径的枪嘴挤出的量(mL)。

• 挤出性　密封材料挤出挤注枪的特性,一般要求流畅不费力。若挤出性差,将难以充满接缝,影响施工质量。

• 下垂度　在垂直或顶板缝中挤注后不流淌、不坍落、不下坠的性能。用向下流出的量表示。

• 适用时间　密封材料从施工初期至能保持适于施工挤注性、挤出速度的一段时间。双组分混合后必须在限定时间用完,固化剂用量必须适应施工需要。

• 弹性恢复率　密封材料经拉伸变形一定时间后,当拉伸力消失时,能恢复原来形状和尺寸的能力。

• 自流平度　水平接缝中,密封材料能自动流平、充满的性能。

• 粘结拉伸性能　密封材料嵌填粘结后,受拉力破坏的最大强度和最大伸长率。

• 拉伸-压缩循环性能　随环境温度周而复始的变化,密封材料抵抗接缝位移和本身膨胀-收缩循环变化的能力,一般分为若干等级。

• 表干时间　自密封材料嵌填结束,至表面初步硬化、不易粘着尘砂、触摸后不留指印和变形所需要的时间。嵌填后几天或十几天后仍粘手时,应更换密封材料或适当增加固化剂用量。

• 贮存期　自制造之日起,不降低使用性能的最长贮存时间,一般至少应在6个月以上。

5.4.2　硅橡胶防水密封胶

硅橡胶建筑密封胶是由有机聚硅氧烷为主剂,加入硫化剂、硫化促进剂、增强填充料和颜料等组成的非定形密封材料。

(1)分类

根据产品的包装形式不同,硅橡胶密封胶分为单组分和双组分。单组分应用较多,两种密封胶的组成主剂相同,而硫化剂及其固化机理不同。根据硫化剂不同,硅橡胶密封胶又可分为醋酸型、酮肟型、醇型、胺型和酰胺型等。一般高模量硅橡胶建筑密封胶采用醋酸型和醇型两种硫化体系;中模量硅橡胶建筑密封胶采用醇型硫化体系;低模量硅橡胶建筑密封胶则采用酰胺型硫化体系。按用途可分为F型和G型,F型用于建筑接缝,G型用于镶装玻璃;按流动性可分为N型和L型,N型为非下垂型,L型为自流平型。

(2)单组分硅橡胶密封胶

由硅橡胶、硫化剂、填充料及其他添加剂组成。脱醇型单组分硅橡胶密封胶参考配方如表5.19所示。制备工艺参见第4章相关内容。

表5.19　脱醇型单组分硅橡胶密封胶参考配方

原料名称	用量(质量比)	原料名称	用量(质量比)
端羟基二甲基硅橡胶(脱水)	100	双(二酰丙酮基)二异丙氧基钛	5
气相白炭黑	20	υ型氧化铁	110
异丙氧基钛	0.6	甲基三甲氧基硅烷	0.4
氧化铜	5	二氧化钛(金红石型)	6

(3)双组分硅橡胶密封胶

硅橡胶粘料和填料为一组分,硫化剂、促进剂和引发剂为另一组分。常用的硫化剂为正硅酸乙酯,催化剂用二月桂酸二丁基锡、辛酸亚锡和三乙醇胺等,其参考配方如表5.20所示。

表5.20 双组分硅橡胶密封胶的参考配方

原料名称		用量(质量比)	原料名称		用量(质量比)
甲组分	端羟基二甲基硅橡胶 端苯基二甲基硅氧烷聚酯	100 20	甲组分	气相白炭黑 硼酐	20 0.4
乙组分	正硅酸乙酯 钛酸正丁酯 γ-缩水甘油氧化丙基硅氧烷	5 2 3	乙组分	硼酸正丁酯 二丁基二月桂酸锡	3 1.8

(4)特点及应用

双组分室温硫化硅橡胶密封材料,贮存期长、硫化快、硫化完全。具有耐紫外线、耐臭氧、耐化学介质、耐高温性、耐老化性、良好的胶接强度和尺寸稳定性等优点。缺点是工艺较复杂,且在硫化过程中有小分子物析出。不同类型硅橡胶密封材料应用场合如表5.21所示。

表5.21 常用的有机硅建筑密封剂品种及应用范围

品种类型		应用范围	特 点
脱醋酸型	通用级 高透明级 防霉级 结构密封级	玻璃接缝、框架缝隙、玻璃悬挂、玻璃水槽内 安装玻璃(陈列橱、橱窗),要求透明的接缝 浴室、台面、洗手间、卫生洁具的密封 SSG施工	高模量、透明、固化快、有臭味,对铁、铜有腐蚀性
脱酮肟型	防霉级 通用级	浴室、台面、洗手间、卫生洁具的密封 玻璃接缝,框架接缝,金属接缝,装配住宅,瓦、砖石材的粘接	高模量、中速固化,对钢有腐蚀性
脱醇型	阻燃级 通用级	防火区缝隙的密封 聚碳酸酯、有机玻璃板等透明塑料、玻璃、钢等易腐蚀材料的接缝的密封	无腐蚀性
脱酰胺型	结构密封级 通用级	SSG施工法,玻璃帘栅施工 玻璃接缝、框架缝隙、栏杆等接缝的密封,公路桥梁、机场混凝土路面伸缩缝的填充密封	低模量、不透明、固化快、稍有气味、无腐蚀性
脱羟胺型	通用级	公路桥梁、机场混凝土路面伸缩缝的填充密封,大型水槽的密封	同上

5.4.3 聚氨酯防水密封胶

聚氨酯建筑密封胶是以含异氰酸基的化合物(预聚体)为基料,与含有活泼氢化合物的固化剂所组成的一种常温固化型弹性密封材料。根据组分不同,分为单组分和双组分两种,单组分为湿气固化型,双组分为反应固化型。根据固化前所呈现的状态不同,分为 N 型(非下垂型)和 L 型(自流平型)两种。

(1)配方

单、双组分聚氨酯密封胶的配方,如表 5.22 和表 5.23 所示。

表 5.22　单组分聚氨酯密封胶参考配方

原料名称	用量(质量比)	原料名称	用量(质量比)
聚氨酯预聚体	100	二氧化钛	5
二月桂酸二丁基锡	0.06	炭黑	0.05
二丁基亚氨酸锡	0.5	滑石粉	40
邻苯二甲酸二丁酯	10		

表 5.23　双组分聚氨酯密封胶参考配方

原料名称		用量(质量比)	原料名称		用量(质量比)
甲组分	聚氨酯预聚体	100	甲组分		
乙组分	甘油	5.0	乙组分	蓖麻油	8.5
	邻苯二甲酸二丁酯	2.5		煤焦油	84.0
	有机锡	0.03			

(2)特点及应用

聚氨酯密封胶具有低模量、高弹性,伸长率大和良好的耐老化、耐低温、耐水、耐油、耐酸碱、耐疲劳等特性;与水泥、木材、金属、玻璃及塑料等多种建筑材料有很强的粘结力,固化速度快;双组分聚氨酯建筑密封膏,有易触变粘度特性。因此,不易流坠,施工性好,加少许外力就可从挤出枪中挤出。

该密封胶广泛适用于装配式建筑的屋面板、外墙板、楼地板、阳台、窗框等部位的接缝密封,混凝土建筑的沉降缝、伸缩缝的密封防水,排水管道、储水池、游泳池、厕浴间、水塔、桥梁等工程的接缝密封处理和渗漏修补。中模量防水密封膏适用于机场停机坪、玻璃幕墙等接缝密封防水。

5.4.4　丙烯酸酯防水密封胶

(1)溶剂型丙烯酸酯密封胶

在聚丙烯酸酯树脂与二甲苯的 80% ~90% 溶液中,加入各种助剂配制成膏状体。

1)组分与作用　这种密封胶基料的主要品种有丙烯酸、丙烯酸甲酯、甲基丙烯酸甲酯、丙烯酸乙酯、甲基丙烯酸等的聚合物;填料是粘土、氧化硅、氧化锌、氧化钛、氧化铁、炭黑、群青等,起补强、增量、防坠、着色等作用;增塑剂包括苯二甲酸二辛酯、苯二甲酸二丁酯、聚乙烯、氯化石蜡等,起增韧作用并可提高耐寒性;稳定剂为多偏磷酸钠、聚丙烯酸盐、十二苯硫酸钠、烷基萘磺酸盐等,起贮存稳定、分散均匀的作用。各组分的用量如表 5.24 所示。

表5.24　溶剂型丙烯酸酯密封胶的参考配方

原料名称	用量(质量比)	原料名称	用量(质量比)
丙烯酸聚合物	35～40	稳定剂	2～3
颜填料	40～45	增塑剂	1～5
催化剂	1	溶剂	10～15

2)特点及应用　溶剂型丙烯酸酯密封胶与乳液型密封胶比较,对普通的建筑物表面的许多基材,不需要涂刷底层或进行其他表面处理,具有极好的粘接力;对湿、油及不清洁表面仍具有良好粘接能力;并具有突出的耐老化性能、色彩稳定性、耐紫外线和耐臭氧性。它可以制成筒状和块状用于密封和安装玻璃。缺点是含有易燃溶剂,且分子量比乳液型的低,其残留物有一定的粘性,有强烈的气味。

(2)乳液型丙烯酸酯密封胶

丙烯酸酯胶乳为基料,掺以少量表面活性剂、增塑剂、改性剂以及填料、颜料等配制而成,称为乳液型丙烯酸酯密封胶,亦称乳胶型丙烯酸酯密封胶、水溶型丙烯酸酯密封胶、水乳型丙烯酸酯密封胶等。其参考配方如表5.25所示。

表5.25　乳液型丙烯酸酯密封胶的参考配方

原料名称	用量(质量比)	原料名称	用量(质量比)
丙烯酸乳胶(55%)	40～42	表面活化剂	1～1.2
增塑剂	7～8	溶剂油(150～200 ℃馏分)	1～2
乙二醇	1～2	磨细碳酸钙	46～50
各种填料	1～3		

1)固化前的性能特点　以水为稀释剂,粘度低,呈膏状,无溶剂污染,无毒,不燃,安全可靠,基料为白色膏状,可配制成各种颜色;水乳型密封胶的表干时间比溶剂型密封胶的表干时间长,一般在30 min后结膜,表干前,应防止雨水的冲刷,要密切关注施工的气候和养护条件;易于施工,可以配制成非下垂型的密封胶,适用于垂直缝施工;并具有完全恢复性,抗冻融性良好,但仍要防止在保管与施工中受凉,在5～26 ℃环境下可贮存12个月。

2)固化后的性能特点　长期耐热使用温度为70～80 ℃,经养护后,固化的密封胶在－35 ℃下,30度坡度曲面弯曲,不脆不裂;水分完全挥发后的丙烯酸酯建筑密封胶呈橡胶状弹性体,回弹率达到90%;不但与水泥砂浆、石膏板、铁板、铝板能良好的粘结,而且与玻璃、陶瓷、塑料均有较好的粘结性;耐候性和耐老化性优异,经老化实验后,无开裂、无裂缝、无气泡、不变色,粘结性和弹性均良好。

3)特点及应用　该密封胶使用方便,对大多数建筑接缝表面粘着好,不渗出、不污染、干燥快,而且具有极好的耐紫外光照射和耐褪色性能。适用于钢筋混凝土墙板、屋面板和楼板的接缝密封,钢、铁、铝、石棉板、石膏板等建筑节点的防水密封;各种上下水管、通风管与墙体、楼板的节点密封;各种门、窗与墙体的密封;盥洗室陶瓷器皿与墙体的密封;屋面板、楼板的裂缝修补等。

5.4.5　聚硫防水密封胶

聚硫防水密封胶是一种以液态聚硫橡胶主剂与金属过氧化物等硫化剂反应，在常温下形成弹性体的高档非定形密封材料，一般用于密封活动量大的接缝。这是世界上出现最早，使用最成熟的密封材料，我国于20世纪70年代开始研制。

(1)组分与作用

聚硫防水密封胶的主要组分有聚硫橡胶、硫化体系、填充体系及增塑和增粘体系。

1)聚硫橡胶　聚硫橡胶的主链上含有硫原子，构成—S—C—，—S—S—的饱和键。具有良好的耐油性、耐溶剂性、耐候性、耐臭氧性、低气透性以及良好的低温屈挠性能，而且分子中还含有大量的活性端基(—SH，—X，—OH)，提供了分子间的化学作用条件。

2)硫化体系　硫化体系包括硫化剂以及与之匹配的促进剂和硫化延缓剂等。适用的硫化剂有无机氧化物、无机过氧化物、有机过氧化物、有机氧化剂以及异氰酸酯类、环氧树脂、酚醛树脂、有机钛酸类等化合物；促进剂主要是硫磺、水及胍类化合物等。

3)填充体系　填充体系包括填充剂、着色剂、触变剂等。填充剂主要有炭黑、碳酸钙和陶土；着色剂包括不同颜色的颜料和染料；理想的触变剂是气相白炭黑及胺改性的皂土、陶土或二者并用。填充体系的作用是补强、着色、降低成本、赋予触变性。

4)增塑剂　增塑剂用来改进聚硫密封胶的伸长率和定伸应力，有助于提高填充剂的填充量，若增塑剂加入量过大，密封胶的物理机械性能会下降。常用的增塑剂是氯化联苯，目前其已被氯化石蜡代替。

5)增粘剂　增粘剂可以提高聚硫橡胶对固体表面的粘接性，大多采用树脂，例如环氧树脂、酚醛树脂、聚硫树脂、氨基硅烷等。

(2)单组分聚硫密封胶

典型的单组分聚硫密封胶参考配方如表5.26所示。各种组分原料在混合之前必须除水、干燥，然后置于搅拌机或研磨机中，在惰性气体保护下，于20～60 ℃下搅拌混合均匀即可。

表5.26　单组分聚硫密封胶参考配方

原料名称	用量(质量比)	原料名称	用量(质量比)
液态聚硫橡胶	100	二氧化硅	3
二氧化钛	10	碳酸钙	30
过氧化锌	10	氯化联苯(或氯化石蜡)	13
二硫化四甲基秋兰姆	3	硫磺	1
硬酯酸	0.5		

(3)双组分聚硫密封胶

聚硫密封胶有单组分、双组分、三组分或四组分等多种形式。用得最多的是双组分。如表5.27所示。称量后拌和，在三辊机上充分混合，再置于Z型叶片或框式混合机内混合均匀即可。

表5.27 双组分聚硫密封胶参考配方

原料名称		用量(质量比)	原料名称		用量(质量比)
甲组分	液体聚硫橡胶 LP-32	100	甲组分	邻苯二甲酸二丁酯	35
	碳酸钙	25		二氧化钛	10
	无水硅酸铝	30		酚醛树脂	5
	二氧化硅	2		硫磺	0.1
	硬酯酸	1			
乙组分	二氧化铅	7.5	乙组分	邻苯二甲酸二丁酯	6.75
	硬酯酸	0.75			

(4)**特点及应用**

聚硫密封胶具有良好的耐气候、耐油、耐湿热、耐水和耐低温性能,使用温度范围为-40~96 ℃,气密、水密性能优异;抗撕裂性强,对钢、铝等金属以及混凝土、玻璃、木材等非金属材质均有良好的粘结性;能形成类似于橡胶的高弹性坚韧密封口,承受持续和明显的循环变形,适合接缝活动量大的部位;在常温或加温条件下固化;无溶剂、无毒,使用安全可靠。适用于飞机整体油箱的密封,高速舰艇、水上飞机、各类船舶的防漏水,甲板的嵌缝、船上窗户玻璃密封等;也适用于建筑工程领域中的现代幕墙接缝,建筑物护墙板及高层建筑接缝,窗门框周围的防水防尘密封,中空玻璃制造中的组合件密封及中空玻璃安装,建筑门窗玻璃装嵌密封,游泳池、贮水槽、公路和机场跑道等接缝的密封,还可配制成浇注型聚硫密封胶,来制造柔软的模型模具;无填料聚硫密封胶可用于电子元件的封装,可防水、防尘和抗震动。

双组分聚硫密封胶粘度低,两种组分极易混合均匀,施工性能好;单组分聚硫密封胶,施工操作简单,免除了配料、装胶等工序。

5.5 其他建筑防水材料

5.5.1 刚性防水材料

刚性防水材料是指以水泥、砂石为原材料,或在其内掺入少量外加剂、有机聚合物等材料,通过调整配合比、抑制或减小孔隙率、改变孔隙特征,增加各原材料界面间的密实性等方法,而配制成具有一定抗渗透能力的水泥砂浆混凝土类防水材料。

(1)**防水混凝土**

防水混凝土是以无机胶凝材料水泥为主,具有防水功能的细石混凝土材料。根据组成的不同,分为普通防水混凝土、外加剂防水混凝土和膨胀防水混凝土三种。这是一项结构自防水技术,主要特点是施工简便、造价低廉、易于维修、耐久性好。但存在收缩开裂、韧性差、极限拉伸强度低、易随结构层变形而开裂等缺陷。所以,发达国家在屋面防水工程中已不常采用。我国的某些地区的屋面和大部分地下建筑工程仍采用防水混凝土。

1)普通防水混凝土　普通防水混凝土又称结构自防水混凝土,它是以调整配合比的方法,提高自身密实度,降低孔隙率,满足抗渗性要求的一种防水材料。优化配比很重要,其原则是降低水灰比，控制坍落度；水泥用量和砂率要适当；控制石子最大粒径，以减少沉降缝隙；加强混凝土的早期养护。该防水材料原料来源广泛，配制和施工也很简便，强度高，抗渗性能好。

2）外加剂防水混凝土　外加剂防水混凝土是在普通混凝土拌合物中掺入少量有机或无机物外加剂，来改善混凝土的和易性，提高密实性和抗渗性，适应建筑工程防水需要的一系列防水混凝土的总称。主要品种有减水剂防水混凝土、引气剂防水混凝土等。

①减水剂防水混凝土　在混凝土中加入减水剂减少拌合水的用量，从而降低混凝土的孔隙率，增加密实性和提高抗渗性。这种混凝土具有较高的抗渗性，良好的和易性，可调的凝结时间和推迟水热峰值出现等特点。适用于钢筋稠密的薄壁建筑物、滑模、泵送、大型设备基础混凝土及水工混凝土等。常用的减水剂有木质素类、多环芳香族磺酸类和糖蜜类等。

②引气剂防水混凝土　引气剂是一种具有憎水作用的表面活性物质，它可以显著地降低混凝土拌合用水的表面张力。通过搅拌，使混凝土拌合物产生大量微小、均匀密闭的气泡，从而改善了混凝土的和易性，并且通过气泡的阻隔作用，将毛细管堵死或使之变细，达到提高混凝土密实的目的。常用的引气剂有松香酸钠、烷基磺酸钠和烷基苯磺酸钠等。

3）膨胀防水混凝土　它包括膨胀水泥防水混凝土和膨胀剂防水混凝土。膨胀水泥防水混凝土是依靠膨胀水泥水化后，产生一定的体积膨胀来补偿混凝土的干缩变形，从而达到密实混凝土，提高抗渗性的目的；而膨胀剂防水混凝土，则是在拌合物中掺入一定量的膨胀剂，产生适量体积膨胀来弥补混凝土的收缩，从而使混凝土具有抗裂和抗渗性能。

（2）防水砂浆

应用于建筑防水层的砂浆称为防水砂浆，它是在砂浆中掺入适量的防水剂、高分子聚合物等材料，达到提高砂浆密实度的目的，从而起到很好的抗渗、防水作用。常用的防水砂浆有多层抹面水泥砂浆、掺外加剂的防水砂浆、膨胀水泥/无收缩水泥配制的防水砂浆等。

5.5.2　水泥基渗透结晶型防水材料

水泥基渗透结晶型防水材料简称CCCW，分为水泥基渗透结晶型防水涂料和水泥基渗透结晶型防水剂两大类。此外，还有速凝、堵漏用的水泥基渗透结晶型防水材料等。

水泥基渗透结晶型防水涂料是一种粉状材料，经水拌和可调配成刷涂或喷涂在水泥混凝土表面的浆料，亦可将其以干粉撒覆并压入未完全凝固的水泥混凝土表面。水泥基渗透结晶型防水剂是一种掺入混凝土内部的粉状材料。

（1）组成与作用

水泥基渗透结晶型防水材料是由硅酸盐水泥、石英砂、活性化学物质及各种添加剂等材料组成的白色或灰色粉末状材料。以水为载体，借助强有力的渗透性，在混凝土微孔及毛细管中进行传输、充盈，发生物化反应，形成不溶于水的枝蔓状结晶体，其结晶体与混凝土结构结合成封闭式的防水层整体，堵截来自任何方向的水流及其他液体浸蚀。可以达到永久性防水、耐化学腐蚀的目的，同时也起到了保护钢筋、增强混凝土结构强度的作用。

（2）特点及应用

水泥基渗透结晶型防水涂料的主要特点是渗透深度大，具有独特的自修复能力和防水作用永久性特点；与其他材料有很好的兼容性；施工方法简单。适用于地下工程以及水池、水塔等混凝土结构工程的迎水面和背水面的防水处理，并能使混凝土结构的内部进一步提高抗渗能力，达到永久止水的防水效果。

5.5.3 堵漏止水材料

堵漏止水材料的主要品种包括促凝灰浆、固体堵漏剂、液体堵漏剂、注浆材料、防水砂浆、止水带以及建筑密封胶等。

(1)促凝灰浆

促凝灰浆是将促凝剂掺入水泥砂浆或混凝土中制成的一类堵漏止水材料。它适用于地下室、基础坑、水池、沟道等孔洞的修补,较宽裂缝漏水以及大面积渗漏水的修补。传统的促凝灰浆是指水泥-水玻璃(硅酸钠)胶泥,它是将硅酸钠防水剂掺入水泥砂浆制成的;硅酸钠防水剂是以硅酸钠为基料,加入矾、水共同配制而成的一种快速堵漏材料,其特点是应用范围广,与水泥拌合即可制成防水水泥胶浆,掺入混凝土又可成为防水混凝土;材料来源广,价格低廉;凝固时间短,对渗水部位可迅速起到堵漏作用。

(2)高效无机防水粉

高效无机防水粉是一种水硬性无机胶凝材料,加入水调和硬化后具有防水防渗的性能,属于固体堵漏剂。特点是无毒、无味、无污染,耐高低温性能好;粘结力强,能与砖、石、混凝土、水泥砂浆等牢固地结合成整体;施工简便,迎水面、背水面施工均可达到防水效果,可在潮湿基面上施工。常用的产品主要有堵漏灵、堵漏停、堵漏能、防水宝、确保时等固体防水剂。

(3)注浆材料

注浆材料是将无机材料或有机高分子材料,配制成具有特定性能要求的浆液,采用压送设备将其灌入缝隙或孔洞中,使其扩散、胶凝或固化,达到防渗堵漏目的的一类防水材料。

1)水泥浆材　使用425号以上的普通硅酸盐水泥与水拌合的水泥浆料,价格低,配制方便,但性能一般,只适合于一般裂缝的修补。

2)水泥-水玻璃浆材　将水玻璃和水泥混合在一起,再加入外加剂配制而成的一种注浆材料。它具有水泥的优点兼有化学浆材的特色,凝固时间很快,可按工程需要,在数秒至数十分钟之间进行调节,凝固后结石体的结石率可达到100%,性能优于水泥浆材。适宜于0.2 mm以上裂缝及1 mm以上粒径的砂层使用。这是一种用途广泛、效果良好的注浆材料。

3)环氧树脂浆材　由环氧树脂、稀释剂、固化剂及粉料等,在冷状态下配制而成的一类注浆材料。该浆材补漏不受结构形状限制,粘结强度高,质量可靠,施工工艺简单,适用于修补0.1 mm以上的裂缝、混凝土结构的补强加固和粘结断裂构件。但施工时裂缝必须干燥。

4)聚氨酯浆材　由多异氰酸酯与多羟基化合物生成的预聚体、增塑剂、催化剂、表面活性剂、填充剂等配制而成的一种注浆材料。在聚氨酯浆液中含有未反应的异氰酸酯基团,遇水发生化学反应,交联生成不溶于水的聚合体和二氧化碳。因此,能达到防渗、堵漏和固结的目的。二氧化碳使体积膨胀,增加固结体积比,并产生较大的膨胀压力,促使浆液二次扩散,从而加大了扩散范围。有非水溶性聚氨酯浆材、水溶性聚氨酯浆材和弹性聚氨酯浆材三类。

非水溶性聚氨酯浆材,即氰凝。其特点是遇水立即反应,浆液不会被水稀释或冲走。用压力将其灌入裂缝后浆液会向裂缝四周渗透,从而起到堵漏作用。聚合时间不受限制,施工方便,可采用单液注浆;水溶性聚氨酯浆材具有良好的延伸性、弹性及耐低温性等。对于使用一般方法难以奏效的大流量涌水、漏水、微渗水都有较好的止水效果。它适用于各种地下工程内外墙、地面等变形缝的防水、堵漏。弹性聚氨酯浆材的特点是弹性好、强度高、粘结力强、可室温固化。主要使用范围是处理变形缝和在反复变形情况下的混凝土裂缝。

第6章 聚合物在混凝土中的应用

普通混凝土的本质是一种非均匀的多孔材料。在二氧化碳、水、氯离子、硫酸盐等介质的侵蚀作用下，混凝土会加速破坏，使用寿命将大大缩短。提高混凝土的耐久性是亟待解决的问题。

6.1 概 述

普通混凝土在水泥的水化过程中，用水过量会产生空隙，使材料体系的孔隙率增加，渗透性提高，耐蚀性降低。提高混凝土耐久性能的主要措施是降低混凝土的渗透性，提高硅酸盐水泥水化产物抵抗化学侵蚀的能力。因此，应用聚合物于混凝土中，填充其空隙，是提高混凝土综合性能的一个重要技术措施。

6.1.1 定义与分类

按照国际惯例，聚合物在混凝土中的应用包括三部分，即聚合物浸渍混凝土（polymerimpregnated concrete，简称 PIC）、聚合物改性混凝土（polymer modified cement concrete，简称 PMC）、聚合物胶结混凝土（polymer concrete，简称 PC）。在我国，将这三类材料总称为聚合物混凝土。

（1）聚合物浸渍混凝土

聚合物浸渍混凝土（PIC）是指将已经水化的普通水泥混凝土用聚合物单体浸渍，随后单体在混凝土内部的空隙中进行聚合，使混凝土和聚合物结合成一体的一种新型混凝土材料。按其浸渍的方法不同，又分为完全浸渍和部分浸渍两种。

（2）聚合物改性混凝土

聚合物改性混凝土（PMC）亦称聚合物水泥混凝土（PCC），是指在水泥混凝土搅拌阶段掺入单体或聚合物，浇注后经养护和聚合，使混凝土与聚合物紧密结合而形成的新型混凝土材料。

(3)**聚合物胶结混凝土**

聚合物胶结混凝土(PC)是以聚合物替代水泥作胶结料用,并与骨料拌合浇注,经养护和聚合而成的混凝土材料。

在这三类材料的应用中,聚合物作为胶结组分部分或者全部取代水泥。由于上述三类聚合物混凝土的生产工艺不同,物理性质也有区别,造价和适用范围亦不同。

6.1.2 应用与发展

聚合物改性水泥早在20世纪20年代就开始了。Creson于1923年第一个获得关于水泥填允天然橡胶胶乳用作铺路材料的英国专利。1924年,Lefbure在英国又获得了用配合比方法生产天然橡胶胶乳改性水泥基材料的方法专利。20世纪50年代,研究人员已经研制出PC和PMC制品,在60年代PIC也受到重视,可是并没有实现商品化。到了70年代,虽然在地板、桥梁和水利方面等得到了应用,但用量仍然不大。80年代以来,由于PMC生产工艺过程与普通混凝土相似,使其应用得以继续发展,常用作保护涂层和建筑物的喷涂层等。PC材料作为一种重要的建筑材料,除制造大理石制品外,还广泛地应用于水泥混凝土的修补,特别是快速路和桥梁方面。另外,以PC制作的预制件,如机床底座、建筑板材、壳体、地下套管道衬里以及高压电绝缘体等也相继问世。从此,高分子材料与无机材料构成的复合材料,作为一个新的混凝土材料领域,已展现在人们的面前,而且具有广阔的发展前景。当然,也存在着许多问题和困难,有待进一步研究和实践。

国际上为推进聚合物在混凝土中应用,广泛开展了学术研究和交流。在1974年第六届国际水泥化学会议上,首次提出了水泥中的有机聚合物和无机聚合物的某些化学观点,从而为水泥材料中引入聚合物奠定了基础,拉开了聚合物在混凝土中的应用序幕。而且自1975年起,每三年召开一次国际会议来讨论相关问题。1981年在日本成立了国际混凝土组织(ICPIC);1971年美国在混凝土协会里成立了聚合物混凝土委员会,1986年在塑料工业协会里也成立了聚合物混凝土委员会;在日本建筑协会中建立了塑料混凝土协会、合成树脂混凝土科学协会、聚合物混凝土技术协会等。

我国对于聚合物在混凝土中的应用研究,始于20世纪70年代。同济大学、中国建材研究院等单位有关聚合物混凝土的研究工作取得了较好的成绩,基本与国际水平同步。

6.2 聚合物浸渍混凝土

聚合物浸渍混凝土(PIC)是将已硬化干燥后的混凝土基材,浸入反应性单体或低粘度预聚物的液体中,当单体或预聚物渗入混凝土的孔隙后,引发聚合,使其聚合成整体混凝土,以减少其中的孔隙,达到提高强度、改善性能的目的。按照浸渍液的组分不同,可以制得不同种类的聚合物浸渍混凝土。

6.2.1 PIC材料的基本组分

通常,凡是能被混凝土基材吸收,并在其中聚合成为固体的液体原料,都可用于浸渍混凝土。常用的浸渍液既可以采用一种单体,也可以采用几种单体或单体与聚合物的混合物。浸渍液中还应含有引发剂、促进别、交联剂、稀释剂等助剂。

(1)浸渍液的要求

要求浸渍液粘度较低,浸渍时容易渗入混凝土基材内部。粘度越低,渗入越容易,渗入深度越大;有较高的沸点和较低的蒸汽压力,以减少浸渍后和聚合过程中的损失;聚合后与混凝土基材的粘结力好,形成一个整体;聚合收缩率小,形成的聚合物应有较高的强度和较好的耐水、耐碱、耐老化等性能;聚合物的软化温度应超过混凝土材料的使用温度。如果是局部浸渍,可选用粘度较高的聚合物。

(2)浸渍用混凝土基材的要求

浸渍用的混凝土基材主要是水泥混凝土制品,其中包括钢筋混凝土制品。要求其不应含有阻碍浸渍液聚合的成分;有一定的基本强度,能够承受干燥、浸渍、聚合过程产生的应力,并不因搬运而产生裂缝等缺陷;有适当的孔隙供浸渍液渗填,且材料结构尽可能均匀;构件的尺寸和形状与浸渍、聚合的方法和设备相适应,基材的厚度一般不超过15 cm。

由于浸渍后树脂填充了混凝土中的孔隙,所以基材的孔隙率虽然对基材强度有很大影响,但对浸渍混凝土却基本没有影响。如果基材的孔隙率过大,浸渍所需的聚合物量增多,使浸渍混凝土成本增高。另外,由于浸渍后制品的强度大大提高,制作高强度浸渍混凝土时,应采用强度较高的骨料,如花岗岩、辉绿石碎石。

6.2.2 生产工艺

浸渍混凝土制品的生产工艺,主要包括混凝土基材的制备、浸渍和聚合等工序。

(1)基体干燥

聚合物是否充满基材的孔隙,对聚合物浸渍混凝土的强度和耐久性的影响很大。为了最大限度地改善基体性能,必须对基体进行充分干燥,方便浸渍液浸入基体。除去基体孔隙内游离水分的方法,常用热风(120~150 ℃)进行干燥,要求含水率不超过0.5%。当温度超过150 ℃时,混凝土和浸渍混凝土的强度都将会随着温度的升高而下降。

(2)抽气

抽真空的目的是将阻碍单体渗入的空气从孔隙内抽出,为浸渍液让出空位,以提高单位容积浸渍效果,提高浸渍率和加快浸渍速度。浸渍率是表征基材被浸渍和渗填程度的指标,即用浸渍前后的质量差和浸渍前质量的百分比表示。真空度越高,对浸渍越有利,但是密封要求很高。因此,真空度一般以6.5 kPa为宜。

(3)浸渍

根据浸渍混凝土使用的目的不同,浸渍可以分为完全浸渍和局部浸渍两种。完全浸渍是指混凝土断面被单体完全浸透,通常采用真空或加压浸渍,宜选用低粘度的单体;局部浸渍是指单体只渗入到一定的深度,一般在10 mm以下。局部浸渍可采用涂刷或浸泡,或二者并用的方法。应选用粘度较大的浸渍液,其主要目的是封闭混凝土表面孔隙,提高其耐久性、抗渗性及抗腐蚀性;完全浸渍除能达到上述目的外,还能大大提高混凝土强度。

常用的浸渍单体有甲基丙烯酸甲酯、苯乙烯、丙烯腈、丙烯酸酯等乙烯基单体及有机硅单体。常用的预聚物有环氧树脂(EP)和不饱和聚酯树脂(UP)。但是,需要调节好粘度。

(4)聚合方法

聚合是使渗入混凝土中的单体转化为固体聚合物的步骤。其原理依使用浸渍液的类型而异,对于含双键的单体体系,聚合就是引发双键打开,进行连锁加成反应;对于环氧树脂类等不含双键的浸渍液,聚合是引发树脂与交联剂发生反应。主要方法有高能辐射聚合法、热—化学聚合法和催化剂聚合等。其中热—化学聚合法工艺较简单、质量稳定、速度易控制、成本较低,适于现场及大型构件的施工,因而多被采用。

(5)PIC 改性原理

PIC 改性的主要原理是聚合物填充了混凝土的孔隙,在一定深度范围内形成连续相,从而增加了内部的粘结性,减少裂纹和孔隙产生的应力集中,提高了混凝土的强度和抗浸、抗冻、耐蚀性能。一般抗压强度较普通混凝土提高 3 ~4 倍,抗拉强度提高 2 ~3 倍,抗弯强度提高 3 ~4 倍,弹性模量提高 1 倍左右。

6.2.3 特点及应用

目前,聚合物浸渍混凝土的造价较高,实际应用尚不普遍。主要是利用 PIC 制品的耐腐蚀、高强、耐久性好的特性制作一些构件,如管道内衬、隧道衬砌、活动钢桥、桥面板、铁路轨枕、混凝土船、海港建筑、海上采油平台以及旧混凝土的维修加固领域等,随着其制作工艺的简化和成本的降低,还可以作为防腐蚀材料、耐压材料以及在水下或海洋等方面应用的材料。

部分浸渍的 PIC,早期主要用于处理高速公路、桥面的抗冻融及防止氯离子的浸入等方面。另外还用于大坝建筑、化工厂的防腐地面等。但这类制品造价目前较高,有待今后进一步研究。PIC 制品的设备投资较大,特别是大型构件的制备,困难更大,因此制约了商品化和大量生产。

6.3 聚合物改性混凝土

聚合物改性混凝土(PMC),是在水泥混凝土搅拌阶段,掺入聚合物或单体,成型后经养护而成的一种含有机聚合物的水泥混凝土,亦称聚合物改性水泥混凝土或聚合物水泥混凝土(PCC)。

6.3.1 PMC 材料的基本组成

这类材料是在普通水泥混凝土的配方基础上,加入聚合物组分而制成的。因而,其组成主要包括水泥、砂子、石子、水及水溶性聚合物或单体。其中聚合物的掺量为水泥用量的5% ~25% 。

(1)聚合物组分与作用

PMC 中聚合物组分有两种类型,一种是非反应型的聚合物水溶液、乳胶。常用的有聚乙烯醇、聚丙烯酰胺、纤维素醚、氯丁胶乳、丁基胶乳、丁苯胶乳、丙烯酸酯乳液、醋酸乙烯乳液以及乙烯-醋酸乙烯共聚乳液等;另一种是反应型的聚合物或单体,常用的有环氧树脂和不饱和聚酯树脂等。

在混凝土制品中,非反应型聚合物是以一种连续的乱向网络分布在结构之中,并起到增强的作用。反应型包括两种反应形式:一种是聚合物或单体之间的交联固化反应,如 EP,UP 的固化,从而形成了大分子聚合物,起填充孔隙并增强作用;另一种是聚合物的活性基团与水泥水化产物或骨料之间发生化学反应,起到交联作用,如 EP 的—OH、马来酸改性的 PVAC 中的—COOR，以及能产生水解的—COOH等。含有—COOH的聚合物能与水泥水化产物(Ca^{2+})发生作用，较大地改变了原体系的结构，从而带来性能的改变，显著地提高了强度和耐水性能。在水泥砂浆或水泥混凝土中掺入聚合物后，会引起水泥砂浆或水泥混凝土性质的一系列变化。如抗折强度、变形能力、粘结强度、耐久性、耐磨性以及柔性等性能的提高；而抗压强度、弹性模量、刚性等性能的降低。

(2)聚合物改性机理

聚合物增强水泥砂浆的机理是聚合物的掺入对水泥的水化及凝结硬化过程产生影响，从而改变水泥混凝土的性能。一是改变了混凝土的孔结构，提高了水泥浆体与骨料的粘结性，减少了硬化水泥浆体中的微裂纹，从而改善了水泥混凝土物理力学性能；二是改善水泥砂浆或水泥混凝土的工作性能，其减水作用可降低水灰比，从而改善了水泥混凝土的物理力学性能；三是聚合物在混凝土内形成薄膜，填充水泥水化物和骨料之间的孔隙，与水泥水化物结成一体，使之具有较好的粘结性和综合性能。

关于聚合物改性水泥砂浆和混凝土的作用机理，由于研究所用的聚合物品种和掺量以及研究方法的不同，得出的结论也有所不同。所以，至今仍然没有形成统一的观点。因此，还有人对此不断地进行深入研究。

6.3.2　PMC质量影响因素

PMC的生产工艺与设备同普通混凝土，自然受其有关因素的影响，还受聚合物性质的影响。

(1)聚合物加入量

聚合物的掺入量常用聚合物与水泥的质量比来衡量，称为聚灰比(P/C)。最佳的P/C范围较大，一般来说$P/C=0.05\sim0.1$时，可能使强度降低，这是由于聚合物的塑化引气作用造成的，经消泡工艺处理，此现象可以避免；$P/C=0.02\sim0.04$时，结构中开始出现聚合物相，此时对混凝土的改性作用不明显；在$P/C=0.04\sim0.2$时，水泥及水化物构成无机网络，网络缺陷处聚集聚合物，并开始对无机网络增强、韧化；当$P/C>0.25$时，聚合物开始自成网络，并与无机结构网络相平行，从而显著地增加强度，改善了性能。

(2)聚合物乳液的性质

PMC用胶乳必须使用阳离子或非离子型乳化剂。若使用阴离子型胶乳，因其易与水泥水化物(Ca^{2+})作用而凝胶化，在水泥中不容易分散。必须加稳定剂，才能避免凝胶现象。

(3)气泡

有机聚合物中一般含有一定量的表面活性剂，因塑化而引起气泡。在实际生产中，可加入适量的消泡剂，或者适当调整搅拌速度，控制气泡产生。

(4)养护制度

水硬性材料需要湿养为主，而聚合物固化一般是在干燥条件下进行。因此，如何发挥这两种胶粘材料的作用，养护制度是一个重要环节，这种制度随不同聚合物而异，需要通过实验来确定。一般需要湿干交替养护。

6.3.3　常见的配方举例

能够改性混凝土的聚合物液体品种很多，所以，每一种类的材质的PMC制品品种也很多，常用的有天然乳胶和合成乳液。在一般情况下，聚合物掺量为水泥质量的5%～25%。

以丁苯胶乳改性混凝土为例。采用 m(砂)：m(水泥)＝3：1，m(水)：m(水泥)＝(0.35～0.5)：1，m(胶乳固体)：m(水泥)＝(0.05～0.20)：1。丁苯胶乳的固含量一般在48%，pH＝10.5。该PMC材料常用作面层、修补和加固的砂浆。

6.3.4 特点及应用

将聚合物置于普通混凝土中搅拌，聚合物在混凝土内形成薄膜，填充水泥水化物和骨料之间的空隙，与水泥水化物结成一体。具有较好的粘结性、耐久性、耐磨性、抗弯性能，减少制品的收缩性，使不透水性、耐腐蚀性及耐冲击性均有提高。综合性能的改善属中等程度，强度提高较少。

聚合物水泥混凝土主要适用于地面、路面、桥面和船舶的内外甲板面，尤其适合于洒落化学物质的楼面防腐。也可用作衬砌材料、喷射混凝土、新旧混凝土的接头、旧混凝土面的修补、瓷砖粘结剂、防水涂料及多孔排水混凝土等。由于PMC的生产工艺简单，在现有的普通混凝土的生产设备上即能实现，为广泛应用创造了有利条件。

6.4 聚合物胶结混凝土

聚合物胶结混凝土(PC)亦称树脂混凝土，它是一类以聚合物为胶结材料(代替水泥)、以砂石为骨料的混凝土，为了减少树脂的用量，还可以加入填料粉砂等。凡用于制造塑料、粘合剂、涂料的聚合物质，几乎都可以用作PC材料的胶结组分。

6.4.1 PC材料的基本组成

聚合物胶结混凝土的原料主要由胶结料、骨料和填料组成。

(1)胶结料

生产聚合物混凝土所用的胶结料为液态树脂，要求与骨料容易混合并能牢固粘结，在室温或加热条件下可以固化，强度高，耐水性好。

(2)骨料

要求骨料与混凝土相同，最大粒径在20 mm以下。为了减少树脂的用量，骨料的密实度要大，含水率在1%以下，不允许含有阻碍树脂固化反应的杂质。

(3)填料

为了减少树脂用量和改善聚合物混凝土的工作性能，需要加入粒径在1～30 μm的惰性填料。如粉砂、碳酸钙、粉煤灰及火山灰等。

6.4.2 生产工艺

聚合物混凝土生产工艺是：按比例准确称量物料，由于聚合物混凝土的粘度很高，先用搅拌机将树脂和固化剂混合均匀；然后再与混合过的骨料及填料进行强制搅拌，在真空中搅拌会更好。搅拌时间比普通混凝土长3～4 min；再将聚合物拌合料成型，经养护、脱模、修整即得制品。其工艺过程如图6.1所示。PC材料质量的影响因素最主要的是称量的准确性、树脂种类和固化剂在拌合物体内的均匀性。

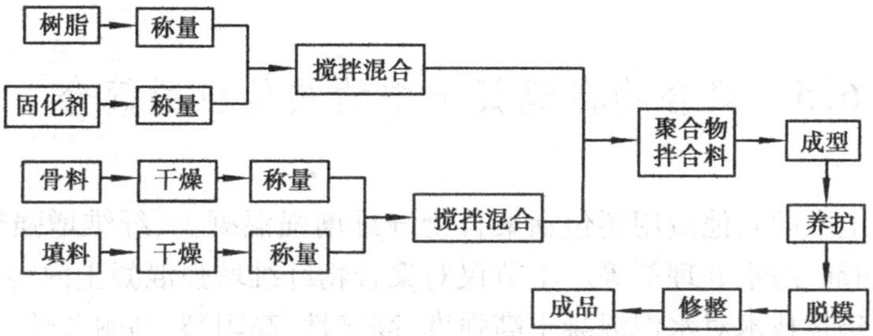

图6.1　聚合物混凝土生产工艺流程

6.4.3　常见的配方举例

用于生产PC材料的胶结剂品种很多，所组成的聚合物胶结混凝土的种类也很多，包括环氧树脂混凝土、甲基丙烯酸酯树脂混凝土、不饱和聚酯树脂混凝土、呋喃树脂混凝土以及沥青混凝土等，本节仅简介环氧树脂混凝土。用于PC的环氧树脂通常是双组分，一组分是环氧树脂，另一组分是固化剂。在PC材料中，聚合物组分一般不少于7%～8%（质量比），配方如表6.1所示。

表6.1　环氧树脂混凝土参考配方

组　分	原料名称	用量（质量分数）/%
胶结料	环氧树脂（含固化剂）	10
	填料（如碳酸钙）	10
骨料（粒径/mm）	细砂＜1.2	20
	粗砂1.2～5.0	15
	石子3～20	45
增塑剂	邻苯二甲酸二丁酯	适量

6.4.4　特点及应用

在聚合物混凝土中，用作胶结材料的聚合物组分最终全部参与固化反应，致使聚合物混凝土中没有连通的毛细孔，使得抗渗透性比水泥混凝土要高得多。因而，聚合物混凝土具有优良的耐久性（包括耐水、耐冻融、耐腐蚀等），聚合物混凝土的强度发展较快，24 h强度可以达到最终强度的80%，而且抗拉、抗折和抗压强度都很高。加之，其在大多数材料上都具有很好的粘附性。所以，它是一种优秀的快速修补材料，具有很好的商业应用价值。

各类聚合物混凝土预制构件，如建筑隔墙板与外墙板、设备基座及支撑构件、机床基础、管材及管件、电缆沟、水工构件、井盖、桥枕、雨水箅子、人造大理石、人造玛瑙等，越来越受到重视。聚合物砂浆则更多地用于现场施工、表面修饰等。同时还广泛地应用于建筑结构和道路的修补、薄层罩面等。但是，目前PC材料的有关理论有待进一步研究。特别突出的问题是成本高，在一定程度上限制了它的应用。因此，研究者考虑利用旧聚合物制造聚合物混凝土材料更有现实意义。

6.5 聚合物在混凝土中的其他应用简介

聚合物在混凝土中的其他应用还包括聚合物纤维增强混凝土、纤维增强聚合物(FRP)混凝土、混凝土的外加剂、防水处理剂等。本节仅对聚合物纤维增强混凝土内容作简介。

为了满足现代建筑技术对水泥混凝土高强度、高韧性、高阻裂、高耐久性、高体积稳定性和优良工作性的要求,在普通混凝土中掺入适当的各种纤维材料而形成的纤维混凝土结构,现已得到很大发展和推广应用。

纤维材料有钢纤维、聚合物纤维、玻璃纤维、碳纤维等。聚合物纤维增强混凝土的主要品种有聚丙烯纤维混凝土、聚酯纤维混凝土、聚酰胺纤维混凝土、聚乙烯纤维混凝土、聚酰胺纤维混凝土、聚乙烯醇纤维混凝土、聚丙烯腈纤维混凝土以及复合纤维混凝土等。经纤维增强混凝土,能有效地控制混凝土的收缩裂缝,抗渗性能显著提高,使混凝土保护层不容易碳化,对钢筋起缓蚀作用,加筋和无筋混凝土的抗冲击强度有显著提高。但是对抗压强度的影响有待于进一步研究。

聚合物纤维混凝土广泛应用于刚性路面、码头、桥梁、地下室工程、屋面、内外墙粉刷、停车场、贮水池、腐化池等工程中。特别适用于公路的路面、机场跑道,使之平整而富有弹性与韧性,不易起小沟小坑,而且可延长使用寿命数年。

主要参考文献

[1] 王惠忠. 化学建材. 第一版. 北京:中国建材工业出版社,1995

[2] 王积涛,张宝申,王永梅等. 有机化学. 第二版. 天津:南开大学出版社,2003

[3] 潘祖仁. 高分子化学. 第三版. 北京:化学工业出版社,2003

[4] 金日光,华幼卿. 高分子物理. 第二版. 北京:化学工业出版社,2000

[5] 张留成. 高分子材料导论. 第一版. 北京:化学工业出版社,1993

[6] 王贵恒. 高分子材料成型加工原理. 第一版. 北京:化学工业出版社,1982

[7] 段予忠. 塑料改性. 北京:科学技术文献出版社,1988

[8] 段予忠. 徐凌秀编著,塑料配方设计及应用 900 例. 科学技术出版社,1995

[9] 刘柏贤,刘隼. 建筑塑料. 第一版. 北京:化学工业出版社(材料科学与工程出版中心),2000

[10] 于红军,王璐. 建筑用塑料制品与加工. 第二版. 北京:科学技术文献出版社,2003

[11] 曹民干,袁华,陈国荣. 建筑用塑料制品. 第一版. 北京:化学工业出版社(材料科学与工程出版中心),2003

[12] 洪啸吟,冯汉保. 涂料化学. 第一版. 北京:科学出版社,1997

[13] 叶扬祥,潘肇基. 涂装技术实用手册. 第一版. 北京:机械工业出版社,2001

[14] 沈春林. 建筑涂料手册. 第一版. 北京:中国建筑工业出版社,2002

[15] 王建国,刘林. 建筑涂料与涂装. 第一版. 北京:中国轻工业出版社,2002

[16] 沈春林,苏立荣,李芳. 建筑涂料. 第一版. 北京:化学工业出版社(材料科学与工程出版中心),2001

[17] 张玉祥,刘宗柏. 化学建材应用指南. 第一版. 北京:化学工业出版社(材料科学与工程出版中心),2002

[18] 费学宁,贾堤,池勇志. 功能性建筑涂料的工艺与应用. 第一版. 北京:机械工业出版社,2004

[19] 石玉梅,徐峰,张保利. 建筑涂料与涂装技术 400 问. 第二版. 北京:化学工业出版社(材料科学与工程出版中心),2002

[20] 沈春林,李芳,岳志俊,苏立荣. 涂料配方手册. 第一版. 北京:中国石化出版社,2000

[21] 钱逢麟，竺玉书. 涂料助剂——品种和性能手册. 第一版. 北京：化学工业出版社，1990

[22] 徐峰. 建筑涂料与涂装技术. 第一版. 北京：化学工业出版社，1998

[23] 刘国杰. 特种功能性涂料. 第一版. 北京：化学工业出版社（材料科学与工程出版中心），2002

[24] 刘国杰，耿耀宗. 涂料应用科学与工艺学. 第一版. 北京：中国轻工业出版社，1994

[25] 庞启财. 防腐蚀涂料和质量控制. 第一版. 北京：化学工业出版社，2003

[26] 董炎明. 高分子材料实用剖析技术. 第一版. 北京：中国石化出版社，1997

[27] 饶厚曾，黄智敏. 建筑用胶粘剂. 第一版. 北京：化学工业出版社，2004

[28] 王孟钟，黄应昌. 胶粘剂应用手册. 第一版. 北京：化学工业出版社，1987

[29] 李维绍，刘军. 聚氨酯树脂及其应用. 第一版. 北京，化学工业出版社（材料科学与工程出版中心），2002

[30] 王慎敏. 胶粘剂合成、配方设计与配方实例. 第一版. 北京：化学工业出版社（化学与应用化学出版中心），2003

[31] 程时运，李盛彪，黄世强. 胶粘剂. 第一版. 北京：化学工业出版社，2001

[32] 沈春林. 建筑防水知识问答. 第一版. 北京：化学工业出版社（材料科学与工程出版中心），2002

[33] 沈春林，苏立荣，岳志俊. 建筑防水材料. 第一版. 北京：化学工业出版社（材料科学与工程出版中心），2000

[34] 沈春林，苏立荣，李芳. 建筑防水涂料. 第一版. 北京：化学工业出版社（材料科学与工程出版中心），2003

[35] 沈春林，杨军，苏立荣. 建筑防水卷材. 第一版. 北京：化学工业出版社（材料科学与工程出版中心），2004

[36] 沈春林，苏立荣，李芳. 建筑防水密封材料. 第一版. 北京：化学工业出版社（材料科学与工程出版中心），2003

[37] 沈春林，苏立荣，李芳. 刚性防水及堵漏材料. 第一版. 北京：化学工业出版社（材料科学与工程出版中心），2004

[38] 朱馥林. 建筑防水新材料及防水施工新技术. 第一版. 北京：中国建筑工业出版社，1997

[39] 李承刚. 建筑防水新技术. 第一版. 北京：中国环境科学出版社，1996

[40] 翟海潮. 建筑粘合与防水材料应用手册. 第一版. 北京：中国石化出版社，2000

[41] 刘尚乐. 聚合物沥青及其建筑防水材料. 第一版. 北京：中国建材工业出版社，2003

[42] 金孝权，杨承忠. 建筑防水. 第一版. 南京：东南大学出版社，1998

[43] 沈春林. 建筑防水工程百问. 第一版. 北京：中国建筑工业出版社，2001

[44] 沈春林. 建筑防水工程师手册. 第一版. 北京：化学工业出版社，2002

[45] 刘庆普. 建筑防水与堵漏. 第一版. 北京：化学工业出版社，2002

[46] 丁莜燕，刘景秀，陈嘉元. 建筑防水施工技术. 第一版. 北京：金盾出版社，2002

[47] 张书香，隋同波，王惠忠. 化学建材生产及应用. 第一版. 北京：化学工业出版社，2002

[48] 黄应昌，吕正方. 弹性密封胶与胶粘剂. 第一版. 北京：化学工业出版社（材料科学与

工程出版中心),2003

［49］赵志缙. 新型混凝土及其施工工艺. 第二版. 北京:中国建筑工业出版社,1986

［50］钟世云,袁华. 聚合物在混凝土中的应用. 第一版. 北京:化学工业出版社(材料科学与工程出版中心),2003

习题与思考题

第 1 章 化学建材基础

1. 用系统命名下列化合物

(1)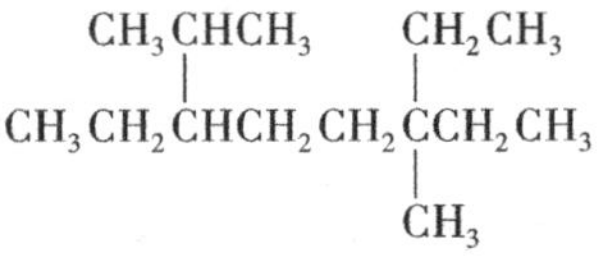

(2)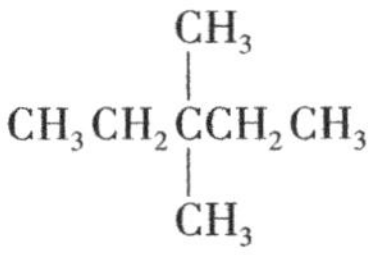

(3)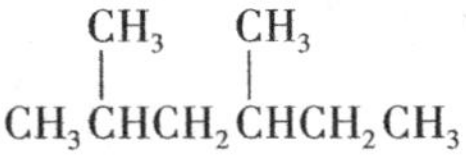

(4)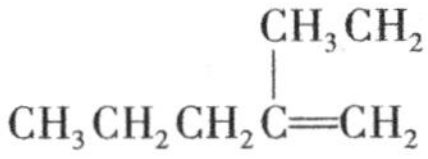

(5)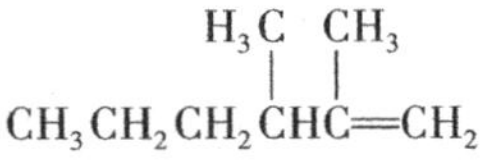

(6)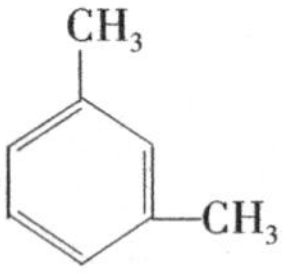

(7)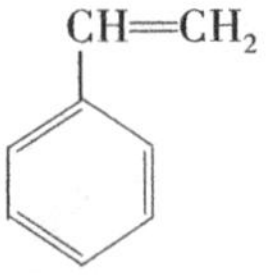

(8)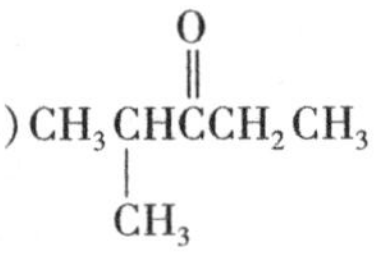

(9) $CH_3CH_2CH_2CH_2CH_2COOH$　　(10) $CH_3CH_2OCH_3$

2. 写出下列各化合物的结构式

(1) 2,3-二甲基庚烷　(2) 2,4-二甲基-4-乙基庚烷　(3) 2-甲基-3-乙基己烷　(4) 异丁烷

(5) 3,4-二甲基-3-辛烯　(6) 2-甲基丙烯　(7) 4-甲基-5-氯-2-戊烯

(8) 溴化苄　(9) 乙酰胺　(10) 2-甲基-2-己醇

3. 完成下列反应式

(1) $CH_3CH{=}CH_2 + HBr \xrightarrow{过氧化物} \quad \xrightarrow{H_2O(KOH)}$

(2) $CH_3CH_2CH{=}CH_2 \xrightarrow[中性]{KMnO_4} \quad \xrightarrow{CaO}$

(3) $CH_3C{\equiv}CH + [Ag(NH_3)_2]^+ \longrightarrow$

(4)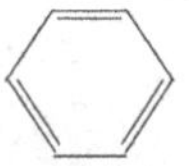 $+ HNO_3(浓) \xrightarrow[(浓)]{H_2SO_4}$

(5)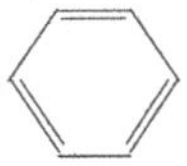 $+ CH_3CH{=}CH_2 \xrightarrow{AlCl_3}$

(6)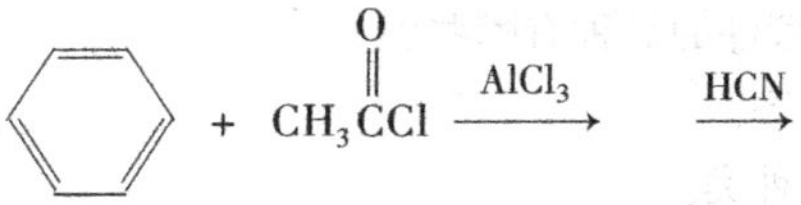

(7) $CH_3CH{=}CH_2 + HBr \longrightarrow \quad \xrightarrow{NaCN}$

(8) $\underset{\displaystyle\ \ HO\quad CH_3}{CH_3CHCHCH_3} + HCl \longrightarrow \quad \xrightarrow{NH_3}$

(9)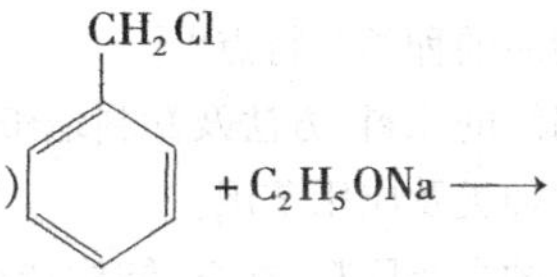

(10)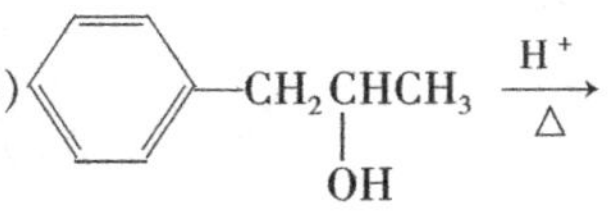

(11)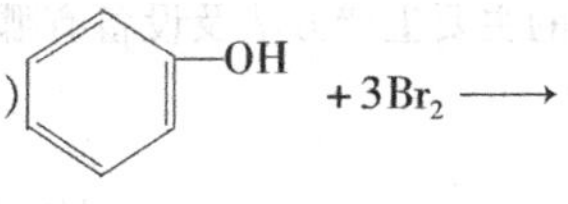

(12) $2CH_3OCH_3 + CH_3CH_2MgX \rightleftharpoons$

(13) $CH_3\overset{O}{\overset{\|}{C}}H + HOCH_2CH_2OH \xrightarrow{H^+}$

(14) $CH_3CH_2\overset{O}{\overset{\|}{C}}OH + PCl_5 \longrightarrow$

(15)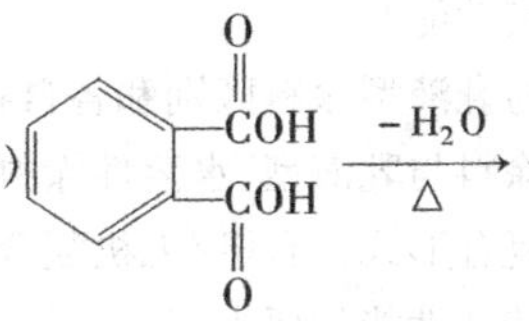

4. 如何由指定的原料合成下列物质(无机试剂可任选)

(1)由乙烯生成聚醋酸乙烯酯和聚对苯二甲酸乙二酯　(2)由丙烯酸生成聚甲基丙烯酸甲酯

5. 高分子和高分子材料的区别?

6. 举例说明聚合物链的组成分类。

7. 举例说明自由基聚合反应的机理、方法和特点。

8. 什么是逐步聚合反应? 线型缩聚和体型缩聚的区别和注意事项。

9. 在建筑涂料生产中采用共聚合反应的特殊意义?

10. 用分子运动的观点解释非晶态聚合物的形变-温度曲线,该曲线有何实际应用?

11. 用分子运动的观点解释聚合物简单拉伸试验的应力-应变曲线。根据曲线类型如何判断材料类别。

12. 用分子运动的观点解释聚合物的蠕变现象。

13. 什么是燃烧和阻燃? 如何用氧指数大小划分材料阻燃性类型?

第2章　建筑塑料

1. 请解释树脂和塑料、塑料和高分子材料的区别?

2. 塑料的基本特点? 建筑中常用树脂的特性(如 PVC,PP,PE,PS,UP,PF,EP,PU)。

3. 什么是建筑塑料? 按照塑料制品在建筑上的功能及使用的部位,建筑塑料的主要品种?

4. 增塑剂及其增塑机理? 常用的品种?

5. 热稳定剂、光稳定剂和抗氧剂及其作用。

6. 填充剂及其作用? 常用的品种?

7. 偶联剂及其作用? 常用的品种?

8. 着色剂、染料、颜料的区别? 白色颜料主要品种及特性,二氧化钛在室内外使用中有何区别?

9. 设计塑料制品配方及原料的选择原则?

10. 常用的塑料管材种类及各自特点? ABS 管道有何特点?

11. 什么是塑料管件？在塑料管道中，建筑排水用硬PVC管件的品种有哪些？

12. PVC窗的要求及成型加工设备？PVC塑料窗的组装工序？

13. PVC门的要求及成型加工设备？PVC塑料门的组成及种类。

14. 塑料地面制品的种类及特点？

15. 生产塑料墙纸的原料、方法及塑料墙纸的裱贴工序。

16. 塑料板材的种类及应用范围？

17. 人造大理石的主要原料、配方、结构特点及生产工艺。

18. 塑料制品的主要生产方法及设备有哪些？

第3章 建筑涂料

1. 建筑涂料及其功能？

2. 溶剂型涂料与乳液型涂料区别和各自特点？

3. 水溶性无机涂料与乳液型、水溶性涂料的区别和各自特点？

4. 复合涂料的复合形式？有机/无机复合涂料的特点？

5. 建筑涂料按特殊性能的要求划分有哪些类别？按照涂膜状态有哪些类别？

6. 什么是清漆、色漆、腻子？

7. 主要成膜物质及其特征？对主要成膜物质的要求及主要品种？

8. 什么是次要成膜物质和辅助成膜物质？颜料及建筑涂料常用颜料的种类？

9. 溶剂在建筑涂料中的作用？松香水的主要组成？煤焦溶剂精制后得到的主要组分及其应用？

10. 萜烯类溶剂的特征及其在建筑涂料中的作用？

11. 醇、酮、酯类溶剂在建筑涂料中的应用与作用？水在建筑涂料中的应用与作用？

12. 什么是表面活性剂？它的主要类别有什么？其中乳化剂及其主要品种？润湿分散剂及其主要品种？消泡剂及消泡机理，常用的消泡剂品种？

13. 流变剂/防沉剂的作用，常用的流变剂/防沉剂品种？

14. 增稠剂的作用及其常用的品种？

15. 催干剂的作用及其常用的品种？抗结皮剂的作用及其常用的品种？

16. 无机阻燃剂的特点及常用的品种？有机阻燃剂的特点及常用的品种？

17. 膨胀型防火涂料用防火体系主要指什么？有何特点？

18. 防霉防腐剂的作用，常用防霉防腐剂的主要品种？防冻剂的作用及常用品种？

19. 建筑涂料配方设计中的颜基比（P/B）、颜料体积浓度（PVC）、临界颜料体积浓度（CPVC）的概念和意义？

20. 建筑涂料配方设计内容与程序？溶剂在建筑涂料配方设计中影响与作用？

21. 润湿、润湿作用与润湿角？

22. 涂膜的流平和流挂、缩孔和桔皮现象、发花和浮色现象。

23. 建筑涂料的成膜类型？物理成膜机理干燥、分散介质挥发成膜、化学机理干燥的特点？

24. 反应釜体积的选择原则？反应釜的传热方式与传热设备？搅拌器的作用与选择原则？

25. 固体物料、液体物料及气体物料输送的主要设备？

26. 粉碎及研磨设备？固体物料的分散及分散设备？固体物料分散效果的影响因素？

27. 清漆和色漆的制备工艺及产品的检验规则。

28. 醇酸树脂的主要原料、反应机理？醇酸树脂的特点及应用。

29. 植物油的分类及鉴别方法。

30. 丙烯酸树脂的主要原料、基本反应、特点及应用。

31. 何为不饱和聚酯树脂，主要性能特点？

32. 生产聚氨酯树脂的原料及其主要性能，以甲苯二异氰酸酯/三羟基丙烷加成反应为例，写出其反应过程。聚氨酯树脂的特点、应用及存在缺点。

33. 异氰酸酯反应时会产生哪些副反应？

34. 酚醛树脂的基本化学反应、特点及应用。

35. 环氧树脂的主要原料，反应过程和常用的固化体系？环氧树脂的性能特点及应用？

36. 呋喃树脂的特点及应用？

37. 有机硅树脂的原料及制备工艺？

38. 乳化过程及乳液的形成？

39. 乳液聚合机理及特点？乳化剂的作用及在建筑涂料乳液生产中常用的乳化剂品种？

40. 预乳化法及其特点？种子聚合法特点及其建筑涂料基料的分子设计中的作用？

41. 什么是无皂乳化？在科技发展的今天，为什么推崇无皂乳液聚合法？

42. 生产聚醋酸乙烯酯乳液的主要原料，各组分的作用？该乳液的应用范围？

43. 聚丙烯酸酯共聚乳液的特点及应用？

44. 醋酸乙烯-丙烯酸酯共聚乳液的特点及应用？

45. 苯乙烯-丙烯酸丁酯共聚乳液的特点及应用？

46. 聚丙烯酸酯弹性乳液的各组分作用及该类乳液特点及应用？

47. 对于聚合物乳液类基料主要检测的性能指标有哪些？

48. 内墙装饰涂料的基本要求和主要品种，各自的性能特点及应用？

49. 外墙装饰涂料的基本要求和主要品种，各自的性能特点及应用？

50. 使用弹性外墙乳液涂料的原因？各组分的作用？特点及应用？

51. 有机硅树脂改性丙烯酸外墙涂料的各组分的作用？特点及应用？

52. 溶剂型外墙涂料的品种、作用及注意事项？

53. 腻子的功能、生产使用的原料及其作用？弹性腻子使用的场合？

54. 腻子的施工工序、批刮腻子的要求及其批刮方法？

55. 地面涂料的要求和主要品种？

56. 建筑防火涂料的基本概念、分类及各类防火涂料的基本特征？

57. 防火涂料的组成体系及其特点？膨胀型、非膨胀型防火涂料的防火机理？

58. 防火涂料配方设计原则，饰面型防火涂料种类及特点，钢结构防火涂料组成及各组分的作用？

59. 金属、混凝土材料的腐蚀原理？

60. 防腐蚀涂料特点、作用及施工。

61. 酚醛树脂防腐蚀涂料特点及应用？

62. 环氧树脂防腐蚀涂料主要品种及其特点？

63. 呋喃树脂防腐蚀涂料主要品种及其特点？

64. 乙烯树脂防腐蚀涂料主要品种及其特点？

65. 聚氨酯防腐蚀涂料主要特点及适用的环境？

66. 氟树脂防腐蚀涂料主要特点及应用？

67. 氯化聚醚防腐蚀涂料主要特点及应用？

68. 玻璃鳞片防腐蚀涂料主要特点及应用？

69. 涂料性能检测有哪些体系？每个体系所包含哪些项目？防腐涂料需要检测的项目有哪些？

70. 在建筑涂料施工中对基材的要求是什么？施涂方法及其使用的工具？

71. 建筑涂料中，常见的有毒物质及其危害？苯及苯系物的测定方法？总挥发性有机物（TVOC）的测定方法？

第4章　建筑胶粘剂

1. 建筑胶粘剂在建筑上的应用？
2. 建筑胶粘剂的主要组成？胶粘剂的粘接机理？被粘材料的表面处理方法？
3. 环氧树脂胶粘剂的特点及应用？
4. 丙烯酸酯胶粘剂的特点及应用？
5. 聚氨酯胶粘剂的种类？特点及应用？
6. 聚醋酸乙烯酯乳液胶粘剂的特点及应用？
7. 不饱和聚酯树脂胶粘剂的特点及应用？
8. 脲醛树脂化学反应过程？脲醛树脂胶的特点及应用？
9. 三聚氰胺甲醛树脂胶粘剂的特点及应用？
10. 酚醛树脂胶粘剂的特点及应用？
11. 氯丁橡胶胶粘剂的特点及应用？
12. 丁腈橡胶胶粘剂的特点及应用？
13. 丁苯橡胶胶粘剂的特点及应用？
14. 丁基橡胶胶粘剂的特点及应用？
15. 聚硫橡胶胶粘剂的特点及应用？
16. 改性天然橡胶胶粘剂的特点及应用？
17. 硅橡胶及其性质？硅橡胶胶粘剂的类型、特点及其应用？
18. 胶粘剂的性能测试项目以及胶接的破坏类型？

第5章　建筑防水材料

1. 沥青和改性沥青？评价沥青性能的技术指标？
2. 防水卷材的胎体材料及其特点？沥青防水卷材的种类及生产工艺？
3. 聚合物改性沥青防水卷材的种类及生产工艺？
4. SBS改性沥青防水卷材的特点及应用的范围？这类卷材需要检测的各项性能指标？
5. APP改性沥青防水卷材的特点及应用的范围？这类卷材需要检测的各项性能指标？
6. 何为SBR改性沥青防水卷材？适用的范围？
7. 何为再生橡胶改性沥青防水卷材？适用的范围？
8. 何为聚合物改性沥青聚乙烯胎防水卷材？适用的范围？
9. 何为铝箔塑胶改性沥青防水卷材？适用的范围？
10. 什么是沥青油毡瓦？特点及适用的范围？生产沥青油毡瓦的主要原材料是什么？
11. 合成高分子防水卷材主要原材料及其作用是什么？其中基料、硫化剂、促进剂、活性剂的主要品种？
12. 三元乙丙防水卷材需要检测的主要性能指标有哪些？这种卷材的特点及适用的范围？
13. 氯丁橡胶防水卷材的特点及适用的范围？
14. 氯化聚乙烯防水卷材的特点及适用的范围？

15. 聚氯乙烯防水卷材需要检测的主要性能指标有哪些？这种卷材的特点及适用的范围？
16. 合成高分子防水卷材的一般生产工艺？其施工工序？
17. 冷底子油的制备、应用及其施工？
18. 石灰乳化沥青防水涂料的组分、特点、应用及其施工？
19. 溶剂型氯丁橡胶改性沥青防水涂料的特点及适用范围？
20. 溶剂型再生橡胶改性沥青防水涂料的特点及适用范围？
21. 溶剂型 SBS 改性沥青防水涂料的特点及适用范围？
22. 水乳型氯丁橡胶改性沥青防水涂料的特点及适用范围？
23. 再生胶的制备过程？水乳型再生橡胶改性沥青防水涂料的特点及适用范围？
24. 沥青的乳化及乳化质量的检验？
25. 聚氨酯防水涂料的种类、特点及适用范围？
26. 丙烯酸酯防水涂料的特点及适用范围？
27. 有机硅类防水涂料的特点及适用范围？
28. 乙烯-醋酸乙烯(VAE)共聚乳液防水涂料的特点及适用范围？
29. 水乳型三元乙丙防水涂料的特点及适用范围？
30. 聚合物水泥防水涂料的特点及适用范围？
31. 建筑密封材料的基本概念、分类、性能及检验指标？
32. 硅橡胶防水密封胶的类别？特点及应用范围？
33. 聚氨酯防水密封胶的特点及应用范围？
34. 丙烯酸酯防水密封胶的类别？特点及应用范围？
35. 聚硫防水密封胶的基本概念、类别、特点及应用范围？
36. 刚性防水材料的基本概念？
37. 防水混凝土的类别、特点及应用范围？防水砂浆的特点及应用范围？
38. 水泥基渗透结晶型防水材料的基本概念、作用机理、特点及应用范围？
39. 堵漏止水材料的类别、特点及应用范围？

第 6 章　聚合物在混凝土中的应用

1. 聚合物浸渍混凝土、改性混凝土、胶结混凝土及其英文全称与缩写？
2. PIC 材料的基本组分？浸渍液的要求？浸渍用混凝土基材的要求？
3. PIC 材料的生产工艺？PIC 材料的特点及应用？
4. PMC 材料的基本组成、聚合物组分的作用及 PMC 材料特点及应用范围？
5. PC 材料的基本组成、生产工艺及 PC 材料特点及应用范围？
6. 聚合物在混凝土中其他方面的应用有哪些？

附录　聚合物英文名称缩写一览表

AAS	丙烯腈-丙烯酸酯-苯乙烯三元共聚物
ABS	丙烯腈-丁二烯-苯乙烯三元共聚物
AC	丙烯酸类塑料
ACM	丙烯酸酯橡胶
ALK	醇酸树脂
APP	无规聚丙烯
AR	丙烯腈橡胶
AS	丙烯腈-苯乙烯共聚物
ASA	丙烯腈-苯乙烯-丙烯酸酯三元共聚物
BMC	块状模塑料
BR	聚丁二烯橡胶
CA	醋酸纤维
CFRP	碳纤维增强塑料
CPE	氯化聚乙烯
CPVC	氯化聚氯乙烯
CR	氯丁橡胶
CSM	氯磺化聚乙烯
EC	乙基纤维素
EP	环氧树脂
EPM	乙烯-丙烯共聚物
EPR	乙丙橡胶
EVA	乙烯-醋酸乙烯共聚物
FRTP	玻璃纤维增强热塑性塑料
FS	泡沫聚苯乙烯
GRC	玻璃(纤维)增强复合材料
GR-M	氯丁橡胶

GRP（FRP）	玻璃纤维增强塑料或纤维增强塑料,玻璃钢
GR-P	聚硫橡胶
GPPS	通用型聚苯乙烯
GR-S	丁苯橡胶
HDPE	高密度聚乙烯
HIPS	聚苯乙烯-聚丁二烯接枝共聚物(耐高冲击性聚苯乙烯)
HMC	羟基甲基纤维素
HMWPE	高分子量聚乙烯
IIR	异丁橡胶
IPP	等规聚丙烯
IR	异戊二烯橡胶
LDPE	低密度聚乙烯
MBS	甲基丙烯酸甲酯-丁二烯-苯乙烯三元共聚物
MC	甲基纤维素
MF	三聚氰胺-甲醛树脂
MPF	三聚氰胺-酚甲醛树脂
NBR	丙烯腈-丁二烯共聚物(丁腈橡胶)
NCR	氯丁腈橡胶
NR	天然橡胶
PA	聚酰胺
PAA	聚丙烯酸或聚丙烯酰胺
PAN	聚丙烯腈
PB	聚丁二烯
PBAN	聚丁二烯-丙烯腈共聚物
PBS	聚丁二烯-苯乙烯共聚物
PBT	聚对苯二甲酸丁二酯
PC	聚碳酸酯
PDMS	聚二甲基硅氧烷
PE	聚乙烯
PEG	聚乙二醇
PEO	聚氧化乙烯
PETP（PET）	聚对苯二甲酸乙二醇酯
PF（PFR）	酚醛树脂
PI	聚酰亚胺
PMA	聚甲基丙烯酸酯
PMAA	聚甲基丙烯酸
PMMA	聚甲基丙烯酸甲酯
PO	聚烯烃
POM	聚甲醛

PP	聚丙烯
PPC	氯化聚丙烯
PPO	聚氧化丙烯或聚苯醚
PPS	聚苯硫醚
PS	聚苯乙烯
PTFE（F-4）	聚四氟乙烯
PU（PUR）	聚氨酯
PVA（PVAL）	聚乙烯醇
PVAc	聚醋酸乙烯酯
PVB	聚乙烯醇缩丁醛
PVC	聚氯乙烯
PVCA	氯乙烯-醋酸乙烯共聚物
PVCC	氯化聚氯乙烯(过氯乙烯)
PVFM	聚乙烯醇缩甲醛
RF	间苯二酚-甲醛树脂
RP	增强塑料
SBR	丁苯橡胶
SBS	苯乙烯-丁二烯-苯乙烯嵌段共聚物
SI	有机硅树脂,聚硅氧烷
UF	脲醛树脂
UP	不饱和聚酯
TE	热塑性弹性体